全国普通高校自动化类专业规划教材

Fieldbus and Process Control

现场总线技术与过程控制

朱晓青 ◎编著

Zhu Xiaoqing

清華大学出版社

北 京

内容简介

本书是作者在多年教学及工程实践基础上形成的一部教材。本书较系统地介绍了有关过程控制与现场总线技术的基本理论、基本结构，以及现场总线系统实际应用的基本方法与技术等。主要围绕基金会现场总线系统和 Profibus-PA 现场总线系统展开介绍。全书共 5 章，包括过程控制基础、现场总线技术基础、现场总线控制系统、控制系统实现的工程基础以及可靠性分析基础等。

本书可作为自动化专业或相关专业本科生现场总线技术与过程控制类课程教材或教学参考书，也可作为相关工程技术人员的参考资料。

图书在版编目(CIP)数据

现场总线技术与过程控制/朱晓青编著. —北京：清华大学出版社，2018(2022.7重印)
(全国普通高校自动化类专业规划教材)
ISBN 978-7-302-47672-6

Ⅰ. ①现… Ⅱ. ①朱… Ⅲ. ①总线—过程控制—高等学校—教材 Ⅳ. ①TP336

中国版本图书馆 CIP 数据核字(2017)第 155295 号

责任编辑：梁 颖 柴文强
封面设计：傅瑞学
责任校对：李建庄
责任印制：丛怀宇

出版发行：清华大学出版社
网 址：http://www.tup.com.cn，http://www.wqbook.com
地 址：北京清华大学学研大厦 A 座 **邮 编**：100084
社 总 机：010-83470000 **邮 购**：010-62786544
投稿与读者服务：010-62776969，c-service@tup.tsinghua.edu.cn
质量反馈：010-62772015，zhiliang@tup.tsinghua.edu.cn
课件下载：http://www.tup.com.cn，010-83470236
印 装 者：涿州市京南印刷厂
经 销：全国新华书店
开 本：185mm×260mm **印 张**：15.25 **字 数**：368 千字
版 次：2018 年 6 月第 1 版 **印 次**：2022 年 7 月第 4 次印刷
定 价：45.00 元

产品编号：070665-01

前言
PREFACE

随着计算机技术与通信技术的迅速发展，现场总线在工业控制系统中的应用业已越来越广泛。本书正是针对这种情况，对现场总线技术在工业过程控制中的应用等问题进行了较系统的介绍；并且重点对现场总线系统与实现过程控制的基本装置之间的关系进行了介绍。本书也参考了国内外相关教材以及该领域的最新进展编写，旨在为与自动化技术相关专业学生提供良好的工程基础。

全书共5章。第1章简要介绍现场总线的技术背景和发展情况，对过程控制和过程控制仪表进行了简要回顾，同时也简要介绍了计算机控制系统的基本构成等。第2章介绍现场总线系统，包括其技术特点、现场总线通信机制以及相应的国际标准等。第3章介绍现场总线控制系统，系统硬件方面介绍了包括构成基金会现场总线系统和Profibus-PA现场总线系统的仪表设备、构成和Profibus-DP总线系统的电气控制设备；系统软件方面介绍了包括过程控制功能的软件功能块实现方式、基金会现场总线控制系统的功能块结构与参数、功能块组态以及系统集成等。第4章介绍过程控制设计方面的相关知识，内容包括基本设计程序、仪表管线图、仪表回路图以及SAMA图等。第5章介绍控制系统可靠性分析方面的相关知识，内容包括可靠性指标、系统可靠性模型、系统可靠性试验以及提高控制系统可靠性的措施等。

本书体系结构较为完整，是在多年教学及工程实践基础上形成的一部教材。本书内容与工程结合较强，可读性好。全书图文并茂、通俗易懂。各章自成体系又融会贯通，可方便读者有选择地学习。本书既注重系统性又注重时代性，各章节后安排了相关习题，以帮助学生巩固所学知识。

本书可作为自动化类专业或相关专业本科生课程教材或教学参考书，也可作为相关工程技术人员的参考资料。

对本教材各章内容的讲授提出教学建议如下：

教学内容	学习要点及教学要求	课时安排	
		全部授课	部分授课
第1章　引言与过程控制基础	• 了解现场总线技术的背景 • 了解现场总线技术与过程控制的基本关系 • 了解或回顾过程控制的基本特性与实现方法 • 了解或回顾PID控制的基本原理及其组合与应用 • 了解或回顾过程控制仪表的基础知识 • 了解或回顾计算机控制系统的基本构成 • 了解或回顾分布式控制系统的基本概念	4	2

续表

教学内容	学习要点及教学要求	课时安排	
		全部授课	部分授课
第2章　现场总线技术	• 了解现场总线的基本定义 • 了解现场总线系统的特点 • 了解或回顾数据通信的基础知识 • 了解或回顾网络技术的基础知识 • 掌握基金会现场总线(FF)和 Profibus-PA 现场总线实现通信的基本原理 • 掌握 Profibus-DP 现场总线实现通信的基本原理 • 了解常用的现场总线系统的基本结构	6	4
第3章　现场总线控制系统	• 了解现场总线控制系统的基本定义 • 掌握基金会现场总线和 Profibus-PA 现场总线设备的基本原理与构成 • 掌握 Profibus-DP 现场总线设备的基本原理与构成 • 掌握现场总线控制系统的基本结构 • 了解常用的分布式系统的编程语言和国际标准 • 掌握现场总线控制系统中常用的功能块语言基本原理及相关参数 • 了解基金会现场总线设备中功能块的基本配置 • 掌握基金会现场总线控制系统控制策略组态的基本内容和参数设置的基本方法 • 了解 Profibus-PA 现场总线系统组态的基本内容	16	16
第4章　控制系统工程设计基础	• 了解控制工程设计的主要内容 • 掌握工艺流程图的基本表达方式 • 掌握控制流程图的基本表达方式 • 掌握管道及仪表流程图的基本表达方式 • 掌握 SAMA 图的基本表达方式 • 掌握仪表回路图的基本表达方式	2	0
第5章　控制系统可靠性分析	• 了解控制系统可靠性的主要指标 • 了解控制系统进行可靠性分析的基本方法 • 了解进行系统可靠性测试的基本原理和基本方法 • 了解提高控制系统可靠性的基本方法与措施	2	0
习题讲解与课堂讨论		2	2
实验	实验内容主要涉及基金会现场总线系统或 Profibus-PA 现场总线系统的功能块组态	8	8
教学总学时建议	自动化专业开设40学时，即32+8(理论+实验)。其他专业第4章和第5章可以不予讲授，开设32(24+8)学时	40	32

限于作者水平，书中难免存在不足之处，敬请读者批评指正。

编　者

2018年3月

目 录

CONTENTS

第1章 引言与过程控制基础

教学目标

现场总线控制系统的基本框架在很大程度上还是基于传统控制系统的，因此本章将简要回顾过程控制的基本概念以及自动控制中常用的过程控制仪表的基本构成。需要说明的是，这里只对过程控制和过程控制仪表的结论性要点做了列举，对首次学习这些知识的人来说，本章的内容是不够的，还需要查阅相关书籍。通过对本章内容的学习，读者能够：

- 了解现场总线技术的背景；
- 了解现场总线技术与过程控制的基本关系；
- 了解或回顾过程控制的基本特性与方法；
- 了解或回顾 PID 控制的基本原理及其组合与应用；
- 了解或回顾过程控制仪表的基础知识；
- 了解或回顾计算机控制系统的基本构成；
- 了解或回顾分布式控制系统的基本概念。

1.1 现场总线的技术背景

现场总线是近年来迅速发展起来的一种工业数据总线，也是当今自动化领域技术发展的热点或方向之一。它主要解决工业现场的智能化仪器仪表、控制器、执行机构等现场设备间的数字通信以及这些现场控制设备和高级控制系统之间的信息传递问题。由于现场总线具有简单、可靠、经济实用等一系列突出的优点，因而受到了许多标准团体和计算机厂商的高度重视。

1.1.1 现场总线技术的发展过程

1984 年，美国 Intel 公司提出一种基于计算机分布式控制系统的位总线（Bitbus），它主要是将低速的面向过程的输入/输出通道与高速的计算机多总线（Multibus）分离，形成了现场总线的最初概念。20 世纪 80 年代中期，美国 Rosemount（罗斯蒙特）公司开发了一种可寻址的远程传感器（HART）通信协议。其采用在 4～20mA 模拟信号上叠加一种频率信号，用双绞线实现数字信号传输。HART 协议已是现场总线的雏形。1985 年，由美国 Honeywell（霍尼韦尔）和 Bailey（贝利）等大公司发起，成立了 WorldFIP 并制定了 FIP 协议。1987 年，以德国 Siemens（西门子）等几家著名公司为首成立了一个专门委员会制定了 Profibus 协议。后来美国仪器仪表学会也制定了现场总线标准 IEC/ISA SP50。随着时间的推移，世界逐渐形成了两个针锋相对的互相竞争的现场总线集团：一个是以 Siemens、Rosemount、Yakagawa 为首的 ISP 集团；另一个是由 Honeywell、Bailey 等公司牵头的 WorldFIP 集团。1994 年，两大集团宣布合并，融合成现场总线基金会（Fieldbus

Foundation,FF)。基金委员会成员共同遵循 IEC/ISA SP50 协议标准,共同商定现场总线技术发展阶段时间表。

现场总线基金会制定的现场总线标准主要是解决过程自动化的问题,它使得传统的计算机控制系统中的数据通信延伸到了控制现场。图 1-1 所示说明了常规仪表控制系统与现场总线仪表控制系统的主要区别。

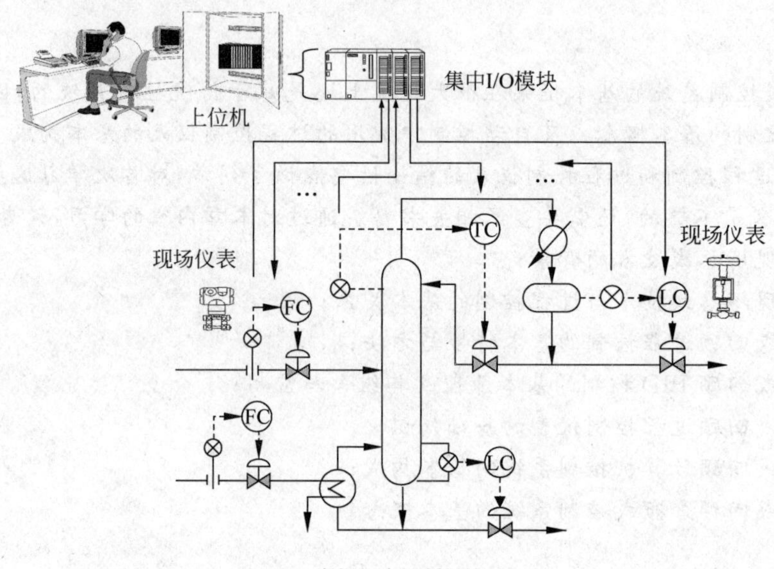

(a) 常规仪表控制系统

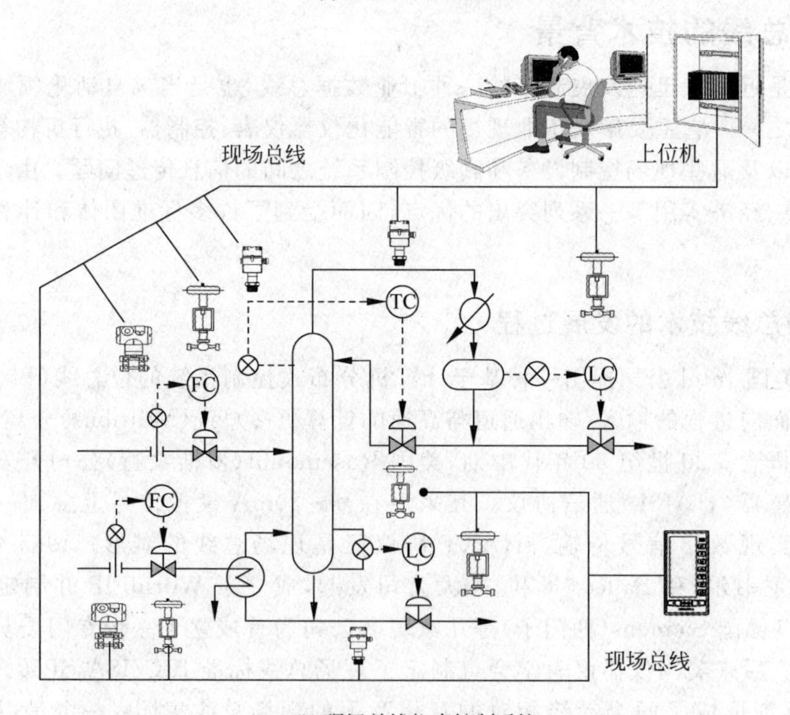

(b) 现场总线仪表控制系统

图 1-1 用于过程控制的现场总线系统图

另一方面，可编程控制器(PLC)技术在工业控制领域的广泛应用与快速发展，也促进了现场总线技术的发展。20世纪60年代，由于美国汽车工业需要进行大规模的技术改造和设备更新，传统的继电器控制装置，有着体积庞大、故障率高、柔性差、能耗高、可靠性差、调试困难等缺点。1968年，由美国通用汽车公司提出使用新一代控制器的需求与设想。次年，美国DEC(数字设备公司)首先研制成功第一台可编程逻辑控制器PDP-14。差不多同时，美国Modicon(莫迪康)公司也研制出084控制器。它们的问世，引起了全世界的瞩目，美国和西欧国家、日本等国的公司，也相继研究开发出类似的产品。之后，微处理器技术的进步，大大地促进了PLC技术的发展，特别是推进了PLC系统网络通信能力的发展。PLC厂家在原来CPU模板上提供物理层RS-232/422/485接口的基础上，逐渐增加了各种通信接口，而且提供完整的通信网络。这些网络的主要作用之一就是可以解决控制系统与分布在各现场的输入/输出设备之间的通信。由于数据通信技术发展很快，用户对开放性要求很强烈，这就使得这些通信网络逐步发展成为现场总线。典型的代表产品有美国Rockwell A-B(罗克韦尔)公司主推的ControlNet、DeviceNet，德国Siemens公司主推的Profibus-DP，以及德国Phoenix Contact(菲尼克斯康泰)公司主推的Interbus等。图1-2说明了常规PLC控制系统与带现场总线的PLC系统的主要区别。

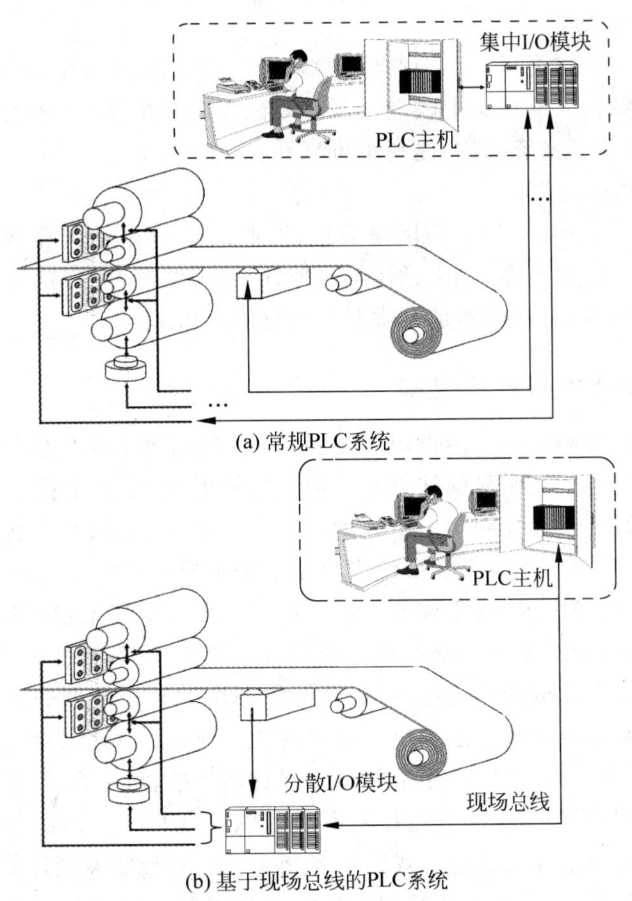

图1-2　用于PLC的现场总线系统图

现场总线技术的出现与发展，是由于现场总线有其鲜明的特点，这些特点主要包括：

(1) 系统的开放性

开放系统是指通信协议公开，不同厂家的设备之间可进行互连并实现信息交换，现场总线开发者就是要致力于建立统一的工厂底层网络的开放系统。这里的开放是指对相关标准的一致性、公开性，强调对标准的共识与遵从。一个开放系统，它可以与任何遵守相同标准的其他设备或系统相连。一个具有总线功能的现场总线网络系统必须是开放的，开放系统把系统集成的权利交给了用户。用户可按自己的需要和对象把来自不同供应商的产品组成大小随意的系统。

(2) 系统的互可操作性与互用性

这里的互可操作性，是指实现互连设备间、系统间的信息传送与沟通，可实行点对点，一点对多点的数字通信。而互用性则意味着不同生产厂家的性能类似的设备可进行互换而实现互用。

(3) 智能化与功能自治性

现场总线系统将传感测量、补偿计算、工程量处理与控制等功能分散到现场设备中完成，仅靠现场设备即可完成自动控制的基本功能，并可随时诊断设备的运行状态。

(4) 系统结构的高度分散性

由于现场设备本身可完成自动控制的基本功能，使得现场总线已构成一种新的全分布式控制系统的体系结构。从根本上改变了现有集散控制系统(DCS)集中与分散相结合的集散控制系统体系，简化了系统结构，提高了可靠性。

(5) 对现场环境的适应性

工作在现场设备前端，作为工厂网络底层的现场总线，是专为在现场环境工作而设计的，它可支持双绞线、同轴电缆、光缆、射频、红外线、电力线等，具有较强的抗干扰能力，能采用两线制实现送电与通信，并可满足本质安全防爆要求等。

1.1.2　现场总线技术与过程控制

工业过程控制已经历了一个多世纪的发展，20世纪六七十年代模拟仪表控制系统在工业控制中已占主导地位。其明显的缺点是模拟信号精度低，易受干扰。20世纪七八十年代集中式数字控制系统在工业控制中占主导地位。采用单片机、PLC作为控制器使得在控制器内部传输的是数字信号，克服了模拟仪表控制系统中模拟信号精度低的缺陷，提高了系统的抗干扰能力。集中式数字控制系统的优点是易于根据全局情况进行控制、计算和判断，在控制方式、控制时机的选择上可以统一调度和安排。不足的是，对控制器本身要求很高，必须具有足够的处理能力和极高的可靠性，当系统任务增加时控制器的效率和可靠性将急剧下降。随后集散控制系统(DCS)在工业控制中占主导地位。其核心思想是集中管理、分散控制，即管理与控制相分离，上位机用于集中监视管理功能，若干台下位机分散到现场，实现分布式控制，上位机与下位机之间通过控制网络互联实现相互之间的信息传递。这种分布式的控制体系结构有力地克服了集中式数字控制系统中对控制器处理能力和可靠性要求高的缺陷。在集散控制系统中，分布式控制思想的实现得益于网络技术的发展和应用。遗憾的是，不同的DCS厂家为达到垄断经营的目的而对其控制通信网络采用各自专用的封闭形式，不同厂家的DCS之间以及DCS与上层Intranet、Internet信息网络之间难以实现网络互联和信息共享。因此,DCS从上述方面而言实质上是一种封闭或专用的不具互操作性的分布式控制系统。而且当时DCS造价较高,所以用户对网络控制系统提出了开放性、标准统一和降低成本的迫切要求。

为了实现系统的开放,也为了使系统底层信息获取更加便捷,现场总线技术得以迅速发展,由此构成的现场总线控制系统(FCS)也是顺应这一潮流而诞生了。现场总线控制系统用现场总线这一开放的、可互操作的网络将现场各控制器及仪表设备互连,同时控制功能彻底下放到现场,降低了安装成本和维护费用。因此,现场总线控制系统实质上是一种开放的、具有互可操作性的、彻底分散的分布式控制系统。

对于一个控制系统,无论采用何种方式,需要处理的控制信息总是相同的,而不同的控制系统处理控制信息的位置和方式是不同的。传统控制系统往往把信息集中处理,而现场总线控制系统却可以把大量的控制信息交由智能仪表在现场处理,实现了信息处理的现场化,真正达到了分散控制的要求。可以说,现场总线既是一种通信网络,也是一种控制系统。作为通信网络,现场总线与日常用于图文传送的网络不同,它所传送的是开关电源或启闭阀门的指令与数据。作为控制系统,现场总线与传统的集中控制不同,它是真正意义上的分散控制系统。由于现场总线顺应了工业控制系统向分散化、网络化、智能化发展的方向,它一经产生便成为全球工业自动化技术的热点,受到全世界的普遍关注。现场总线技术的出现,使全世界各国在自动化领域的大发展中站到了同一条起跑线上。该项技术的开发可带动整个工业控制、楼宇自动化、仪表制造、自动控制和计算机软硬件等行业的技术更新和产品换代。

采用现场总线技术实现工业过程控制有其明显的优越性。其一是节省一次性投资。由于现场总线的投资门槛低,可扩展性好,用户可根据需要灵活调整投资方案,逐步投入,滚动发展,因此可降低一次性投资,投资风险较小。此外,现场总线控制系统中分散在现场的智能设备能直接执行多种传感控制报警和计算功能,因而可以减少变送器的数量,不再需要单独的调节器和计算单元等,也不再需要传统控制系统中的信号调理、转换、隔离等功能单元及其复杂接线,还可以用工控机作为操作站,从而节省了大量硬件投资,控制室的占地面积也可以大大减少。其二是节省安装费用。现场总线系统的接线十分简单,一对双绞线或一条电缆上通常可挂接多个设备,因而电缆、端子、槽盒、桥架的用量大大减少,连线设计与接头校对的工作量也大大减少。当需要增加现场控制设备时,无须增设新的电缆,可就近连接在原有的电缆上,既节省了投资,也减少了设计、安装的工作量。据有关资料介绍,现场总线系统比传统控制系统可节省安装费用60%以上。其三是节省维护费用。现场总线控制系统结构清楚、连线简单,从而大大减少了维护工作量,同时由于现场控制设备具有自我诊断与简单故障处理的能力,并自动将诊断维护信息上报控制室,维修人员可以方便地查询所有设备的运行、维护和诊断信息,加大了预防性维护的比例,提高了故障分析与排除的速度,缩短了维护停工时间,节省了维护费用。其四是提高了控制精度与可靠性。由于现场总线设备的智能化和数字化,可将传送过程的误差降至最低,因此控制精度只取决于传感器的灵敏度和执行器的精确度,系统控制精度大大提高。同时,由于系统的结构简化,设备与连线减少,现场设备内部功能加强,减少了信号的往返传输,系统工作可靠性大大提高。其五是提高了用户的选择性。由于现场总线的开放性,使用户可以对各设备厂商的产品任意进行选择并组成系统,不必考虑接口是否匹配的问题,从而使系统集成过程中的主动权牢牢掌握在用户手中。

到目前为止，国际上有几十种现场总线产品，但没有任何一种现场总线能覆盖所有的应用面。按现场总线传输数据的大小，通常将现场总线分为三类，一类是传感器总线(Sensor Bus)，属于位传输；一类是设备总线(Device Bus)，属于字节传输；一类是简称现场总线，属于数据流传输。下面列举几种现场总线产品。

(1) 基金会现场总线

基金会现场总线(Foundation Fieldbus，FF)，这是在过程自动化领域得到广泛支持和具有良好发展前景的技术。其前身是以美国 Fisher-Rousemount(费希尔-罗斯蒙特)公司为首，联合 Foxboro(福克斯波罗)、Yakagawa、ABB、Siemens 等 80 多家公司制定的 ISP 协议和以 Honeywell 公司为首，联合 150 家公司制定的 WordFIP 协议。屈于用户的压力，这两大集团于 1994 年 9 月合并，成立了现场总线基金会，致力于开发出国际上统一的现场总线协议。

(2) LonWorks 现场总线

LonWorks 是又一具有强劲实力的现场总线技术，它是由美国 Echelon(埃斯朗)公司推出并由它们与 Motorola(摩托罗拉)、Toshiba(东芝)、Hitachi(日立)公司共同倡导，于 1990 年正式公布而形成的。

(3) Profibus 现场总线

Profibus 是作为德国国家标准 DIN 19245 和欧洲标准 prEN 50170 的现场总线。ISO/OSI 模型也是它的参考模型。由 Profibus-DP、Profibus-FMS、Profibus-PA 组成了 Profibus 系列。DP 型用于分散外设间的高速传输，适合于加工自动化领域的应用；FMS 意为现场信息规范，适用于纺织、楼宇自动化、可编程控制器、低压开关等一般自动化；PA 型则是用于过程自动化的总线类型，它遵从 IEC 1158-2 标准。该项技术是由以西门子公司为主的十几家德国公司、研究所共同推出的。

(4) CAN 现场总线

CAN 是控制网络 Control Area Network 的简称，最早由德国 Bosch(博世)公司推出，用于汽车内部测量与执行部件之间的数据通信。其总线规范现已被 ISO(国际标准化组织)制定为国际标准，得到了 Motorola、Intel(英特尔)、Philips(飞利浦)、Siemens、NEC(日电)等公司的支持，已广泛应用在离散控制领域。

(5) HART 现场总线

HART 是 Highway Addressable Remote Transducer 的缩写。最早由 Rosemount 公司开发并得到 80 多家著名仪表公司的支持，于 1993 年成立了 HART 通信基金会。这种被称为可寻址远程传感高速通道的开放通信协议，其特点是在现有模拟信号传输线上实现数字通信，属于模拟系统向数字系统转变过程中工业过程控制的过渡性产品，因而在当时的过渡时期具有较强的市场竞争能力，得到了较好的发展。

(6) RS-485 总线

尽管 RS-485 不能称为现场总线，但是作为现场总线的鼻祖，还有许多设备继续沿用这种通信协议。采用 RS-485 通信具有设备简单、成本低等优势，仍有一定的生命力。以 RS-485 为基础的 OPTO-22 命令集等也在许多系统中得到了广泛的应用。

现场总线技术虽已经历了几十年的发展，但至今在工业过程控制领域现场总线系统仍然有着较强的生命力。现场总线技术的发展趋势主要体现为两个方面：一个是低速现场总线领域的继续发展和完善；另一个是高速现场总线技术的发展。

现场总线产品主要是低速总线产品，应用于运行速率较低的领域，对网络的性能要求不是很高。从应用状况看，无论是FF和Profibus，还是其他一些现场总线，都能较好地实现速率要求较慢的过程控制。因此，在速率要求较低的控制领域，很难统一整个世界市场。而现场总线的关键技术之一是互操作性，实现现场总线技术的统一是所有用户的愿望。今后现场总线技术如何发展、如何统一，是所有生产厂商和用户十分关心的问题。

高速现场总线主要应用于控制网内的互连，连接控制计算机、PLC等智能程度较高、处理速度快的设备，以及实现低速现场总线网桥间的连接，它是充分实现系统的全分散控制结构所必需的。这一领域还比较薄弱。因此，高速现场总线的设计、开发将是竞争十分激烈的领域，这也将是现场总线技术实现统一的重要机会。而选择什么样的网络技术作为高速现场总线的整体框架将是其首要内容。

总体说来，过程控制系统与过程控制设备将朝着现场总线体系结构的方向前进，这一发展趋势是肯定的。不论是工业过程控制还是其他领域的控制，如汽车、高速列车或航天飞行器等，出于空间、重量、安装或维护等方面的考虑，现场总线技术的应用都有着极大的优势。既然是总线，就要向着趋于开放统一的方向发展，成为大家都遵守的标准规范，但由于这一技术所涉及的应用领域十分广泛，几乎覆盖了所有连续、离散工业领域，如过程自动化、制造加工自动化、楼宇自动化、家庭自动化等。上面介绍的几种现场总线技术均具有自己的特点，已在不同应用领域形成了自己的优势。加上商业利益的驱使，它们都正在十分激烈的市场竞争中求得发展。现场总线技术的兴起，开辟了工厂底层网络的新天地。它将促进企业网络的快速发展，为企业带来新的效益，因而会得到广泛的应用，并推动自动化相关行业的发展。

1.2　过程控制基础知识

1.2.1　工业过程控制基础

现场总线的重要应用领域就是工业过程控制，本节拟对工业过程控制基础知识进行概要回顾，系统理解过程控制的概念则需参阅有关过程控制的相关书籍。

不论是工业过程控制还是其他对象的控制，都涉及控制参数的检测、对偏差变量的运算、控制作用的执行等环节。对控制参数的检测涉及传感器或检测仪表，对偏差变量的运算涉及控制器，对控制作用的执行则涉及执行机构。将传感器、控制器、执行机构和对象等连在一起，就构成了控制回路。作为过程控制的一个典型的例子是液位控制，如图1-3所示。通常将这种控制系统的构成以框图来表达，如图1-4所示。在图1-4中可以看出，控制回路的硬件一般包括被控对象、对被控参数进行检测的传感器或检测仪表、控制器、执行器，以及一些其他的辅助仪表或装置。而在一个控制回路中，传递的信号或变量一般包括被测变量y、给定值(也称参考输入)r、偏差e、控制变量(也称操纵变量)u等。

过程控制中控制的效果是由控制指标来评价的，控制指标要能反映控制的准确性、控制的稳定性和控制的快速性。基于这些要求的控制指标通常借助于系统阶跃响应曲线描述，控制指标主要包括上升时间、过渡时间、峰值时间、超调量和稳态误差等，如图1-5所示。

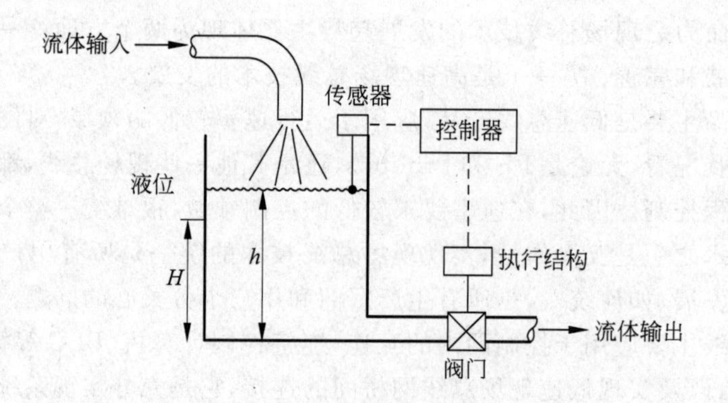

图 1-3 液位控制系统图

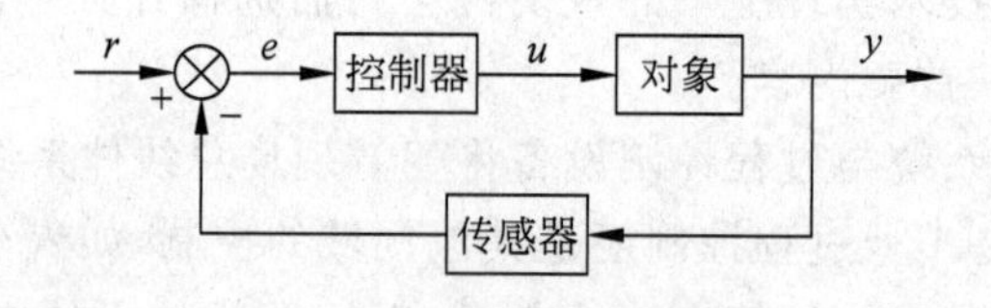

图 1-4 控制系统框图

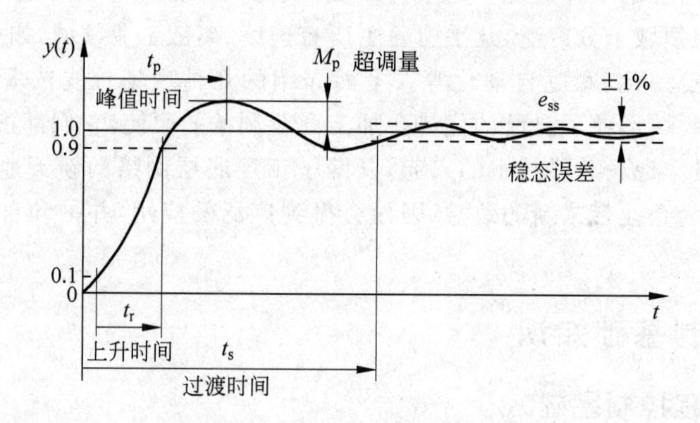

图 1-5 控制系统阶跃响应曲线图

由于被控对象千差万别，要将系统控制在指标要求以内，需要对控制器进行设计。控制器的设计就是按上述要求来找出控制算法的表达。控制器设计的方法包括根轨迹法、频率响应法、状态空间法和解析法等。这些设计方法都需要对对象建立数学模型。对于一般对象所设计的控制算法常包括比例、超前、滞后等。将比例、超前、滞后几种算法组合在一起就构成 PID 算法。

1.2.2 基本 PID 控制算法

PID(比例、积分、微分)控制算法是工业过程控制中最常用的控制规律。这种控制规律的时域表达为

$$u(t) = K_p\left[e(t) + \frac{1}{T_i}\int e(t)\mathrm{d}t + T_d\frac{\mathrm{d}e(t)}{\mathrm{d}t}\right] \tag{1-1}$$

式中：$u(t)$为控制器输出；$e(t)$为偏差输入；K_p 为比例系数；T_i 为积分时间常数；T_d 为微

分时间常数。

PID 控制规律的传递函数表达式为

$$\frac{U(s)}{E(s)}=K_{p}\left(1+\frac{1}{T_{i}s}+T_{d}s\right) \tag{1-2}$$

PID 控制器的比例作用可改变系统的调节作用,提高控制精度。加大系统的增益会使系统的调节作用增强,但也会使系统的稳定性下降。

PID 控制器的积分作用是为了消除稳态误差,或者说可使系统的稳态性能得到提高,但同样会使控制系统的稳定性下降。一般积分作用都与比例作用配合使用。

PID 控制器的微分作用是增加系统的稳定性和加快系统的响应。一般微分作用也必须与比例作用配合使用。值得注意的是,微分作用对噪声也有放大作用。

PID 控制器的结构如图 1-6 所示。

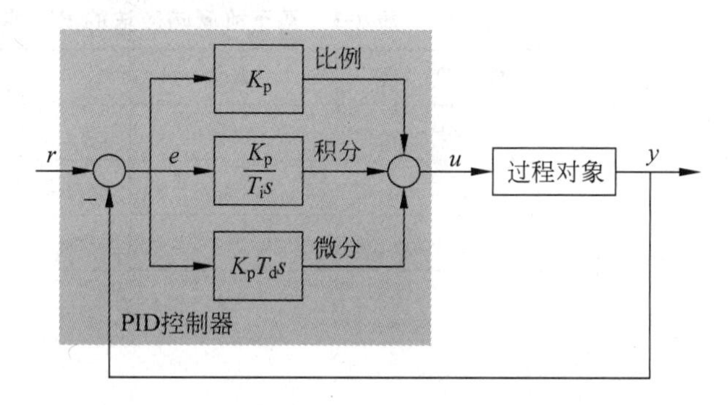

图 1-6 PID 控制器结构图

1.2.3 PID 参数的整定

对不同的对象模型或不同的指标要求,PID 控制参数(K_p、T_i 和 T_d)是不同的。选择或者说整定 PID 参数的过程实际上就是 PID 控制器的设计。设计可以基于对象数学模型,也可以不基于对象数学模型。可以采样根轨迹法、频率响应法、解析法等进行设计,也可以采用响应曲线法、极限灵敏度法或衰减法等进行设计。根轨迹法、频率响应法和解析法设计是在 s 域中进行,这些设计方法必须基于对象的数学模型;而响应曲线法、极限灵敏度法与衰减法设计则是在时域中进行实验,再对 s 域中的参数进行近似,这些设计方法一般不需要参考对象的数学模型。

1. s 域中 PID 控制器设计方法

在 s 域中进行 PID 控制器设计,需将式(1-2)改写为

$$\begin{aligned}\frac{U(s)}{E(s)}&=K_{p}\left(1+\frac{1}{T_{i}s}+T_{d}s\right)\\&=K_{c}\frac{(s+A)^{2}}{s}\end{aligned} \tag{1-3}$$

式中:$K_p=2AK_c$;$T_i=\frac{2}{A}$;$T_d=\frac{1}{2A}$。

式(1-3)实际上就是极点配在 $s=0$,而在 $s=A$ 处配置双零点的控制器,用根轨迹方法或频率响应方法都非常容易进行设计。

解析方法设计控制器只需将设计指标表达成式(1-2)的形式即可得出。关于根轨迹法、

频率响应法和解析法进行 PID 控制器设计，读者可参阅自动控制原理的相关书籍。

2. 响应曲线法

响应曲线法是系统的单位阶跃响应曲线在如图 1-7 所示时，PID 控制参数可按照表 1-1 选取。这时 PID 控制器的表达式则为式(1-4)的形式。

$$\begin{aligned}\frac{U(s)}{E(s)}&=K_{\mathrm{p}}\left(1+\frac{1}{T_{\mathrm{i}}s}+T_{\mathrm{d}}s\right)\\&=1.2\,\frac{\tau}{L}\left(1+\frac{1}{2Ls}+0.5Ls\right)\\&=0.6\tau\,\frac{\left(s+\frac{1}{L}\right)^{2}}{s}\end{aligned}\tag{1-4}$$

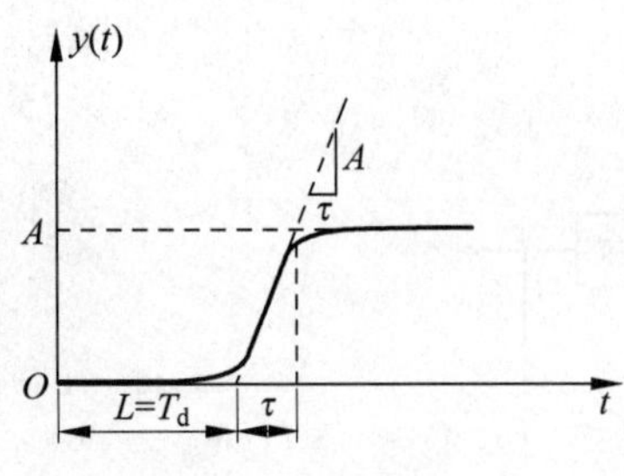

图 1-7 响应曲线图

表 1-1 基于阶跃响应法的 PID 参数选择表

控 制 器	K_{p}	T_{i}	T_{d}
P	τ/L	—	—
PI	$0.9\tau/L$	$3.3L$	—
PID	$1.2\tau/L$	$2L$	$0.5L$

3. 极限灵敏度法

极限灵敏度法是在增加比例增益使系统变为如图 1-8 所示的临界稳定时(此时 $K_{\mathrm{p}}=K_{\mathrm{u}}$)，PID 控制参数可按照表 1-2 选取。获得如图 1-8 所示的临界稳定状态，可用实验的方法(这种方法一般很少使用)，也可借助解析方法，采用劳斯判据来获得 T_{u}。

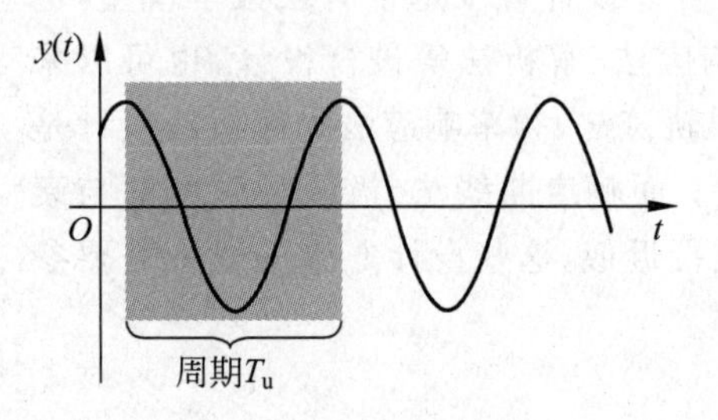

图 1-8 极限振荡图

表 1-2 基于极限灵敏度法的 PID 参数选择表

控 制 器	K_{p}	T_{i}	T_{d}
P	$0.5K_{\mathrm{u}}$	—	—
PI	$0.45K_{\mathrm{u}}$	$0.83T_{\mathrm{u}}$	—
PID	$0.6K_{\mathrm{u}}$	$0.5T_{\mathrm{u}}$	$0.125T_{\mathrm{u}}$

用极限灵敏度法调整 PID 参数时，PID 表达式应改写为式(1-5)的形式。

$$\begin{aligned}\frac{U(s)}{E(s)}&=K_{\mathrm{p}}\left(1+\frac{1}{T_{\mathrm{i}}s}+T_{\mathrm{d}}s\right)\\&=0.6K_{\mathrm{u}}\left(1+\frac{1}{0.5T_{\mathrm{u}}s}+0.125T_{\mathrm{u}}s\right)\\&=0.075K_{\mathrm{u}}T_{\mathrm{u}}\,\frac{\left(s+\frac{4}{T_{\mathrm{u}}}\right)^{2}}{s}\end{aligned}\tag{1-5}$$

4. 衰减振荡法

衰减振荡法是在调整比例增益使系统变为如图 1-9 所示 1/4 幅值衰减时(此时 $K_p=K_s$),PID 控制参数可按照表 1-3 选取。

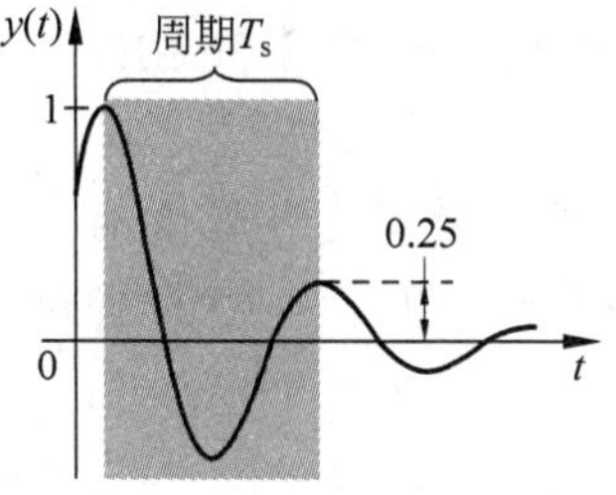

图 1-9　衰减曲线图

表 1-3　基于衰减振荡法的 PID 参数选择表

控制器	K_p	T_i	T_d
P	K_s	—	—
PI	$1.2K_s$	$0.5T_s$	—
PID	$0.8K_s$	$0.3T_s$	$0.1T_s$

1.2.4　PID 控制算法的数字化、改进与组合

1. PID 控制算法的数字化

随着计算机技术在过程控制中的广泛应用,传统的 PID 控制器也已基本上转变成了数字 PID 控制器。数字 PID 控制算法由常规 PID 控制算法离散化得来。离散化的方法包括时域的欧拉近似法、复域的零极点映射法、采样数据变换法和保持等价法。用反向采样数据变换对连续 PID 控制算法进行离散化,可得到离散位置算法 PID 表达如下:

$$D(z)=K_p+K_i\frac{1}{1-z^{-1}}+K_d(1-z^{-1}) \tag{1-6}$$

式中:K_p 为比例增益;$K_i=K_pT/T_I$ 为积分系数;$K_d=K_pT_d/T$ 为微分系数;T 为采样周期。

2. PID 控制算法的改进

为了提高常规 PID 控制器的性能,或满足工业控制中的一些特殊控制需求,已出现了许多关于 PID 控制的改进算法,包括积分分离 PID 控制算法、抗积分饱和 PID 控制算法、不完全微分 PID 控制算法、带死区的 PID 控制算法、微分先行 PID 控制算法、变增益 PID 控制算法,以及一些实现系统动态补偿的 PID 控制算法。这里仅介绍其中的几种算法。

(1) 积分分离 PID 控制算法

积分作用的不良影响多发生在控制偏差较大的时候,这种情形常发生在控制系统启动或停止时,甚至是在较大幅度地提升或降低系统给定值时,短时间内的大偏差会致使系统在积分作用下出现较大的超调量和振荡,这对控制系统来说是极为不利的。因此,当控制偏差较大时,可以设定一个阈值 A,在偏差较大时取消积分作用,从而减小超调量。积分分离 PID 改进算法的差分方程为

$$u(k)=K_pe(k)+K'K_i\sum_{j=0}^{k}e(j)+K_d[e(k)-e(k-1)] \tag{1-7}$$

式中:k 为采样序号。

$$K'=\begin{cases}1, & |e(j)|\leqslant A\\ 0, & |e(j)|>A\end{cases}$$

(2) 微分先行 PID 控制算法

在控制系统的实际运行中，对设定值的调整大多是阶跃形式的。控制器若对这种阶跃形式的输入直接进行微分运算，会使控制器输出产生较大的突跳。这种突跳一方面会使操作变量产生较大的变化，这对有些生产过程是不允许的，另一方面也会使被控变量产生较大的超调量。为了避免设定值变化引起的微分突跳，便提出了微分先行 PID 控制算法。

微分先行就是将控制器的微分部分移至测量通道，考虑到在被控变量变化较大时也会有同样的效果，这里将比例部分也移至测量通道。因此，微分先行算法也称为 I-PD 控制算法，如图 1-10 所示。微分先行 PID 控制算法的离散表达式为

$$U(z) = -K_{\mathrm{p}}Y(z) + K_{\mathrm{i}}\frac{1}{1-z^{-1}}[R(z)-Y(z)] - K_{\mathrm{d}}(1-z^{-1})Y(z) \tag{1-8}$$

式中：U 为控制器输出；Y 为对象输出；R 为给定输入。

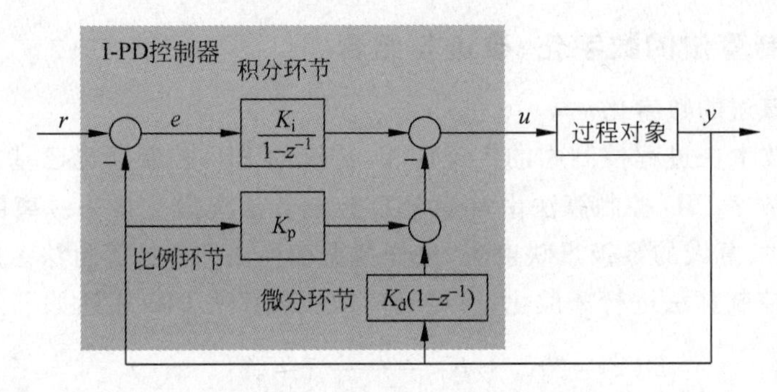

图 1-10 I-PD 控制器结构图

(3) 抗积分饱和 PID 控制算法

积分饱和是指积分项由于某种原因致使饱和造成的。比如在工业过程控制中任何执行机构都有一定的线性范围，超出该范围即可引起饱和。图 1-11 给出了调节阀的非线性特性。

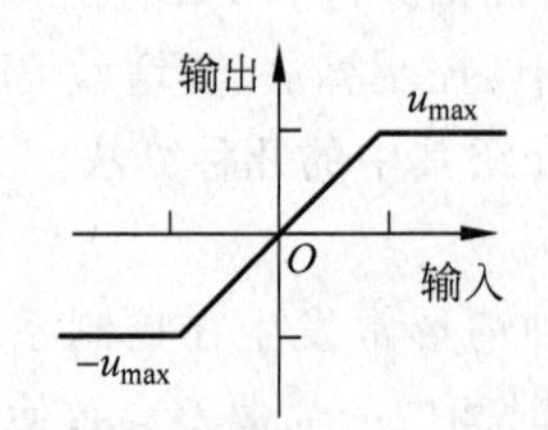

图 1-11 阀位饱和非线性特性图

采用增量 PID 控制算法是解决积分饱和的方法之一。增量 PID 控制算法的差分方程为

$$\begin{aligned}\Delta u(k) &= u(k) - u(k-1) \\ &= K_{\mathrm{p}}[e(k) - e(k-1)] + K_{\mathrm{i}}e(k) \\ &\quad + K_{\mathrm{d}}[e(k) - 2e(k-1) \\ &\quad + e(k-2)]\end{aligned} \tag{1-9}$$

增量算法与位置算法并无本质差别，只是在增量算法中，积分部分不是由计算机承担的，而是由系统中其他具有累积功能或积分功能的部件(如步进电动机等)来实现的。

还有一些解决积分饱和的其他方法，如通过测量积分元件前后的信号(或用模型估计)，再通过一定的增益使其反馈到积分器的输入，也可限制积分器的饱和。连续域的这种抗积分饱和 PID 控制器结构如图 1-12 所示。由图 1-12 可见，该控制器也是微分先行控制器，并且控制器内带执行机构模型。

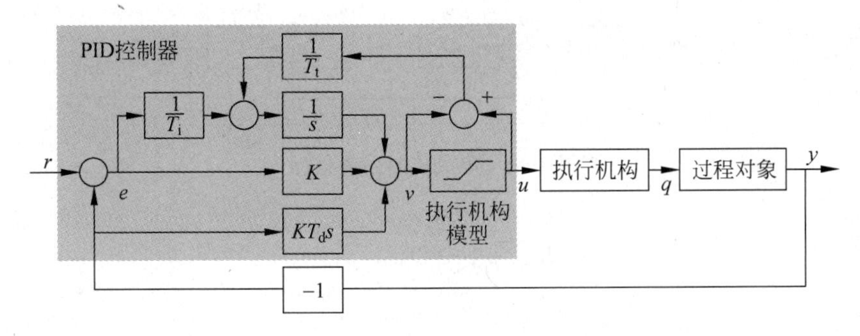

图 1-12　抗积分饱和 PID 控制器结构图

3. PID 控制器的组合

前面介绍的是一个 PID 控制器所构成的系统，也称之为单回路控制系统。单回路控制系统一般能满足大多数对象的控制要求。对于被控对象特性比较复杂，或系统控制质量要求较高时，需要一个或多个 PID 控制器与过程参数进行组合，以构成复杂控制系统。常用的复杂控制系统有比值控制系统、串级控制系统、前馈控制系统、选择控制系统、分程控制系统、滞后补偿控制系统等。

(1) 比值控制系统

有些过程对象的原料或燃料加入需要符合一定的比例关系，这时就需要进行比值控制。典型的案例是燃烧控制，燃料加入量与空气加入量需符合一定的比例时燃烧最充分。比值控制的方式又包括开环比值控制、闭环比值控制、定比值控制和变比值控制等。图 1-13 所示的是一个定比值双闭环控制系统。

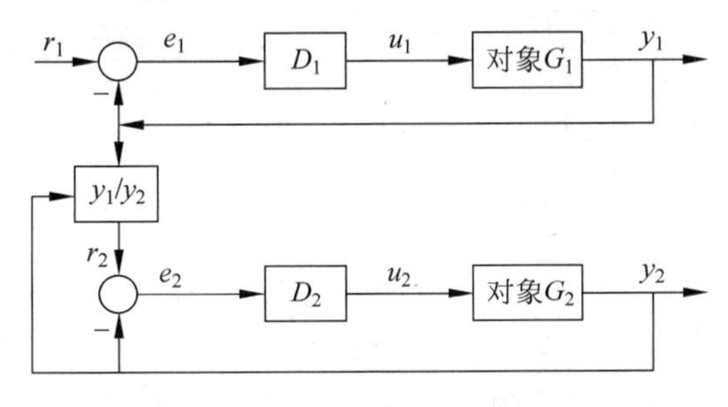

图 1-13　比值控制系统框图

(2) 串级控制系统

在有些过程对象中，如果能够实现对某一中间变量的测量与控制，而且该变量对最终被控参数有直接影响时，则可构筑串级控制系统。或者是有两个独立的控制回路共用了同一个操作变量时，两个独立的控制回路即可串联起来。串级控制系统分为并联串级控制系统与串联串级控制系统，串联串级控制系统较为常用。图 1-14 所示为串联串级控制系统。在串级控制系统中，中间变量取自副对象，最终被控变量取自主对象。副控制器控制副对象，直接克服进入副回路的干扰 w_1。主控制器的输出作为副控制器的参考输入，通过改变副控制器的给定值来控制主对象，从而提高系统克服主干扰 w_2 的能力。典型的案例是炉温控制，控制燃料加入量可控制炉温，但是原料加入量更直接地影响炉温，这时可将原料流量控制作为副回路，而燃料与温度作为主回路，用串级控制来实现。

在串级控制系统的设计中，通常使副回路的响应比主回路快，这时

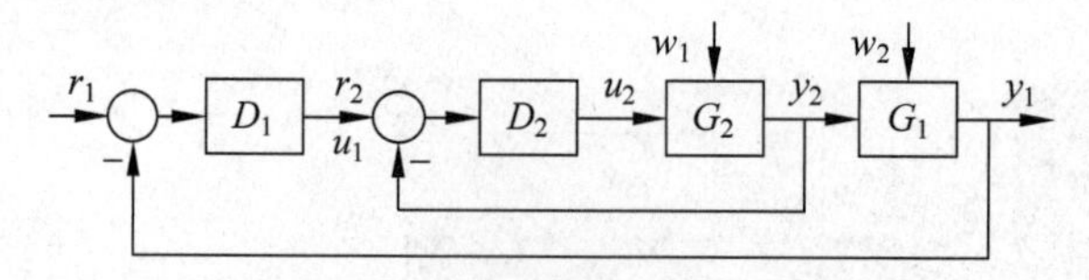

图 1-14　串级控制系统框图

$$\frac{Y_2}{R_2}=\frac{D_2G_2}{1+D_2G_2}\approx 1 \tag{1-10}$$

因此

$$\frac{Y_1}{R_1}=\frac{D_1G_1}{1+D_1G_1} \tag{1-11}$$

与单回路控制系统相比,串级控制系统具有以下特点：

① 串级控制系统具有更高的工作频率；

② 串级控制系统具有较强的抗干扰能力；

③ 串级控制系统具有一定的自适应能力。

(3) 前馈控制系统

如果系统中的干扰因素可测量,则测量进入过程的干扰信号 w,再按该信号产生合适的控制作用去改变操纵变量,从而使被控变量维持在设定值上,这就是前馈控制。与单回路控制系统相比,前馈控制系统克服干扰比反馈控制系统更及时。但前馈控制属于开环控制,因此前馈控制方式常与反馈控制方式结合使用,图 1-15 所示为前馈-反馈控制系统。

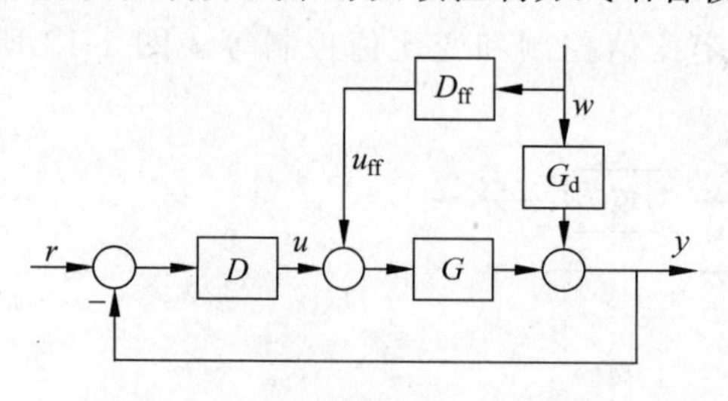

图 1-15　前馈-反馈控制系统框图

由图 1-15 可见,系统输出与参考输入和扰动输入的关系为

$$Y=\frac{DG}{1+DG}R+\frac{G_{\mathrm{d}}+D_{\mathrm{ff}}G}{1+DG}W \tag{1-12}$$

式中,只要选择

$$D_{\mathrm{ff}}=-\frac{G_{\mathrm{d}}}{G}$$

扰动因素即可完全补偿。

除了单变量前馈控制外,有些复杂对象控制中还会用到多变量前馈控制,包括多变量输入-单变量输出型前馈控制和多变量输入-多变量输出型前馈控制。

(4) 选择控制系统

在选择控制系统中一般有一个常规受控变量,需要进行定值控制。另外还有一个区间约束变量,正常工况下无须控制,一旦超出允许范围就需要及时加以调节,以防止发生事故。选择控制系统会依据对象结构不同其系统配置不同。对于串联对象,需要多控制器配置,选择控制输出,这种控制系统也称超驰控制系统,如图 1-16(a)所示。对于并联对象,只需配置一个控制器,选择测量变量,操作变量只有一个,如图 1-16(b)所示。

根据选择变量不同,选择控制又可分为开关型选择控制、连续型选择控制和混合型选择控制等。

另外,选择控制方式还能构成抗积分饱和控制系统,在此不予介绍。

(5) 分程控制系统

分程控制系统是指用一个控制器的输出去控制多个执行器,以满足生产工艺的特殊要求或是扩大可调范围。图 1-17 所示为分程控制系统。

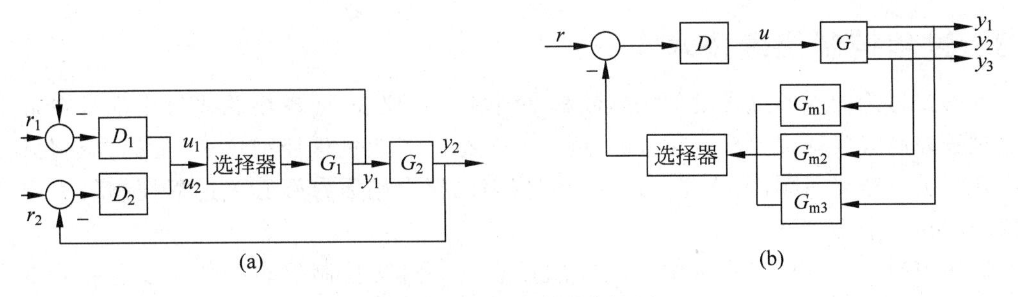

图 1-16　选择控制系统框图

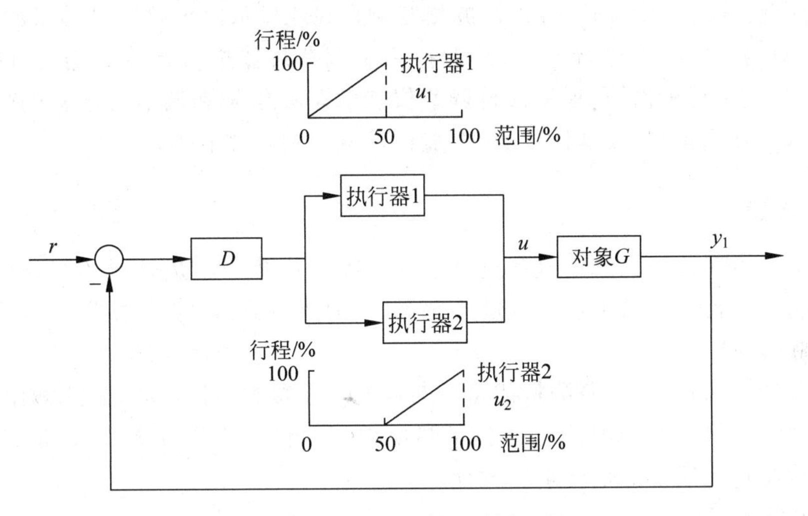

图 1-17　分程控制系统框图

（6）大滞后补偿控制系统

有些工业对象中存在串联环节或长距离物料输送环节等，这会使系统存在比较大的滞后时间。较大的滞后时间会使系统的稳定性降低，需要对其进行特殊的补偿处理。补偿的方法主要包括史密斯预估补偿、大林算法补偿、内模控制等。这些补偿方法都是基于模型来预估系统在扰动作用下的动态响应，由预估器计算所需补偿量加入系统对象，试图使被延时了的被控量超前反馈到控制器，使控制提前动作，从而加速调节过程。

史密斯预估补偿方法就是考虑对象 $G(s)$ 有延时 $e^{-\tau s}$ 的情况下，建立一个 $G(s)(1-e^{-\tau s})$ 预估模型，再配合常规 PID 控制器进行控制。图 1-18 所示为史密斯预估补偿控制系统。

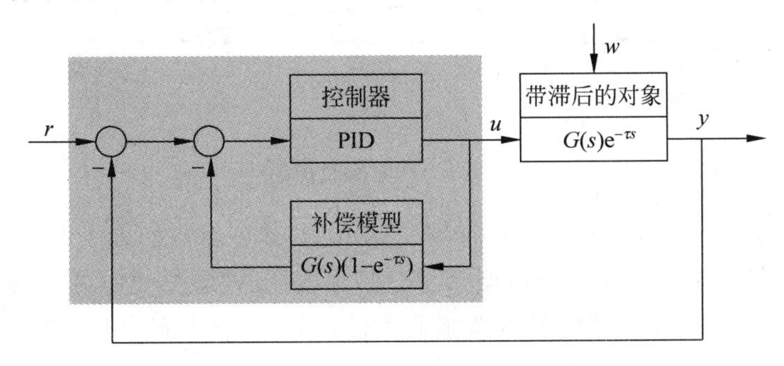

图 1-18　史密斯预估补偿控制系统框图

1.3 过程控制仪表技术

本书要讨论的现场总线设备大多数都是现场总线仪表，而现场总线仪表都是在常规的工业过程控制仪表基础上发展起来的，因此本节拟对工业过程控制仪表（也称自动化仪表）基础知识进行概要回顾，系统理解过程控制仪表的概念则需参阅有关过程控制仪表或自动化仪表的相关书籍。

过程控制仪表是自控系统中的基本组成设备。过程控制仪表一般主要包括：传感器（利用各种技术方法对被测量进行测量的装置）、变送器（将传感器所测量的模拟信号转换为4～20mA标准信号的装置）、显示器（将被测变量直观地显示出来并提供结果的装置）、调节器（将被测参数与设定参数进行比较，然后按一定调节规律进行计算并输出计算结果的装置）、执行器（又称执行机构，它根据来自调节仪表的调节信号和调节规律，直接调节工业生产过程的输入和输出量）以及辅助仪表（一般包括电源和隔离器等）。

1.3.1 传感器

传感器的基本功能是检测信号和进行信号转换。传感器总是处于测试系统的前端，用来获取检测信息。传感器通常包括温度传感器、压力传感器、位移传感器、速度传感器等。

1. 温度传感器

测量温度的方法很多，按照测量体是否与被测介质接触，可分为接触式测温法和非接触式测温法两大类。接触式测温传感器包括热电偶、热电阻、半导体温度计和双金属温度计等。非接触测温传感器主要是光学温度计。

(1) 热电偶温度传感器

热电偶温度传感器的基本原理基于热电效应，即将两种不同材料的导体组成一个闭合回路时，如图1-19所示，只要两个接合点温度 T_2 和 T_1 不同，则在该回路中就会产生电动势。电动势与温差的关系为非线性关系，通常可近似表达为

$$E_\sigma(T) = \alpha(T_2 - T_1) \tag{1-13}$$

式中：E_σ 为热电势；

α 为与材料有关的系数；

T_2 为热端温度；

T_1 为冷端温度。

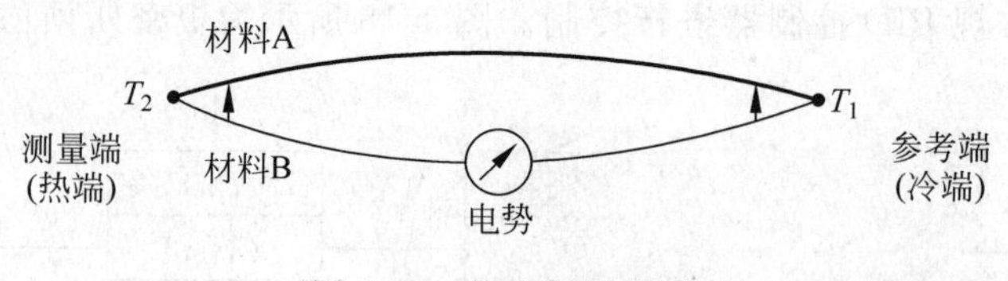

图 1-19 热电偶原理图

国际电工委员会(IEC)推荐的8种标准化热电偶，其分度号如表1-4所示。

热电偶传感器的结构形式有普通型(装配型)热电偶、铠装型热电偶和薄膜热电偶等，其结构如图1-20所示。普通型结构热电偶工业上使用最多，它一般由热电极、绝缘套管、保护管和接线盒组成。

表 1-4　热电偶分度表

分度号(型号)	材　料	温度范围/℃
J	铁-康铜	−190～760
T	铁-康铜	−200～370
K	铬-镍铝	−190～1260
E	铬-康铜	−100～1260
N	镍铬硅-镍硅	−270～1200
S	90%铂+10%铂-铑	0～1480
R	87%铂+13%铂-铑	0～1480
B	铂-铑 30+铂-铑 6	0～1600

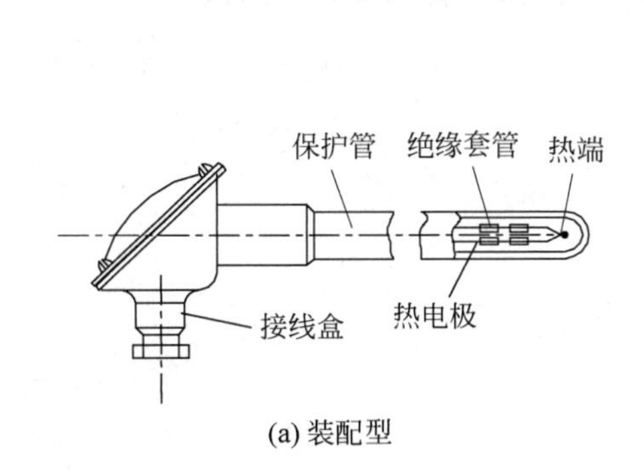

(a) 装配型

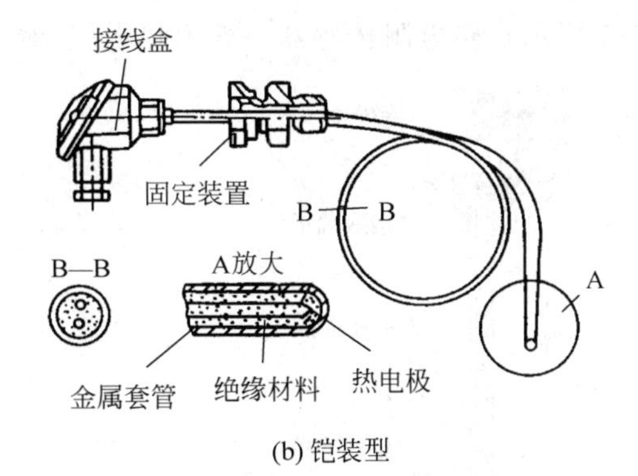

(b) 铠装型

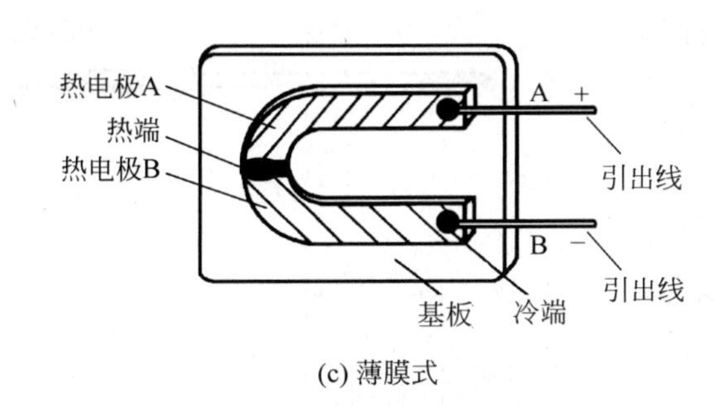

(c) 薄膜式

图 1-20　热电偶传感器结构图

热电偶传感器的线性化处理和冷端温度补偿一般由后续的信号调理电路或变送器来完成。

(2) 热电阻温度传感器

热电阻温度传感器通常简称 RTD,其基本原理基于金属电阻受温度影响而改变。金属电阻与温差的关系为非线性关系,通常也近似表达为

$$R(T)=R(T_0)[1+\alpha_0\Delta T],\quad T_1\leqslant T\leqslant T_2 \tag{1-14}$$

式中:$R(T)$为在温度 T 时电阻的近似值;

$R(T_0)$为在温度 T_0 时的电阻;

ΔT 为 $T-T_0$;

α_0 为在温度 T_0 时温度每变化 1℃所引起电阻的变化(也即电阻温度系数)。

常用热电阻的分度号如表 1-5 所示。

表 1-5　热电阻分度表

分　度　号	热电阻材料	测温范围/℃
Cu_{50} ($R_0=53\Omega$)	铜	−50～150
Cu_{100} ($R_0=100\Omega$)	铜	−50～150
Pt_{10} ($R_0=10\Omega$)	铂	−200～850
Pt_{100} ($R_0=100\Omega$)	铂	−100～650
Ni_{100}	镍	−60～180

热电阻传感器的结构形式有装配型热电阻、铠装型热电阻和薄膜热电阻等，其结构如图 1-21 所示。热电阻传感器一般由热电极、绝缘套管、保护管和接线盒组成。

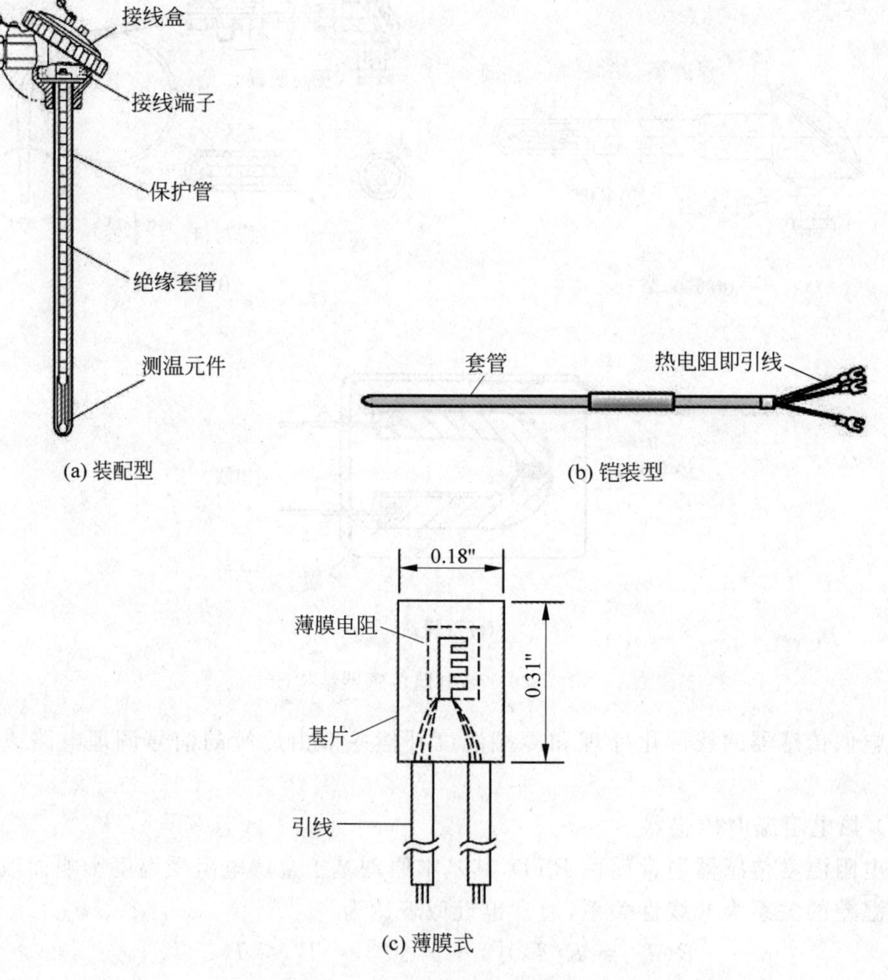

图 1-21　热电阻传感器结构图

热电阻传感器的线性化处理、对电阻的测量和线路电阻补偿等一般由后续的信号调理电路或变送器来完成。

(3) 双金属温度传感器

双金属温度传感器是一种基于热膨胀原理的测温传感器。当温度发生改变时，物体的体积将发生改变，即对应的尺寸将发生改变。如果以其长度作为特征尺寸，则

$$l = l_0(1+\gamma\Delta T) \tag{1-15}$$

式中：l 为温度在 T 时的长度；

l_0 为温度在 T_0 时的长度；

γ 为材料的膨胀系数；

$\Delta T = T - T_0$ 为温差。

在实际应用中，一般将双金属温度传感器的双金属片制成一些特殊的形式，如盘旋式、垫圈式、U式和螺旋式等来测量温度。图1-22所示就是一种螺旋式的双金属温度计。

(4) 半导体温度传感器

半导体温度传感器包括热敏电阻和结半导体电阻等，它们会因温度的变化而引起半导体电阻温度系数的变化或结半导体电压的变化。对于结半导体电阻，通常将测温晶体管和激励电路、放大电路等集成在一个芯片上构成集成温度传感器。一种典型的集成温度传感器的基本结构如图1-23所示。

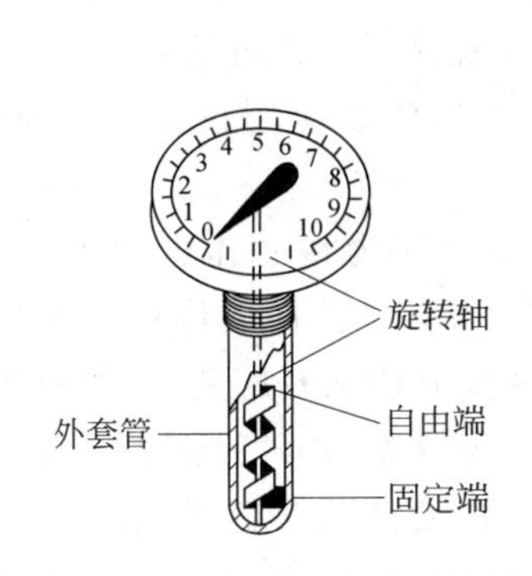

图1-22 双金属温度计结构图

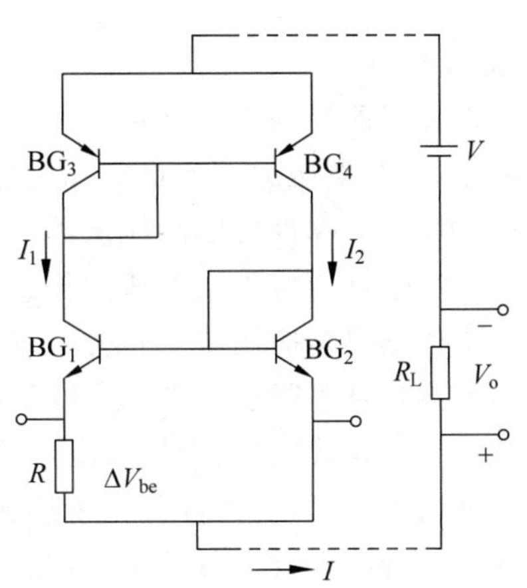

图1-23 半导体温度传感器结构图

(5) 光学温度传感器

光学温度传感器也称光学高温计，是一种基于热辐射原理的温度传感器。辐射测温是利用热辐射来测量物体温度，是非接触测温传感器。光学温度传感器包括宽带高温计、部分辐射高温计和窄带高温计。光学温度传感器都需要一套光学系统来进行聚光和成像。

宽带高温计接收入射辐射中所有的波长，因此也称为全辐射高温计。它采用热探测器探测辐射波的总功率。常用的热探测器有热电堆和热敏电阻等。总功率与温度的关系基于斯蒂藩-玻耳兹曼定律：

$$T = \sqrt[4]{\frac{1}{\alpha}}\,T_D \tag{1-16}$$

式中：T 为物体温度；

T_D 为对应的黑体温度；

α 为黑体系数。

部分辐射高温计也即红外温度计，这是由于辐射能量在随波长分布时，其能量密度最高的位置基本上都在红外区，在该区域传感器可以有更高的灵敏度，所以就有了专门针对该波长范围的部分辐射温度计。红外温度计中自然要用到红外传感器来探测所接收的红外辐射。红外传感器分为光量子型和热电型两大类。光量子型红外传感器为光敏传感器。

窄带高温计一般包括单色(亮度)高温计和颜色(比色)高温计。

工业过程控制中常用的红外温度计结构原理如图 1-24 所示。

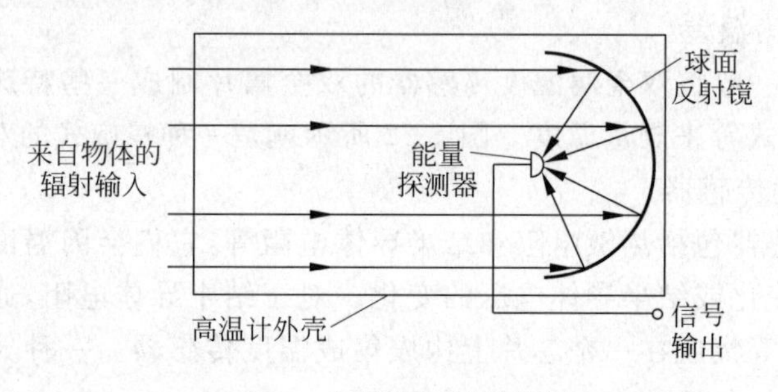

图 1-24　红外高温计结构图

2. 压力传感器

工程上将垂直而均匀作用在单位面积上的力称为压力，两个被测压力之间的差值称为压力差或差压，因此对压力的测量实际上也就是对力的测量。力的测量包括杠杆平衡法、加速度法、流体测压法、弹性变形测压法等。其中弹性变形方法是应用较多的一种测压方法。不同的测压方法也对应有不同的压力传感器。

弹性测压传感器是应用较广的压力传感器，一些其他压力传感器也利用了弹性方法。弹性测压传感器是基于弹性元件受力变形的原理，将被测压力转换成位移来进行测量。常用的弹性元件有弹簧管、膜片和波纹管等。而位移的测量方法又有应变法、压阻法、霍尔法、电容法和压电法等。可见，弹性测压传感器是复合型的传感器，各种弹性元件与不同的位移测量方法进行组合就构成了各种压力传感器，其中包括应变压力传感器、霍尔压力传感器、电容压力传感器等。

(1) 应变式压力传感器

应变式压力传感器由弹性元件、电阻应变片和测量电路组成。弹性元件用来感受被测压力的变化，并将被测压力的变化转换为弹性元件表面的应变。电阻应变片粘贴在弹性元件上，将弹性元件的表面应变转换为应变片电阻值的变化，然后通过测量电路将应变片电阻值的变化转换为便于输出测量的电量，从而实现被测压力的测量。目前工程上使用最广泛的电阻应变片有金属电阻应变片和半导体应变片。常用的测量电路为桥路。图 1-25 所示为一种应变压力传感器的原理结构与测量电桥，电桥的 4 个桥臂都接有应变片，此时相邻桥臂所接的应变片承受相反应变，相对桥臂的应变片承受相同应变，全桥电路的输出电压与被测压力的关系为

$$V_o = \frac{\Delta R}{R} V_s = G\varepsilon V_s = KF \tag{1-17}$$

式中：V_o 为桥路输出电压；

ΔR 为弹性元件受力时电阻的变化；

R 为无应变时应变计的电阻；
V_s 为供桥电压；
G 为应变计系数；
ε 为应变；
K 为综合系数；
F 为被测力。

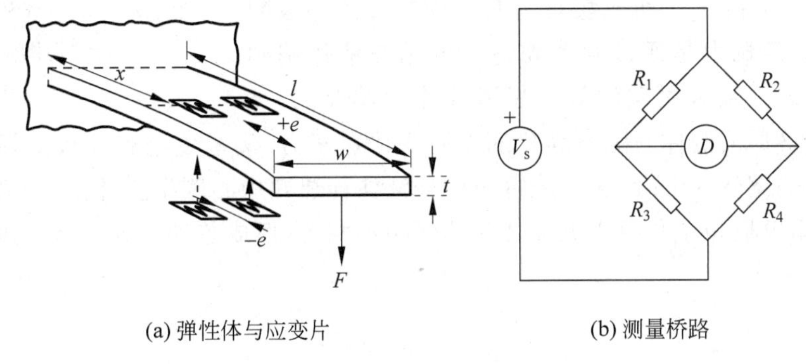

(a) 弹性体与应变片　　(b) 测量桥路

图 1-25　应变压力传感器结构图

（2）压电式压力传感器

压电式压力传感器的工作原理是基于某些物质的压电效应，即有些电介质材料在一定方向上受到外力作用而变形时，在其表面上会产生相应电荷。由于涉及电荷的测量，压电传感器一般还需要配以相关的信号调理电路。压电体电荷与所受力之间的基本关系为

$$Q = K_q x_i = KF \tag{1-18}$$

式中：Q 为晶体产生的电荷；
K_q 为压电系数；
x_i 为晶体变形；
K 为综合系数；
F 为所测力。

图 1-26 所示为一种压电式压力传感器的原理结构。

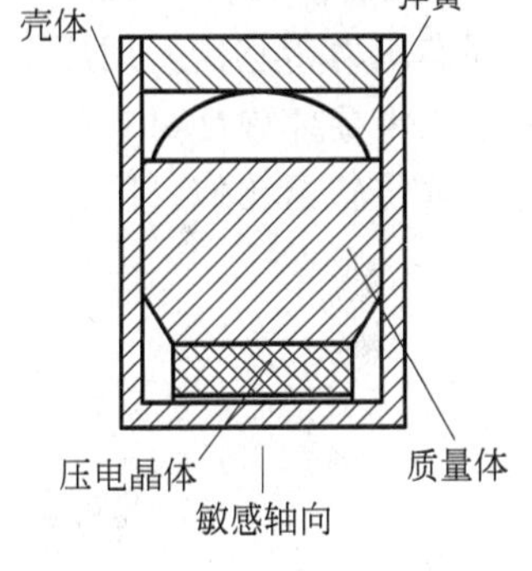

图 1-26　压电式压力传感器结构图

（3）霍尔式压力传感器

霍尔式压力传感器的工作原理是基于某些物质的霍尔效应，即置于磁场中的静止载流导体，当它的电流方向与磁场方向不一致时，载流导体上平行于电流和磁场方向上的两个面之间会产生电动势。若霍尔元件受力后在磁场中产生相对位移，霍尔元件感受到的磁感应强度也随之改变，其量值大小反映出霍尔元件与磁场之间相对位置的变化量，也反映了受力的大小。霍尔电势的大小与力的关系为

$$V_H = K_H K_i I x = KF \tag{1-19}$$

式中：V_H 为霍尔电势；
K_H 为霍尔元件的灵敏度；
K_i 为耦合系数；
I 为激励电流；

K 为综合系数；

F 为所测力。

图 1-27 所示为一种霍尔式压力传感器的原理结构。

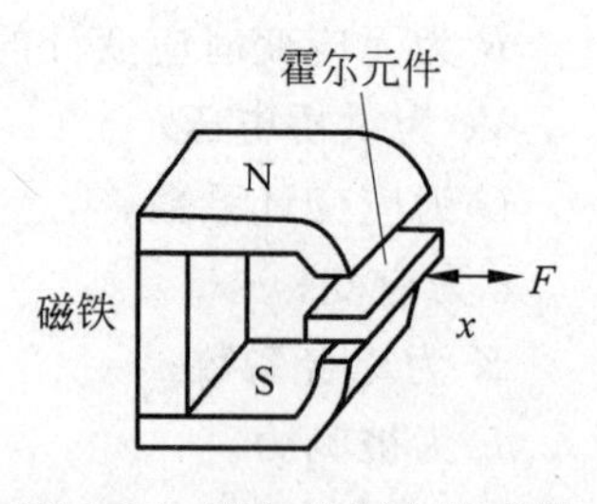

图 1-27 霍尔式压力传感器结构图

(4) 差动电容式压力传感器

差动电容式压力传感器的测量部分常采用差动电容结构，如图 1-28 所示。中心可动极板与两侧固定极板构成两个平面型电容 C_H 和 C_L。可动极板与两侧固定极板形成两个感压腔室，介质压力是通过两个腔室中的填充液作用到中心可动极板。一般采用硅油等理想液体作为填充液，被测介质大多为气体或液体。隔离膜片的作用既传递压力，又避免电容极板受损。当压力加到膜盒两边的隔离膜片上时，通过腔室内硅油液体传递到中心测量膜片上，中心感压膜片产生位移，使可动极板和左右两个极板之间的间距不相等，形成差动电容。差动电容与力的关系为

$$\frac{C_H - C_L}{C_H + C_L} = K\Delta P \tag{1-20}$$

式中：C_H 为高压侧电容；

C_L 为低压侧电容；

K 为综合系数；

ΔP 为所测差压。

(5) 固态压力传感器

固态压力传感器采用压阻敏感元件。压阻元件的工作原理基于压阻效应。其压力敏感元件是在半导体弹性材料的基片上利用集成电路工艺制成的扩散电阻，其测压原理与应变式压力式传感器相似。图 1-29 所示为一种固态压力传感器的原理结构。

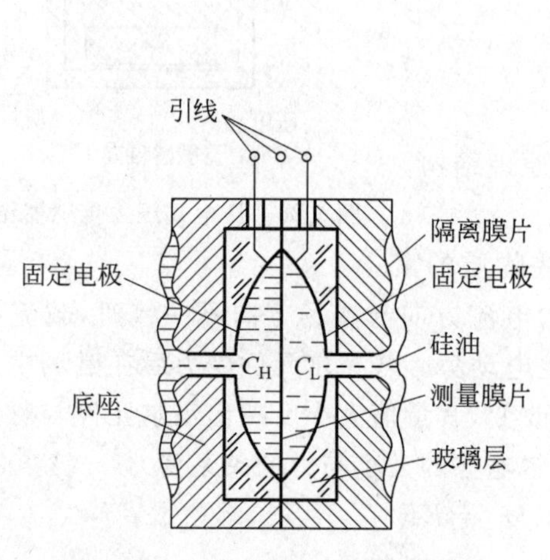

图 1-28 电容式压力传感器结构图

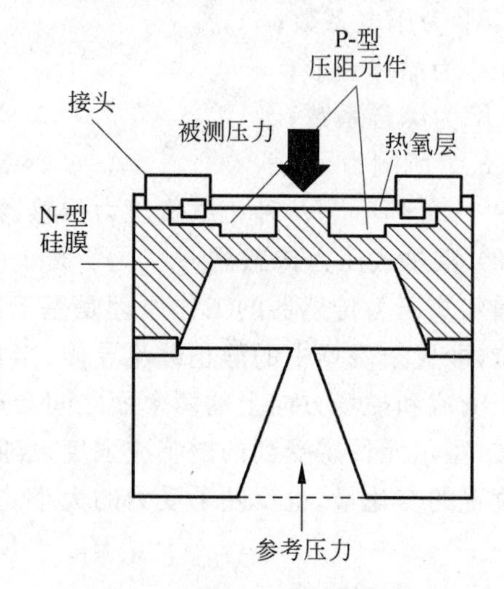

图 1-29 固态压力传感器结构图

3. 流量传感器

流量传感器按照检测原理不同可分为速度型流量传感器、容积型流量传感器和质量型

流量传感器。

速度型流量传感器是测量管道内流体的平均流速，再乘以管道截面积求得流体的体积流量。容积型流量传感器是在单位时间内以标准固定体积对流动介质连续不断地进行测量，以排出流体固定容积数来计算流量。质量型流量传感器利用其他变量与流量的关系来测量。固体流量的测量则一般采用称量的方法。

(1) 流量孔板

流量孔板是一种节流元件，与之类似的节流元件还有文丘里管、流量喷嘴和道尔流量管等。流体通过流量孔板时，流束在节流件处形成局部收缩，使流速增大，静压力降低，于是在流量孔板前后产生压力差。该压力差与流量成正比，其关系为

$$Q=\frac{C_d A_2}{\sqrt{1-(A_2/A_1)^2}}\sqrt{\frac{2}{\rho}(P_1-P_2)} \tag{1-21}$$

式中：Q 为体积流量；

A_1 为管道截面积；

A_2 为孔板的孔面积；

C_d 为流量系数；

P_1 为流体在管道处的静压力；

P_2 为流体在孔板处的静压力；

ρ 为流体密度。

图 1-30 所示为流量孔板、文丘里管和流量喷嘴的结构和原理。

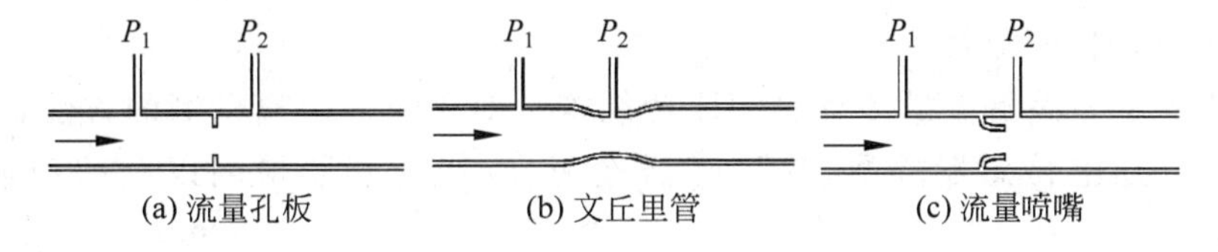

图 1-30　节流元件结构图

(2) 涡轮流量传感器

涡轮流量传感器是由悬挂在流体中的多叶片转子组成，如图 1-31 所示。转子的转动轴平行于流体流动的方向。流体碰到叶片时，会引起近似正比于流量的角速度转动。叶片由

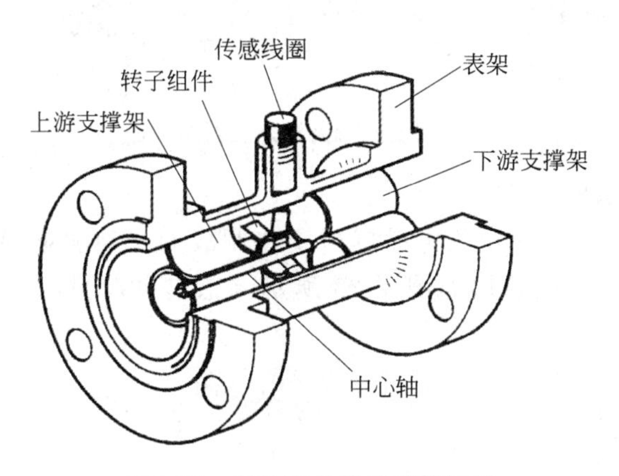

图 1-31　涡轮流量传感器结构图

铁磁材料制成，每个叶片可与一同安装在流量计中的永磁铁和线圈组成一个回路，这就形成一个变阻测速发电机，线圈中的感应电压是正弦波，其幅值正比于被测流量。

$$E = b\cos mkQt \tag{1-22}$$

式中：E 为输出电压；

b 为磁通随角度变化的幅值；

m 为叶片数；

k 为取决于叶片与转轴夹角的常数；

Q 为被测流量；

t 为时间。

(3) 涡街流量传感器

涡街流量传感器的工作原理基于涡街脱离自然现象。漩涡脱离钝体的频率正比于被测流量。

$$f = \frac{4}{\pi}\frac{S}{D^3}\frac{1}{\frac{d}{D}\left(1-\frac{4}{\pi}k\frac{d}{D}\right)}Q \tag{1-23}$$

式中：f 为漩涡脱离钝体的频率；

S 为斯脱鲁哈数；

D 为管道直径；

d 为钝体宽度；

k 为钝体系数；

Q 为流体的体积流量。

图 1-32 所示为涡街流量传感器的原理结构。对于漩涡脱离检测的方法，包括电容膜片传感器检测、压电传感器检测、热传感器检测、应变传感器检测以及超声波传感器检测等。

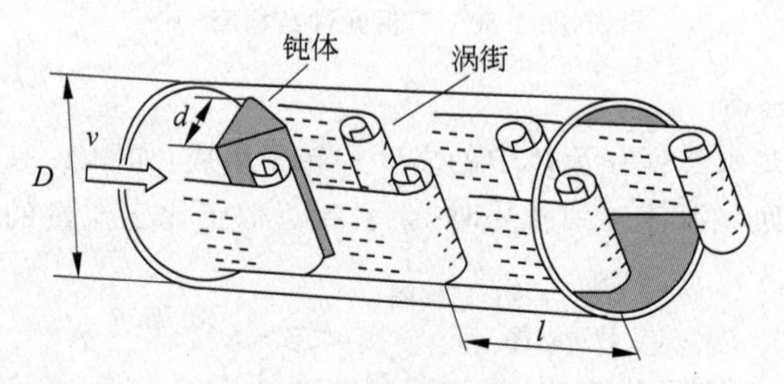

图 1-32　涡街流量传感器结构图

(4) 电磁流量传感器

电磁流量传感器是根据法拉第电磁感应定律制成的一种测量导电液体体积流量的仪表。电磁流量传感器的原理结构如图 1-33 所示。感应电动势的大小正比于流体的体积流量。

$$E = \frac{4\boldsymbol{B}}{\pi D}Q \tag{1-24}$$

式中：E 为感应电动势；

$\boldsymbol{B}$ 为磁感应强度；

D 为管道直径；

Q 为流体流量。

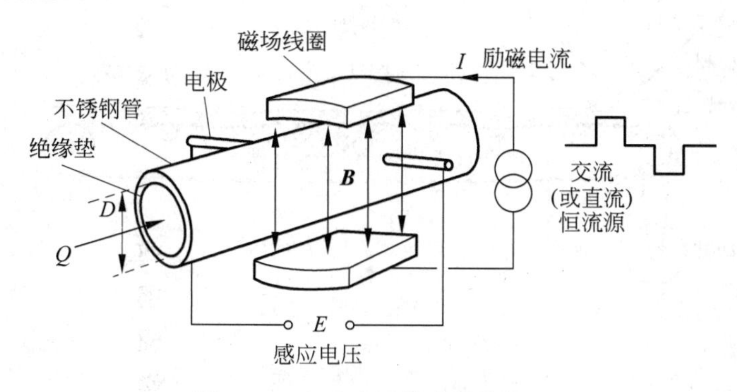

图 1-33　电磁流量传感器结构图

(5) 科里奥利流量传感器

科里奥利质量型流量传感器的基本原理基于科里奥利力。科里奥利流量传感器是让流体流经一个 U 型管，U 型管的端口固定，U 型管的底端在外加驱动作用下绕端口为轴振动，如图 1-34 所示。流体流入 U 型管随 U 型管振动，在 U 型管的两个直管段分别会对 U 型管施加一个向上和向下的科里奥利力。在这两个力的作用下 U 型管会产生扭曲，这正是科里奥利流量计测量质量流量的基础。质量流量与 U 型管振动的关系为

$$Q_{\mathrm{m}} = \frac{c}{8r^2}\Delta t \tag{1-25}$$

式中：Q_{m} 为质量流量；

c 为 U 型管的弹性刚度；

r 为 U 型管的弯曲半径；

Δt 为传感器 1 与传感器 2 处发生位移的时差。

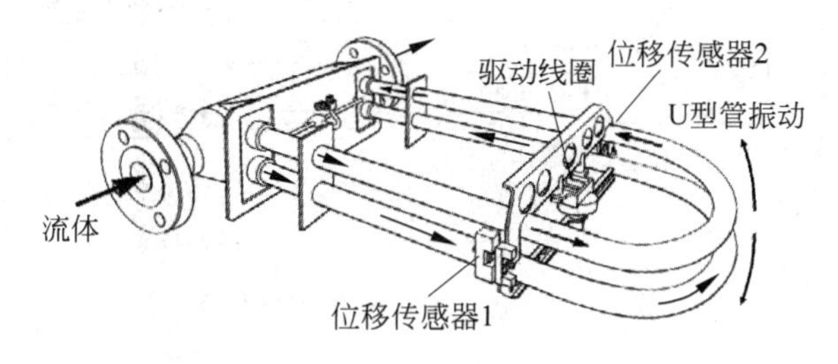

图 1-34　科里奥利流量传感器结构图

式(1-25)说明流体的质量流量可以用时差来反映。图 1-34 中科里奥利流量计的 U 型流量管是用一个换能器驱动线圈使其产生振动，时差的检测是由位移传感器 1 检测到的位移信号与位移传感器 2 检测到的位移信号的时间差得到的。该流量计采用了双 U 型流量管并联结构。

(6) 固体流量测量系统

常用的固体流量测量是指皮带运输机输送的固体，对皮带运输机输送流量的检测方式多为电子皮带秤。对于粉状固体需采用管道输送，这时的固体流量测量则采用射线法。

电子皮带秤一般包括能够测量单位皮带段上物料重量的荷重传感器和测量皮带运输速度

的速度传感器。可见,电子皮带秤是一个由多个传感器构成的测量系统,如图 1-35(a)所示。

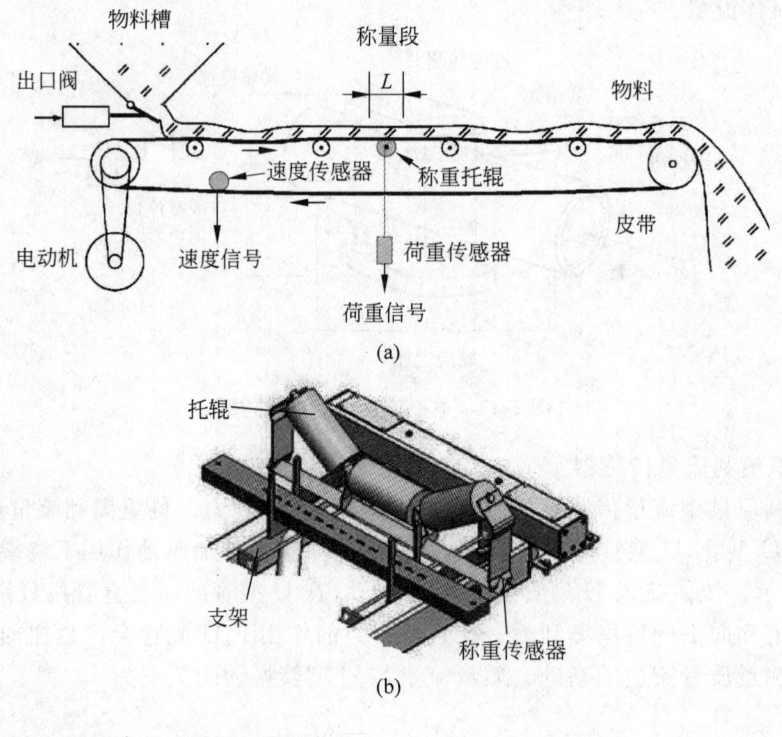

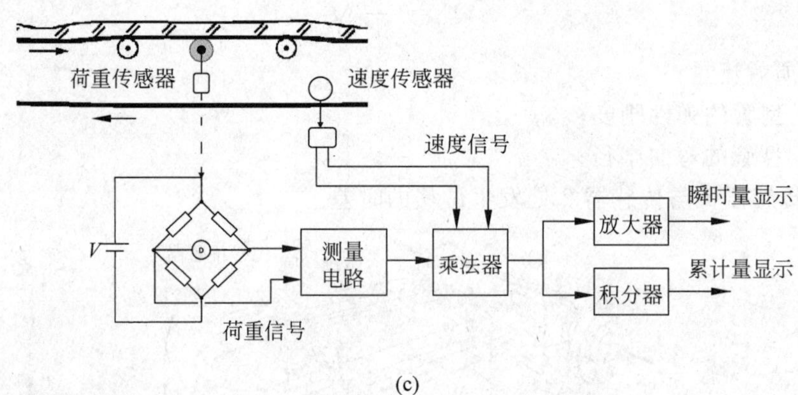

图 1-35　电子皮带秤系统结构图

在皮带运输机上,实现固定称量段是比较困难的。一般是将荷重传感器安装在皮带托辊下,该托辊也即称重托辊,如图 1-35(b)所示。只有一个称重托辊的配置称之为单托辊皮带秤,具有多个称重托辊的配置称之为多托辊皮带秤。

对固体流量的测量也即对重量的测量和对速度的测量。称重测量可用式(1-26)表达:

$$W = \frac{1}{K_1}\int_0^T V_G V_v \mathrm{d}t \tag{1-26}$$

式中:W 为重量流量;

K_1 为变换常数;

V_G 为称重传感器的输出;

V_v 为速度传感器的输出。

需要说明的是,式(1-26)是累计流量表达式。

实现称重传感器和速度传感器输出电压瞬时值相乘并积分的方式有多种,如图1-35(c)所示为其中的一种。

1.3.2 变送器

变送器是能将传感器的输出信号转换为可以被后续控制器或者测量仪表所接受标准信号的仪器,变送器的基本功能是对传感器检测到的信号进行处理、计算与转换,如线性化计算、零位迁移、量程转换、信号的标准化处理(仪表之间的传输信号国际标准统一为4~20mA)等,同时还包括一些基本的保护功能,如输入过载、输出过电流限制或短路保护等。变送器种类很多,对不同的物理量检测需要不同的传感器和相应的变送器。一般来说,变送器包括温度变送器、压力变送器、差压变送器、液位变送器、电流变送器、电量变送器、流量变送器、重量变送器等。传感器与变送器并没有严格的界限,有许多情形是将传感器与变送器做成一体,如前面介绍的电磁流量传感器和涡街流量传感器,通常都是将传感器与变送器做成一体,成为电磁流量计与涡街流量计。传感器、变送器与后续仪表的关系可以由图1-36来说明。

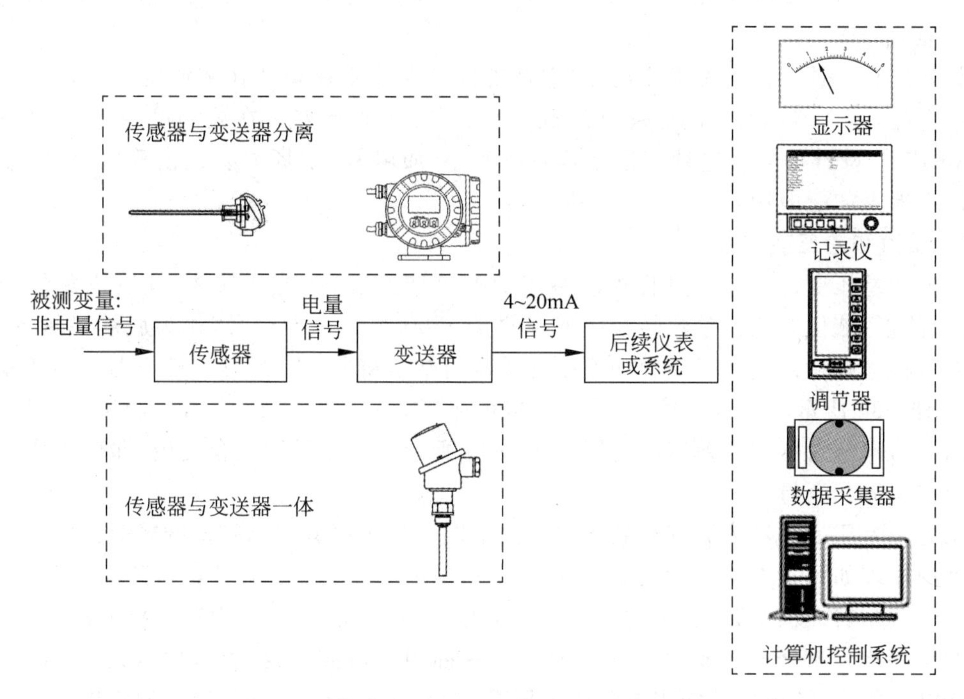

图1-36 传感器、变送器及其他控制仪表关系图

1. 温度变送器

需要说明的是,目前大多数控制仪表或计算机控制装置可以直接输入热电偶和热电阻信号,但在实际工业现场,还有很多采用温度变送器,将传感器输出的电阻或电势信号转换为标准信号输出,再把标准信号接入其他显示单元或控制单元。温度变送器可以处理热电阻的电阻信号、热电偶的毫伏信号,同样也可处理其他具有毫伏值输出传感器的输出信号。

温度变送器主要由量程单元和放大单元两部分组成,其中放大单元是通用的,而量程单元则随品种和测量范围的不同而不同。图 1-37 所示为温度变送器的原理框图。

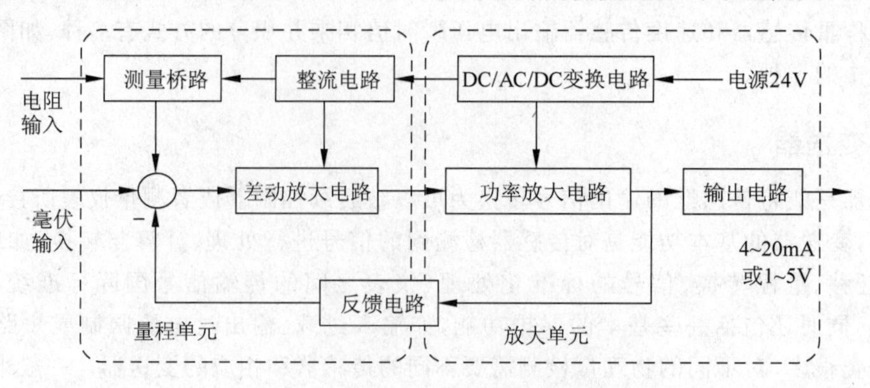

图 1-37 温度变送器原理框图

量程单元通常采用桥路对测量信号进行处理，同时还包括线性化电路、全火花防爆电路和冷端温度补偿电路等。

放大单元一般由集成运放、功率放大、隔离输出、直流-交流-直流变换器和电源等部分组成。其作用是将量程单元的输出电压经电压放大和功率放大，最后转换为 4～20mA 的统一标准信号输出。

另外还有一种一体化温度变送器，它是指将变送器模块安装在测温度元件接线盒或专用接线盒内，变送器模块和测温元件形成一个整体，可直接安装在被测设备上，输出为 4～20mA 的统一标准信号。这种变送器具有体积小、质量轻、现场安装方便等优点，因而在工业生产中得到广泛应用。

2. 压力和差压变送器

压力和差压变送器作为过程控制系统的检测变换装置，能将液体、气体或蒸气的差压(压力)、流量、液位等工艺参数转换成统一的 4～20mA 的标准信号，作为后续显示仪表、运算与调节仪表的输入信号。压力和差压变送器通常是将差压传感器与变送器一体化制作而成。如图 1-38 所示的差压变送器，若两侧接被测压力时即测量差压，若一侧接大气压，一侧接被测压力即测量压力。差压变送器与图 1-30 所示的节流元件配合使用，即可构成流量测量系统测量体积流量。

压力和差压变送器依据其测量传感器的不同可分为电容式与扩散硅式等。电容式差压变送器的原理如图 1-38 所示。振荡器是变压器反馈的单管自激励 LC 振荡器，其作用是向检测头的调制器提供稳频、稳幅的交流调制信号，实现差动电容的相对变化值的变换，同时向解调电路提供解调开关信号。解调器就是一种相敏检波电路，检波信号经 RC 滤波后成为直流电流信号，解调器的输出电压作为振荡控制器的输入，振荡控制器的输出控制振荡器的输出电压的幅值，从而达到稳频、稳幅的要求。解调器输出为直流电流，该电流经过电流放大、零点调整、量程调整、零点迁移、输出电流限幅和过电流保护等环节转换为 4～20mA 的输出电流。

图 1-39 所示为扩散硅压力(差压)变送器的原理框图，它是以压阻式传感器为检测元件的一种压力检测仪表，主要由扩散硅压阻传感器和电子放大部分组成。压阻传感器的工作原理基于压阻效应。电子放大电路由信号处理桥路、差动放大电路和功率放大电路等组成，经功率放大后的信号为 4～20mA 的输出电流信号。

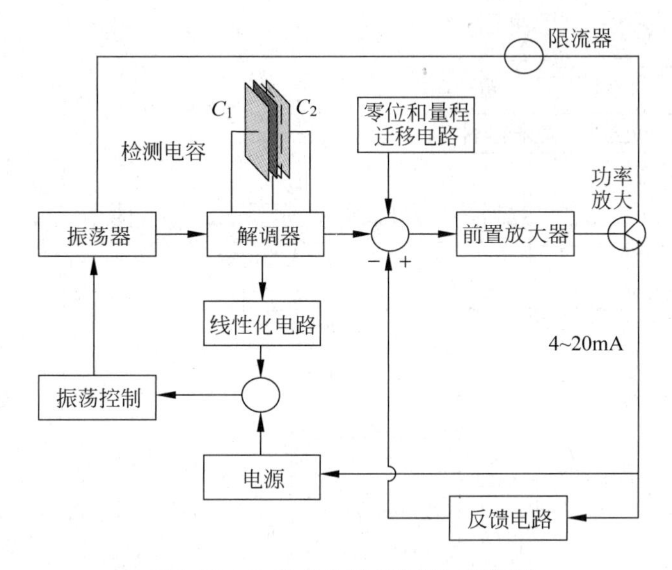

图 1-38　电容式差压变送器原理框图

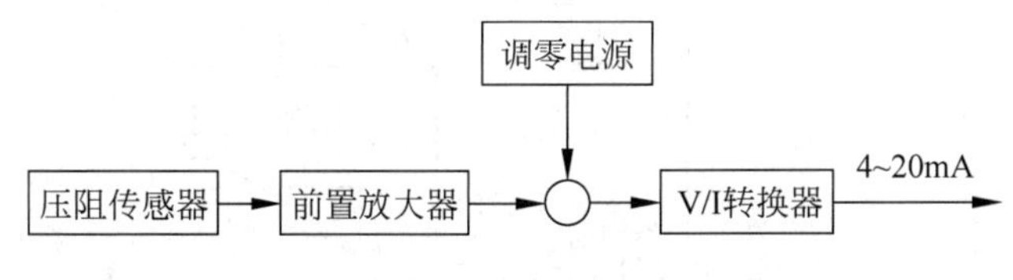

图 1-39　扩散硅压力变送器原理框图

1.3.3　调节器

调节器的作用是把测量值和给定值进行比较，得出偏差后，根据一定的调节规律产生输出信号，推动执行器，对生产过程进行自动调节。调节规律就是调节器的输出量与输入量之间的函数关系。最常用的调节规律是前面所介绍过的PID运算规律。

调节器一般由控制单元和指示单元组成。控制单元包括输入电路、PID运算电路、输出电路、软手动操作与硬手动操作电路；指示单元包括输入信号指示、给定信号指示和输出指示电路。图1-40(a)所示为调节器的原理框图；图1-40(b)所示为实现PID调节规律的模拟电路图。

模拟调节器一般由控制单元和指示单元组成。控制单元包括输入电路、PID运算电路、输出电路、软手动与硬手动操作电路；指示单元包括输入信号指示、给定信号指示和输出信号指示电路。调节器的作用是将变速器送来的4～20mA(或1～5V)的测量信号，与控制器的1～5V的给定信号进行比较得到偏差信号，然后再将其偏差信号进行PID运算，输出4～20mA信号，最后通过执行器，实现对过程参数的自动控制。内、外给定信号由给定转换开关进行选择。调节器有自动、软手动和硬手动3种工作状态，并通过联动开关相应的转换开关进行切换。

1.3.4　执行器

执行器由执行机构和调节机构两部分组成。在过程控制系统中，它接收调节器输出的

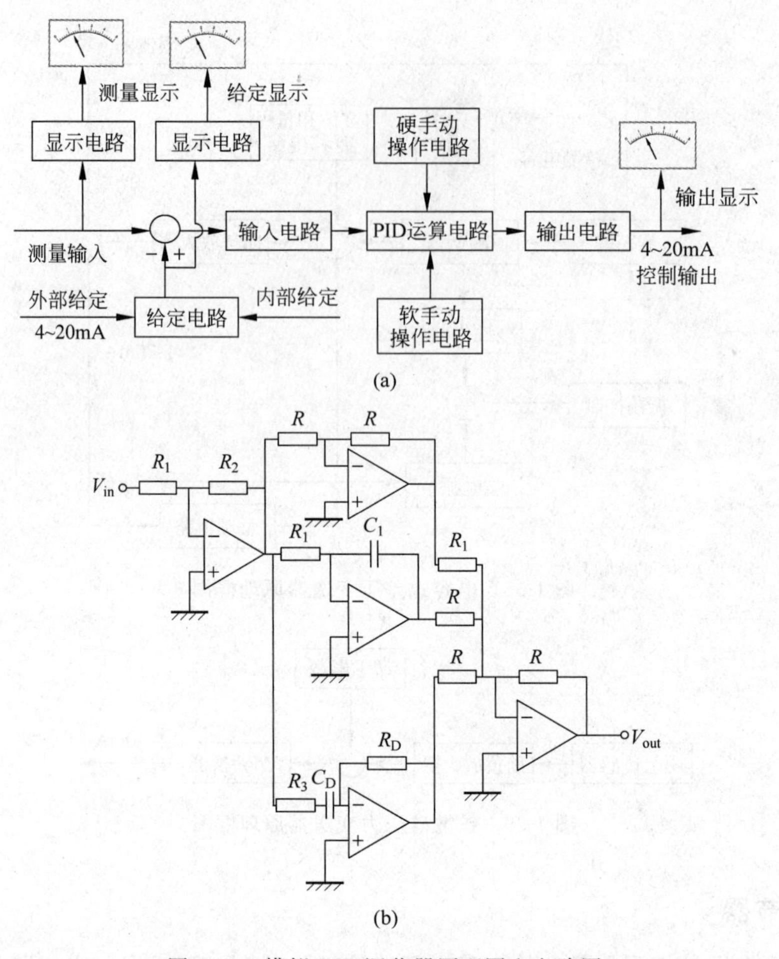

图 1-40 模拟 PID 调节器原理图和电路图

控制信号,直接控制能量或物料等被调介质的输送量,达到调节温度、压力、流量等工艺参数的目的。图 1-41 所示为执行器的原理框图。根据使用能源不同,执行器可分为 3 大类:以压缩空气为能源的气动执行器(也称气动调节阀);以电为能源的电动执行器(也称电动调节阀);以高压液体为能源的液动执行器(也称液动调节阀)。在过程控制中,气动执行器应用最多,其次是电动执行器。气动执行器的输入信号为 20~100kPa;电动执行器的输入信号种类较多,如 0~10mA、4~20mA 或 1~5V 等。

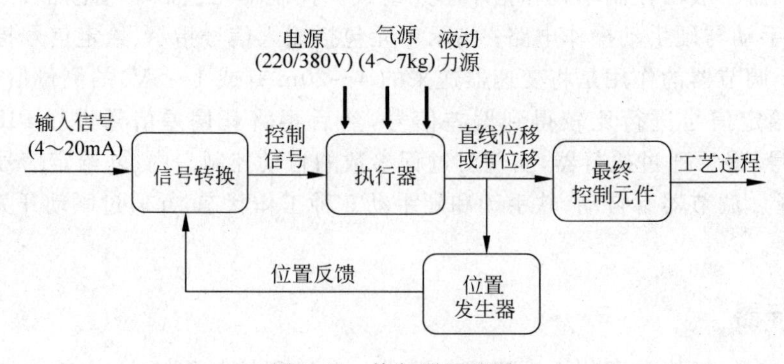

图 1-41 执行器原理图

气动执行器具有结构简单、维修方便、防火防爆的特点。电动执行器具有动作迅速、便于信号远传、并便于与计算机配合使用的特点。液动执行器具有推力大的特点。

1. 气动执行器

气动执行器是指以压缩空气为动力的执行器，一般由气动执行机构和调节阀两部分组成，但还需配上阀门定位器等附件。

气动执行机构主要有薄膜式和活塞式两大类。气动薄膜执行机构使用弹性膜片将输入气压转变为推力，气动活塞式执行机构以气缸内的活塞输出推力，气缸允许压力较高，可获得较大的推力，并容易制成长行程的执行机构。

图 1-42 所示为典型的气动执行器的结构示意图。它可以分为上、下两部分，上半部分是产生推力的薄膜式执行机构，下半部分是调节阀。其中，薄膜式执行机构主要由弹性薄膜、压缩弹簧和推杆等组成。当 20～100kPa(4～7kg)的标准气压信号 P 进入薄膜气室时，在膜片上产生向下的推力，克服弹簧反力，使推杆产生位移，直到弹簧的反作用力与薄膜上的推力平衡为止。因此，这种执行机构的特性属于比例式，即平衡时推杆的位移与输入气压大小成比例。

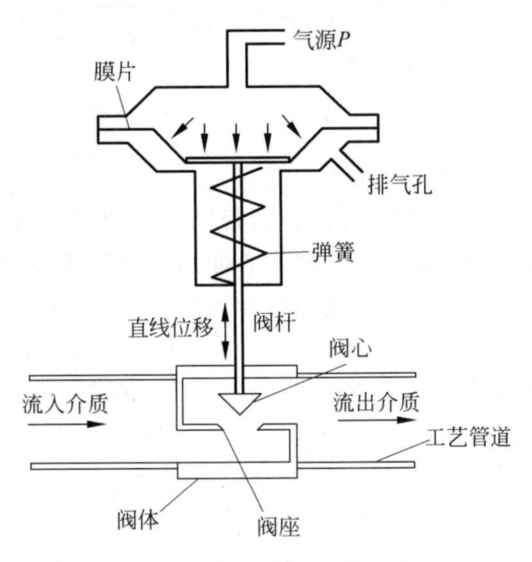

图 1-42　气动执行器结构示意图

调节阀部分主要由阀杆、阀体、阀心及阀座等部件所组成。当阀心在阀体内上下移动时，可改变阀心与阀座间的流通面积，控制通过的流量。

为了使气动执行器能够接收电动调节器的命令，必须把调节器输出的标准电流信号转换为 20～100kPa 的标准气压信号，即要进行电-气信号转换。另外，在图 1-42 所示的气动调节阀中，阀杆的位移是由薄膜上的气压推力与弹簧反作用力平衡来确定的，实际上，为了防止阀杆引出处的泄漏，需要加装填料，并且填料总要压得很紧，但这会给调节阀执行控制指令带来影响，因此需使用阀门定位器。阀门定位器的原理结构如图 1-43 所示。

在图 1-43 中，输入电流信号产生的电磁力矩与正比于阀杆行程的反馈力矩进行比较，使杠杆发生位移，从而改变喷嘴挡板机构的间隙，使其背压改变，此压力变化经气动功率放大器放大后，推动薄膜执行机构使阀杆移动。在阀杆移动时，通过连杆及反馈凸轮，带动反馈弹簧，使弹簧的弹力与阀杆位移做比例变化，在反馈力矩等于电磁力矩时，杠杆平衡。这

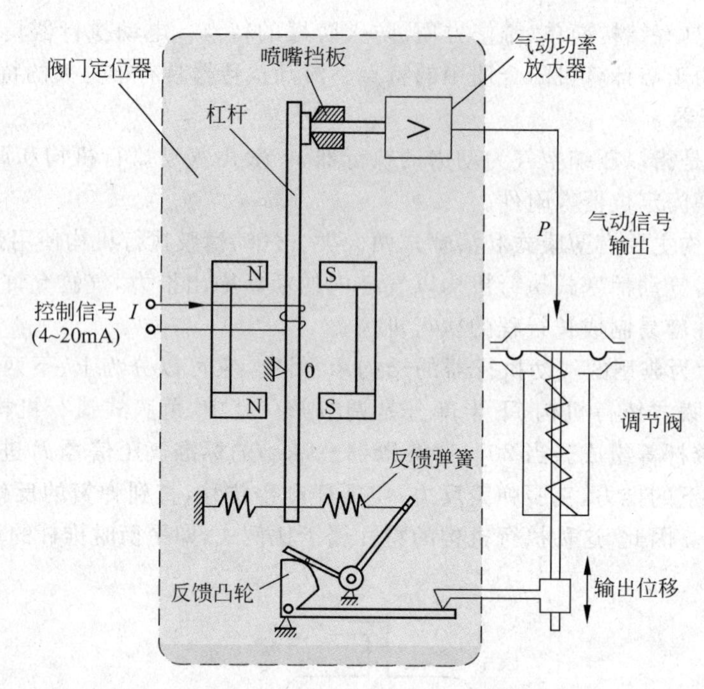

图 1-43　阀门定位器结构示意图

时，阀杆的位置必定精确地由输入电流 I 确定。

阀门定位器的另一个重要功能是可以直接帮助实现调节阀的流量特性。通常，调节阀的流量特性完全取决于阀心的形状，不同的阀心曲面可得到不同的流量特性。常用的调节阀流量特性有直线特性、对数特性以及快开特性。

2. 电动执行器

电动执行器也是由执行机构和调节阀两部分组成。其中调节阀部分常和气动执行器是通用的，不同的只是电动执行器使用电动执行机构，即使用电动机等来调整调节阀。电动执行机构一般采用随动系统的方案组成，其原理框图如图 1-44 所示。从调节器来的信号通过伺服放大器驱动电动机，经减速器带动调节阀，同时经位置发生器将阀杆行程反馈给伺服放大器，组成位置随动系统，依靠位置负反馈，保证输入信号准确地转换为阀杆的行程。

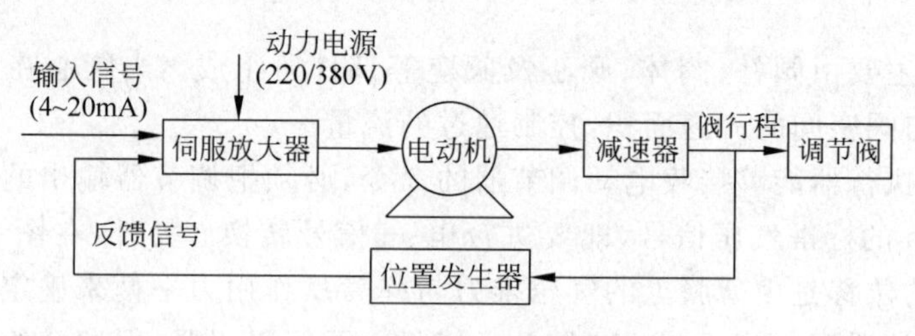

图 1-44　电动执行器原理框图

1.3.5　其他控制仪表

在自动控制系统中还会用到一些其他控制仪表，如指示仪表、记录仪表、防爆隔离装置和电源等。

自动控制系统中的指示仪表和记录仪表主要是对把控对象的参数变化和把控对象的过渡过程等进行显示和记录。记录仪表同时也是进行数据采集的主要手段。数据采集是进行系统监控、工况监视、系统性能分析、事故评判或建立系统数学模型的重要环节。

仪表安装在生产现场，如果现场存在易燃易爆的气体、液体或粉末，一旦发生危险火花，就可能引起燃烧或爆炸事故。因此，必须构建一个安全火花防爆系统，才能保证过程控制的安全。而构成一个安全火花防爆系统的方法之一是采用本质安全技术。本质安全技术是指保证电气设备在易燃、易爆环境下安全使用的一种技术。它的基本思路是限制在上述危险场所中工作的电气设备中的能量，使得在任何故障的状态下所产生的电火花都不足以引爆危险场所中的易燃、易爆物质。因此，对于本质安全系统中的设备、电缆、电源及导线都提出了一些苛刻的要求。本质安全型仪表就是符合这些要求的仪表。本质安全型仪表在正常状态和故障状态下，其电路或设备产生的火花能量和达到的温度都不会引起易燃易爆物质爆炸。还有一种防爆方法是采用防爆栅。防爆隔离栅是实现安全火花防爆系统的重要仪表装置，它防止或隔离危险能量进入危险场所。

工业现场使用的过程控制仪表都是采用24V直流安全电源电压，因此构筑仪表系统必须配置专用的仪表电源。

传统的指示仪表与记录仪表多采用平衡原理结构，主要由测量电路、放大电路、伺服电机系统及指示记录机构组成。图1-45所示为模拟记录仪的原理框图。输入的测量信号与测量桥路中的参考值进行比较，其差值经电压放大后驱动可逆伺服电动机，再带动指示记录机构进行显示与记录。与此同时还带动测量桥路中的滑线电阻移动，产生平衡电压与输入信号平衡。

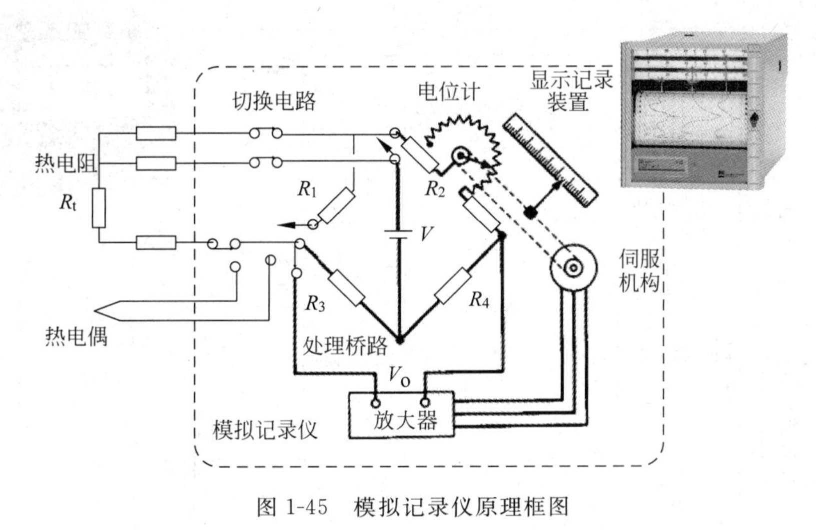

图1-45　模拟记录仪原理框图

1.3.6　控制仪表的发展

在自动控制系统中，随着微电子技术、计算机技术、网络通信技术和信息处理技术等日新月异的发展，其新技术对自动化仪表的革新产生了深远的影响，已成为工业自动化仪器仪表发展的新的推动力，使工业自动化仪表不仅能够更高速、更灵敏、更可靠、更简捷地获取对象的全方位信息，而且完全突破了传统的光、机、电的框架，朝着智能化、网络化、总线化、开放性的方向发展。

1. 智能化

现代自动化仪表的智能化是基于大规模集成电路技术、微处理器技术、接口通信技术的应用,利用嵌入式软件协调内部操作,使仪表具有智能化处理的功能,在完成输入信号的非线性处理,温度与压力的补偿,量程刻度标尺的变换,零点漂移的修正,故障诊断等基础上,还可完成对工业过程的控制,使控制系统的危险进一步分散,并使其功能进一步增强。这类产品以数字输出形式出现,不但大大提升了仪表性能,而且便于信息沟通,还可通过网络组成新型的、开放式的过程控制系统。图 1-46 所示为数字调节器的原理框图。图 1-47 所示为数字记录仪的原理框图。

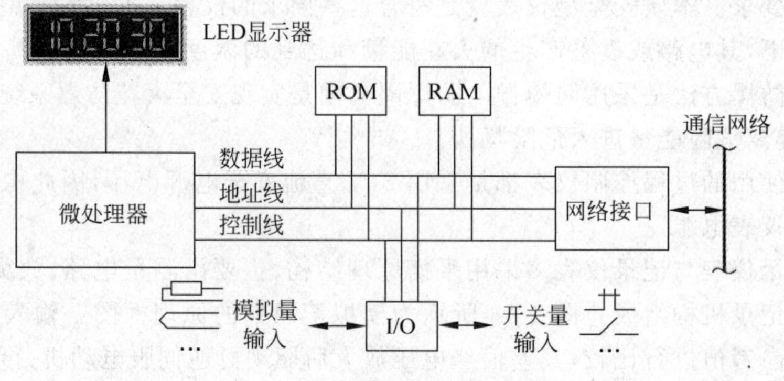

图 1-46 数字调节器原理框图

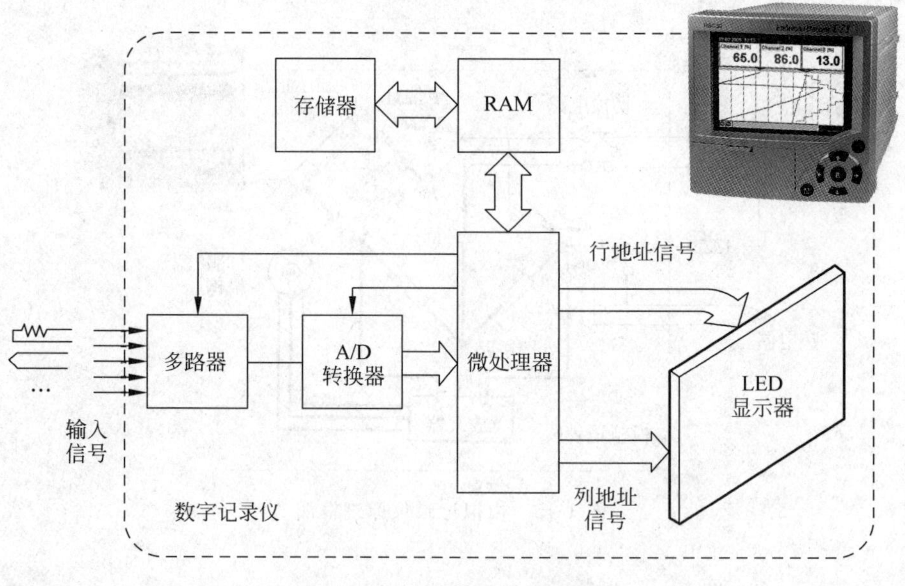

图 1-47 数字记录仪原理框图

2. 总线化

过程控制系统自动化中的现场设备通常称为现场仪表。这些现场仪表主要有变送器、执行器,以及在线分析仪表及其他检测仪表。现场总线技术的广泛应用,使智能化仪表又逐步发展为现场总线仪表。现场总线仪表的出现使构建集中和分布式控制系统变得更为容易。现场总线控制系统(FCS)正是在这种情况下出现的。它是用于各种现场智能化仪表与中央控制之间的一种开放、全数字化、双向、多站的通信系统。现场总线已成为全球自动化技术发展的重要表现形式,它为过程测控仪表的发展提供了良好的发展机遇,并在实现进一步的高精度、高稳定、高可靠、高适应、低消耗等方面提供了更大动力和发展空间。同时,各现场总线控制系统制造厂家为了使自己的FCS能得到应用,纷纷推出与其控制系统配套的具有现场总线功能的测量仪表和调节阀,形成了较为完整的现场总线控制系统体系。总而言之,总线化现场仪表功能丰富,在FCS中,几乎不存在单一功能的现场仪表。例如,现场总线压力变送器,可具有两个相互独立的模拟量输入(AI)功能模块,分别计算差压和静压。现场总线变送器的自诊断不但可以检测出压力超界,环境温度过高,量程设置错误,而且还能检测出压力传感器、温度传感器以及放大器等硬件故障。

3. 网络化

现场总线技术采用计算机数字化通信技术,使自动控制系统与现场设备加入工厂信息网络,成为企业信息网络底层,可使智能仪表的作用得以充分发挥。随着工业信息网络技术的发展,以网络结构体系为主要特征的新型自动化仪表,即IP智能现场仪表代表了新一代控制网络发展的必然趋势。仪表的网络化发展实现了真正意义上的办公自动化与工业自动化的无缝结合,因而称它为扁平化的工业控制网络。其良好的互连性和可扩展性使之成为一种真正意义上的全开放的网络体系结构。基于嵌入式Internet的控制网络是新一代控制网络发展的必然趋势,这使得智能现场仪表的应用将越来越广泛。

4. 开放性

测控仪器越来越多地采用以Windows/CE、Linux、VxWorks等嵌入式操作系统为系统软件核心和以高性能微处理器为硬件系统核心的嵌入式系统技术,未来的仪器仪表和计算机的联系也将会日趋紧密,许多新型智能仪表设备都具备计算机的所有接口,如USB接口、打印机接口、局域网网络接口等,测量的数据也可通过USB接口存储在可移动存储设备中,使用这样的仪器仪表设备和操作一台普通计算机几乎相同。齐备的接口可连接多种现场测控仪表或执行器设备,在过程控制系统主机的支持下,通过网络形成具有特定功能的测控系统,实现了多种智能化现场测控设备的开放式互连系统。

现代工业企业中的控制系统将向着智能化、总线化、网络化、一体化的方向发展。自动智能化仪表越来越广泛地应用在各个领域。高度发展的现代自动控制技术在各行各业中的运用,必然为其带来更高、更好的发展。

1.4 计算机控制系统

计算机控制系统是融计算机技术与工业过程控制于一体的综合性技术,它是在常规仪表控制系统的基础上发展起来的。计算机控制是以自动控制理论和计算机技术为基础,自动控制技术是计算机控制的理论支柱,计算机技术的发展又促进了自动控制理论的发展与应用。计算机控制系统有多种结构形式,包括基于微处理器的小型控制系统,基于嵌入式技术的独立控制系统,基于个人计算机的小型控制系统,计算机化的数据采集系统,基于模块化的集散控制系统,等等。需要说明的是,一个完整的计算机控制系统是由硬件和软件两大部分组成的。由于计算机功能的强大,除了可以实现常规控制功能外,它还可以实现很多先进的控制功能。这些功能包括多变量控制、模型预测控制,以及非线性控制等。

1.4.1 计算机控制系统的硬件结构

计算机控制系统的硬件一般由主机、常规外部设备、过程输入/输出设备、操作台和通信设备等组成，如图1-48所示。

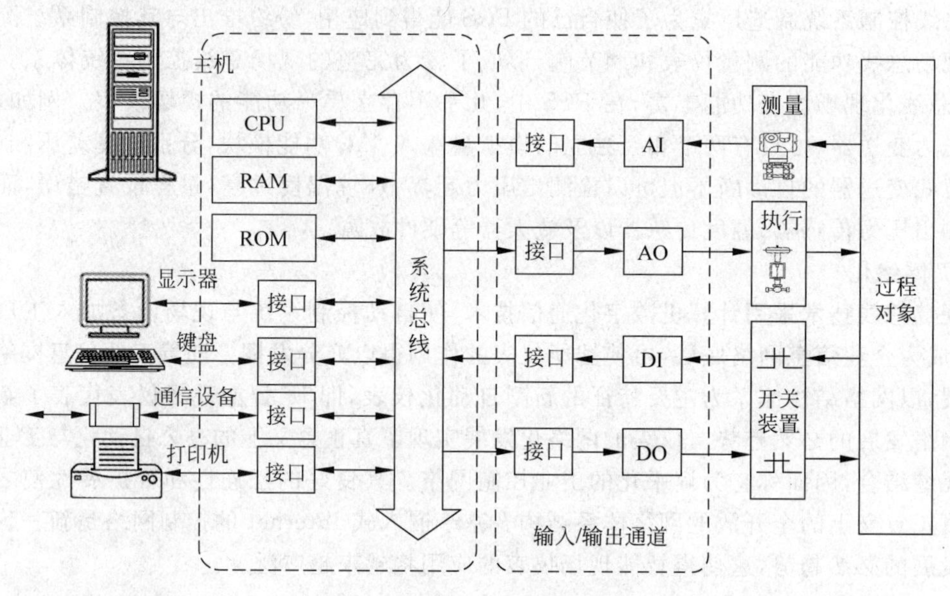

图1-48 计算机系统硬件结构框图

主机由中央处理器(CPU)、内存储器(RAM、ROM)和系统总线构成，是控制系统的核心。

常规外部设备由输入设备(有键盘和光电输入机等)、输出设备和外存储器等组成。

过程输入/输出设备主要是指过程输入/输出通道。过程输入通道包括模拟量输入通道(简称AI通道)和数字量输入通道(简称DI通道)，分别用来输入模拟量信号(如温度、压力、流量、液位等)和开关量信号(继电器触点、行程开关、按钮等)或数字量信号(如转速、流量脉冲、BCD码等)。过程输出通道包括模拟量输出通道(简称AO通道)和数字量输出通道(简称DO通道)，AO通道把数字信号转换成模拟信号后再输出，DO通道则直接输出开关量信号或数字量信号。

操作台是操作员与系统之间进行人机对话的信息交换工具，一般由显示器、键盘、开关和指示灯等构成。

计算机控制系统有各种不同的接口电路，一般分为并行接口、串行接口、管理接口和专用接口等几类。接口电路用于完成主机与外围设备之间的数据交换。通信设备则用于完成计算机与计算机之间的数据交换。

1.4.2 计算机控制系统的软件体系

软件是各种程序的统称，是控制系统的灵魂。软件通常分为系统软件和应用软件两大类。系统软件是一组支持系统开发、测试、运行和维护的工具软件，核心是操作系统，还有编程语言等辅助工具。在计算机控制系统中，为了满足实时处理的要求，通常采用实时多任务操作系统。在这种操作环境下，要求将应用系统中的各种功能划成若干任务，并按其重要性赋予不同的优先级，各任务的运行进程及相互间的信息交换由实时多任务操作系统协调控制。另外，系统提供的编程语言一般为面向过程或对象的专用语言或编译类语言。系统软件一般由计算机厂商以产品形式向用户提供。应用软件是系统设计人员利用编程语言或开发工具编制的可执行程序。对于不同的控制对象，控制和管理软件的复杂程度差别很大。但在一般的计算机控制系统中，以下几类功能模块是必不可少的：过程输入模块、基本运算模块、控制算法模块、报警限幅模块、过程输出模块、数据管理模块等。

1.4.3　分布式计算机控制系统

计算机控制系统功能强大，可同时实现多回路的控制运算，但控制功能集中的同时，危险也会集中，因为计算机系统的故障可能会导致整个系统的瘫痪。这也就提出了对分布式技术的需求。分布式控制系统(也称集散控制系统，DCS)是网络进入控制领域后出现的新型计算机控制系统。分布式控制系统可以理解为具有数字通信能力的仪表控制系统。ISA-S5.3在1983年对分布式控制系统的定义就可直接说明这一点：分布式控制系统是一类可以完成指定的控制功能，还允许将控制、测量和运行信息在具有通信链路的、可由用户指定的一个或多个地点之间相互传递的仪器仪表(即输入/输出仪表、控制仪表和操作员接口设备)。

分布式控制系统将控制运算分布在不同的控制器中，这也将危险分散了，从而提高了系统的可靠性。虽然控制计算分布在不同的控制器中，但系统具备很好的协同与协调能力，因此分布式控制系统仍然是功能强大的计算机控制系统。

1. 分布式控制系统的硬件

分布式控制系统是采用标准化、模块化和系列化设计，由过程控制单元、过程接口单元、管理计算机以及高速数据通道等几个主要部分组成的。分布式控制系统的基本结构如图1-49所示。

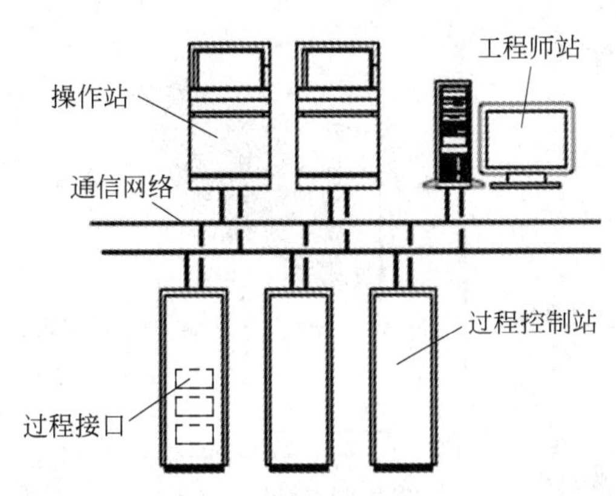

图1-49　分布式控制系统的基本结构

过程控制单元，又称现场控制站。它是分布式控制系统的核心部分，系统的主要控制功能由它来完成，对生产过程进行闭环控制，可控制数个至数十个回路，还可进行顺序、逻辑和批量控制。现场控制站的硬件一般都采用专门的工业级计算机系统，其中除了计算机系统所必需的运算器、存储器外，还包括连接现场测量单元、执行单元的输入/输出设备。输入/输出设备一般采用模块化设计。过程接口单元，又叫数据采集站。它是为生产过程中的非控制变量设置的采集装置，不但可完成数据采集和预处理，还可以对实时数据作进一步加工处理,供操作站显示和打印,实现开环监视。图 1-50 所示为过程控制单元基本结构。

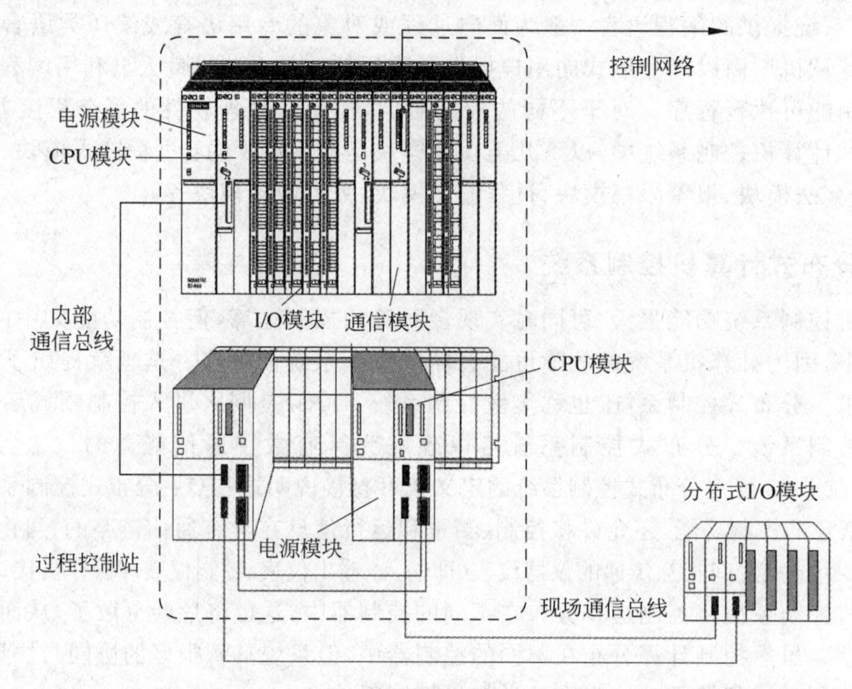

图 1-50　过程控制单元基本结构

上述所说的工业级计算机在过程控制站内实际上也是以模块的形式出现。该模块也称为处理器模件,它完成用户所设计的各种控制策略。处理器模件实际上就是一个计算机系统,它包括微处理器、内部总线、接口,以及各种存储元件等。典型的处理器模件原理框图如图 1-51 所示。

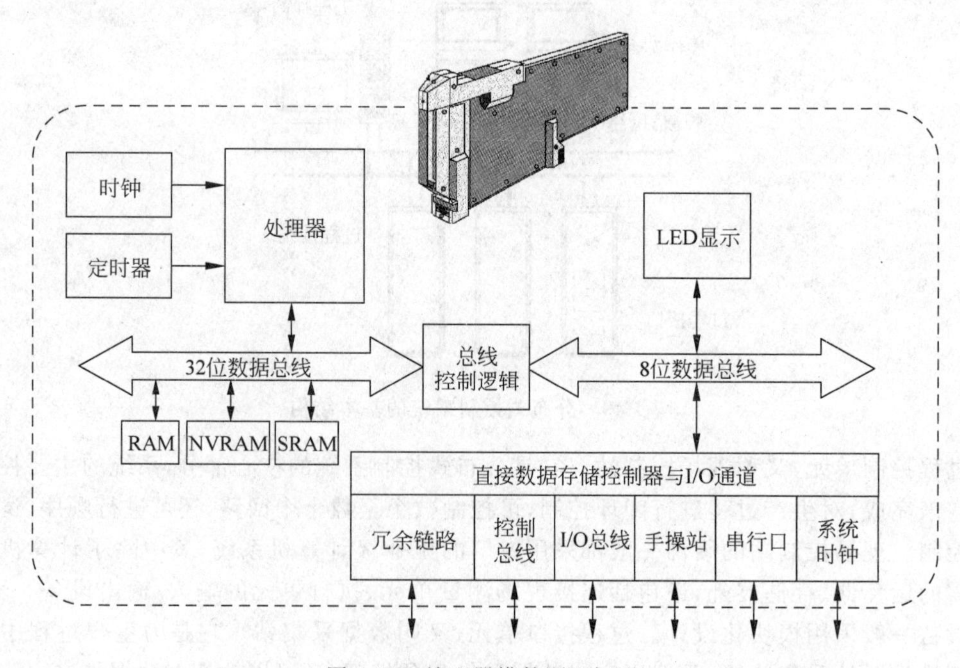

图 1-51　处理器模件原理框图

各种输入/输出模件也是带有微处理器、内部总线、接口以及各种存储元件的智能单元，典型的模拟量输入模件原理框图如图 1-52 所示。

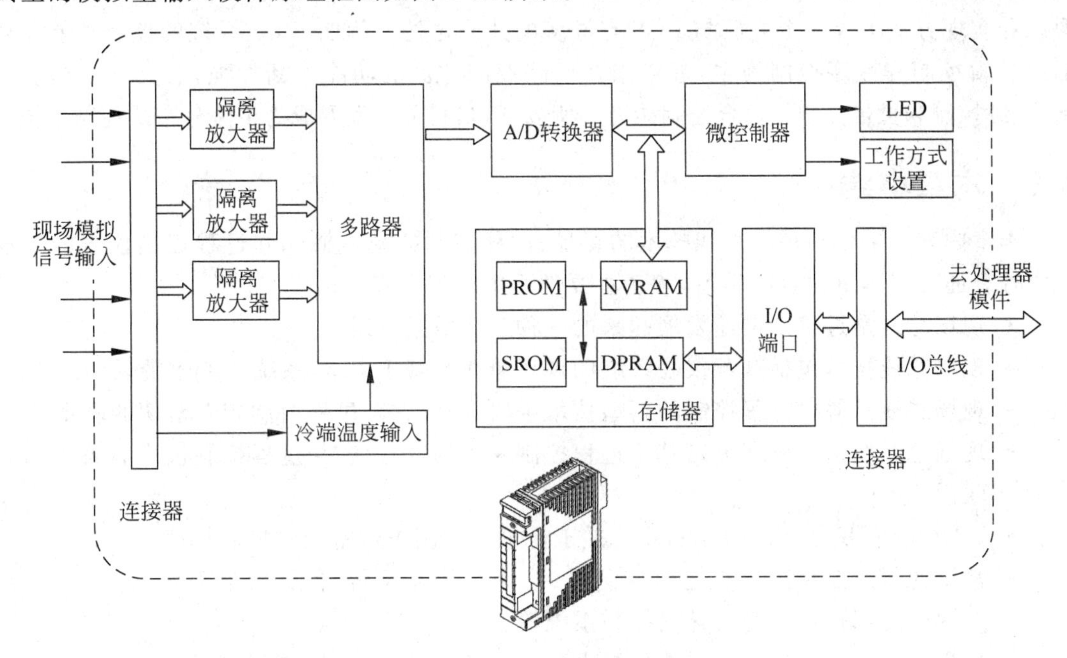

图 1-52　模拟量输入模件原理框图

操作员站是分布式控制系统的人机接口装置。除监视操作、打印报表外，系统的组态、编程也在操作站上进行。

分布式控制系统的计算单元并不是针对每一个控制回路设置一个计算单元，而是将若干控制回路集中在一起，由一个现场控制站来完成这些控制回路的计算功能。这也就是分布式控制系统与仪表控制系统之间的区别。

2. 分布式控制系统的软件

分布式控制系统软件的构成基本上是按照硬件的划分形成的。分布式控制系统软件跟随硬件被分成现场控制站软件、操作员站软件和工程师站软件。现场控制站软件的最主要功能是完成对现场的直接控制，这里面包括了回路控制、逻辑控制、顺序控制和混合控制等多种类型的控制。为了实现这些基本功能，在现场控制站中都包含以下主要的软件：现场 I/O 驱动软件，其功能是完成过程量的输入/输出；实时采集现场数据并进行输入处理的软件；进行控制计算的软件；通过现场 I/O 驱动，将控制量输出到现场的软件等。操作员站软件的主要功能是人机界面的处理，其中包括图形画面的显示、对操作员操作命令的解释与执行、对现场数据和状态的监视及异常报警、历史数据的存档和报表处理等。工程师站软件可分为两大部分，一部分是在线运行的，主要完成对分布式控制系统本身运行状态的诊断和监视，发现异常时进行报警；另一部分是离线态的组态软件，这是一组软件工具，是为了将一个通用的、对多个应用控制工程有普遍适应能力的系统，变成一个针对某一个具体应用控制工程的专门系统。

3. 其他分布式控制系统

目前与传统分布式控制系统(DCS)并存的产品已越来越多，包括由 PLC 构成的控制系统、监督控制系统、SCADA 系统、个人计算机(PC Based)为核心构成的小型控制系统以及由智能仪表构成的分布式系统等。这些系统在应用目标上、系统功能上、体系结构上、产品形态和实现方法上等多个方面与 DCS 有许多的共同之处。例如,PLC 系统的控制功能在早期以逻辑控制和顺序控制为主,近年来在回路控制方面的功能不断加强,已具备了离散控制、连续控制和批量控制等综合控制能力。所以,PLC 目前已发展成为主流分布式控制系统。

1.5 本章小结

本章内容主要包括现场总线技术的背景、过程控制的基本概念和过程控制仪表的基本构成等。通过对本章内容的学习,读者主要学习了如下内容:

- 现场总线是近年来迅速发展起来的一种工业数据总线。
- 现场总线技术包括基于仪表系统的现场总线和基于 PLC 系统的离散量现场总线。
- 现场总线是解决过程控制的新型技术手段,因此它与过程控制有着密切的联系。
- 现场总线在很大程度上是基于过程控制仪表的,因此它与过程控制仪表有着密切的联系。
- PID(比例、积分、微分)控制算法是工业过程控制中最常用的控制规律。
- 常用的复杂控制系统有比值控制系统、串级控制系统、前馈控制系统、选择控制系统、分程控制系统、滞后补偿控制系统等。
- 过程控制仪表是自控系统中的基本组成设备。过程控制仪表主要包括传感器、变送器、显示器、调节器、执行器以及辅助仪表等。
- 微电子技术、计算机技术、网络通信技术和信息处理技术等的快速发展,推动着过程控制仪表朝着智能化、网络化、总线化、开放性的方向发展。
- 计算机控制系统是融计算机技术与工业过程控制于一体的综合性技术,是在常规仪表控制系统的基础上发展起来的。
- 一个完整的计算机控制系统由硬件和软件两大部分组成。
- 分布式控制系统可以理解为具有数字通信能力的仪表控制系统。
- 分布式控制系统硬件采用标准化、模块化和系列化设计,由过程控制单元、过程接口单元、管理计算机以及高速数据通道等几个主要部分组成。
- 分布式控制系统软件基本上按照硬件的划分形成。

习题

1.1 在一个单回路控制系统中,系统一般由哪几个环节构成?

1.2 对连续 PID 控制器 $D(s)=K_{\mathrm{p}}\left(1+\frac{1}{T_{\mathrm{i}}s}+T_{\mathrm{d}}s\right)$,给出其位置式差分表达。

1.3 什么是串级控制系统?

1.4 热电偶的工作原理是什么?常用的热电偶分度号有哪几种?

1.5 什么是本质安全?

1.6 对于流量孔板,其流量与差压的关系是什么?

1.7 控制阀的特性有哪几种?

1.8 什么是分布式控制系统?

参考文献

[1]　张凤登. 现场总线技术与应用[M]. 北京：科学出版社，2008.
[2]　王树青，等. 工业过程控制工程[M]. 北京：化学工业出版社，2003.
[3]　孙洪程，等. 过程控制工程[M]. 北京：高等教育出版社，2006.
[4]　Bequette B W. 过程控制[M]. 北京：世界图书出版公司，2008.
[5]　Johnson C D. 过程控制仪表技术[M]. 8 版，北京：清华大学出版社，2009.
[6]　齐志才，等. 自动化仪表[M]. 北京：中国林业出版社，北京大学出版社，2006.
[7]　朱晓青. 传感器与检测技术[M]. 北京：清华大学出版社，2014.

第2章

现场总线技术

教学目标

现场总线技术的发展在很大程度上取决于通信技术的发展，因此本章将简要回顾通信的基本概念，并简要介绍基金会现场总线（包括 Profibus-PA）和 Profibus-DP 这两类总线的通信机制。需要说明的是，希望对通信原理进行深入了解或对其他现场总线的通信机制进行深入了解的读者需要查阅相关书籍。通过对本章内容的学习，读者能够：

- 了解现场总线的基本定义；
- 了解现场总线系统的特点；
- 了解或回顾数据通信的基础知识；
- 了解或回顾网络技术的基础知识；
- 掌握基金会现场总线（FF）和 Profibus-PA 现场总线实现通信的基本原理；
- 掌握 Profibus-DP 现场总线实现通信的基本原理；
- 了解常用的现场总线系统的基本结构。

2.1 现场总线系统概述

现场总线的初始思想就是采用一个开放的、可互操作的、多点相连的数字系统替代原有的 4～20mA 的模拟量信号传输。随着现场总线技术的发展，它既可解决工业现场的智能化仪器仪表、控制器、执行机构等现场设备间的数字通信以及这些现场控制设备和高级控制系统之间的信息传递问题，也可解决工业现场的开关量控制与传输问题。因而得到越来越广泛的应用。

2.1.1 现场总线的定义

1984 年国际电工委员会就对现场总线做出了定义：现场总线是在生产现场的测量控制设备之间实现双向、串行、多点数字通信的系统。基于该定义，我们也可理解现场总线就是常规计算机控制系统一直延伸到现场设备的通信总线，它使得许多诸如变送器、调节阀、基地式控制器、记录仪、PLC、数据采集设备或便携式终端等现场设备，可直接与上层控制设备或系统在同一总线上进行双向、串行、多点数字通信。

随着现场总线技术与智能仪表管控一体化的发展，仪表调校、控制组态、诊断、报警、记录等功能不断融合，这种开放型的工厂底层控制网络构造了新一代的网络集成式全分布计算机控制系统，形成了现场总线控制系统（Fieldbus Control System，FCS）。FCS 作为新一代控制系统，采用了基于开放式、标准化的通信技术，突破了传统分布式控制系统（Distributed Control System，DCS）采用专用通信网络的局限；同时还进一步改革了 DCS 中“集散”系统结构，形成了全分布式系统架构，把控制功能彻底下放到现场。现场总线将把控制系统底层的现场设备变成网络节点连接起来，实现自下而上的全数字化通信，可以认为是通信总线在现场设备中的延伸，把企业信息沟通的覆盖范围延伸到了工业现场。现场总线控制系统与传统的分布式计算机控制系统的关系或区别如图 2-1 所示。

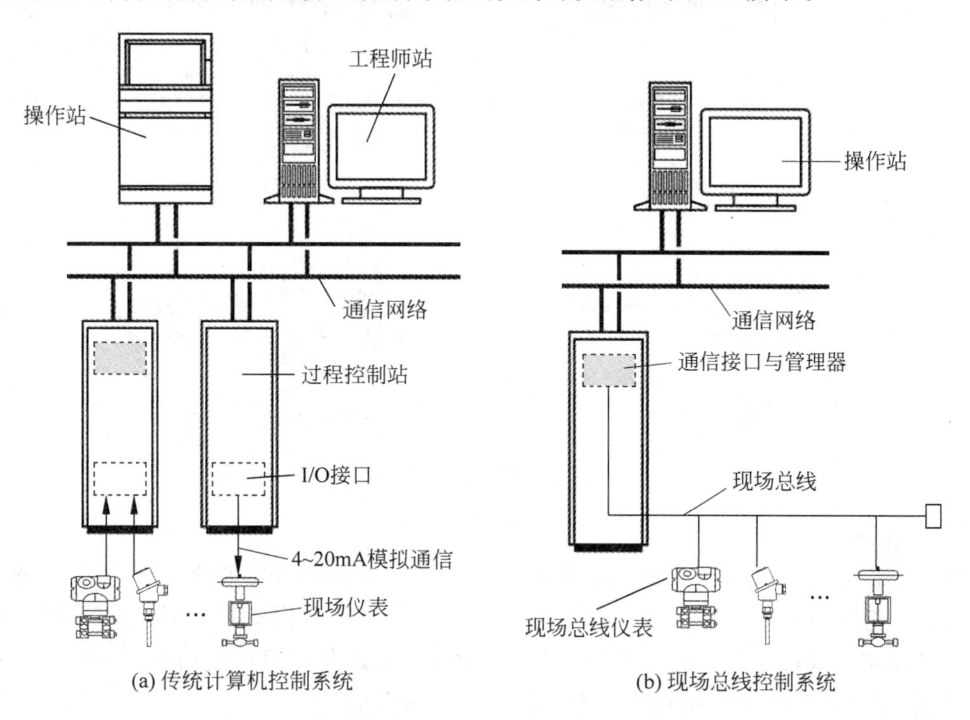

图 2-1 传统控制系统与现场总线控制系统比较图

2.1.2 现场总线系统的特点

在传统的计算机控制系统中，设备与设备之间主要采用点对点连接，用模拟电压或电流信号进行测量与控制，这样设备与设备之间，系统与外界之间的信息交流难以实现。而现场总线则从根本上改变了这种状况。基于现场总线技术的控制系统与传统的计算机控制系统相比，有着其明显的特点。

1. 可获取更多的信息

控制系统的现场总线是基于数字通信的，因此在总线上不但能承载基本输入/输出类的过程参数，还能承载像控制设定点、操作模式、报警或参数调整类的运行参数。数字通信的一个重要优点就是在单总线上就可传送大量的数据。与模拟信号相比，采用数字信号可以从每台设备获得更多的信息，这一点可由如图 2-2 所示的比较来加以说明。

由图 2-2 可见，模拟通信时上层系统只能从变送器获取过程变量的测量值，而基于现场总线的变送器，上层系统不但可以获取过程变量的测量值，而且可以获取变送器的工作状态信息、故障信息等，同时上层系统还可对变送器的设定值、测量量程和工程单位等进行修改。可见基于数字通信的仪表系统可以实现分散处理，同时还可实现诊断、控制组态、识别等一些高级处理功能，现场数字仪表系统不但可以完成基本的测量或执行功能，而且具有控制以及设备管理功能。

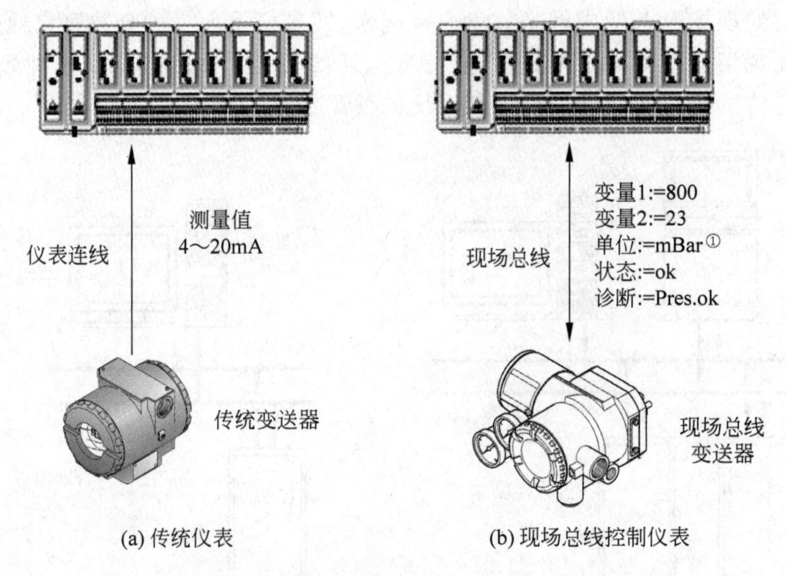

图 2-2　传递信息比较图

2. 多挂接

数字通信系统的另一个好处就是能在一根双绞线上连接多台设备组成多挂接网络，使通信总线上的设备共享通信介质，如图 2-1(b)所示。与每台设备使用各自的电缆相比，总线系统可以减少线缆。特别是现场设备较多、设备距离控制室较远的情况下，线缆的节省会更加可观，这对降低硬件费用和安装费用是非常有帮助的。

3. 坚实可靠

在 4～20mA 的模拟系统中，数值的传送是通过电流的变化而实现的。如果在 4～20mA 的模拟系统中串入干扰而使传送的信号产生误差时，系统是很难对其辨识的。数字信号的优点是它只有两个有效的状态 0 与 1，与模拟信号相比非常坚实可靠。数字通信系统中，状态 0 与 1 既可直接传送也可以某种方式编码后再传送。另外，数字通信系统已发展了一套较为有效的检错机制，它可以检测数字信号的失真。如果发现失真，就可以废除相关报文，并可要求再重新传送一次。

4. 更强的设备功能

(1) 实现多变量 I/O：一台变送器可采集处理多个过程变量。

(2) 实现网络管理：网络管理的功能包括对现场设备进行加载、远距离操作、远距离参数调整、远距离标定以及设备诊断等。

(3) 实现操作次数的统计：该功能主要是指阀门定位器对阀门操作次数的统计。

(4) 实现分布式处理功能：PID 控制功能可加载在变送器或阀门定位器中，从这个角度来看，FCS 才是真正意义上的分布式控制系统，如图 2-3 所示。

(5) 实现分级报警：可根据实际需要，设置过程变量提示、警示、报警等几个级别的报警，如图 2-4 所示。

---

① 1Bar＝10^5Pa。

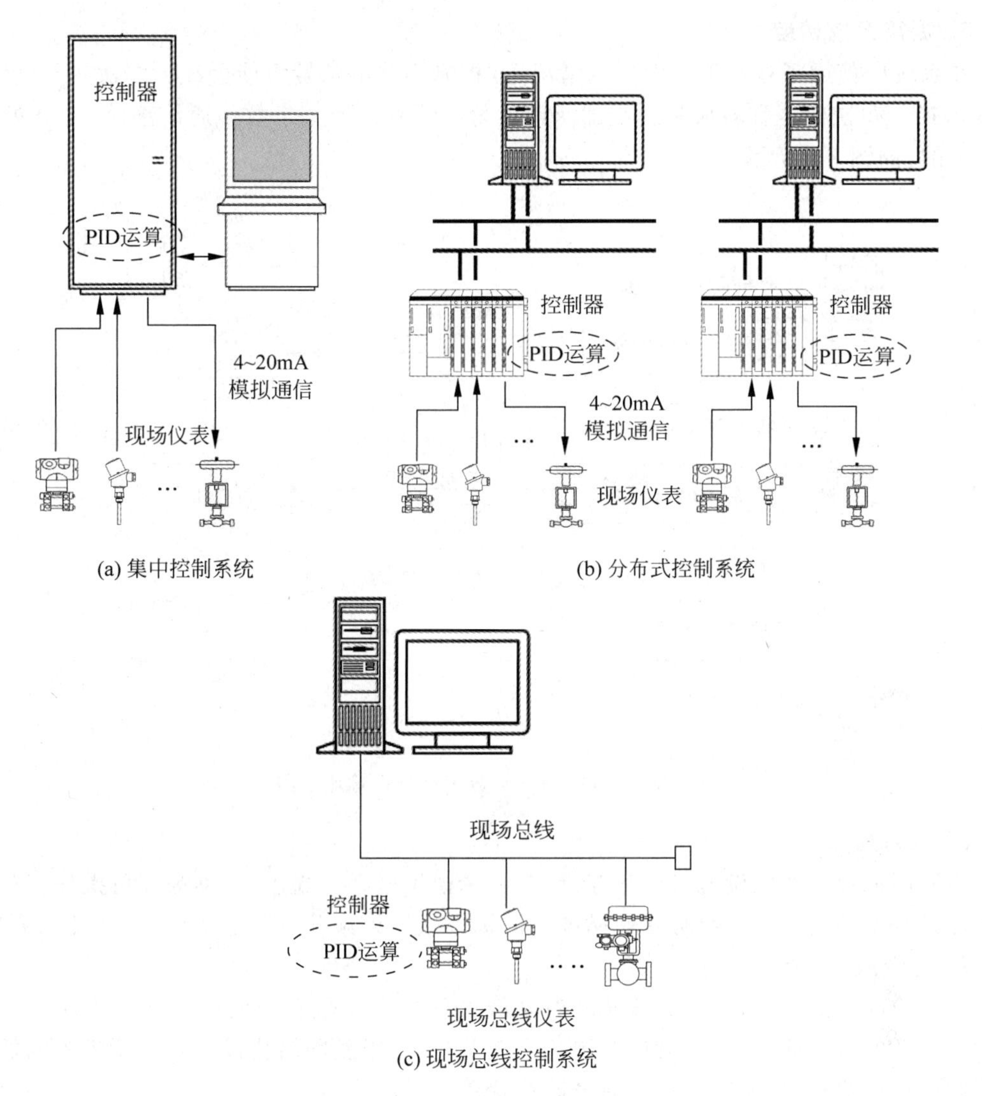

(a) 集中控制系统　(b) 分布式控制系统

(c) 现场总线控制系统

图 2-3　控制功能分布比较图

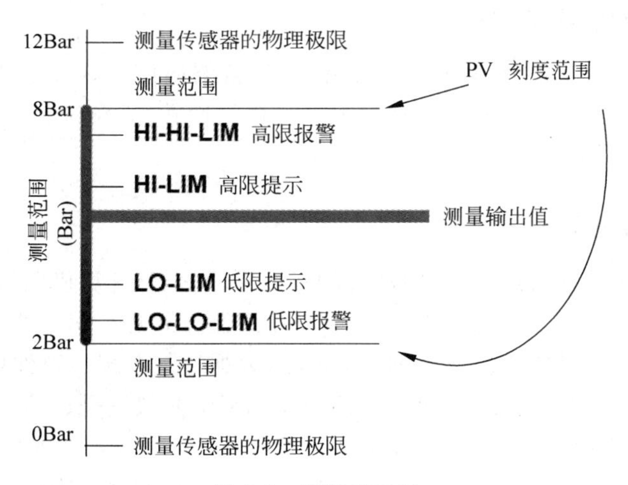

图 2-4　报警提示图

5. 提高系统精度

在系统中使用了智能仪表设备的情况下，控制回路的信号可能会经过多次 A/D 转换或 D/A 转换。每次的这种转换都会增加所谓的量化误差。而基于数字通信系统，上述的转换是最少的，如图 2-5 所示。

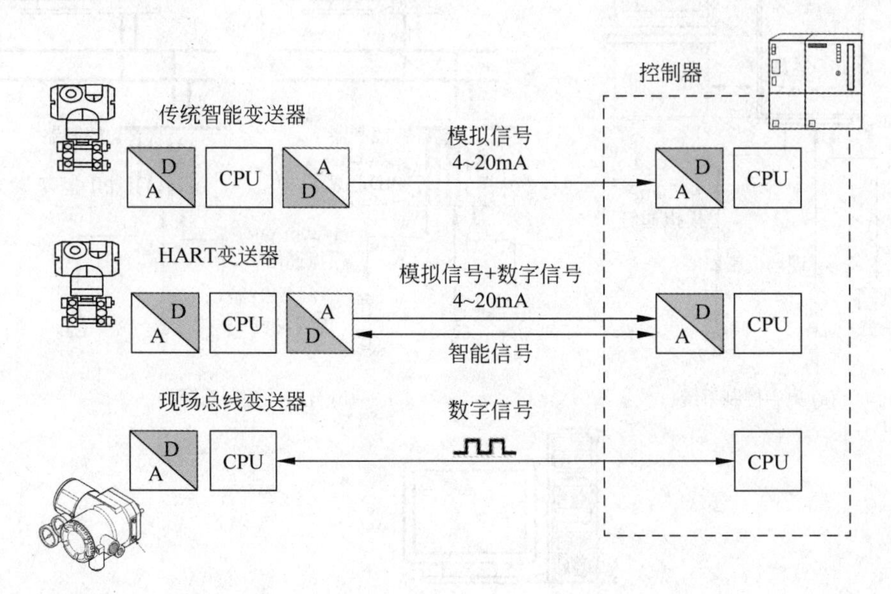

图 2-5 模拟信号与数字信号传输比较图

6. 互可操作

不同制造商生产的设备可以相互操作，或者说可以在一起工作，称为互可操作。这种互可操作是基于不同制造厂商必须遵循统一的标准或协议来开发与生产设备，详见 3.7 节。

7. 降低成本

正如前面所提到的，现场总线技术对降低工程成本是很有帮助的。这可体现在工程初期相对较低的购买成本、工程设计及施工安装费用等，以及网络化设备管理所带来的低维护费用和低运行成本、后期较低的扩建及改造费用等长期成本。

2.2 现场总线通信机制

现场总线采用全数字信号进行数据通信，可见数据通信是现场总线系统的基本功能。本节拟对数据通信基础知识和网络基础知识进行概要回顾，系统理解数据通信的概念需参阅有关通信技术的相关书籍。

2.2.1 数据通信基础

数据通信是系统获取、传递和交换信息的重要手段，也是计算机网络的基础。数据通信过程就是两个或多个节点之间借助传输媒体以二进制方式进行信息交换的过程，图 2-6 即表达了数据通信系统的基本构成。由图 2-6 可见，数据通信系统的硬件包含发送设备、接收设备和传输介质等。由数据信息形成的通信报文和通信协议则是通信系统实现数据传输不可缺少的软件。例如在图 2-6 所示的数据通信系统中，变送器要将现场的测量信息传送给上位监控计算机，变送器即为发送设备，监控计算机为接收设备，现场总线电缆则为传输介质，测量值为传输报文内容，通信协议则是位于变送器和计算机内的一组程序。因此，数据通信系统实际上是一个硬件与软件的结合体。

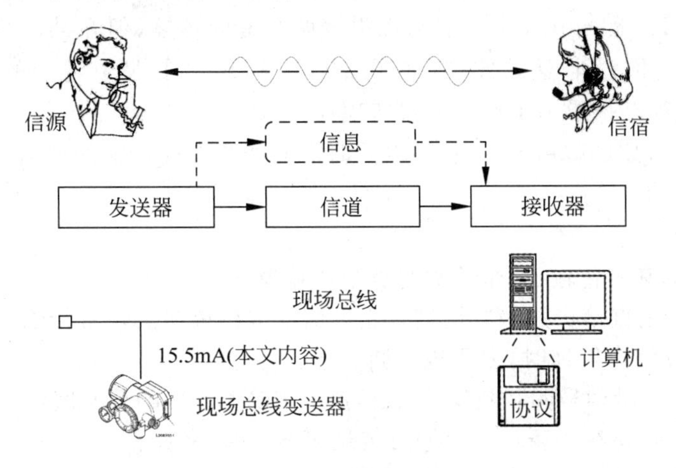

图 2-6 通信原理图

1. 基本术语

(1) 数据信息

具有一定编码、格式和字长的数字信息被称为数据信息。

(2) 传输速率

传输速率是指信道在单位时间内传输的信息量。一般以每秒所能够传输的比特(bit)数来表示，常记为 bit/s。另外也有使用非标准单位的记为 bps。

(3) 传输方式

通信方式按照信息的传输方向分为单工、半双工和全双工三种方式，如图 2-7 所示。

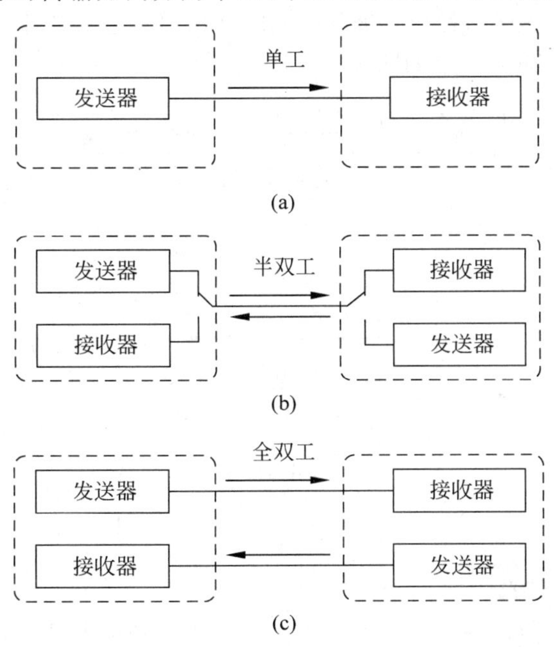

图 2-7 传输方式原理图

单工方式(Simplex Duplex)：信息只能沿单方向传输的通信方式称为单工(Simplex)方式，如图 2-7(a)所示。

半双工方式(Half Duplex)：信息可以沿着两个方向传输，但在某一时刻只能沿一个方向传输的通信方式称为半双工方式，如图 2-7(b)所示。工业中常用的现场总线如 FF、Profibus、HART 等都是采用半双工方式实现通信。

全双工方式(Full Duplex)：信息可以同时沿着两个方向传输的通信方式称为全双工方式，如图 2-7(c)所示。

(4) 传输模式

传输模式包括基带传输、载带传输与宽带传输模式。

基带传输：就是直接将数字数据信号通过信道进行传输。基带传输不适用于远距离的数据传输。当传输距离较远时，需要进行调制。

载带传输：用基带信号调制载波后，在信道上传输调制后的载波信号，这就是载带传输。

宽带传输：如果要在一条信道上同时传送多路信号，各路信号以不同的载波频率区别，每路信号以载波频率为中心占据一定的频带宽度，整个信道的带宽为各路载波信号共享，实现多路信号同时传输，这就是宽带传输。

(5) 异步传输与同步传输

异步传输：信息以字符为单位进行传输，每个字符都具有自己的起始位和停止位，一个字符中的各个位是同步的，但字符与字符之间的时间间隔是不确定的。

同步传输：信息不是以字符而是以数据块为单位进行传输的。通信系统中有专门用来使发送装置和接收装置保持同步的时钟脉冲，使两者以同一频率连续工作，并且保持一定的相位关系。在这一组数据或一个报文之内不需要启停标志，所以可以获得较高的传输速率。

(6) 串行传输与并行传输

串行传输：把构成数据的各个二进制位依次在信道上进行传输的方式。

并行传输：把构成数据的各个二进制位同时在信道上进行传输的方式。

串行传输与并行传输的示意如图 2-8 所示。

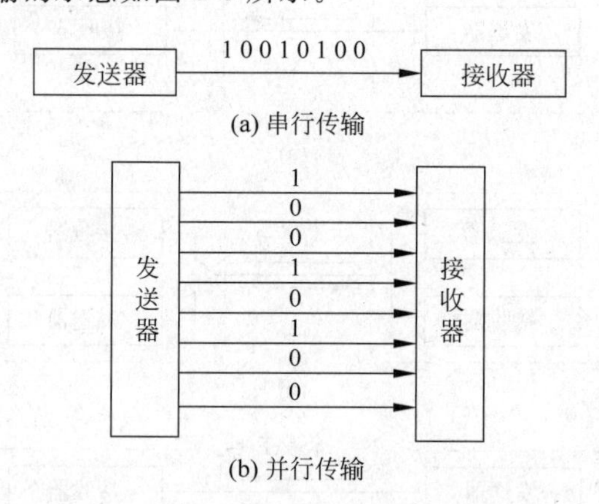

图 2-8　串行传输与并行传输原理图

2. 数据通信的编码方式

所谓数字编码就是用各种不同的方法来表示二进制数 0 和 1。对数字数据可以进行编码，对模拟数据也可以进行编码。数字数据编码后传输方式有以下几种。

(1) 平衡与非平衡传输：平衡传输时，无论 0 还是 1 均有规定的传输格式；非平衡传输时，只有 1 被传输，而 0 则以在指定的时刻没有脉冲信号来表示。

(2) 归零与不归零传输：归零传输是指在每一位二进制信息传输之后均让信号返回零电平；不归零传输是指在每一位二进制信息传输之后让信号保持原电平不变。

(3) 单极性与双极性传输：单极性是指脉冲信号的极性是单方向的，对应信号电平是单极性的，如逻辑 1 为高电平，逻辑 0 为 0 电平的信号表达方式；双极性是指脉冲信号有正和负两个方向，对应信号电平为正、负两种极性。如逻辑 1 为正电平，逻辑 0 为负电平的信号表达方式。

根据二进制数据的表达方式和传输方式，数字数据的编码有以下几种，如图 2-9 所示。

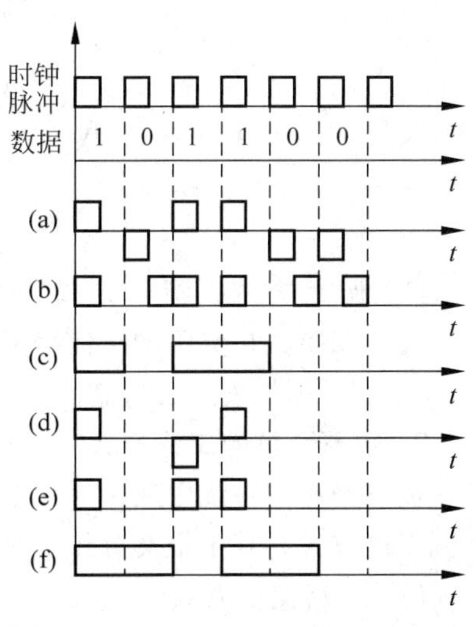

图 2-9　数据表示方法图

(1) 平衡、归零、双极性：用正极性脉冲表示 1，用负极性脉冲表示 0，在相邻脉冲之间保留一定的空闲间隔。在空闲间隔期间，信号归零，如图 2-9(a)所示。这种方法主要用于低速传输，其优点是可靠性较高。

(2) 平衡、归零、单极性：这种方法又称为曼彻斯特(Manchester)编码方法。在每一位中间都有一个跳变，这个跳变既作为时钟，又表示数据。从高到低的跳变表示 1，从低到高的跳变表示 0，如图 2-9(b)所示。由于这种方法把时钟信号和数据信号同时发送出去，简化了同步处理过程，所以，有许多数据通信网络采用这种表示方法。

(3) 平衡、不归零、单极性：如图 2-9(c)所示，它以高电平表示 1，低电平表示 0。这种方法主要用于速度较低的异步传输系统。

(4) 非平衡、归零、双极性：如图 2-9(d)所示，用正负交替的脉冲信号表示 1，用无脉冲表示零。由于脉冲总是交替变化的，所以它有助于发现传输错误，通常用于高速传输。

(5) 非平衡、归零、单极性：这种表示方法与上一种表示方法的区别在于它只有正方向的脉冲而无负方向的脉冲，所以只要将前者的负极性脉冲改为正极性脉冲，就得到后一种表达方法，如图 2-9(e)所示。

(6) 非平衡、不归零、单极性：这种方法的编码规则是，每遇到一个 1 电平就翻转一次，所以又称为“跳 1 法”或 NRZ-1 编码法，如图 2-9(f)所示。这种方法主要用于磁带机等磁性记录设备中，也可以用于数据通信系统中。

对于模拟信号编码时可直接采用模拟信号来表达数据的 0 和 1 状态。用信号的幅值、频率、相位描述信号参数，通过改变这三个参数来实现对模拟信号的编码。改变参数的方式有三种，通常称为三种调制方式，即调幅方式、调频方式和调相方式。

(1) 调幅方式：调幅方式(Amplitude Modulation，AM)又称为幅移键控法(Amplitude-Shift Keying，ASK)。它是用调制信号的振幅变化来表示一个二进制数的，例如，用高振幅表示 1，用低振幅表示 0，如图 2-10(a)所示。

(2) 调频方式：调频方式(Frequency Modulation，FM)又称为频移键控法(Frequency-Shift Keying，FSK)。它是用调制信号的频率变化来表示一个二进制数的，例如，用高频率表示 1,用低频率表示 0,如图 2-10(b)所示。

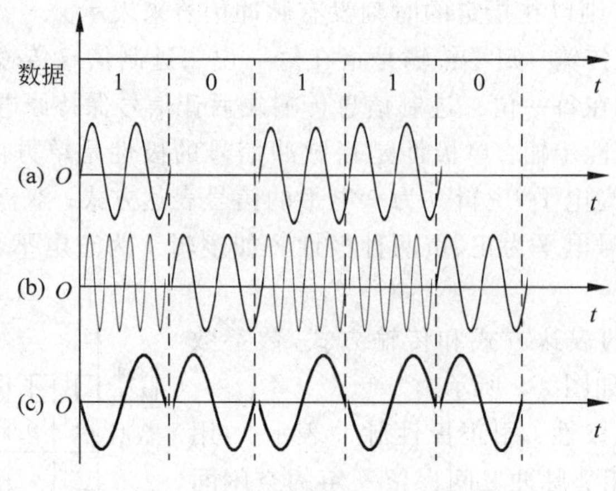

图 2-10　模拟信号调制方式原理图

(3) 调相方式：调相方式(Phase Modulation,PM)又称为相移键控法(Phase-Shift Keying,PSK)。它是用调制信号的相位变化来表示二进制数的,例如用 0°相位表示二进制的 0,用 180°相位表示二进制的 1,如图 2-10(c)所示。

3. 数据通信的工作方式

在数据通信系统中通常采用三种数据交换方式：线路交换方式、报文交换方式和报文分组交换方式。其中报文分组交换方式又包含虚电路和数据报两种交换方式。

(1) 线路交换方式

所谓线路交换方式是在需要通信的两个节点之间事先建立起一条实际的物理连接,然后再在这条实际的物理连接上交换数据,数据交换完成之后再拆除物理连接。因此,线路交换方式将通信过程分为三个阶段：即线路建立、数据通信和线路拆除阶段。

(2) 报文交换方式

报文交换以及下面要介绍的报文分组交换方式不需要事先建立实际的物理连接,而是经由中间节点的存储转发功能来实现数据交换。因此,有时又将其称为存储转发方式。报文交换方式交换的基本数据单位是一个完整的报文。这个报文是由要发送的数据加上目的地址、源地址和控制信息所组成的。报文在传输之前并无确定的传输路径,每当报文传到一个中间节点时,该节点就要根据目的地址来选择下一个传输路径,或者说下一个节点。

(3) 报文分组交换方式

报文分组交换方式交换的基本数据单位是一个报文分组。报文分组是一个完整的报文按顺序分割开来的比较短的数据组。由于报文分组比报文短很多,传输时比较灵活。特别是当传输出错需要重发时,它只需重发出错的报文分组,而不必像报文交换方式那样重发整个报文。它的具体实现有以下两种方法。

虚电路方法：虚电路方法在发送报文分组之前,需要先建立一条逻辑信道。这条逻辑信道并不像线路交换方式那样是一条真正的物理信道。因此,将这条逻辑信道称为虚电路。虚电路的建立过程是：首先由发送站发出一个“呼叫请求分组”,按照某种路径选择原则,从一个节点传递到另一个节点,最后到达接收站。如果接收站已经做好接收准备,并接受这一逻辑信道,那么该站就做好路径标记,并发回一个“呼叫接受分组”,沿原路径返回发送站。

这样就建立起一条逻辑信道，即虚电路。当报文分组在虚电路上传送时，按其内部附有路径标记，使报文分组能够按照指定的虚电路传送，在中间节点上不必再进行路径选择。尽管如此，报文分组也不是立即转发，仍需排队等待转发。

数据报方法：在数据报方法中把一个完整的报文分割成若干个报文分组，并为每个报文分组编好序号，以便确定它们的先后次序。报文分组又称为数据报。发送站在发送时，把序号插入报文分组内。数据报方法与虚电路方法不同，它在发送之前并不需要建立逻辑连接，而是直接发送。数据报在每个中间节点都要处理路径选择问题，这一点与报文交换方式是类似的。然而，数据报经过中间节点存储、排队、路由和转发，可能会使同一报文的各个数据报沿着不同的路径，经过不同的时间到达接收站。这样，接收站所收到的数据报顺序就可能是杂乱无章的。因此，接收站必须按照数据报中的序号重新排序，以便恢复原来的顺序。

4. 多路复用技术

在实际的计算机网络系统中，为了有效地利用通信线路，希望一个信道能够同时传输多路信号。多路复用技术就是把许多信号在单一的传输线路上用单一的传输设备进行传输的技术。采用多路复用技术把多个信号组合在一条物理电缆上传输，在远距离传输时可大大节省电缆的安装和维护费用。两种最常用的多路复用技术是频分多路复用和时分多路复用。其中时分多路复用又可分为同步时分和异步时分两种。

频分多路复用：在物理信道能提供比单路原始信号宽得多的带宽的情况下，就可以把该物理信道的总带宽分割成若干个与传输单路信号带宽相同的子信道，每个子信道传输一路信号，这就是频分多路复用。多路的原始信号在频分复用前，首先要通过频谱搬移把各路信号的频谱搬移到物理信道的不同频谱段上，这可以通过在频率调制时采用不同的载波来实现。

时分多路复用：若传输介质能达到的位传输速率超过单一信号源所要求的数据传输率，就可采用时分多路复用技术，它是将一条物理信道按时间分成若干时间片轮流地给多个信号源使用，每一时间片由复用的一个信号源占用，而不像频分多路复用那样同时发送多路信号。同步时分多路复用是指时分方案中的时间片是分配好的，而且是固定不变地轮流占用，而不管某个信息源是否真有信息要发送。这样，时间片与信息源是固定对应的，或者说，各种信息源的传输与定时是同步的，故称为同步时分多路复用。在接收端，根据时间片序号便可判断是哪一路信息，因而便可送往相应的目的地。异步时分多路复用允许动态地分配传输媒介的时间片，这样便可大大减少时间片的浪费。当然，实现起来要比同步时分多路复用复杂一些。在接收端，无法根据时间片的序号来断定接收的是哪一路信息源的信息，因此，需要在所传输的信息中带有相应的信息。

5. 差错控制

数据在通信线路上传输时，由于传输线路上的噪声或其他干扰信号的影响往往使发送端发送的数据不能被接收端正确接收，这就产生了差错，差错可以用误码率来衡量。提高通信质量的措施一般有以下两种：一是采用高质量的通信线路，二是采用差错控制方法。差错控制是对所传输的数据进行抗干扰编码，即按一定的规则给被传送的数据增加一定的冗余码。冗余码与被传送的信息码一起发送，经信道传输后，接收端按照与发送端约定的译码规则进行译码，从而发现错误或纠正错误。能够发现错误的编码称为检错码，发现错误并能纠正错误的编码称为纠错码。

奇偶校验是最为简单的一种检错码，它的编码规则是：首先将要传送的信息分组，各组信息后面附加一位校验位，校验位的取值使得该整个码字中的“1”的个数为奇数或为偶数。如果所形成的码字中“1”的个数为奇数，则称为奇校验；若码字中“1”的个数为偶数，则称为偶校验。按照校验方式的不同，奇偶校验码可分为垂直奇偶校验、水平奇偶校验和水平垂直奇偶校验三种。

循环冗余码校验(又称为CRC校验)方式则是为了提高通信的效率，对数据差错的检测不是按照行列逐步进行而是对一定大小的数据块逐块地进行差错检测的方式。循环冗余码校验的基本思想是根据要发送的一个K位信息码M，发送设备按一定的规则产生一个n位作校验用的监督码附加在信息码的后边，构成一个新的二进制码序列发送出去，接收端根据信息码和监督码之间所遵循的规则进行检测，来确定是否有错。

海明码是一种可以纠正一位差错的高效率线性分组纠错码。海明码将待传信息码元分成许多长度为k的组，每一组后附加r个监督码元(也称校验比特)，构成长为$n=k+r$比特的分组码。然后用r个校验公式产生的r个校正因子来核算有无错误和错误出现的位置。海明码用多个校验码分组对每一个数据位进行校验，任何一个数据位出错，会影响相关的几个校验位的值，通过检查这几个校验位的取值，就能判断是哪一个数据位错，对其进行反运算就实现了纠错。但海明码这种方案只能纠正一位出错，无法纠正多位出错。

2.2.2 网络技术基础

1. 基本术语

(1) 总线

总线是网络上共享的传输媒体，是信号传输的公共路径。通过总线连接在一起的一组设备为总线段。

(2) 总线协议

总线协议是指总线上的设备使用总线的一套规则。

(3) 总线操作

总线操作是指总线上数据发送者与接收者之间的连接-数据传送-脱开这一操作序列。

(4) 总线设备

总线设备是作为网络节点连接在总线上的物理实体。如具有总线通信能力的传感器、变送器电子控制单元以及执行器等都是总线设备。

(5) 总线主设备

总线主设备是有能力在总线上发起通信的设备。

(6) 总线从设备

总线从设备是不能在总线上发起通信的设备。总线从设备只能挂接在总线上，对总线信号进行接收和查询。

(7) 总线仲裁

总线仲裁是指处理总线冲突的过程。

(8) 发送设备

发送设备是具有通信信号发送电路的设备。

(9) 接收设备

接收设备是具有通信信号接收电路的设备。

(10) 传输介质

传输介质是两点或多点之间连接发送设备与接收设备的物理通路，是发送设备与接收设备之间信号传递所经过的媒介。这种媒介可以是双绞线、电缆、电力线、光缆等有线媒体，也可以为无线媒体。

(11) 通信软件

通信软件是指通信系统中的报文与通信协议等。报文可包括文本、命令、参数值、图片、声音等内容。协议的关键要素包括语法、语义和时序。

(12) 网络节点

网络节点是网络或通信总线上具有计算与通信能力的测量控制设备。

2. 网络拓扑结构

通信网络的拓扑结构就是指通信网络中各个节点或站相互连接的方法。拓扑结构决定了一对节点之间可以使用的数据通路，或称链路。在控制系统中应用较多的拓扑结构是星型结构、环型结构及总线型结构。

(1) 星型结构

在星型结构中，每一个节点都通过一条链路连接到一个中央节点上去，如图 2-11 所示。任何两个节点之间的通信都要经过中央节点。中央节点有一个开关装置来接通两个节点之间的通信路径。

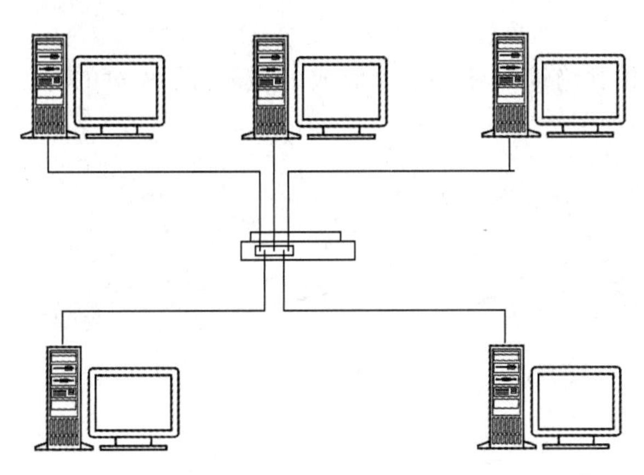

图 2-11　星型网络结构图

(2) 环型结构

在环型结构中，所有的节点通过链路组成一个环型。需要发送信息的节点将信息送到环上，信息在环上只能按某一确定环型方向传输，如图 2-12 所示。

(3) 总线型结构

在总线型拓扑结构中，传输介质是一条总线，各节点通过接口电路接入总线，如图 2-13 所示。总线型拓扑结构是工业网络中的基本拓扑结构。

3. 网络传输介质

在过程控制系统中，常用的传输介质有双绞线、同轴电缆、光缆和无线介质。

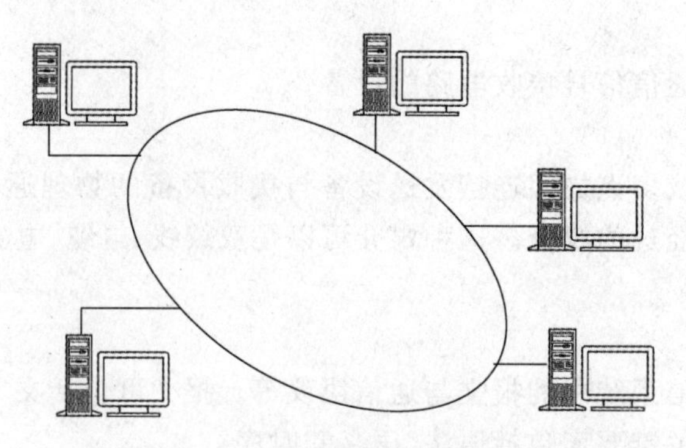

图 2-12 环型网络结构图

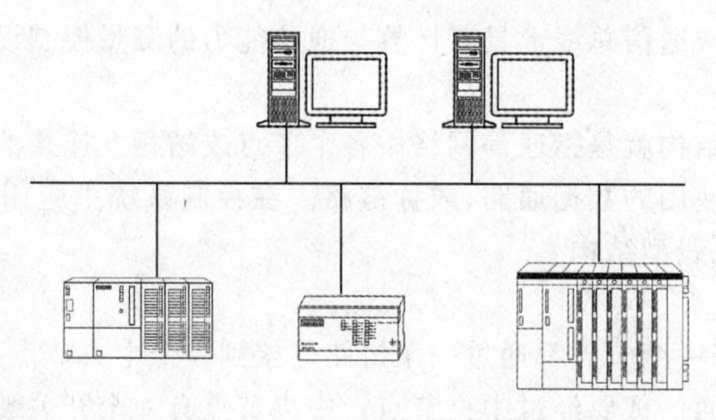

图 2-13 总线型网络结构图

(1) 双绞线

双绞线是由两个相互绝缘的导体扭绞而成的线对，在线对的外面常有金属箔组成的屏蔽层和专用的屏蔽线，如图 2-14(a)所示。

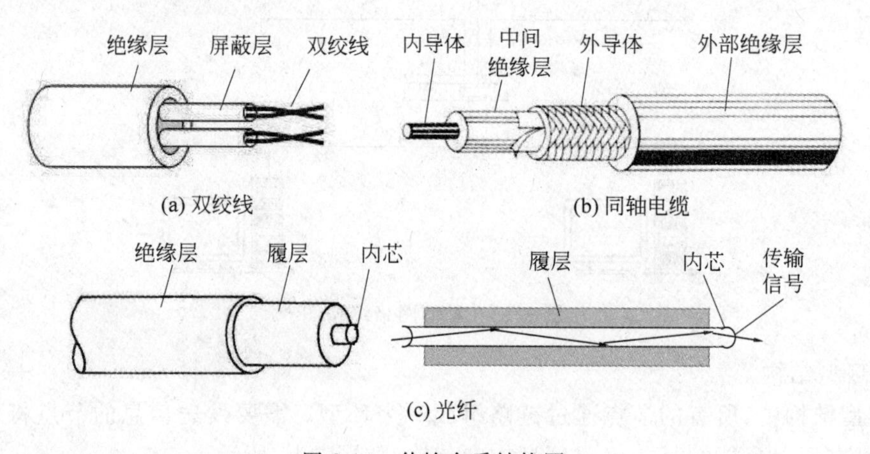

图 2-14 传输介质结构图

(2) 同轴电缆

同轴电缆由内导体、中间绝缘层、外导体和外绝缘层组成，如图 2-14(b)所示。信号通过内导体和外导体传输。外导体总是接地的，起到了良好的屏蔽作用。

(3) 光缆

光缆内芯是由二氧化硅拉制成的光导纤维，外面敷有一层玻璃或聚丙烯材料制成的覆层,其结构如图2-14(c)所示。由于内芯和覆层的折射率不同,以一定角度进入内芯的光线能够通过覆层折射回去,沿着内芯向前传播以减少信号的损失。

(4) 无线介质

最常用到的无线传输方式是微波、激光和红外线。

4. 网络传输介质的访问控制方式

网络传输介质访问控制是指当局域网中共用信道的使用产生竞争时,如何分配信道的使用权问题。介质访问控制方法对网络的响应时间、吞吐量和效率起着十分重要的作用。一个好的介质访问控制协议要同时具备三个条件:协议简单、信道利用率高、通信权分配合理。常用的网络传输介质访问控制包括带冲突检测的载波监听多路访问(CSMA/CD)方法、令牌环(Token Ring)方法以及令牌总线(Token Bus)方法。

(1) 载波监听多路访问

网络站点监听载波是否存在,即判断信道是否被占用,并采取相应的措施,这是载波监听多路访问(CSMA)方式的重要特点,它是一种争用协议,其控制方案为:一个站点要发送信息,首先需要监听总线,以确定介质上是否有其他站的发送信息存在;如果介质是空闲的,则可以发送;如果介质是忙的,则等待一定间隔后重试。介质的最大利用率取决于帧的长度,帧长愈长,传播时间愈短,介质利用率愈高。

带冲突检测的载波监听多路访问协议CSMA/CD则可以提高总线利用率,这种协议已广泛应用于局域网中。

(2) 令牌环介质访问控制

令牌环介质访问控制方式使用一个令牌(Token,又称标记)沿着环循环,只有拥有此令牌的站点,才有权向环路发送报文,其他站点只能接收报文。一个节点发送完毕后,便将令牌交给环路上的下一个站点,以此类推。图2-15说明了令牌环方式时A站向C站发送信息的工作原理。A站把目的地址和需发送的数据交给本站的通信处理器组织成帧如图2-15(a)所示。一旦A站从环上获得令牌,即发出该帧。B站收到此帧后,查看目的地址与本站不符,便将原帧转发给C站,如图2-15(b)所示。C站查看目的地址得知该帧是给本站的,便进行校检、差错和接收,并修改帧的状态位,表示此帧已被接收。然后C站将修改了状态位的原帧沿D站送回A站,如图2-15(c)所示。A站从返回帧的状态位得知发送成功,从环路上取消此帧,再把令牌转交给B站。

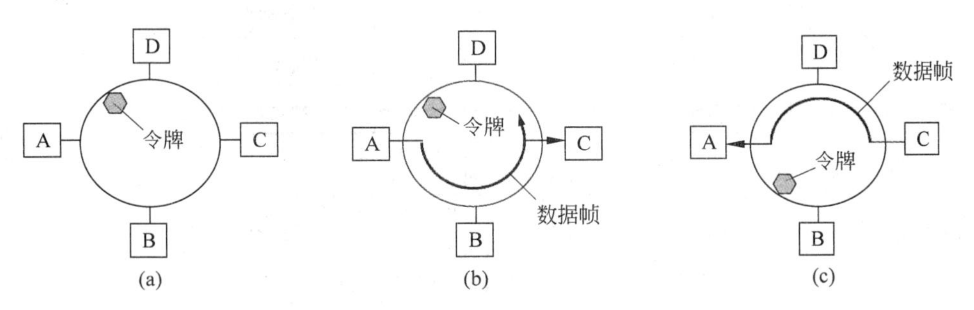

图2-15 令牌环工作原理图

(3) 令牌总线介质访问控制

令牌总线介质访问控制是在物理总线上建立一个逻辑环。从物理上看,这是一种总线结构的局域网。和总线网一样，站点共享的传输介质为总线。但是，从逻辑上看，这是一种环型结构的局域网，接在总线上的各站点组成一个逻辑环，每个站点被赋予一个顺序的逻辑位置。和令牌环一样，站点只有取得令牌，才能发送帧，令牌在逻辑环依次传递。图 2-16 所示令牌总线的工作原理，令牌由工作节点 A 传送到工作节点 B，然后依次传送到 C、D 和 E，再返回节点 A。令牌总线也是现场总线中很常见的介质访问控制方法。

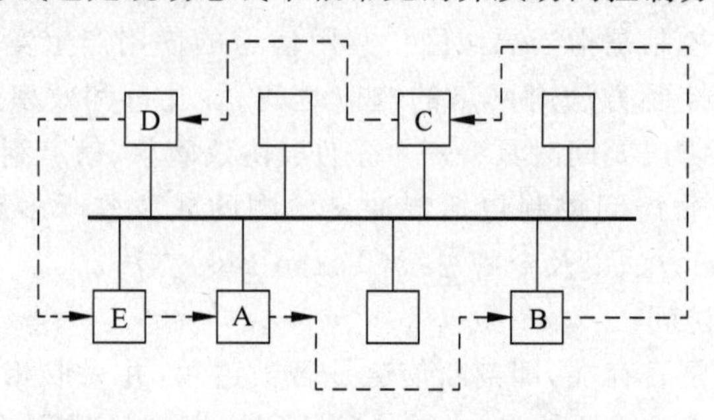

图 2-16　令牌总线工作原理图

5. 网络互连及通信参考模型

网络的互连是指将分布在不同地理位置的网络、网络设备连接起来，构成更大规模的网络系统，以实现网络的数据资源共享。相互连接的网络可以是同种类型网络，也可以是运行不同网络协议的异构网络。

为了实现不同厂家生产的设备之间的互连操作与数据交换，国际标准化组织 ISO 提出了开放系统互连(Open System Interconnection，OSI)参考模型，简称 ISO/OSI 模型。ISO/OSI 模型将各种协议分为七层，自下而上依次为：物理层、链路层、网络层、传输层、会话层、表示层和应用层，如图 2-17 所示。各层协议的主要作用如下。

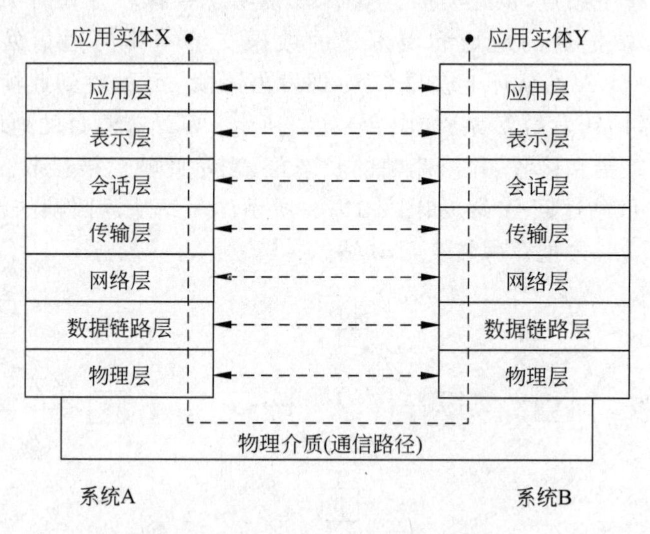

图 2-17　OSI 参考模型原理图

(1) 物理层：物理层协议规定了通信介质、驱动电路和接收电路之间接口的电气特性和机械特性。例如，信号的表示方法、通信介质、传输速率、接插件的规格及使用规则等。

(2) 链路层：通信链路是由许多节点共享的。这层协议的作用是确定在某一时刻由哪一个节点控制链路，即链路使用权的分配。它的另一个作用是确定比特级的信息传输结构，也就是说，这一级规定了信息每一位和每一个字节的格式，同时还确定了检错和纠错方式，以及每一帧信息的起始和停止标记的格式。帧是链路层传输信息的基本单位，由若干字节组成，除了信息本身之外，它还包括表示帧开始与结束的标志段、地址段、控制段及校验段等。

(3) 网络层：在一个通信网络中，两个节点之间可能存在多条通信路径。网络层协议的主要功能就是处理信息的传输路径问题。在由多个子网组成的通信系统中，这层协议还负责处理一个子网与另一个子网之间的地址变换和路径选择。如果通信系统只由一个网络组成，节点之间只有唯一的一条路径，那么就不需要这层协议。

(4) 传输层：传输层协议的功能是确认两个节点之间的信息传输任务是否已经正确完成，包括信息的确认、误码的检测、信息的重发、信息的优先级调度等。

(5) 会话层：这层协议用来对两个节点之间的通信任务进行启动和停止调度。

(6) 表示层：这层协议的任务是进行信息格式的转换，它把通信系统所用的信息格式转换成它上一层，也就是应用层所需的信息格式。

(7) 应用层：严格说这一层不是通信协议结构中的内容，而是应用软件或固件中的一部分内容。它的作用是召唤低层协议为其服务。在高级语言程序中，它可能是向另一节点请求获得信息的语句，在功能块程序中从控制单元中读取过程变量的输入功能块。

第7层以上可以是真实的设备功能，如测量、执行或控制，也可以是一个主站中的操作界面。在发送方的设备中，一个报文从上至下通过各层，再经由接口和导线，向上穿过接收设备各层达到终点。

对于同一网络中可以彼此互相操作的设备，所有7个OSI层以及用户层必须是相同的。仅仅使用相同的物理层并不能提供任何互操作，它仅仅保证设备的电气兼容。

6. 网络互联设备

网络互联从通信参考模型的角度可分为几个层次：在物理层使用中继器(Repeater)与集线器(Hub)，通过复制位信号延伸网段长度；在数据链路层使用网桥(Bridge)，在局域网之间存储或转发数据帧；在网络层使用路由器(Router)在不同网络间存储转发分组信号；在传输层及传输层以上，使用网关(Gateway)进行协议转换，提供更高层次的接口。因此中继器、网桥、路由器和网关是不同层次的网络互联设备。

(1) 中继器

中继器又称重发器。由于网络节点间存在一定的传输距离，网络中携带信息的信号在通过一个固定长度的距离后，会因衰减或噪声干扰而影响数据的完整性，影响接收节点正确的接收和辨认，因而经常需要运用中继器。中继器接收一个线路中的报文信号，将其进行整形放大、重新复制，并将新生成的复制信号转发至下一网段或转发到其他介质段。这个新生成的信号将具有良好的波形。中继器一般用于方波信号的传输。有电信号中继器和光信号中继器，它们对所通过的数据不作处理，主要作用在于延长电缆和光缆的传输距离。

中继器仅在网络的物理层起作用，它不以任何方式改变网络的功能。如图2-18所示是通过中继器连接在一起的两个网段(实际上是一个网段的延长)。中继器使得网络可以跨越一个较大的距离。在中继器的两端，其数据速率、协议和地址空间都相同。

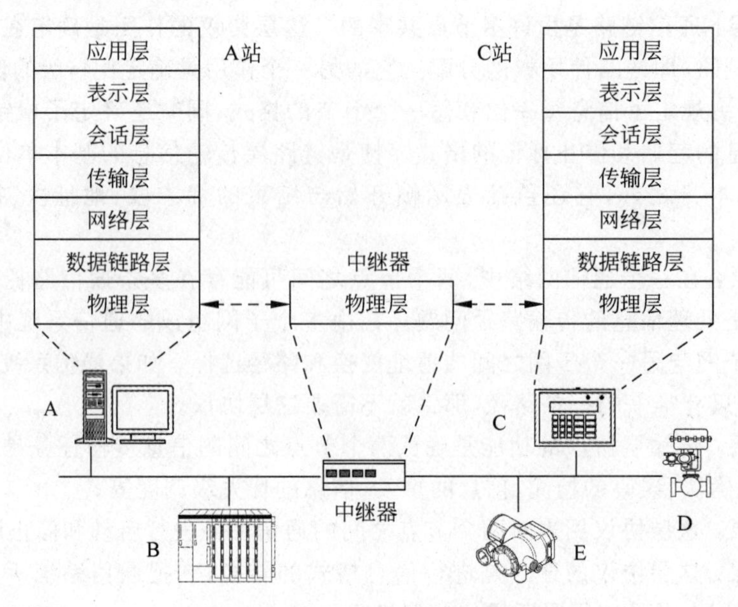

图 2-18 采用中继器延长网络示意图

(2) 集线器

集线器属于数据通信系统中的基础设备,它和双绞线等传输介质一样,是一种不需任何软件支持或只需很少管理软件管理的硬件设备。它被广泛应用到各种场合,但主要适用于星型网络或树型网络中。集线器工作在局域网环境,像网卡一样,应用于 OSI 参考模型第一层,因此又被称为物理层设备。集线器所起的作用相当于多端口的中继器。其实,集线器实际上就是中继器的一种,其区别仅在于集线器能够提供更多的端口服务,所以集线器又叫多口中继器。集线器也是一个多端口的信号放大设备,工作中当一个端口接收到数据信号时,由于信号在传输过程中已有了衰减,所以集线器便将该信号进行整形放大。随着技术的发展和需求的变化,目前的许多集线器在功能上进行了拓宽,其产品已包括无源集线器、有源集线器和智能集线器等。

无源集线器是最低级的一种,不对信号做任何的处理,对介质的传输距离没有扩展。

有源集线器与无源集线器的区别就在于它能对信号放大或再生,这样它就延长了两台主机间的有效传输距离。

智能集线器除具备有源集线器所有的功能外,还有网络管理及路由功能。在智能集线器构成的网络中,不是每台机器都能收到信号,只有与信号目的地址相同地址端口计算机才能收到。

(3) 网桥

网桥是存储转发设备,用来连接同一类型的局域网。网桥将数据帧送到数据链路层进行差错校验,再送到物理层,通过物理传输介质送到另一个子网或网段。它具备寻址与路径选择的功能,在接收到帧之后,要决定正确的路径将帧送到相应的目的站点。

网桥能够互联两个采用不同数据链路层协议、不同传输速率、不同传输介质的网络。它要求两个互联网络在数据链路层以上采用相同或兼容的协议。网桥同时作用在物理层和数据链路层，它们用于网段之间的连接，也可以在两个相同类型的网段之间进行帧中继。网桥可以访问所有连接节点的物理地址。有选择性地过滤通过它的报文。如图 2-19 所示是两个通过网桥连接在一起的网段。节点 A 和节点 B 处于同一个网段中。当节点 A 送到节点 B 的数据包到达网桥时，这个数据包被阻止进入右边的网段中，而只在本中继网段内中继，被站点 B 接收。如果由节点 A 产生的数据包要送到节点 F，网桥允许这个数据包跨越并中继到右边的网段。数据包将在那里被站点 F 接收。

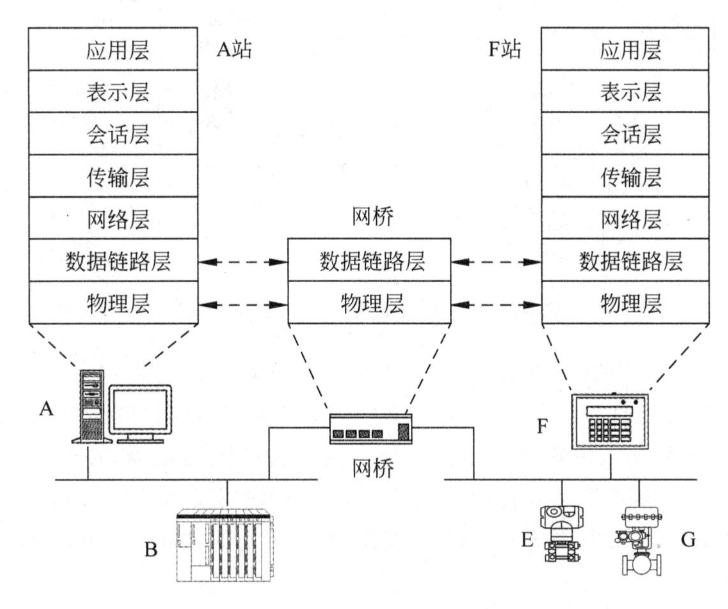

图 2-19 采用网桥连接网段示意图

网桥在两个或两个以上的网段之间存储或转发数据帧，它所连接的不同网段之间在介质、电气接口和数据速率上可以存在差异。网桥与中继器的区别在于：网桥具有使不同网段之间的通信相互隔离的逻辑，或者说网桥是一种聪明的中继器。

网桥通常包括简单网桥、学习网桥和多点网桥。

(4) 路由器

路由器工作在物理层、数据链路层和网络层。它比中继器和网桥更加复杂。在路由器所包含的地址之间，可能存在若干路径，路由器可以为某次特定的传输选择一条最好的路径。报文传送的目的地网络和目的地址一般存在于报文的某个位置。当报文进入时，路由器读取报文中的目的地址，然后把这个报文转发到对应的网段中。它会取消没有目的地的报文传输。对存在多个子网络或网段的网络系统，路由器是很重要的部分。如图 2-20 所示是路由器连接网络的示意图。

(5) 网关

网关又被称为网间协议变换器，用以实现不同通信协议的网络之间、包括使用不同网络操作系统的网络之间的互联。由于它在技术上与它所连接的两个网络的具体协议有关，因而用于不同网络间转换连接的网关是不相同的。一个普通的网关可用于连接两个不同的总线或网络。由网关进行协议转换，提供更高层次的接口。网关允许在具有不同协议和报文组的两个网络之间传输数据。在报文从一个网段到另一个网段的传送中，网关提供了一种

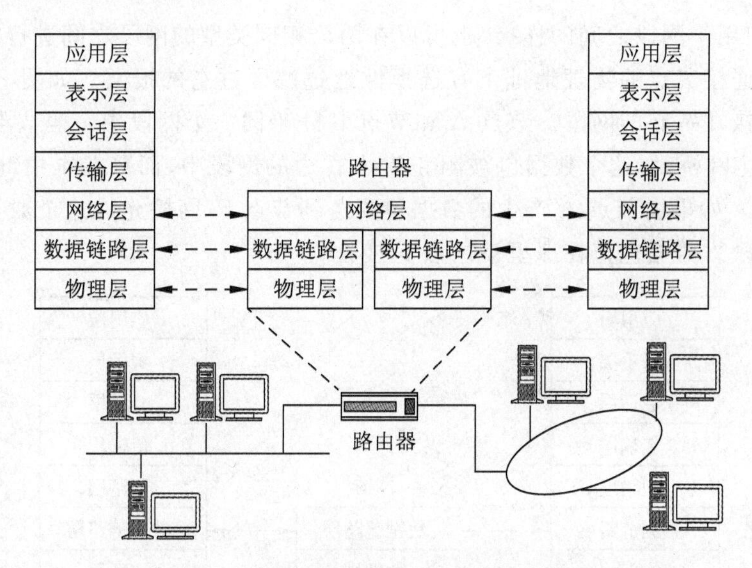

图 2-20 采用路由器连接网段示意图

把报文重新封装形成新的报文组的方式。网关需要完成报文的接收、翻译与发送。它使用两个微处理器和两套各自独立的芯片组。每个微处理器都知道自己本地的总线语言，在两个微处理器之间设置一个基本的翻译器。I/O 数据通过微处理器，在网段之间来回传递数据。在工业数据通信中网关最显著的应用就是把一个现场设备的信号送往另一类不同协议或更高一层的网络。例如把 AS-I 网段的数据通过网关送往 Profibus-DP 网段，如图 2-21 所示。

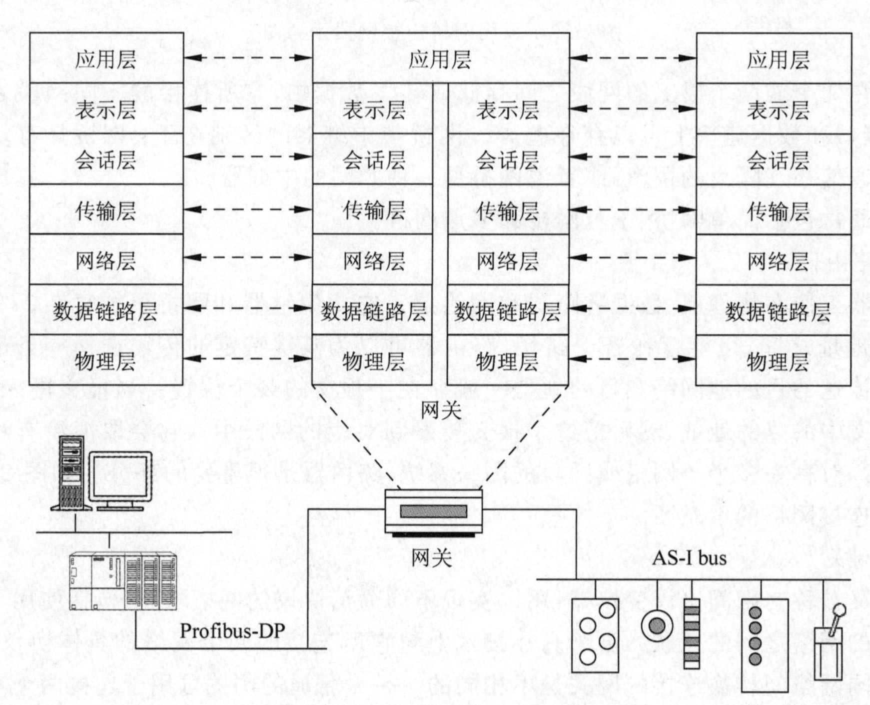

图 2-21 采用网关连接网络示意图

2.2.3 基金会现场总线及 Profibus-PA 现场总线通信技术

基金会现场总线(FF)和 Profibus-PA 现场总线都是基于智能自动化仪表完成基层检测与控制的现场总线。这两种总线都以 ISO/OSI 开放系统互连模型为基础，取其物理层、数据链路层、应用层对应 OSI 通信模型的相应层次，并在应用层上增加了用户层，如图 2-22 所示为基金会现场总线模型。用户层主要针对自动化测控应用的需要，定义了信息存取的统一规则，采用设备描述语言规定了通用的功能块集。基金会现场总线包括基金会现场总线通信协议，ISO 模型中的 2～7 层通信协议构成的通信栈，用于描述设备特性及操作接口的 DDL 设备描述语言、设备描述字典，用于实现测量、控制及工程量转换的应用功能块，实现系统组态管理功能的系统软件技术及构筑集成自动化系统、网络系统的系统集成技术。

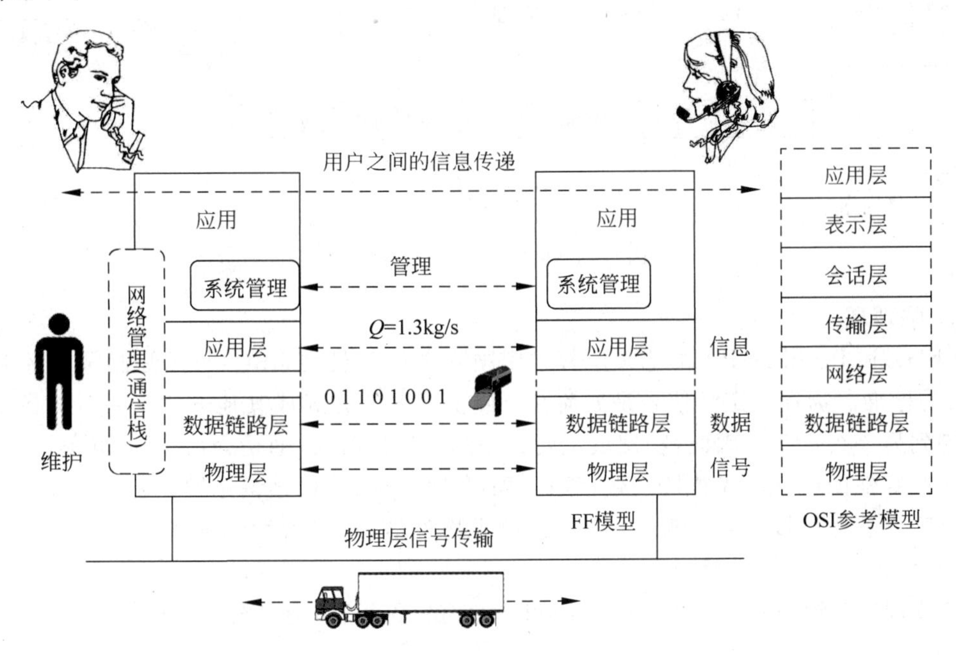

图 2-22 FF 通信架构与 OSI 模型关系图

FF 现场总线包括 H1 和 H2 两种。H1 总线适合于温度、压力、流量及物位等过程参数的测量应用。H2 总线将主要面向高级过程控制、远程输入/输出与高速工厂自动化和应用等。本节主要介绍 H1 总线。

基金会现场总线模型物理层对应 OSI 参考模型的第 1 层，它从通信栈接受报文，并将其转换成在现场总线通信介质上传输的物理信号，反之亦然。通信栈对应 OSI 参考模型的第 2 和第 7 层。其中的第 7 层，即应用层(AL)，对用户应用层命令进行编码和解码。其中的第 2 层，即数据链路层(Data Link Layer，DLL)，控制通过第 1 层的信息传输。数据链路层还通过确定的集中总线调度器，即所谓的链路活动调度器(Link Active Scheduler，LAS)来管理对现场总线的访问。链路活动调度器用来调度确定信息的传输和控制设备之间的数据交换。FF 没有使用 OSI 参考模型的第 3、5 和 6 层。用户层不由 OSI 参考模型定义，而是由 FF 已定义。在 OSI 参考模型中未定义用户程序。当信息在现场总线中传送时，其各部分均由通信系统中的各层承担。如图 2-23 所示为总线中数据的生成方式,图 2-23 中可以看出发送设备的每个层都在原始的报文上增加一段信息,这些信息在接收设备的对应层中被剥离。图 2-23 中标明的数字为各层传输用户数据时使用的字节数。

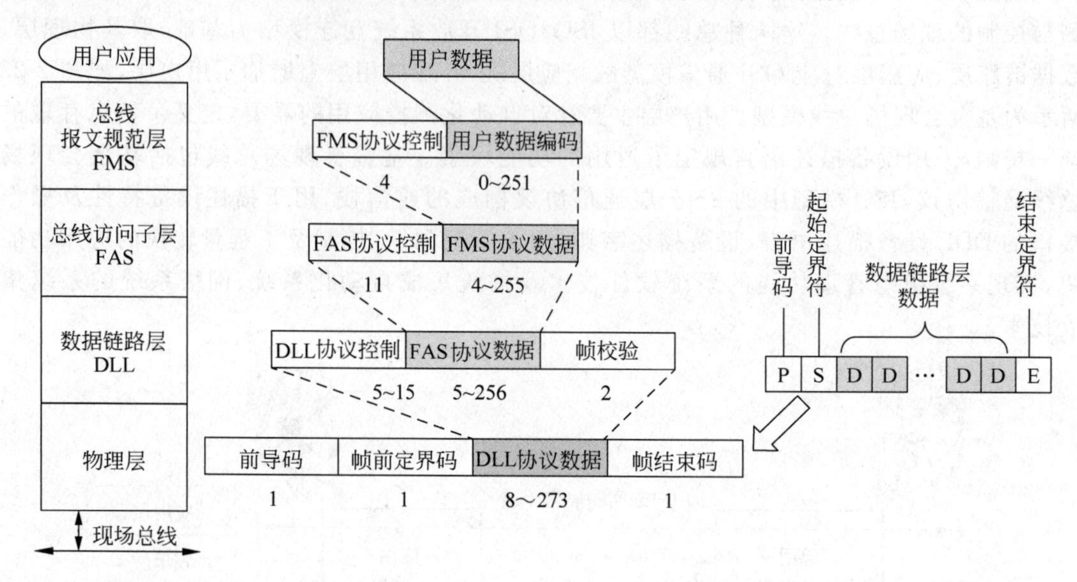

图 2-23 FF 总线协议数据生成图

1. 物理层

FFH1 和 Profibus-PA 的物理层都采用国际电工委员会(IEC)与国际测量与控制协会(ISA)的标准。物理层定义信号是如何在介质上以电的方式或其他方式从一台设备物理地址传递到另一台设备。因此,物理层主要关心的是通信接口、通信介质、信号波形、信号电压以及一些其他的机、电、光特性。数字通信采用 31.25kb/s 的通信速率。

物理层从通信栈接收消息,并将其转换成物理信号,然后发到现场总线的传送介质之上,物理层也负责这一过程的逆过程。

在物理层对帧的转换工作包括添加和去除前导码、开始定界符与结束定界符,如图 2-23 所示。

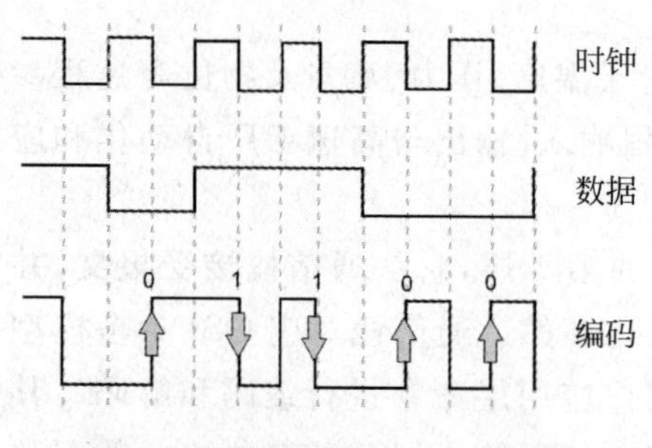

图 2-24 曼彻斯特双相-L 编码图

FFH1 和 Profibus-PA 总线信号的编码使用曼彻斯特双相-L 技术编码如图 2-24 所示。该信号称为“同步序列”,因为时钟信息已加于串行数据流之上。数据和时钟信号结合在一起即产生现场总线信号。现场总线信号接收端将时钟周期一半时的上跳沿解释为逻辑“0”,而将下跳沿解释为逻辑“1”。前导码、开始定界符与结束定界符均定有特殊的字符如图 2-25 所示。前导码使接收端的内部时刻与接收现场总线信号保持同步。开始与结束定界符中使用一个特殊的编码 N+与 N-,N+与 N-信号在时钟周期一半时不发生跃迁。接收端利用开始定界符确定现场总线消息的开始。接收端一旦发现开始定界符即开始接收数据,直至收到结束定界符为止。

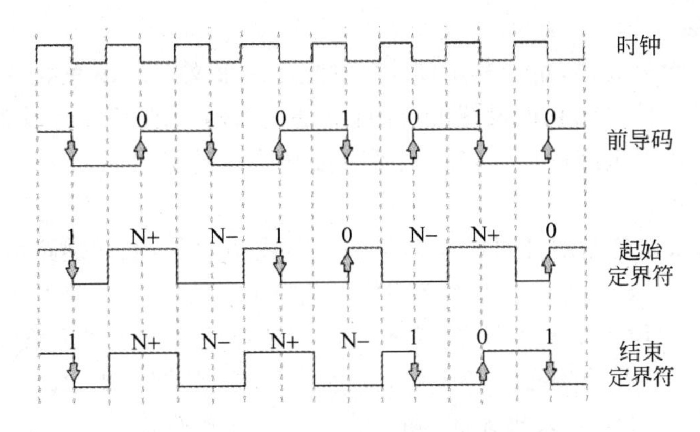

图 2-25　前导码与定界符的 IEC 编码图

信息的编码、解码和一些其他功能都是由一个专用的现场总线通信控制器来完成的。

对于总线的信号发送，是总线上发送设备以 31.25kb/s 的速率将＋10mA 的电流信号传送给一个 50Ω 的等效负载，使得发送器的曼彻斯特电流经过该电阻时会产生一个调制在直流电源电压上的 1V 的峰-峰(P-P)电压信号，如图 2-26 所示。所有网络上的设备拾取该信号，并且在存在信号衰减的情况下也有足够的敏感度来接收。换句话说，发送是通过电流完成的，接收是通过电压完成的。直流电压的范围为 9～32V，但在本质安全应用中，允许的电压范围由安全栅额定值而定。图 2-26 中终端器的作用是防止信号通过网络传输到达导线终点时产生反射。

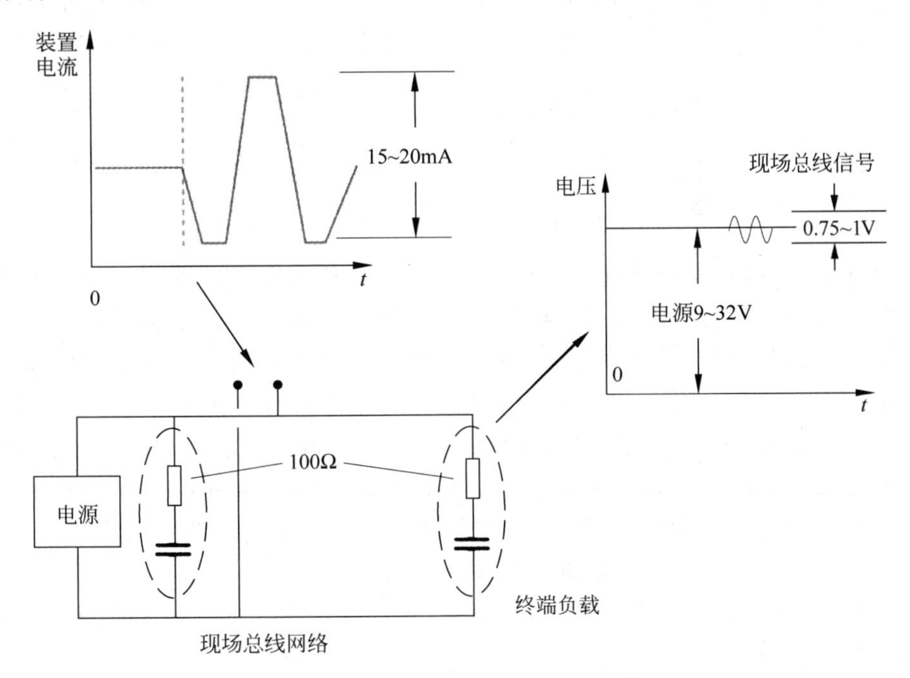

图 2-26　基金会现场总线信号传输波形图

决定现场总线长度的因素有通信速率、电缆类型、线路尺寸、总线电源选项与本质安全选项。若使用屏蔽双绞线，主线的长度不能超过 1900m。

2. 数据链路层

数据链路层位于第2层，也简称DLL，它主要控制报文在现场总线的传输，即一台设备什么时候以及能以多长时间获取网络的访问，以避免因两台或者多台设备在同一时间发送报文而发生冲突。数据链路层的功能还包括寻址和检查错误。

(1) FFH1总线

FFH1总线的数据链路层通过确定的集中式总线调度器，也称链路活动调度器(LAS)，来管理总线的访问。数据链路层是现有IEC/ISADLL的一个子集。数据链路层定义了3种设备类型，第1种设备是基本设备，它不可成为链路活动调度器；第2种设备是链路主设备；第3种设备是能将现场总线联成更大网络的网桥，如图2-27所示。链路活动调度器将实时过程数据、后台HMI(人机界面)和下装等报文分开处理。

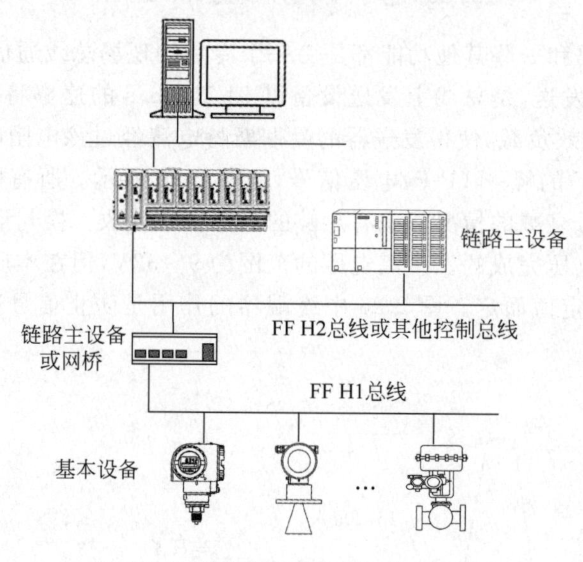

图2-27 基金会现场总线网络示意图

在FF H1总线上，只有一个现行的链路活动调度器负责管理总线，它具有总线上所有设备的清单，设备在得到链路活动调度器的允许后，才能向总线上发送传输包。

FF H1总线上的通信分为两类：受调度/周期(Scheduled/Cyclic)通信和非调度/非周期(Unscheduled/Acyclic)通信。对受调度通信来说，链路活动调度器有一份传输时间表，该表对所有需要周期性传输的设备中所有数据缓冲器起作用。当设备缓冲区的数据发送时刻到来时，链路活动调度器向该设备发送一个强制数据CD(Compel Data)。一旦收到CD，该设备即向现场总线上所有设备发广播或“发布”数据。所有被组态为接收数据的设备称为接收方(Subscriber)，或称认购者，如图2-28所示。

受调度通信常用于现场总线设备间，将控制回路的数据进行有规律、周期性的传输。受调度通信在网络上具有最高的优先级。

非调度通信可以使现场总线上所有设备在调度报文传送之间都有机会发送非调度报文，如图2-29所示。链路活动调度器通过发布一个传输令牌PT(Pass Token)给某一设备，当该设备接收到PT时，它就允许使用现场总线并发送报文，直到结束或超过“最大令牌保留时间”(取两者中较短者)。信息可向单一的地址发送，也可向多个目的地址发送(多路广播)。

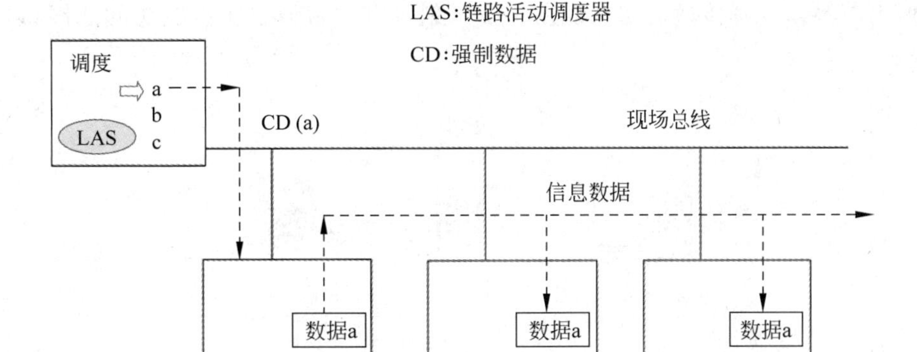

图 2-28 调度数据传递示意图

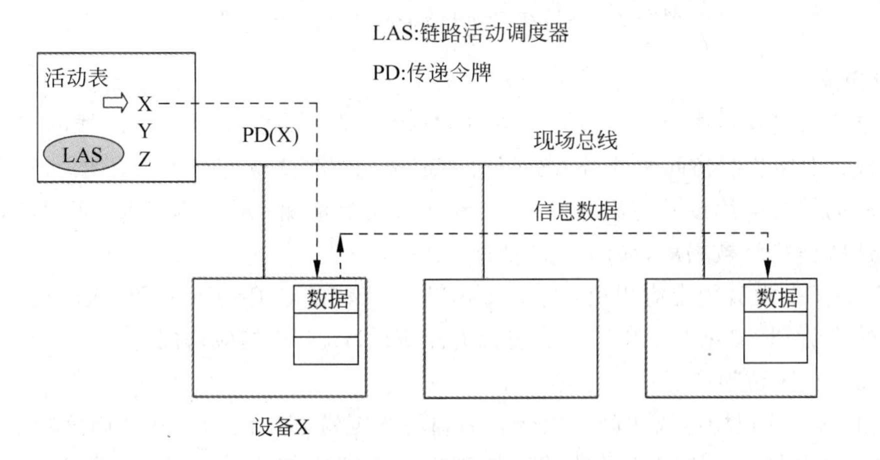

图 2-29 非调度数据传递示意图

非调度通信通常用来传输报警事件、维护/诊断、趋势、组态等信息。

链路活动调度器的全部操作可分为：CD 调度、活动表维护、数据链接时间同步、令牌传递、链路活动调度器冗余度等。

FF H1 总线的捡错工作是通过发送一个校验序列(FCS)来实现的。校验序列包含在发送设备的报文中。接收设备通过对比内部计算得到的校验序列和接收到的校验序列来检测通信错误。

(2) Profibus-PA 总线

在 Profibus-PA 总线中，只有一个主设备可以发起通信。数据链路层保证在同一时刻只有一台设备访问总线。同样，数据链路层还处理寻址和检错。

Profibus-PA 总线数据链路层识别两种设备类型，主设备与从设备。主设备包括中央控制器和主站组态工具。所有现场仪表如变送器和阀门定位器均属从设备。主设备发起通信而从设备只做应答。

Profibus-PA 总线的通信仲裁是在以地址为顺序的逻辑环内，主设备使用一个特殊的报文传递令牌，如图 2-30 所示。一旦主设备接收到令牌，它就可以发送报文。令牌经由全部主设备完成一个循环的时间称为令牌循环时间。持有令牌的主设备可以轮询从设备，而从设备做出应答。令牌传递机制保证在一个时刻只有一台设备被授权访问总线，以防止冲突发生。

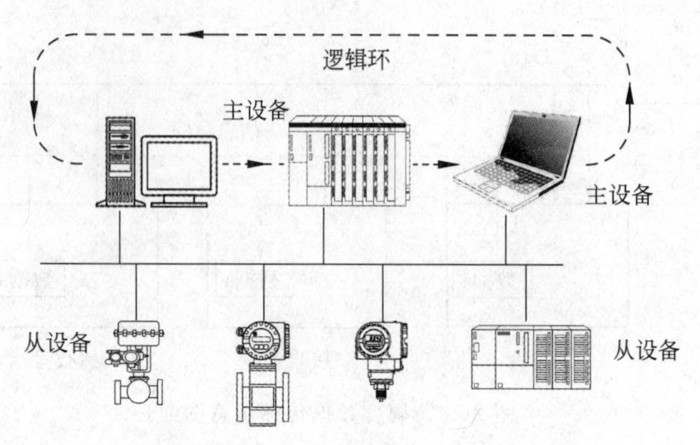

图 2-30 令牌在 Profibus-PA 中传递的示意图

3. 应用层

应用层定义简单数据类型和复杂对象，同时提供访问功能。FF H1 总线的应用层由两个子层组成：现场总线访问子层(FAS)子层和现场总线报文规范(FMS)子层。当来自用户应用功能块的报文应用层的时候，每一子层都在报文上增加一些控制信息，而到接收设备的对应层中这些信息将被剥离，如图 2-23 所示。

Profibus-PA 没有规定应用层，Profibus-PA 所依赖的是 Profibus-DP 通信行规，该行规与应用层非常近似，参见 2.2.4 节。这里仅介绍 FF H1 总线的应用层。

(1) 现场总线访问子层

FF H1 总线的现场总线访问子层(FAS)利用数据链路层的调度和非调度特点，为报文子层(FMS)提供服务。FF H1 总线的通信管理由虚拟通信关系 VCR 来描述，虚拟通信关系是现场总线网络系统各应用之间的通信通道。建立两台现场总线设备应用进程之间的通信连接，类似于两台电话之间的通话线路，但它并不需要真正意义上的物理线路连接，而是一种逻辑上的连接，或称软连接，如图 2-31 所示。虚拟通信关系映射到数据链路层的调度和非调度通信服务。虚拟通信关系包括客户机/服务器型、报告分发型和发布/接收型 3 类。

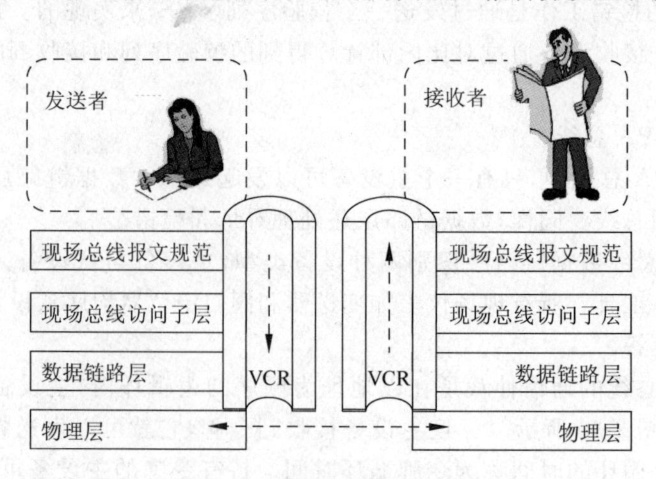

图 2-31 虚拟通信关系示意图

客户机/服务器型虚拟通信关系：用于设备间排队、非调度、用户初始化、一对一的通信。它常用于操作员产生的请求，如设定值修改、报警确认和设备的上传和下载等，如图 2-32 所示。

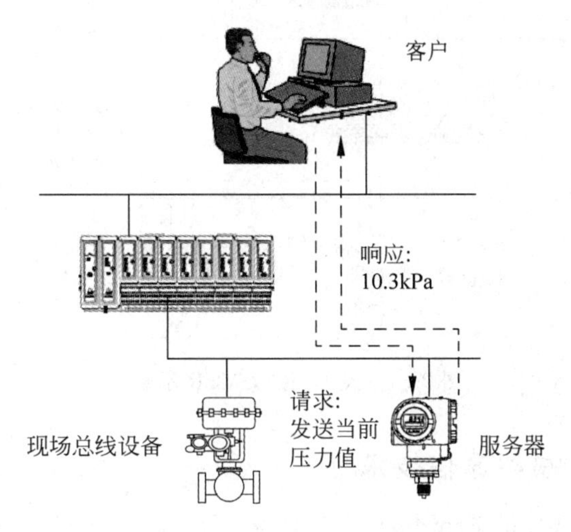

图 2-32　客户机/服务器 VCR 示意图

报告分发型虚拟通信关系：用于队列化、非调度、用户初始化、一对多的通信。一般用于现场总线设备发送报警通知给操作员控制台，如图 2-33 所示。

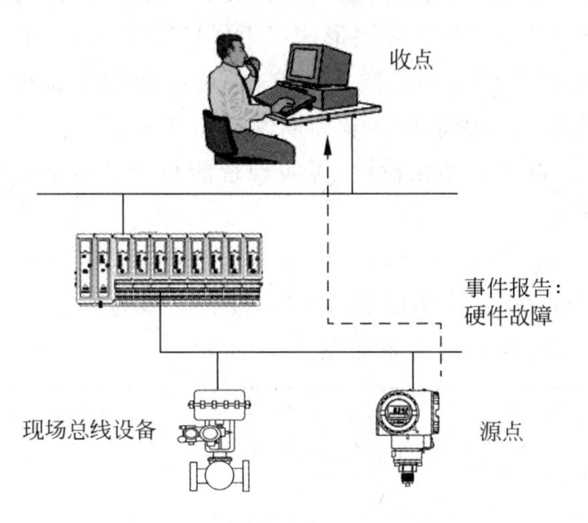

图 2-33　报告分发 VCR 示意图

发布/接收型虚拟通信关系：用于缓冲式(即网络中只保留数据的最新版本)、一对多的通信。它常被用于周期性、用户功能块的输入和输出，如模拟量输入模块向执行器的 PID 控制模块发送过程变量(PV)等，如图 2-34 所示。

(2) 现场总线报文规范子层

现场总线报文规范子层(FMS)可为用户应用提供标准的通信服务。服务包括读、写和对象访问等。借助于这些报文规范，系统中的各功能块就能通过现场总线进行通信。现场总线报文规范描述了通信服务、报文格式和用户建立报文所需的协议行为。针对不同的对象类型，现场总线报文规范还定义了相应的现场总线报文子层通信服务。

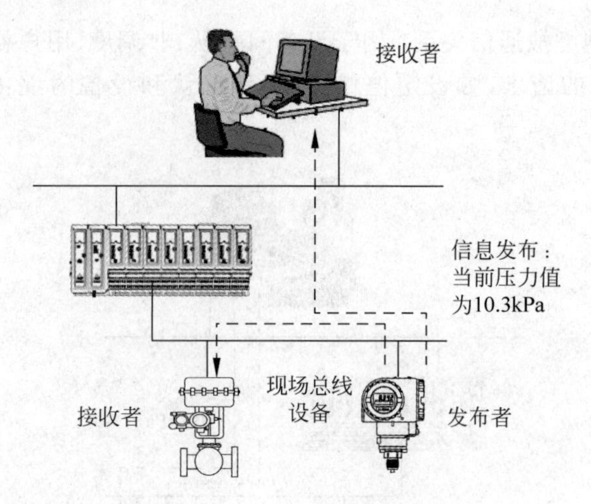

图 2-34 发布/接收 VCR 示意图

2.2.4 Profibus-DP 总线通信技术

Profibus-DP 现场总线是 Profibus 家族中最重要的一个子集。Profibus 家族主要包括 Profibus-DP、Profibus-FMS 和 Profibus-PA 三个子集。

Profibus-DP 是专为自动控制系统与设备级分散输入与输出设备(I/O)之间的通信而设计的，主要用于完成可编程控制器、自动控制设备、传感器、执行器或分布式控制系统设备间的高速数字传输。Profibus-DP 已发展形成了 DP V0、DP V1、DP V2 三个版本。

Profibus-FMS 适用于车间级通用数据通信，它可提供通信量较大的相关服务，完成主站与主站之间中等传输速度的周期性和非周期性通信任务。

Profibus-PA 是专为过程自动化设计，可实现智能自动化仪表之间通信的现场总线，参见 2.2.3 节。

Profibus-DP、Profibus-FMS 和 Profibus-PA 总线都以 ISO/OSI 开放系统互联模型为基础，取其物理层、数据链路层、应用层对应 OSI 通信模型的相应层次，与 FF H1 也有许多相似之处，这些总线与 OSI 模型的关系如图 2-35 所示。

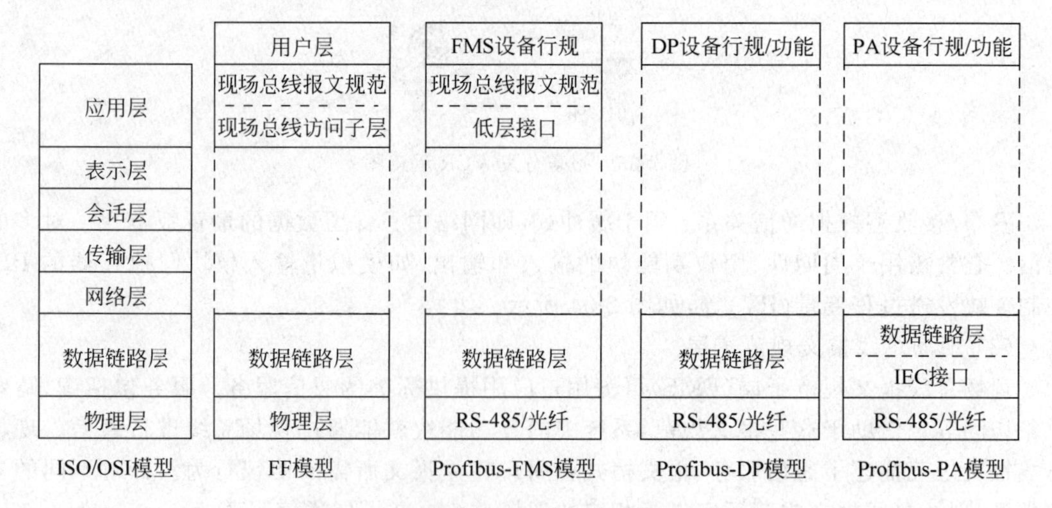

图 2-35 OSI 模型与现场总线模型的对应关系图

1. 物理层

Profibus-DP 的物理层采用 RS-485 进行物理连接,在电磁干扰很大的环境下应用时,可使用光纤导体,以增加高速传输的距离。许多厂商提供专用总线插头可将 RS-485 信号转换成导体信号或将光纤导体信号转换成 RS-485 信号。

RS-485 采用平衡差分传输方式。RS-485 传输技术基本特征包括:使用线性总线网络拓扑,两端配有有源的总线终端电阻;传输速率为 9.6kb/s~12Mb/s;传输介质为屏蔽双绞电缆,也可取消屏蔽,取决于环境条件;网段连接站点数为 32 个站,带中继时可多到 126 个站;网络插头连接使用 9 针 D 型插头,电缆连接方式如图 2-36 所示。

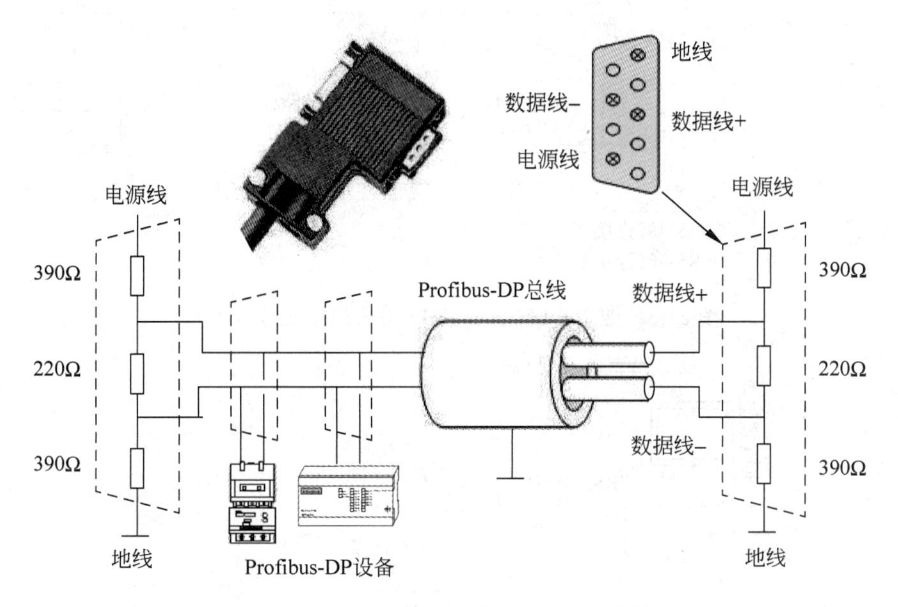

图 2-36 Profibus-DP 总线与 RS-485 结构图

信号传输的调制形式为 NRZ 编码(见 2.2.1 节),信号在线路上的传输波形如图 2-37 所示。

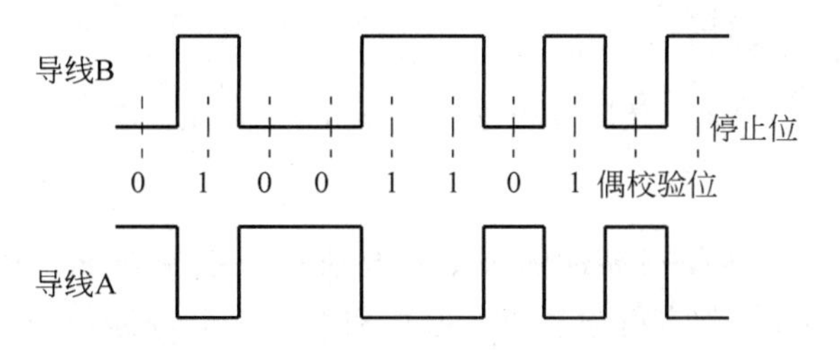

图 2-37 Profibus-DP 上的 NRZ 编码信号图

信号在线路上传输到电缆两端时会发生反射,通常的消除方法是在电缆的两端接入终端电阻,以吸收信号能量,避免信号反射时引起的信号畸变。

采用光缆连接时则需使用光链路模块(OLM)或光链路插头(OLP)。光链路模块类似于 RS-485 的中继器,它有两个功能隔离的电气通道,使用时根据不同的模态占用一个或两个通道。光链路模块通过一根 RS-485 导线与各总线站或总线段相连,如图 2-38 所示。光链路插头可将简单的总线从站用一个光纤电缆环连接,光链路插头可直接插入总线站的9针D型连接器,如图2-39所示。

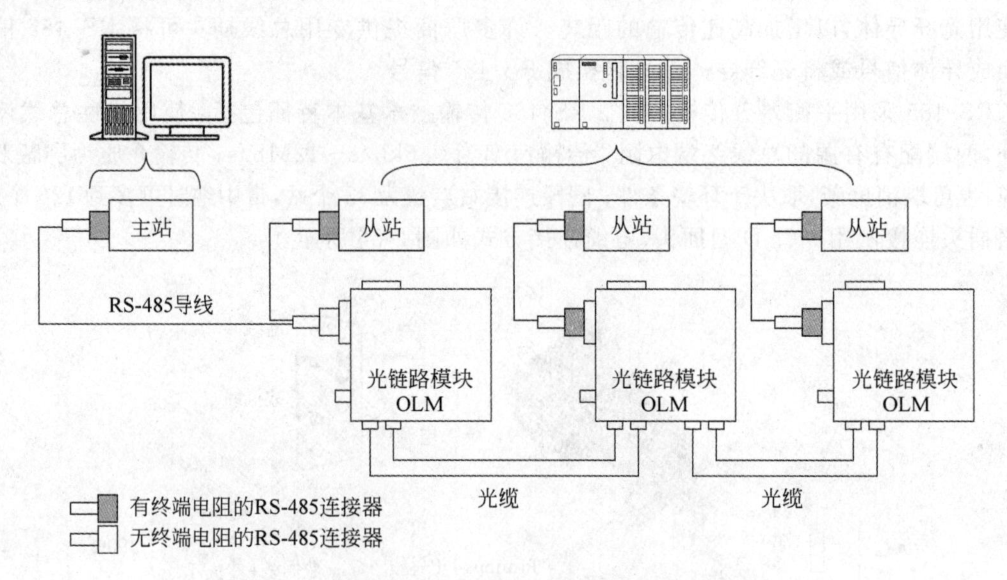

图2-38 使用OLM连接的Profibus-DP设备示意图

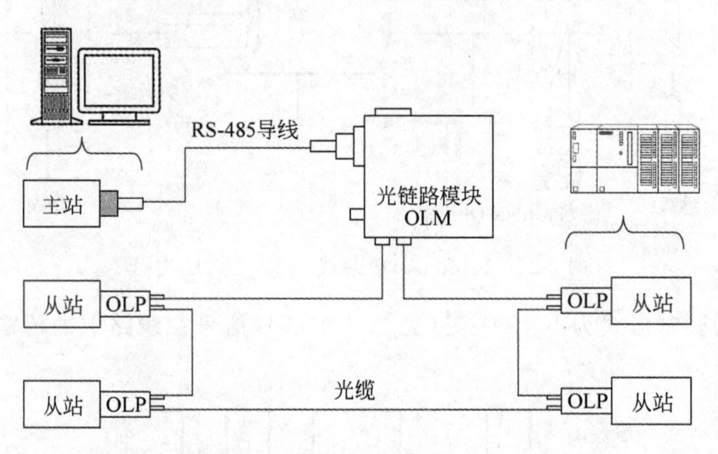

图2-39 使用OLP连接的Profibus-DP设备示意图

2. 数据链路层

数据链路层包括保证数据可靠性的技术及介质存取控制技术。RS-485电缆上的通信信号以字符为单位传输,每个字符包括1个起始符“0”、8个数据位、1个偶校验位和1个停止位“1”。

介质存取控制,也称媒体访问控制,其功能就是确保在任何一个时刻只有一个站点发送数据。Profibus协议的设计要满足介质控制的两个基本要求:一是在复杂的自动化系统(主站)间的通信,必须保证在确切限定的时间间隔中的任何一个站点要有足够的时间来完成通信任务;二是在复杂的程序控制器和简单的I/O设备(从站)间通信,应尽可能快速又简单地完成数据的实时传输。在Profibus-DP总线上的设备分为主站设备和从站设备,其中主站设备又分为1类主站与2类主站。1类DP主站设备是中央控制器,2类DP主站是编程器、组态设备或操作面板。DP从站是进行输入和输出信息采集和发送的外围设备，如I/O设备、驱动器、人机接口设备(HMI)、阀门等。主站之间采用令牌传送方式，参见图2-29，主站与从站之间采用主从方式。令牌传递程序保证每个主站在一个确切规定的时间内得到总线存取权(令牌)，主站得到总线存取令牌时可与从站通信。每个主站均可向从站发送或读取信息，如图2-40所示。其访问控制方式为主站拿到令牌后向所属从站发出轮询(请求)，从站给出响应将数据发给主站，配合主站完成对数据链路的控制。一般从站不能发起数据通信，从站之间的数据交换须经过主站中转。在DPV2版中，扩展了从站之间直接数据交换的功能，使两个或多个从站之间可以不经主站中转而直接传输数据。这样一些控制功能和算法可以在从站上实现本地化，从而提高子系统的智能控制能力。DPV2中定义了两种类型的从站，一种是信息发布者，一种是信息收订者。信息发布者是数据信息的发出方，一般由传感器从站承担。信息收订者一般由执行器从站承担，它接收数据，并根据数据来执行控制功能，如图2-41所示。

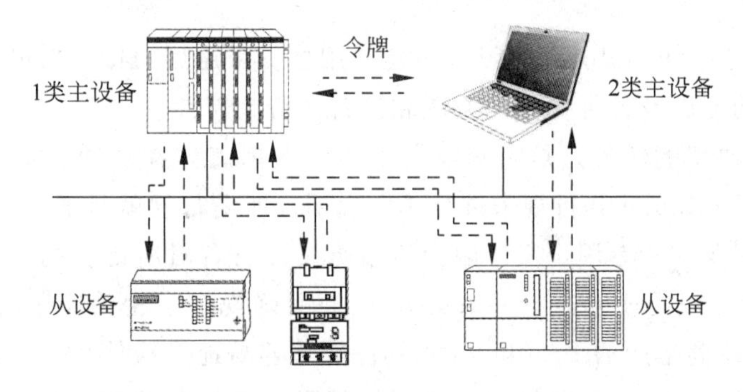

图2-40 主站-主站及主站-从站通信模式示意图

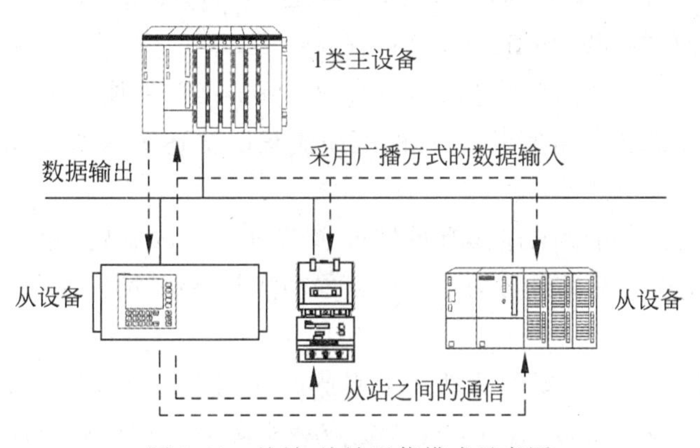

图2-41 从站-从站通信模式示意图

Profibus-FMS、Profibus-DP和Profibus-PA总线均使用一致的总线存取协议，它们的报文格式相同。Profibus通过现场总线数据链路(FDL)发送时数据帧分为5类，分别为无数据字段的固定长度帧、数据长度可变的帧、数据长度固定的帧、令牌帧和应答帧。对应的格式如图2-42所示。

另外，数据链路层还提供总线管理功能，主要任务是完成媒体访问控制的特定总线参数的设定和物理层参数的设定。物理层与数据链路层可能出现的事件或故障会被传递给更高

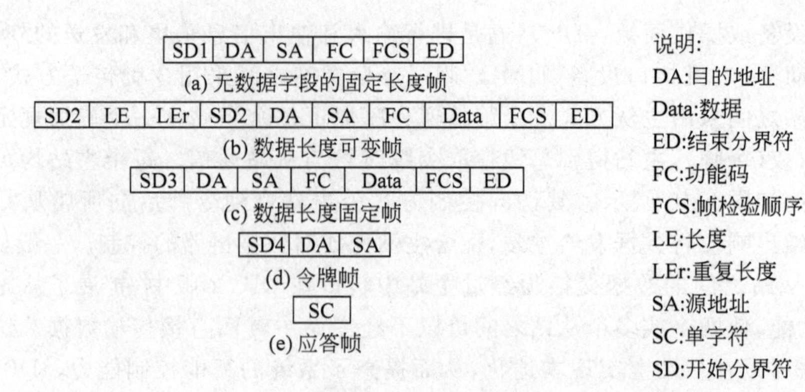

图 2-42　帧格式示意图

层进行管理。

3. 应用层

在图 2-35 中可见，Profibus-DP 没有设置应用层。采用用户接口来定义 Profibus-DP 设备可使用的应用功能以及各种类型的系统和设备的行为特性。

Profibus-DP 协议的任务只是明确规定了用户数据怎样在总线各站之间传递，但用户数据的含义采用 Profibus-DP 行规来进行具体说明。所谓行规就是通信协议的一些规定加上具体设备或应用要求的专用定义。因为传输协议并没有对所传送的用户数据进行评价，这是 Profibus-DP 行规的任务。Profibus-DP 行规明确规定了相关应用的参数和行规的使用，从而使不同制造商生产的 Profibus-DP 部件能够容易地交换使用。另外，行规还具体规定了 Profibus-DP 如何用于应用领域。使用行规可使不同厂商所生产的不同设备互换使用，而工厂操作人员不需要关心两者之间的差异，因为与应用有关的含义在行规中均作了精确的规定说明。下面是一些 Profibus-DP 行规。

(1) NC/RC 行规：此行规描述怎样通过 Profibus-DP 来控制加工和装配的自动化设备。从高一级自动化系统的角度看，精确的顺序流程图描述了这些自动化设备的运动和程序控制。

(2) 编码器行规：此行规描述具有单转或多转分辨率的旋转、角度和线性编码器怎样与 Profibus-DP 相耦连。两类设备均定义了基本功能和高级功能，如标定、报警处理和扩展的诊断。

(3) 变速驱动的行规：主要的驱动技术制造商共同参加开发了 PROFIDrive 行规。该行规规定了怎样定义驱动参数、怎样发送设定点和实际值。这样就可能使用和交换不同制造商生产的驱动设备。此行规包含运行状态“速度控制”和“定位”所需要的规范。它规定了基本的驱动功能，并为有关应用的扩展和进一步开发留有足够的余地。此行规包括 DP 应用功能或 FMS 应用功能的映像。

(4) 操作员控制和过程监视行规：此行规为简单 HMI 设备规定了怎样通过 Profibus-DP 把它们与高一级自动化部件相连接。本行规使用 Profibus-DP 扩展功能进行数据通信。

(5) Profibus-DP 的防止出错数据传输的行规：此行规定义了用于有故障安全设备通信的附加数据安全机制，如紧急关闭(OFF)。

2.3　现场总线技术的标准化

由于现场总线技术发展的历史原因，以及一些商业化的驱使，大家对现场总线技术形成了许多共识，但统一的标准却难以形成，目前已有的国际标准多达几十种。

2.3.1　现场总线技术的国际标准

国际标准化组织（ISO）和国际电工委员会（IEC）都参与了现场总线标准的制定，由 ISO 和 IEC 形成的国际标准如表 2-1、表 2-2 和表 2-3 所示。

表 2-1　IEC 61158 Ed. 4 现场总线标准

类　型	名　称	类　型	名　称
Type1	TS61158	Type11	TCEet
Type2	CIP	Type12	EtherCAT
Type3	Profibus	Type13	Ethernet Powerlink
Type4	P-Net	Type14	EPA
Type5	FF-HSE	Type15	Modbus-RTPS
Type6	SwiftNet	Type16	SERCOS Ⅰ，Ⅱ
Type7	WordFIP	Type17	VNET/IP
Type8	Interbus	Type18	CC-link
Type9	FF H1	Type19	SERCOSⅢ
Type10	ProfiNet	Type20	HART

表 2-2　IEC 62026 现场总线标准

类　型	名　称
Type1	AS-I（执行器与传感器接口）
Type2	DeviceNet
Type3	SDS（智能分布式系统）
Type4	Seriplex（串行多路控制总线）

表 2-3　ISO 现场总线标准

类　型	名　称
Type1	CAN

有时人们也对上述现场总线进行分类，以便于对其的理解。主要是按照各网络通信能力以及系统能够承载的数据量来划分。大致可分为以下几类。

输入/输出位传输型现场总线：该类现场总线在总线上传输的主要是位信号，主要包括开关或信号灯的开闭状态信号，以及 PLC 的基本顺控功能信号等。

设备或字节型现场总线：该类现场总线在总线上传输的是多位信号或称字节信号，它主要用于设备复杂状态的表达，或对模拟量数据的编码表达等。

数据包信息型现场总线：该类现场总线在总线上传输的是数百上千位数据信号，有时也称数据包。它可对现场自动化仪表的测量控制信息，以及各种状态信息进行表达与传输。

另外,随着以太网技术的发展,一些厂商已开发了一些现场级的工业以太网,因此,有时也将工业以太网分为一类,这些初步的分类如表 2-4 所示。

表 2-4 现场总线分类表

分　类	特　点	现场总线实例
位传输现场总线	位(bit)传输、快速、简单	CAN、P-Net、SwiftNet、AS-I、DeviceNet、SDS、Seriplex
设备现场总线	字节(byte)传输、单体设备控制	Profibus、ControlNet、WorldFIP、Interbus、CC-Link
狭义现场总线	数据包传输、系统控制	FF H1
工业以太网	报文传输、网络	FF-HSE、ProfiNet、Modbus-RTPS、EPA、Ethernet、Power-link、EtherCAT、VNET/IP、TCnet

2.3.2 常用的现场总线简介

不论是输入/输出位传输型现场总线、设备或字节型现场总线还是数据包信息型现场总线,它们在通信机制方面还是有很多相似的地方,比如,它们大多都采用 OSI 通信模型的物理层和数据链路层,这是因为物理层的数据传输介质必须相同,介质连接接口的电气特性和机械特性等必须相同;数据链路层的介质访问控制方式及报文规范等必须相同,否则总线上的设备是无法实现相互通信的。本节中我们简要介绍几种常用的现场总线,希望对这些现场总线做深入了解的读者可查阅相关的书籍。

1. AS-I 总线

AS-I(Actuator Sensor-Interface)指执行器和传感器接口总线,属于底层控制设备的工业数据通信网络,用于在控制器和传感器或执行器之间进行双向通信。它特别适合用于具有开关量特征的传感器与执行器,如各种行程开关、温度开关、压力开关、流量开关、液位开关,各种位式开关型阀门,声、光报警器、继电器及接触器等。

典型的 AS-I 总线网络系统如图 2-43 所示。AS-I 总线由作为传输介质的总线将主节点(或称主站)、从节点(或称从站)、电源、电源耦合器等连接起来,形成 AS-I 网段。

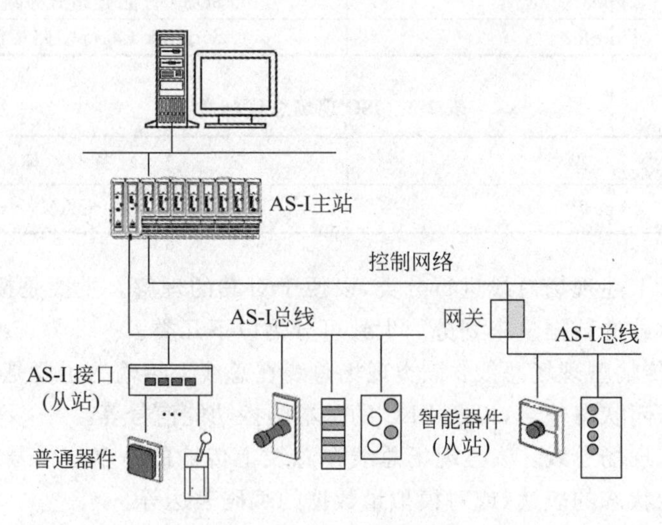

图 2-43 AS-I 总线系统图

AS-I属于主从网络，每个网段只能有1个主节点，最多可连接31个从节点，每个从节点最多可有4个开关量I/O口。主节点一般是由AS-I通信接口与工业计算机、可编程控制器或数字调节器等组成。从节点是AS-I接口模块（该模块可以与普通的开关型传感器或执行器连接），也可以是带有AS-I接口的智能传感器与智能执行器。

AS-I总线可以通过主节点或网关与其他现场总线相连，主节点也可以作为上层现场总线的一个节点服务器。

AS-I总线采用交替脉冲调制信号实现信息传递。AS-I总线采用请求-应答访问方式，主站发出包含从站地址的请求信号，接到请求信号的从站会在规定时间内给予应答。AS-I总线的传输速率为167kb/s，总线电缆最大长度为100m。

2. CAN总线

CAN(Controller Area Network)指控制器局域网，是典型的汽车用总线。主要用于汽车的车体、车门、车窗、车灯、空调、照明、音响、后视镜、座椅等控制。随着CAN技术的发展，它也可以实现发动机控制、变速控制、巡航控制和带ABS的刹车控制等，甚至也应用到工业和其他领域。许多厂商已开发了CAN总线控制器和收发器或总线驱动器协议芯片，二次开发时将其植入相应的设备或器件即可形成CAN总线产品。典型的CAN总线网络系统如图2-44所示。

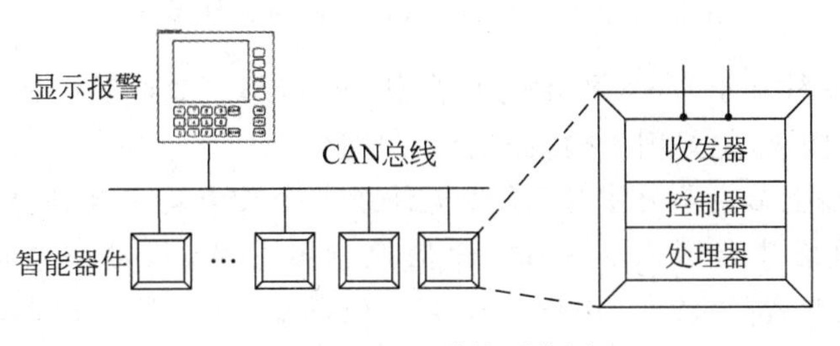

图2-44　CAN总线系统图

CAN总线的直接通信距离在速率156kb/s时为1200m，在速率1Mb/s时为100m。总线上的节点可达110个。总线介质可为双绞线、同轴电缆或光纤。

CAN协议取OSI底层的物理层、数据链路层和顶上层的应用层。CAN支持多主方式工作，网络上任何节点均在任意时刻主动向其他节点发送信息，支持点对点、一点对多点和全局广播方式接收/发送数据。它采用总线仲裁技术，当出现几个节点同时在网络上传输信息时，优先级高的节点可继续传输数据，而优先级低的节点则主动停止发送，从而避免了总线冲突。已有多家公司开发生产了符合CAN协议的通信芯片，如Intel公司的82527，Motorola公司的MC68HC05X4，Philips公司的82C250等。还有插在PC机上的CAN总线接口卡，具有接口简单、编程方便、开发系统价格便宜等优点。

3. DeviceNet总线

DeviceNet总线是美国罗克韦尔公司开发的过程控制系统中的一个部分，控制系统由三层网络构成，分别是以太网、ControlNet总线和DeviceNet总线。以太网上的信息用于全厂的数据采集和程序维护。ControlNet总线用于中层自动化和控制层实现实时I/O的控制，实现过程装置的联动控制和生产过程的自动化控制，在该总线上连接的设备可包括主控制器及分布式I/O系统等。DeviceNet总线用于底层，实现限位开关、光电传感器、阀组、马达启动器、变频驱动器、按钮组、条码读入器等基层设备与高层控制器之间的通信。系统构成如图 2-45 所示。

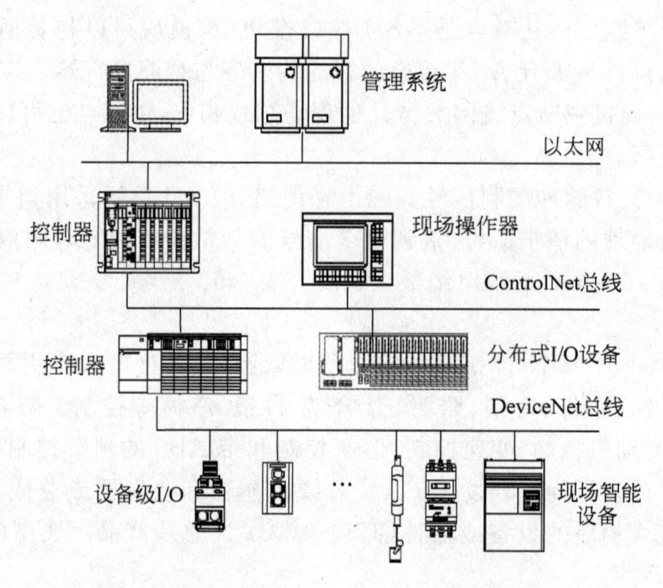

图 2-45　DeviceNet 和 ControlNet 总线系统图

DeviceNet 是一种基于 CAN 技术的开放型通信网络。节点设备是由嵌入了 CAN 通信控制器芯片的器件构成，主要用于构筑底层控制网络。

DeviceNet 总线上节点不分主从，总线上任意一个节点均可在任意时刻主动向其他节点发起通信。其网络节点嵌入了 CAN 通信控制器芯片，其网络通信遵循 CAN 协议。DeviceNet 使用“生产者/消费者(用户)”通信模型以及 CAN 协议的基本原理。DeviceNet 发送节点生产网络上的数据，而 DeviceNet 接收节点则消费网络上的数据。在 CAN 技术的基础上，DeviceNet 还增加了面向对象和基于连接的通信技术。DeviceNet 总线上节点数量为 64 个，通信速率有 3 种，分别为 125kb/s、250kb/s 和 500kb/s，对应的通信距离分别为 500m、250m 和 100m。

4. ControlNet 总线

ControlNet 总线也是美国罗克韦尔公司开发的过程控制系统中的一个部分，如图 2-45 所示。

ControlNet 总线通信采用生产者/消费者模式，该模式采用多信道广播式，定点传送。生产者/消费者模式的优点在于：多个节点可以同时消费(即读取)来自同一个生产者(即数据源)所提供的数据。这样节点间易于同步，还可以获得更为精确的系统性能，设备可以实现自主通信，无需系统主站。在介质访问控制方面则采用了隐性令牌传递，总线上的每个节点被分配一个唯一的媒体访问控制地址，但总线上没有真正的令牌传递，而是每个节点监视收到的每个数据帧的节点地址，并在该数据帧结束之后，将已设置的隐性令牌寄存器的值设置为收到的媒体访问控制地址加 1。如果隐性令牌寄存器的值等于某个节点本身的媒体访问控制地址，该节点即可立即发送数据。

ControlNet 单段总线长度在使用同轴电缆时可达 1km，使用光缆时可达 7km。单段总线上的节点数为 99 个，最大传输速率为 5Mb/s。

5. Interbus 总线

Interbus 总线是德国 Phoenix Contact 公司开发的一种串行总线系统，适合用于分散的输入/输出装置和不同类型控制系统之间的数据传输。Interbus 总线上的主要设备包括总线终端模块、远程总线模块、总线 I/O 模块和安装在计算机或 PLC 等上位主设备中的总线控制模块。总线控制板是 Interbus 总线上的主设备，用于实现协议的控制、错误的诊断、组态的存储等功能。总线 I/O 模块实现在总线控制板和传感器或执行器之间的数据接收和传输，可处理的数据类型包括机械制造和流程工业的所有标准信号。常用的远程总线模块包括逻辑控制分散 I/O 模块、智能变频器、智能马达启动器、智能阀门和智能编码器等。

Interbus 总线采用环型拓扑结构，采用 RS-485 传输标准，传输媒体为电缆或光纤。Interbus 总线的通信速度为 500kb/s，最大节点数为 255 个。典型的 Interbus 总线网络系统如图 2-46 所示。

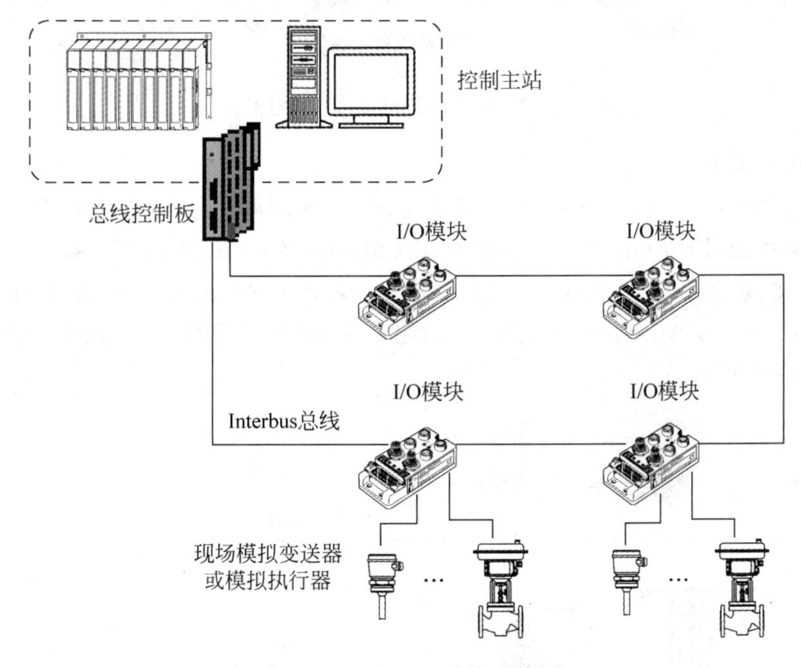

图 2-46　Interbus 总线系统图

6. CC-Link 总线

CC-Link(Control & Communication Link)指控制与通信链路系统，是日本三菱公司开发的工业过程控制系统的一个基本组成部分，整个 CC-Link 家族包括基本 CC-Link 总线、CC-LinkLT(是为防误接线而设置在现场的设备机柜相互连接的网络)、CC-LinkSafety(安全型网络)和 CC-LinkIE(工业以太网)。基本 CC-Link 是一种可以将控制和信息数据同时以 10Mb/s 速率高速传输的总线网络。一般情况下，CC-Link 整个一层网络可由 1 个主站和 64 个从站组成。网络中的主站由 PLC 或控制计算机担当，从站可以是远程 I/O 模块、特殊功能模块、带有 CPU 功能的 PLC 本地站、人机界面、变频器、马达启动器、智能机器人及各种测量控制仪表、调节阀门等现场仪表设备。且可实现从 CC-Link 到 AS-I 总线的连接。CC-Link 具有高速的数据传输速度，最高可达 10Mb/s。CC-Link 的底层通信协议遵循 RS-485 标准，CC-Link 主要采用广播-轮询的方式进行通信，CC-Link 也支持主站与本地站、智能设备站之间的瞬间通信。典型的 CC-Link 总线网络系统如图 2-47 所示。

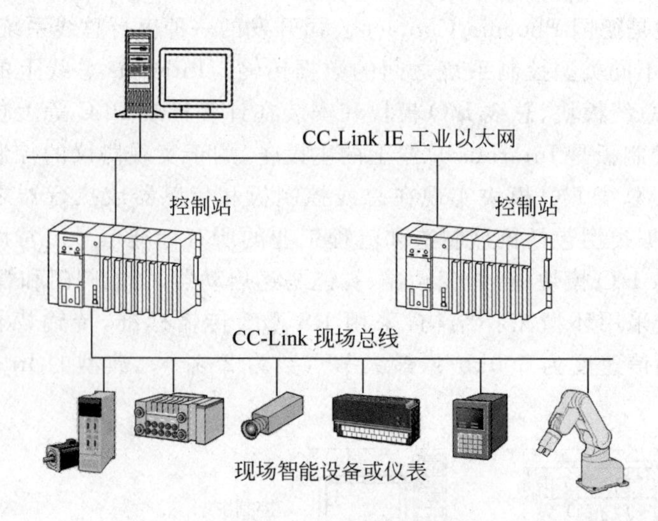

图 2-47　CC-Link 总线系统图

7. Profibus 总线

Profibus(Process Fieldbus)指过程现场总线，是德国西门子公司开发的面向工业过程自动化的控制系统，Profibus 家族产品包括 Profibus-FMS(Fieldbus Message Specification，现场总线报文规范系统)、Profibus-DP(Decentralized Periphery，分布式外设系统)和 Profibus-PA(Process Automation，过程自动化系统)三个子系统。典型的 Profibus 总线网络系统如图 2-48 所示。

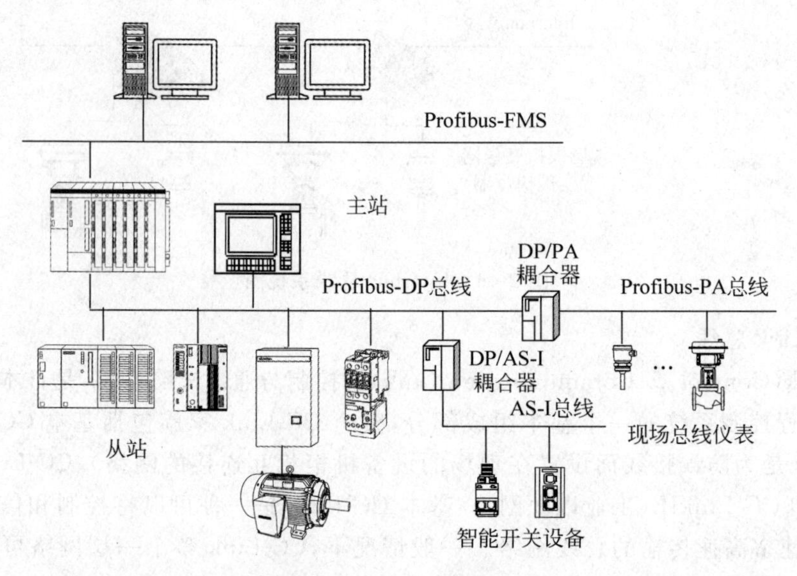

图 2-48　Profibus 总线系统图

Profibus-FMS 适用于车间级通用数据通信，它由以太网系统构成，它可提供生产管理和复杂类控制等通信量较大的相关服务，完成主站与主站之间的通信任务。Profibus-FMS 系统可实现控制主站与车间办公管理网连接，并将车间生产数据送到车间管理层。车间管理网作为工厂主网的一个子网，通过交换机、网桥或路由等还可连接到厂区骨干网，将车间数据集成到工厂管理层。

Profibus-DP是专为自动控制系统与设备级分散输入与输出设备(I/O)之间的通信而设计的，主要用于完成可编程控制器、自动控制设备、传感器、执行器或分布式控制系统设备间的高速数字传输。由于支持Profibus协议的厂商众多，西门子公司开发了Profibus总线的协议芯片以供其他厂商进行二次开发，这样，Profibus-DP总线上可挂接的设备得到了广泛的拓展，产品包括第三方的PLC产品、马达启动器、变频器、马达控制中心以及各种过程分析仪器和数字调节器等。

Profibus-DP总线上的设备分为主站设备和从站设备，其中主站设备又分为1类主站与2类主站。1类DP主站设备是中央控制器，2类DP主站是编程器、组态设备或操作面板。DP从站是进行输入和输出信息采集和发送的外围设备，如现场I/O设备、人机接口设备(HMI)、马达启动器、变频器、马达控制中心以及各种过程分析仪器和数字调节器等。Profibus-DP总线还可以通过网关连接其他的网络，如Profibus-PA及AS-I等。

Profibus-DP在同一总线上最多可连接126个站点。传输速度最高可达12Mb/s(通信距离100m)，传输距离最长为1200m(通信速率9.6kb/s)。

Profibus-PA是专为过程自动化设计，可实现智能自动化仪表之间通信的现场总线。Profibus-PA总线仪表包括变送器、阀门定位器以及I/O接口等。Profibus-PA总线必须经过一个专用的DP/PA耦合器(即网关)连接到Profibus-DP总线上。

Profibus-PA一条仪表总线上最多可连接32台现场设备。在潜在的爆炸危险区可使用防爆型“本征安全”或“非本征安全”仪表。总线传输速度位31.25kb/s，传输距离最长为1900m。

Profibus总线采用了OSI模型的物理层、数据链路层，由这两部分形成了其标准第一部分的子集，DP型隐去了3～7层，而增加了直接数据连接拟合作为用户接口，FMS型只隐去第3～6层，采用了应用层，作为标准的第二部分。PA型的标准还处于制定过程之中，其传输技术遵从IEC1158-2(1)标准，可实现总线供电与本质安全防爆。

Profibus支持主-从系统、纯主站系统、多主多从混合系统等几种传输方式。主站具有对总线的控制权，可主动发送信息。对多主站系统来说，主站之间采用令牌方式传递信息，得到令牌的站点可在一个事先规定的时间内拥有总线控制权，并事先规定好令牌在各主站中循环一周的最长时间。按Profibus的通信规范，令牌在主站之间按地址编号顺序，沿上行方向进行传递。主站在得到控制权时，可以按主-从方式，向从站发送或索取信息，实现点对点通信。主站可采取对所有站点广播(不要求应答)或有选择地向一组站点广播。

8. FF总线

FF(Foundation Fieldbus)指基金会现场总线。FF总线是一种专用于过程自动化的现场设备如变送器、控制阀和控制器等互联的现场总线，它基于全数字、串行、双向通信协议。可以说FF总线是存在于过程控制仪表间的一个局域网，以实现网内过程控制的分散化。

基金会现场总线最根本的特点是专门针对工业过程自动化而开发的，在满足要求苛刻的使用环境、本质安全、危险场合、多变过程以及总线供电等方面，都有完善的措施。由于采用了标准功能块及设备描述语言的设备描述技术，得到了广泛厂商的支持，从而也确保不同厂家的产品有很好的互可操作性和互换性。可挂接在FF总线上的自动化仪表包括各类变送器、阀门定位器、多种检测仪表以及可对模拟量仪表进行转换的I/O接口等，典型的FF总线网络系统如图2-49所示。

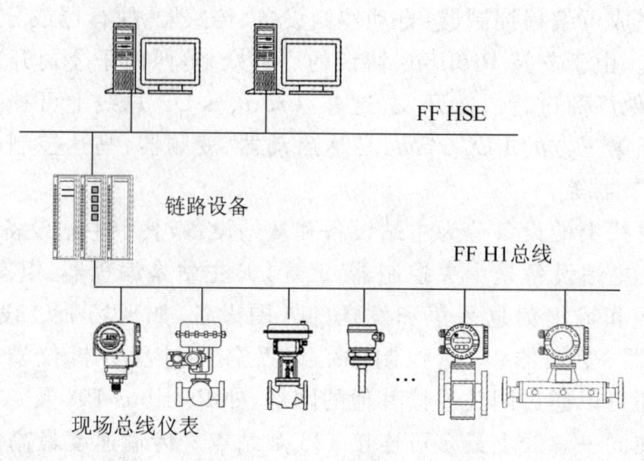

图2-49 FF总线系统图

FF以ISO/OSI模型为基础，取其物理层、数据链路层、应用层为FF通信模型的相应层，并在应用层上增加了用户层。

为满足用户需要，Honeywell、Ronan(诺南)等公司已开发出可完成物理层和部分数据链路层协议的专用芯片，许多仪表公司已开发出符合FF协议的产品。

FF目前有高速和低速两种通信速率，其中低速总线协议H1已于1996年发布，H1总线已通过α测试和β测试，完成了由多个不同厂商提供设备而组成的FF现场总线工厂试验系统，已广泛应用于工程现场。高速协议原定为H2协议，其总线标准也已经形成，但H2也有可能被工业以太网取而代之。H1的传输速率为31.25kb/s，传输距离可达1900m，可采用中继器延长传输距离，并可支持总线供电，支持本质安全防爆环境；H2的传输速率分为1Mb/s和2.5Mb/s两种，其通信距离分别为750m和500m。

FF可采用总线型、树型、菊花链等网络拓扑结构，网络中的设备数量取决于总线带宽、通信段数、供电能力和通信介质的规格等因素。FF支持双绞线、同轴电缆、光缆和无线发射等传输介质，物理传输协议符合IEC 1158-2标准，编码采用曼彻斯特编码，其通信机制可参见2.2.3节。FF拥有非常出色的互操作性，这是由于FF采用了功能模块和设备描述语言DDL，使得现场结点之间能准确、可靠的实现信息互通。

9. LonWorks总线

LonWorks总线采用了ISO/OSI模型的全部七层通信协议，采用了面向对象的设计方法，通过网络变量把网络通信设计简化为参数设置，其通信速率从300b/s～15Mb/s不等，直接通信距离可达到2700m，支持双绞线(双绞线时传输速率为78kb/s)、同轴电缆、光纤、射频、红外线、电源线等多种通信介质，并开发相应的本安防爆产品，被誉为通用控制网络。

LonWorks技术所采用的LonTalk协议被封装在称之为Neuron的芯片中并得以实现。集成芯片中有3个8位CPU；一个用于完成开放互连模型中第1～2层的功能，称为媒体访问控制处理器，实现介质访问的控制与处理；第二个用于完成第3～6层的功能，称为网络处理器，进行网络变量处理的寻址、处理、背景诊断、函数路径选择、软件计量时、网络管理,并负责网络通信控制、收发数据包等;第三个是应用处理器,执行操作系统服务与用户代码。芯片中还具有存储信息缓冲区,以实现CPU之间的信息传递,并作为网络缓冲区和应用缓冲区。如Motorola公司生产的神经元集成芯片MC143120E2就包含了2KRAM和2KEEPROM。

LonWorks技术的不断推广促成了神经元芯片的低成本,而芯片的低成本又过来促进了LonWorks技术的推广应用,形成了良性循环。LonWorks公司的技术策略是鼓励各OEM开发商运用LonWorks技术和神经元芯片,开发自己的应用产品,已有数千家公司在不同程度上卷入了LonWorks技术,1000多家公司已经推出了LonWorks产品,并进一步组织起LonWork互操作协会,开发推广LonWorks技术与产品。它被广泛应用在楼宇自动化、家庭自动化、保安系统、办公设备、运输设备、工业过程控制等行业。为了支持LonWorks与其他协议和网络之间的互连与互操作,这些公司正在开发各种网关,以便将LonWorks与以太网、FF、Modbus、DeviceNet、Profibus、Seriplex等互连为系统。另外,在开发智能通信接口、智能传感器方面,LonWorks神经元芯片也具有独特的优势。LonWorks技术已经被美国暖通工程师协会ASRE定为建筑自动化协议BACnet的一个标准。美国消费电子制造商协会已经通过决议,以LonWorks技术为基础制定了EIA-709标准。典型的LonWorks总线网络系统如图2-50所示。

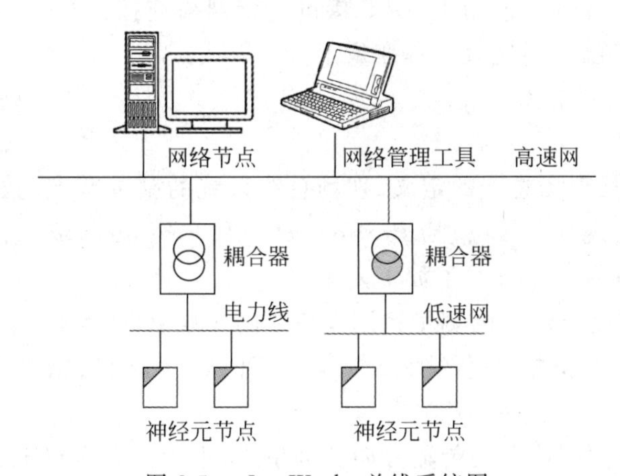

图2-50　LonWorks总线系统图

这样,LonWorks已经建立了一套从协议开发、芯片设计、芯片制造、控制模块开发制造、OEM控制产品、最终控制产品、分销、系统集成等一系列完整的开发、制造、推广、应用体系结构,吸引了数万家企业参与到这项工作中来,这对于一种技术的推广、应用有很大的促进作用。

10. HART总线

HART意为高速可寻址远程变送器,是早期模拟系统向数字系统转变过程中的一代过渡产品。HART仪表具有常规仪表的性能,但又具有数字通信的能力。HART通信模型由3层组成:物理层、数据链路层和应用层。物理层采用FSK(Frequency Shift Keying)技术在4～20mA模拟信号上叠加一个频率信号,频率信号采用Bell202国际标准;数据传输速率为1200b/s,逻辑0的信号频率为2200Hz,逻辑1的信号传输频率为1200Hz。典型的HART总线网络系统如图2-51所示。

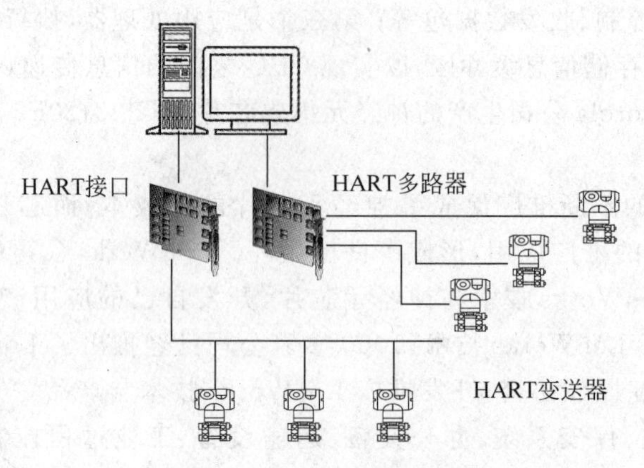

图 2-51　HART 总线系统图

HART 总线技术是在 4～20mA 模拟信号上叠加一个数字信号，由于数字信号的对称性，其对 4～20mA 模拟信号不会产生影响，此时数字信号与模拟信号可以同时使用。连接方式可以是点对点方式，或采用 HART 多路器与现场仪表进行一点对多点的连接方式。HART 总线技术也支持全数字通信方式，这时可在双绞线上挂接多达 15 台的现场变送器组成多站网络，在该配置时需采用 HART 接口进行网络连接。4～20mA 模拟信号固定为 4mA，此时该模拟信号已经不代表过程变量了。

2.4　本章小结

本章内容主要包括现场总线的定义、现场总线系统的基本特点、数据通信的基本原理、网络基础知识、基金会现场总线（包括 Profibus-PA）和 Profibus-DP 这两类总线的通信机制等。通过本章内容，读者主要学习了如下内容：

- 现场总线是在生产现场的测量控制设备之间实现双向、串行、多点数字通信的系统。
- 现场总线的特点包括信息量大、多挂接、可靠、功能强、精度高、互可操作及成本低等。
- 数据通信方式按照信息的传输方向分为单工、半双工和全双工三种。
- 数据传输模式包括基带传输、载带传输与宽带传输。
- 数据编码包括数字数据编码和模拟数据编码。
- 常用的数据交换方式为线路交换方式、报文交换方式和报文分组交换方式。
- 总线协议是指总线上的设备使用总线的一套规则。
- 总线主设备是有能力在总线上发起通信的设备；总线从设备是不能在总线上发起通信只能挂接在总线上对总线信号进行接收和查询的设备。
- 总线仲裁是指处理总线冲突的过程。
- 通信网络的拓扑结构就是指通信网络中各个节点或站相互连接的方法，控制系统中应用较多的拓扑结构是星型结构、环型结构及总线型结构。
- 常用的传输介质有双绞线、同轴电缆、光缆和无线介质。
- 介质访问控制是指当局域网中共用信道的使用产生竞争时，如何分配信道的使用权。常用的网络传输介质访问控制包括带冲突检测的载波监听多路访问（CSMA/

CD)、令牌环(Token Ring)以及令牌总线(Token Bus)。
- 网络的互联是指将分布在不同地理位置的网络、网络设备连接起来,构成更大规模的网络系统,以实现网络的数据资源共享。
- 国际标准化组织ISO提出的开放系统互联(OSI)参考模型将各种协议分为七层,自下而上依次为物理层、链路层、网络层、传输层、会话层、表示层和应用层。
- 网络互连设备主要包括中继器、网桥、路由器和网关。
- 现场总线大多采用ISO/OSI参考模型中的物理层、链路层,部分也采用了应用层或增加用户层。
- 由国际标准化组织和国际电工委员会制定的现场总线标准多达数十种。
- 较常用的现场总线有FF H1、Profibus、ControlNet、DeviceNet、Interbus、CC-Link以及CAN等。

习题

2.1 现场总线总体上分为哪几类?

2.2 一个好的介质访问控制协议应同时具备哪些条件?

2.3 基本的网络设备有哪几种?

2.4 FF H1总线与Profibus-PA总线的通信速率是多少?

2.5 ISO/OSI参考模型包括哪几层?

2.6 目前现场总线的国际标准有哪些?

2.7 Profibus-DP总线采用了OSI参考模型中的哪几层?

2.8 FF H1总线上的通信分为哪两类?

2.9 FF H1总线采用的虚拟通信关系包括哪几类?

参考文献

[1] Jonas Berge. 过程控制现场总线[M]. 北京: 清华大学出版社,2003.

[2] 张凤登. 现场总线技术与应用[M]. 北京: 科学出版社,2008.

[3] 阳宪惠. 现场总线技术及其应用[M]. 2版,北京: 清华大学出版社,2008.

[4] 白焰等. 分散控制系统与现场总线控制系统[M]. 北京: 中国电力出版社,2005.

[5] 技术资料. SIMATIC PCS7[R]. 西门子公司,2005.

[6] 技术资料. DeltaV系统概貌[R]. 艾默生公司,2005.

[7] 技术资料. Profibus-PA概貌[R]. 萨默生公司,1999.

[8] 技术资料. FF概貌[R]. 萨默生公司,2000.

第3章

现场总线控制系统

教学目标

现场总线控制系统是由现场总线技术和智能化的现场设备组成，部分现场总线的通信机制已在第2章中做了简要介绍。因此本章将简要介绍部分现场总线设备，包括基金会现场总线设备、Profibus-PA总线设备以及Profibus-DP总线设备。同时还将介绍实现设备控制功能的相应的功能软件。本章主要介绍基金会现场总线所用的功能软件，包括功能块组成，功能块的组态等。同时简要介绍Profibus-DP软件。通过对本章内容的学习，读者能够：

- 了解现场总线控制系统的基本定义；
- 掌握基金会现场总线和Profibus-PA现场总线设备的基本构成；
- 掌握Profibus-DP现场总线设备的基本构成；
- 掌握现场总线控制系统的基本结构；
- 了解常用的分布式系统的编程语言和国际标准；
- 掌握现场总线控制系统中常用的功能块语言基本原理及相关参数；
- 了解基金会现场总线设备中功能块的基本配置；
- 掌握基金会现场总线控制系统组态的基本内容；
- 掌握基金会现场总线控制系统控制策略组态的基本内容和参数设置的基本方法；
- 了解Profibus-PA现场总线系统组态的基本内容。

3.1 现场总线控制系统的定义

现场总线是解决工业现场的智能化仪器仪表、控制器、执行机构等现场设备间的数字通信以及这些现场控制设备和高级控制系统之间的信息传递的桥梁，同样也可解决工业现场的开关量控制与传输。使用现场总线构筑控制系统，可使系统结构更为灵活，系统功能更为强大。

现场总线控制系统（Fieldbus Control System，FCS）是集过程仪表、控制运算、控制组态、系统诊断、功能报警、参数记录等功能的，系统开放型的工厂底层控制网络的集成式全分布计算机控制系统。FCS作为新一代控制系统，采用了基于开放式、标准化的通信技术，突破了传统分布式控制系统的一些瓶颈，把控制功能彻底下放到过程现场。现场总线将把控制系统底层的现场设备变成网络节点连接起来，实现自下而上的全数字化通信，可以认为是通信总线在现场设备中的延伸，同时把企业信息沟通的覆盖范围延伸到了工业现场。现场总线控制系统甚至可用下面的表达式表达：

现场总线控制系统＝现场总线系统＋现场智能化设备

3.2 现场总线设备

现场总线设备系指能够挂接在现场总线上的各种设备。由于现场总线的种类较多,相应的现场总线设备也有多种。然而,我们通常所指的现场总线设备主要是用于过程控制的各种仪表或装置。但由于设备联动的控制系统中,实现联动控制的分布式I/O设备和各种电气控制设备,都可挂接到相应的现场总线上进行数字通信,因此该类设备也是我们考虑的现场总线设备。本节主要介绍基于FF总线和Profibus-PA总线的仪表设备,以及部分基于Profibus-DP总线的智能电气设备。

3.2.1 基金会现场总线和Profibus-PA现场总线设备

基金会现场总线设备和Profibus-PA现场总线设备,实际上就对应第1章中介绍的各种过程控制仪表。在此,这些过程控制仪表已具有了现场总线的通信功能,另外也具有了智能控制的功能。现场总线设备实际上就是现场总线上的一个节点。基金会现场总线上的节点是具备以下功能的设备。

① 实现测量或控制的物理实体功能装置。

② 能够实现输入或输出转换的功能装置。

③ 能够实现模拟量输入或模拟量输出转换的功能装置。

④ 能够实现就地显示的功能装置。

⑤ 能够实现PID运算的功能装置。

⑥ 能够实现信号特性描述和信号选择的功能装置。

⑦ 能够实现通用运算的功能装置。

⑧ 能够实现现场总线接口的功能装置。

⑨ 能够实现现场总线设备之间互可操作功能的装置等。

上述功能部分是由硬件实现,大多数则是由软件实现。基金会现场总线和Profibus-PA现场总线指定了一种图形化的、基于功能块策略的编程语言实现上述的各种功能。关于功能块编程语言在3.3节中予以介绍。

基金会现场总线和Profibus-PA现场总线设备按其功能可分为:变送器类设备、执行器类设备、转换类设备、接口类设备、电源类设备和附属类设备等。其中,变送器类设备包括差压变送器、压力变送器、温度变送器等;执行器类设备包括电动执行器和气动执行器;转换类设备包括各种现场总线/电流转换器、电流/现场总线转换器、现场总线/气压转换器等;接口类设备主要是指工作站或控制器与现场总线之间的接口设备;电源类设备是指为现场总线设备供电的电源;附属类设备包括各种总线连接器、安全栅、终端器和中继器等。

1. 现场总线差压变送器

现场总线差压变送器的传感部分与第1章介绍的差压变送器功能基本上相同。根据测量的原理也有电容式和扩散硅式等。不但可用于差压、绝对压、表压、液位和流量的测量,作为现场总线上的一个节点,它还可以实现信号处理、PID控制、本体设备的自诊断以及网络通信等功能。现场总线变送器的转换电路部分则是基于协议芯片进行二次开发的,一种电容式差压变送器的电路原理框图如图3-1所示。各部分电路的功能如下。

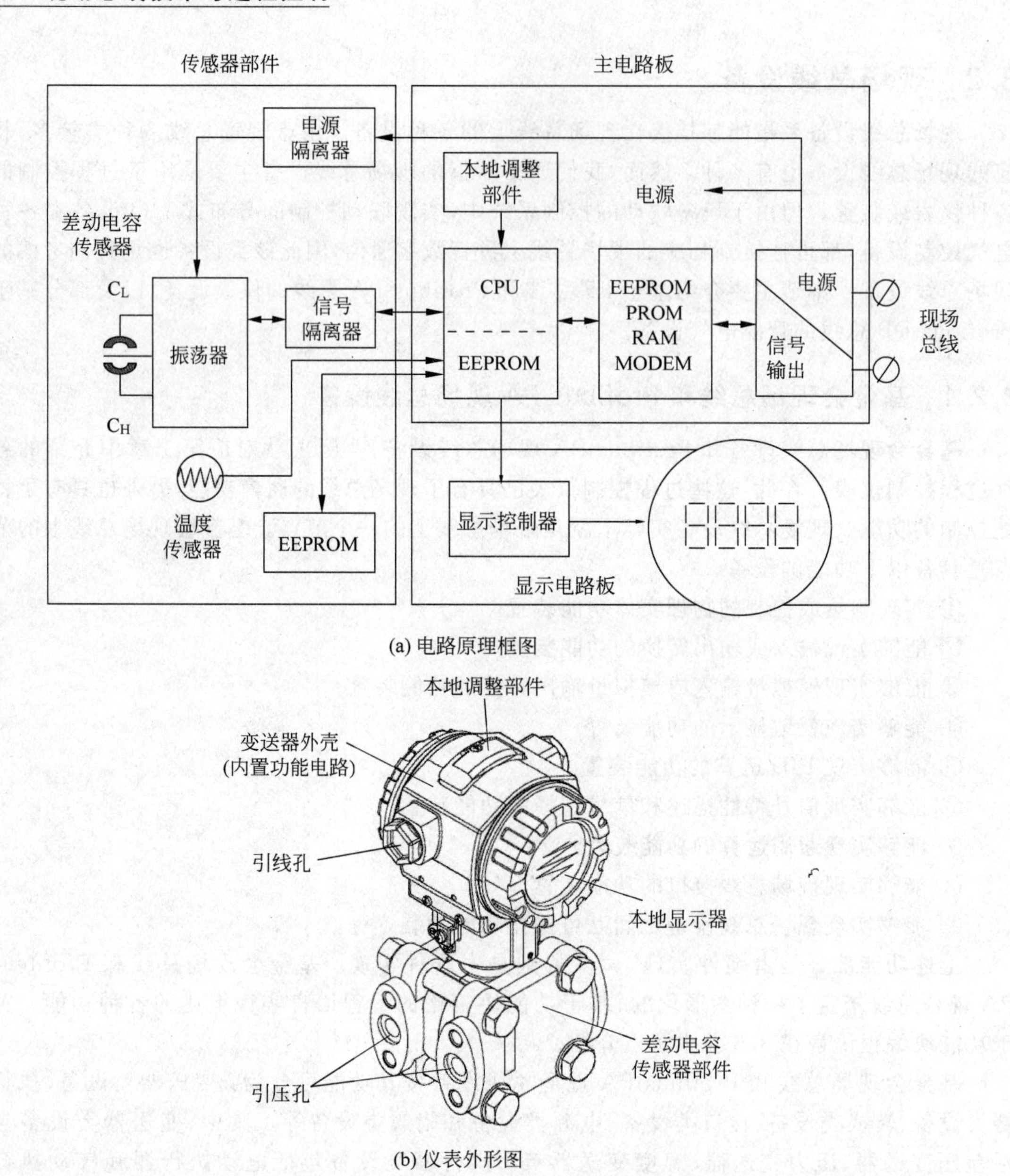

(a) 电路原理框图

(b) 仪表外形图

图 3-1 现场总线差压变送器原理框图

(1) 振荡器：专用于给电容传感器提供交变振荡信号。电容传感器的结构可参见图 1-28 所示。

(2) 信号隔离器：将来自 CPU 的控制信号和来自振荡器的信号相互隔离，以免共地干扰。

(3) CPU、RAM 和 PROM：CPU 是变送器的核心部件，它用于完成参数测量、PID 控制和其他运算功能块的执行、自诊断和通信等任务(这些功能任务是由写入其内的功能语言来实现的，FF 总线设备具备主站功能，可执行控制等运算，而 Profibus-PA 设备只具备从站功能，不能进行控制运算)。PROM 用于程序的存储。RAM 用于暂存中间数据。在 CPU

中还设有一个 EEPROM,它用于保存在失电情况下必须保留的数据,如调校、组态和识别数据等。

(4) EEPROM:这个是传感器中的 EEPROM,用于保存传感器在不同压力和温度等工况下的特性数据。

(5) MODEM:MODEM 也即通信控制器,用于监测链路活动、调制和解调通信信号、插入和删除起始标志和结束标志。通信控制器是由协议芯片支持的,不同的协议芯片可构成不同的通信控制器,从而构成不同现场总线的变送器。比如,采用 FF 的协议芯片时即可实现 FF 协议的变送器,采用 Profibus-PA 的协议芯片时即可实现 Profibus-PA 协议的变送器,采用 HART 的协议芯片时即可实现 HART 协议变送器等。

(6) 电源:将从现场总线上获得的电源,转变为对变送器内电路的供电。

(7) 电源隔离器:实现对传感器供电的隔离。

(8) 显示控制器:接收来自 CPU 的数据,转换并控制变送器的就地显示器。

(9) 本地调整部件:配有两个磁性工具,用于调整变送器的磁性开关,改变变送器的内部参数。

2. 现场总线温度变送器

现场总线温度变送器的传感部分与第 1 章介绍的温度变送器功能基本上相同。与热电偶或热电阻配合使用可用于温度的测量,但它也可以接收传感器的电阻或毫伏信号进行测量,如高温计、荷重传感器、电阻式位移传感器等。作为现场总线上的一个节点,它还可以实现信号处理、PID 控制、本体设备的自诊断以及网络通信等功能。现场总线变送器的转换电路部分则是基于协议芯片进行二次开发的,电路原理框图如图 3-2 所示。各部分电路的功能如下。

(1) 多路器:多路器用于切换若干路传感器的输入信号,将其分别送入后续的信号调理电路进行处理。

(2) 信号调理器:用于对输入信号进行线性化计算、零位迁移、量程转换、信号的标准化处理等。

(3) A/D 转换器:A/D 转换器将输入的模拟量信号转换为 CPU 可用的数字量信号。

(4) 信号隔离器:将来自 CPU 的控制信号和来自振荡器的信号相互隔离,以免共地干扰。

(5) CPU、RAM 和 PROM:CPU 是变送器的核心部件,它用于完成参数测量、控制和运算功能块的执行、自诊断和通信等任务(这些功能任务是由写入其内的功能语言实现的)。PROM 用于程序的存储。RAM 用于暂存中间数据。同样,在 CPU 中还设有一个 EEPROM,它用于保存在失电情况下必须保留的数据,如调校、组态和识别数据等。

(6) MODEM:用于监测链路活动、调制和解调通信信号、插入和删除起始标志和结束标志。通信控制器是由协议芯片支持的,不同的协议芯片可构成不同的通信控制器,从而构成不同现场总线的变送器。例如,采用 FF 的协议芯片时即可实现 FF 协议的变送器,采用 Profibus-PA 的协议芯片时即可实现 Profibus-PA 协议的变送器,采用 HART 的协议芯片时即可实现 HART 协议变送器等。

(7) 电源隔离器:实现对传感器供电的隔离。

(8) 显示控制器:接收来自 CPU 的数据,转换并控制变送器的就地显示器。

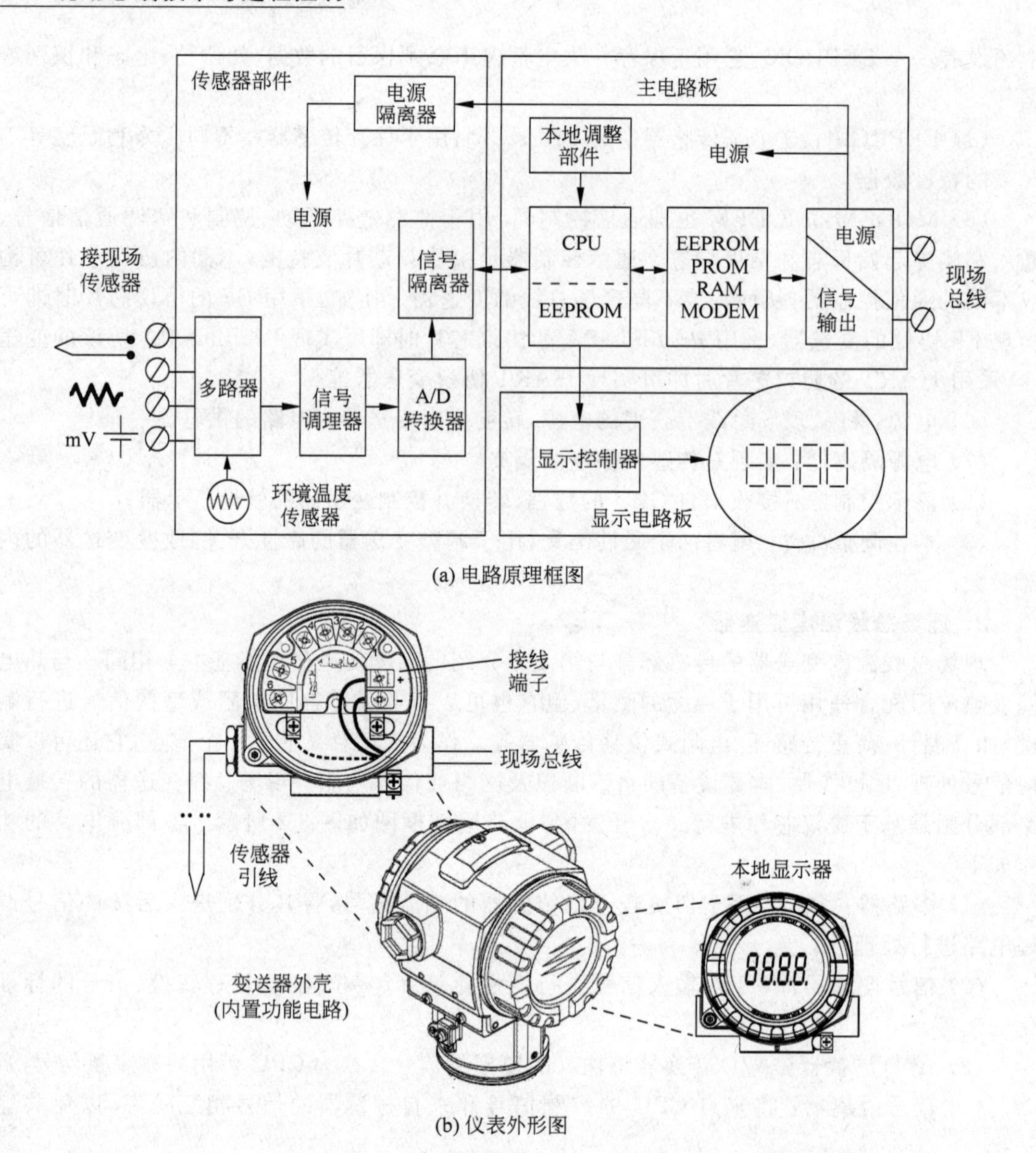

图 3-2 现场总线温度变送器原理框图

(9) 本地调整部件：配有两个磁性工具，用于调整变送器的磁性开关，改变变送器的内部参数。

由于现场总线温度变送器为数字化仪表，除了用软件实现模拟变送器中的信号转换功能外，还可直接实现对热电偶或热电阻的线性化计算，也可同时接收不同类型的传感器信号，实现多路温度同时测量或两点温差的测量。由于数字变送器具有高输入阻抗，现场总线变送器可采用热电阻传感器的欧姆法测量，也允许采用两线制连接方式。

两线制连接方式欧姆法测量如图 3-3 所示。欧姆法测量时变送器向测量回路提供一个恒定电流 I，电阻的变化可直接反映为电压的变化如式(3-1)。

$$V = (R_{\mathrm{TD}} + 2R)I \tag{3-1}$$

式中：V 为所测电压；

R_{TD}为测量元件电阻；

R 为线路电阻；

I 为测量回路电流。

两线制连接方式实现的测量只有在 $R_{TD}I \gg RI$ 时测量误差才会比较小，线路较长时线路影响是不可忽视的。这时必须采用三线制或四线制连接方式。

三线制连接方式欧姆法测量如图 3-4 所示。由于数字变送器可实现高阻抗输入，将端子 3 做高阻抗输入端，因此没有电流流过第 3 号线，该线路上没有电压降。变送器测量电压 V_1 与 V_2，其关系如下：

$$V_1 - V_2 = (R_{TD} + R)I - RI = R_{TD}I \tag{3-2}$$

由式(3-2)可见，$V_2 - V_1$ 与线路电阻无关，仅与 R_{TD}有关。

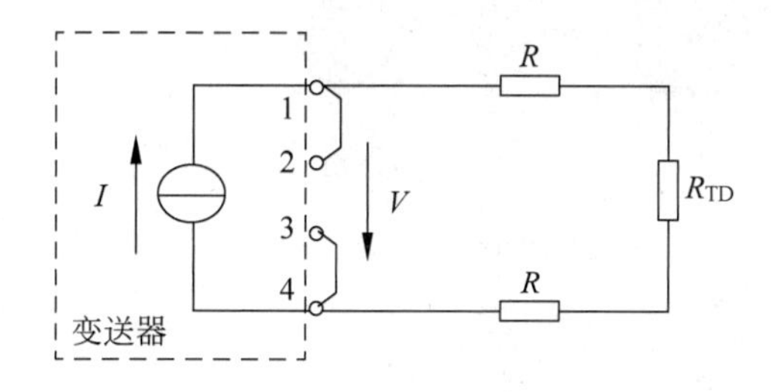

图 3-3　温度变送器两线制接线示意图

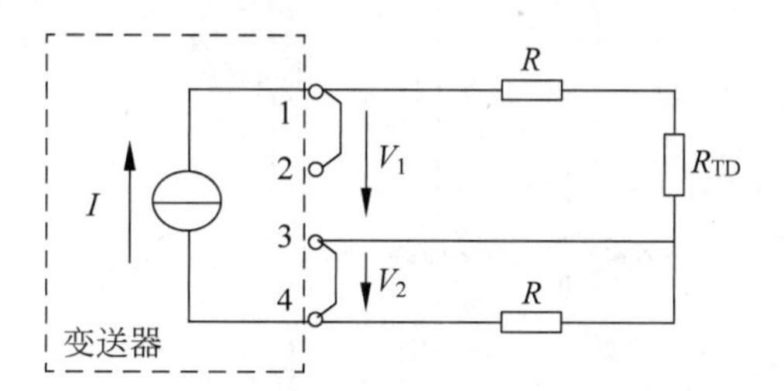

图 3-4　温度变送器三线制接线示意图

四线制连接方式欧姆法测量如图 3-5 所示。这时将端子 2 和端子 3 都做高阻抗输入端，因此没有电流流过第 2 号线和第 3 号线，该线路上没有电压降。变送器测量电压 V_2，V_2 与线路电阻无关，仅与 R_{TD}有关。

$$V = V_{RTD} = R_{TD}I \tag{3-3}$$

由如图 3-6 所示的是差分测量方式或称双通道连接方式。双通道连接方式可用来测量温差。变送器测量电压 V_1 与 V_2，其关系如下：

$$V_1 - V_2 = (R_{TD1} + 2R)I - (R_{TD2} + 2R)I = (R_{TD1} - R_{TD2})I \tag{3-4}$$

由式(3-4)可见，$V_1 - V_2$ 与线路电阻无关，仅与 R_{TD1}和 R_{TD2}的差值有关。但需要说明的是，线路电阻对两个测量回路线性化的影响会彼此不同，由于线路电阻的存在，对温差测量还是会有一点影响。只有如图 1-45 所示的采用桥路进行信号调理时，才能完全消除线路电阻因温度变化带来的影响。

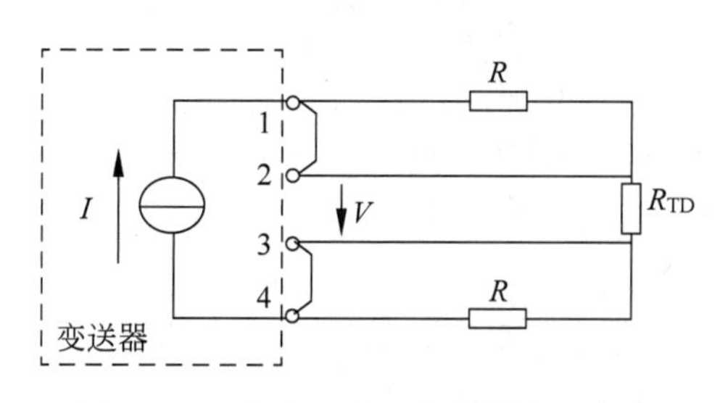

图 3-5　温度变送器四线制接线示意图

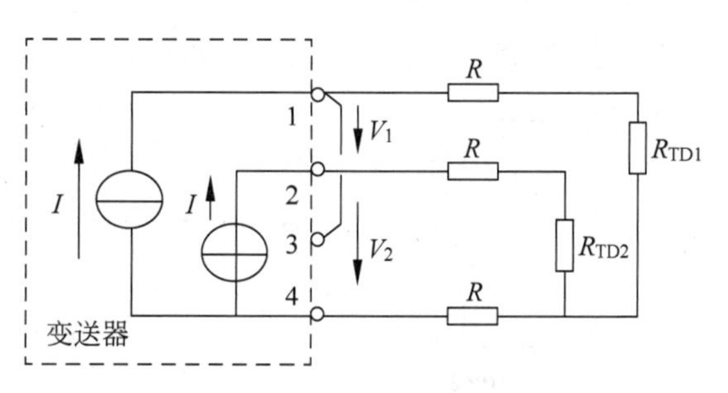

图 3-6　温度变送器差分接线示意图

3. 电流/现场总线转换器

电流/现场总线转换器是FF总线和Profibus-PA总线系统的数据采集设备，主要用于将传统的4～20mA模拟式变送器或其他具备4～20mA模拟信号输出的仪表对现场总线系统的接口，如图3-7所示。一般一台转换器可同时转换多路模拟信号，它还可提供多种形式的切换功能。

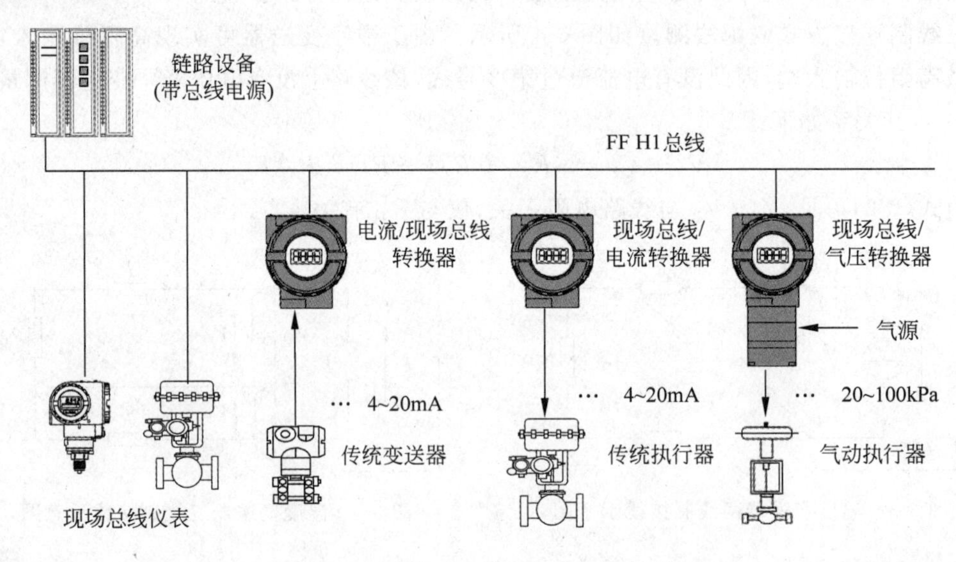

图3-7　现场总线转换器连接示意图

电流/现场总线转换器主要由输入电路板、显示电路板和主电路板组成，如图3-8所示。输入的模拟电流信号在100Ω输入电阻上转换为电压信号，经多路器MUX选择后进入A/D转换器，转换为数字信号后经信号隔离电路送到主电路的CPU，在CPU中通过组态好的功能块对信号进行必要的转换与处理，再经MODEN送往现场总线。

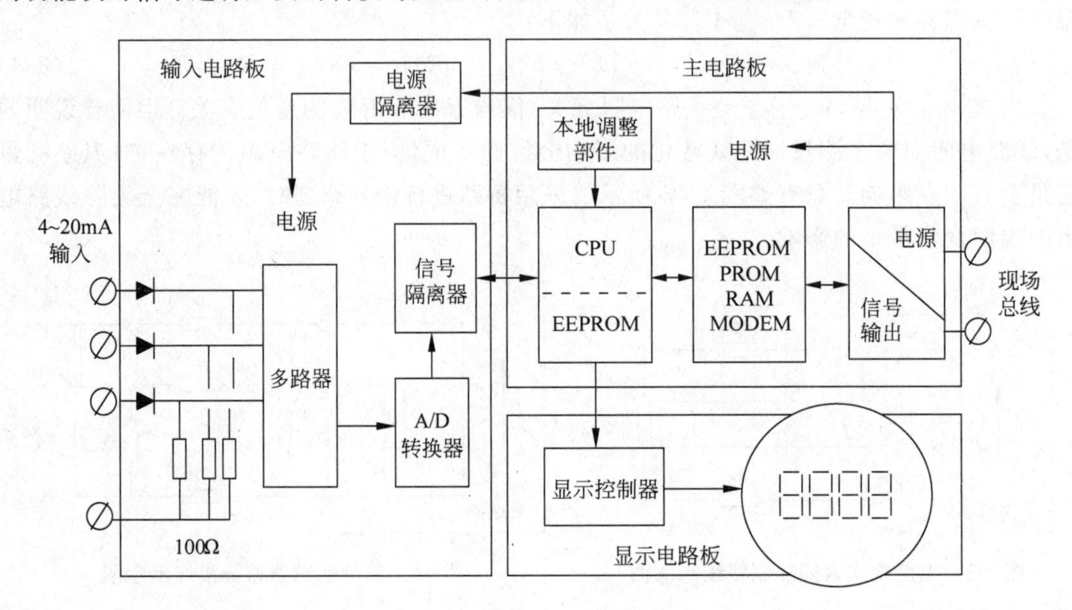

图3-8　电流/现场总线转换器原理框图

转换器的输入电路具有反接保护，当输入信号连接发生极性错误时由于电路的保护作用不会损坏转换器。

4. 现场总线/电流转换器

现场总线/电流转换器是 FF 总线和 Profibus-PA 总线系统与模拟仪表的转换设备，主要用于现场总线系统与控制阀或其他执行机构之间的接口。现场总线/电流转换器可以将现场总线传输来的控制信号转换为 4～20mA 模拟信号输出。一台电流/现场总线转换器可同时转换多路模拟量输出信号，如图 3-7 所示。另外，现场总线/电流转换器还具备 PID 控制和其他运算功能。

现场总线/电流转换器主要由输出电路板、显示电路板和主电路板组成，如图 3-9 所示。主电路板接收现场总线的指令信息，经 CPU 处理后，发送控制信号经信号隔离和 D/A 转换器转换成 4～20mA 模拟信号输出。由于输出的是模拟量信号，转换器需考虑输出的负载特性和输出电路的反接保护等。

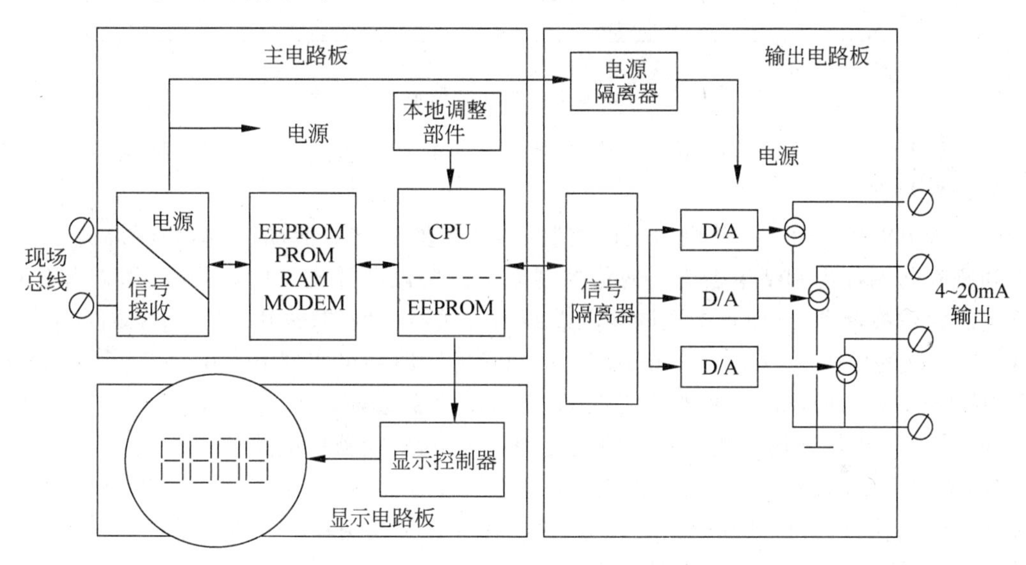

图 3-9　现场总线/电流转换器原理框图

5. 现场总线/气压转换器

现场总线/气压转换器主要用于现场总线系统与气动控制阀或其他气动执行机构之间的接口，如图 3-7 所示。现场总线/气压转换器可以将现场总线传输来的控制信号转换为 20～100kPa 气压信号输出，以控制气动控制阀或其他气动执行机构。现场总线/气压转换器同样具备 PID 控制和其他运算功能。

现场总线/气压转换器的电路原理框图如图 3-10 所示。各部分电路的功能如下。

(1) D/A 转换器：接收来自 CPU 的控制信号并将其转换成模拟量电压用于控制气动部件中的压电元件。

(2) 控制部件：此处的控制部件为压电元件、喷嘴及相应的反馈平衡装置组成，它能将来自 D/A 转换器的控制信号和来自压力传感器的反馈信号平衡处理后控制输出压力。

(3) 压力传感器与温度传感器：压力传感器实现对输出气压的测量，并将压力信号反馈至控制部件和 CPU。温度传感器测量部件本体的温度。

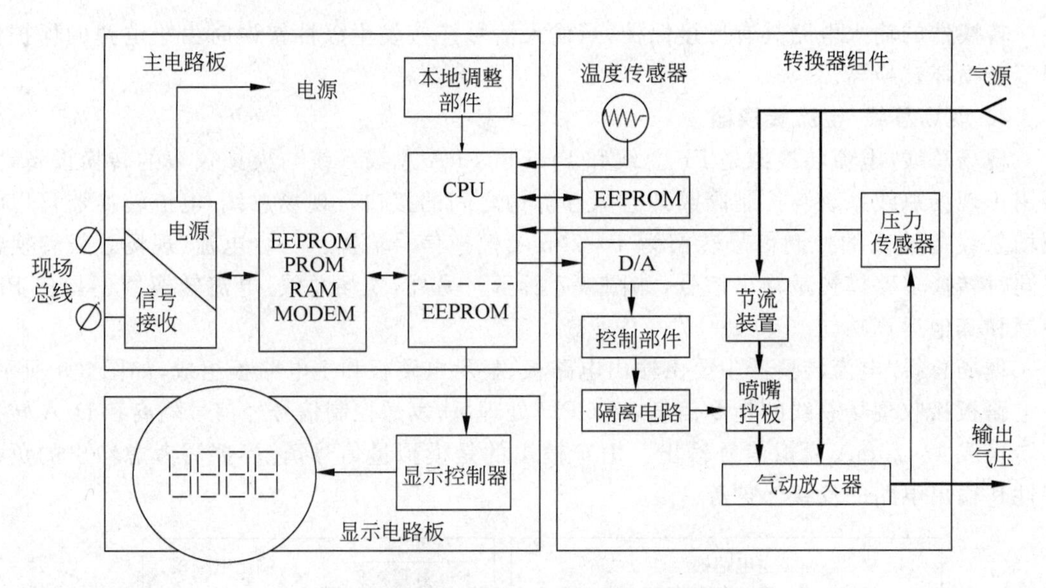

图 3-10　现场总线/气压转换器原理框图

(4) EEPROM：这个是控制部件中的 EEPROM，用于保存现场总线/气压转换器在复位时的特性数据。

(5) MODEM：MODEM 也即通信控制器，用于监测链路活动、调制和解调通信信号、插入和删除起始标志和结束标志。通信控制器是由协议芯片支持的，不同的协议芯片可构成不同的通信控制器，从而不构成同现场总线的变送器。例如，采用 FF 的协议芯片时即可实现 FF 协议的变送器，采用 Profibus-PA 的协议芯片时即可实现 Profibus-PA 协议的变送器，采用 HART 的协议芯片时即可实现 HART 协议变送器等。

(6) 电源：将从现场总线上获得的电源，转变为对转换器内电路的供电。

(7) CPU、RAM 和 PROM：CPU 是变送器的核心部件，它用于完成参数测量、控制和运算功能块的执行、自诊断和通信等任务(这些功能任务是由写入其内的功能语言实现的)。PROM 用于程序的存储。RAM 用于暂存中间数据。在 CPU 中还设有一个 EEPROM，用于保存在失电情况下必须保留的数据，如调校、组态和识别数据等。

(8) 显示控制器：接收来自 CPU 的数据，转换并控制变送器的就地显示器。

(9) 本地调整部件：配有两个磁性工具，用于调整变送器的磁性开关，改变变送器的内部参数。

(10) 压电喷嘴挡板机构：用以实现将压电板的位移转换成气压信号，以调节控制腔室的气压。

(11) 节流装置：引导并控制压缩空气进入喷嘴。

(12) 气动放大器：用于将喷嘴挡板机构处的压力放大，以便产生足够大的空气流量变化来驱动执行机构。

现场总线/气压转换器要实现对气压的控制，还需要有专门的气动元件，在此称为输出组件，其结构如图 3-11 所示。输出组件主要由喷嘴挡板机构、气压伺服机构和压力传感器等组成。

现场总线/气压转换器接收到现场总线上的控制信号时，经 CPU 处理输出一个设定信

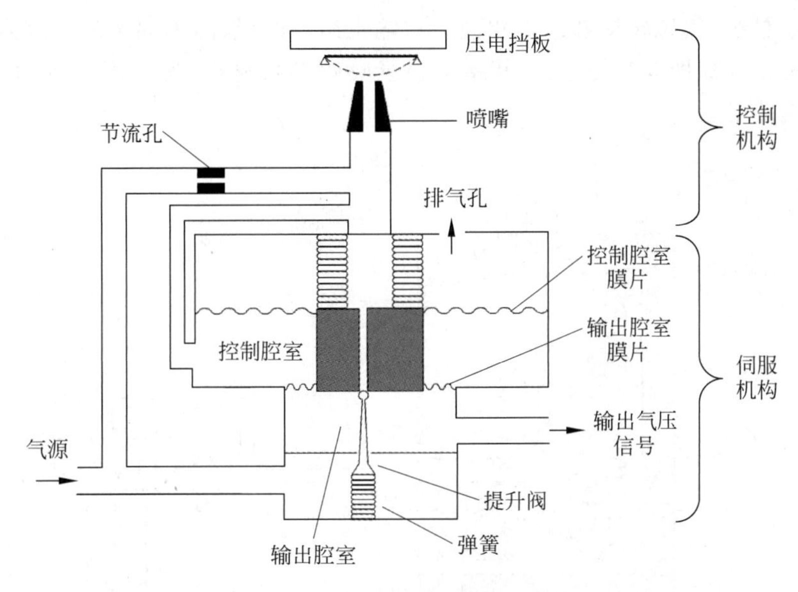

图 3-11　现场总线/气压转换器输出组件原理示意图

号送入控制电路，控制电路同时还接收输出组件反馈来的压力信号，并与之平衡。

喷嘴挡板机构中采用压电元件作为挡板，当控制电路将电压加到压电挡板时，由压电逆效应会使挡板靠近喷嘴，引起控制腔室气压升高，该气压为导压。在一定范围内导压与挡板和喷嘴之间的距离成正比，转换器的正常工作范围就在该区域。

气动伺服机构则用来实现气动放大作用。伺服机构在控制腔室一侧设有一个膜片，在输出腔室一侧设有一个小膜片，导压在控制腔室一侧的膜片上产生一个压力，在稳态时，导压力和输出气压加在输出膜片上的压力相等。

当需要增加输出气压时，压电元件膨胀，导压升高，迫使提升阀下降，气源所提供的压缩空气经提升阀流入输出腔室，输出气压增加，直到与导压相平衡时为止。

当需要减少输出气压时，压电元件收缩，导压减小，提升阀由于弹簧的作用而关闭。由于输出气压大于导压，膜片会向上移动，输出腔室中的空气通过提升阀上的小孔溢出，输出气压减小，直到与导压再次达到平衡时为止。

6. 现场总线阀门定位器

现场总线阀门定位器是在现场总线/气压转换器的基础上增加了阀位反馈，从而可实现精确的阀门定位。由于现场总线阀门定位器是数字定位器，它还可实现阀门控制信息的数字传输、阀门参数的远程设定、阀门参数的自动标定和故障诊断等功能，并具备 PID 控制和其他运算功能(同样这些功能任务是由写入其内的功能语言来实现的，FF 总线设备具备主站功能，可执行控制等运算，而 Profibus-PA 设备只具备从站功能，不能进行控制运算)。它可自动累计阀门的行程和动作次数，当达到规定的数值时会发出提示信息。另外，通过软件组态它还可实现各种阀门特性，如线性特性、等百分比特性和快开特性，这些阀门特性在模拟阀门定位器中是需要借助于凸轮和弹簧等其他部件实现的。当现场总线阀门定位器与现场总线之间的通信发生故障或上游其他设备发生故障时，阀门定位器则进入故障安全状态，并保持执行机构的位置不变或达到用户预先设定的安全位置。

现场总线阀门定位器主要由主电路板、显示电路板和输出组件组成。主电路板和显示电路板与现场总线/气压转换器基本相同。对输出组件的设计，不同生产厂家会有不同的结构。其中一种结构如图 3-12 所示。其结构包括喷嘴挡板机构、气压伺服机构、位移传感器和输出控制电路等组成。

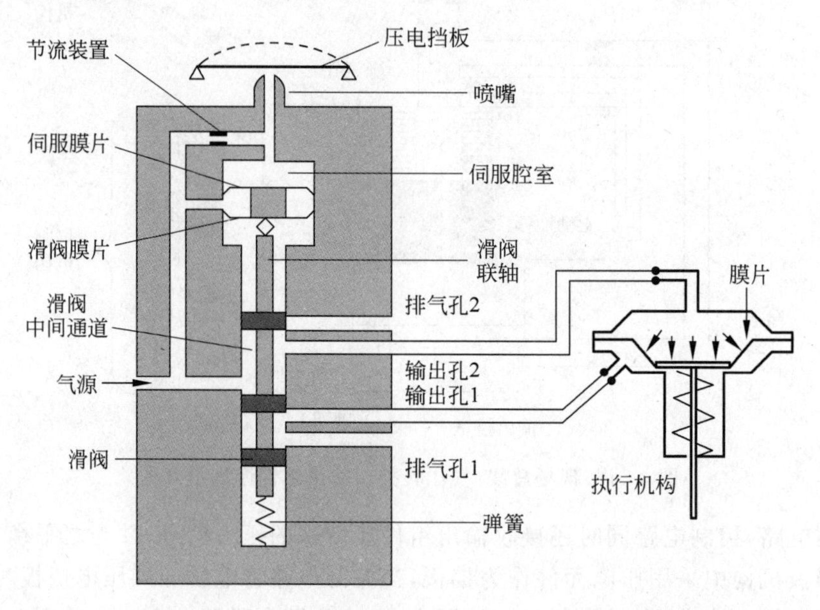

图 3-12 现场总线阀门定位器输出组件原理示意图

来自主电路板的控制信号加到压电挡板上，通过压电逆效应使挡板弯曲，从而使挡板靠近喷嘴，引起伺服腔室压升高，该气压为导压。在一定范围内导压与挡板和喷嘴之间的距离成正比，转换器的正常工作范围就在该区域。

伺服机构的功能是实现气压放大。伺服机构有一个膜片位于伺服腔室，还有一个较小的膜片位于滑阀腔室。在稳态时，伺服腔室压力对膜片的作用力等于滑阀腔室的压力对小膜片的作用力。

当压电挡板靠近喷嘴时，伺服腔室的压力会增加，位于伺服腔室的膜片受力增大，使滑阀向下移动，气源的压缩空气通过滑阀中间的内通道经输出孔 2 流入气动执行机构的一侧气室，使该侧的压力加大；同时滑阀的向下移动又使输出孔 1 和排气孔 1 联通，气动执行机构另一侧的空气经输出孔 1 和滑阀中间的内通道，由排气孔 1 排出。执行机构受压膜片两侧的压力差驱使执行机构向下产生位移。霍尔位移传感器检测到执行机构的位移，并转换为电信号送往输出控制电路，当阀位反馈信号与阀门控制信号平衡时，执行机构也即达到给定位置，此时喷嘴挡板机构和伺服机构达到一个新的稳定状态。

基于上述输出组件的阀门定位器电路框图如图 3-13 所示。

另一种形式输出组件的现场总线阀门定位器结构如图 3-14 所示。

在图 3-14 中，定位器的输入是从现场总线而来，经信号接收器和通信控制器送往微处理器 CPU 进行处理。同样通信控制器是由协议芯片支持的，不同的协议芯片可构成不同的通信控制器，从而构成不同现场总线的变送器。比如实现 FF 协议通信、Profibus-PA 协议通信或 HART 协议通信等。微处理器完成参数测量、控制和运算功能块的执行、自诊断和通信等任务。另外，阀门的具体变化信号经过位置感应传感器和 A/D 转换器也同时到达

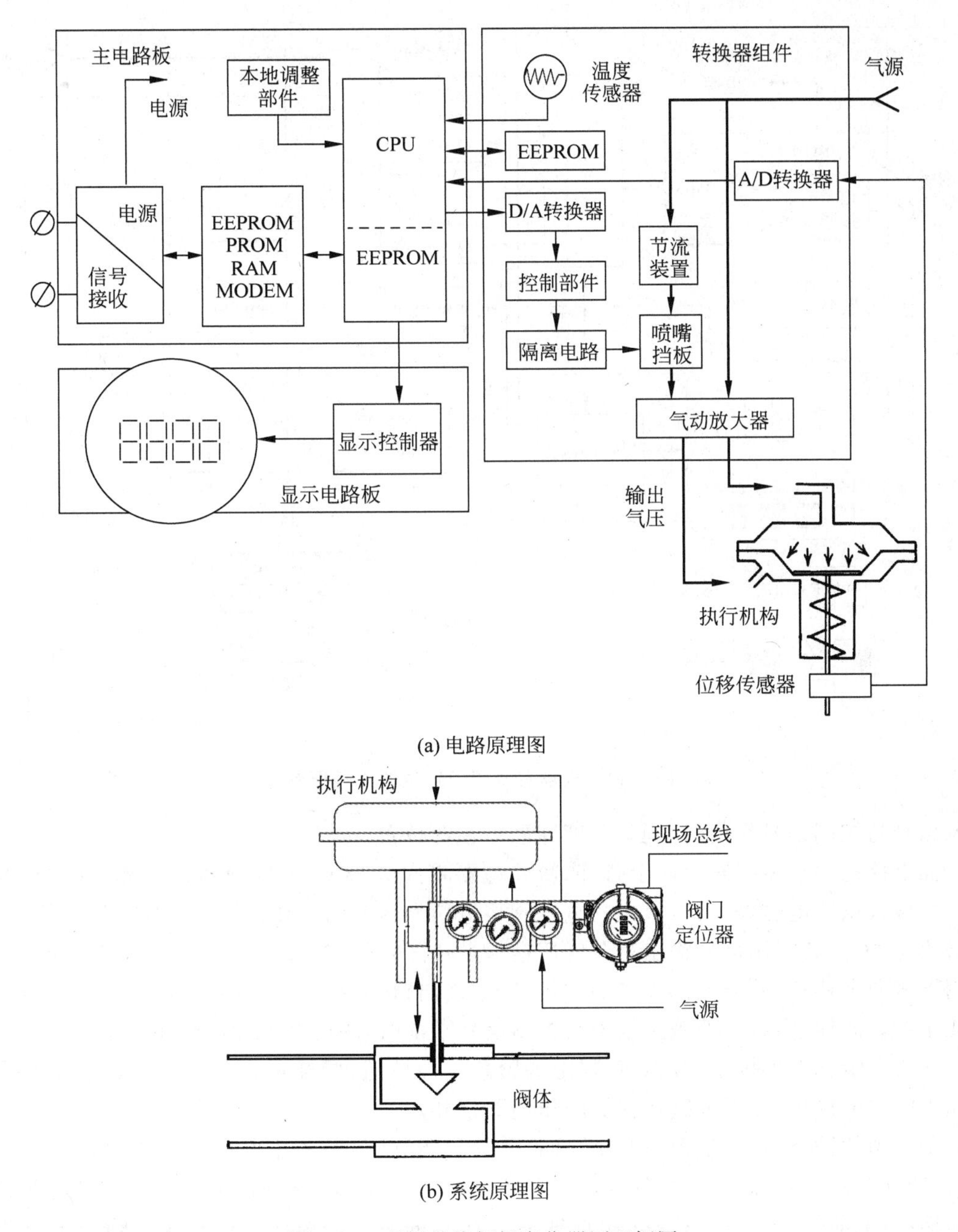

(a) 电路原理图

(b) 系统原理图

图 3-13　现场总线阀门定位器原理框图

微处理器。微处理器根据输入信号和阀位信号的偏差经过计算，向供气电磁阀（或压电阀）和排气电磁阀输出控制信号。

如果控制要求需要阀门向下关闭，微处理器将向 1 号 D/A 转换器发出控制指令，对应的 1 号位式供气电磁阀工作，该供气电磁阀将电信号转变为气压信号输出（此时 3 号位式供气电磁阀不工作，没有气压信号输出），其气压信号送往 1 号位式气动阀，该气动阀接通气源，压缩空气经 P_1 输出口送往调节阀。调节阀在气压作用下将克服弹簧弹力向下移动。此处采用线性可变差动变压器（LVDT）型位移传感器将阀位信号反馈到微处理器。当阀门的

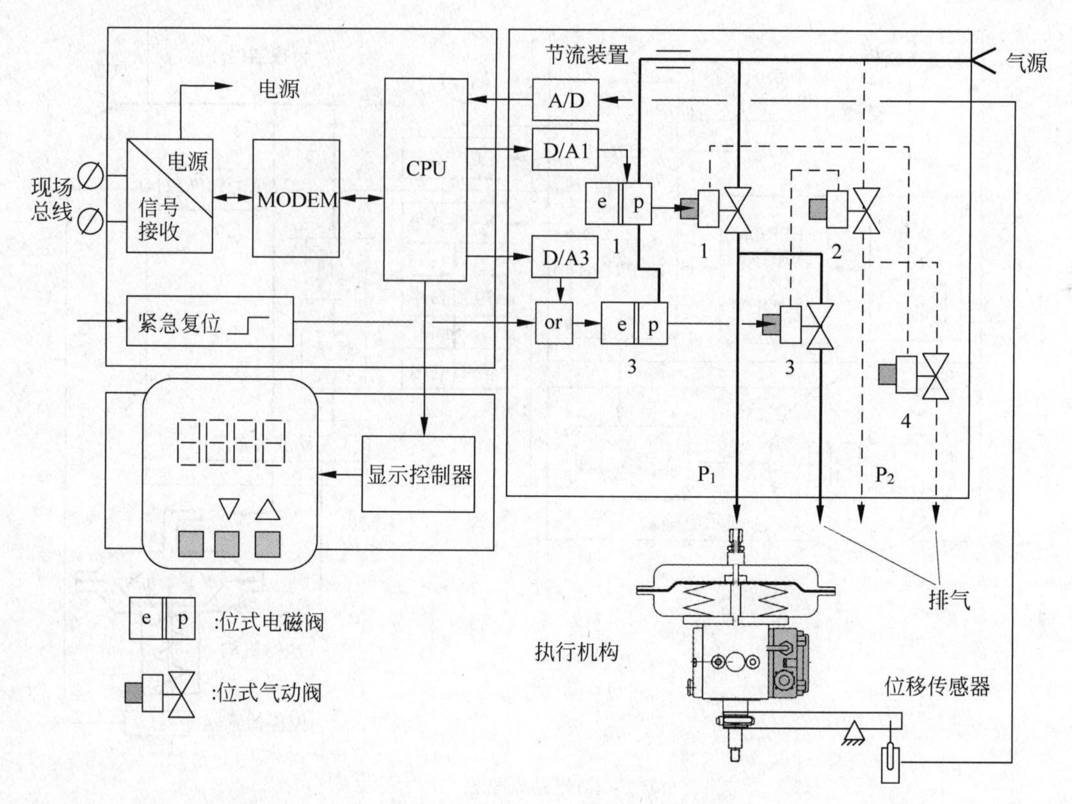

图 3-14 现场总线阀门定位器原理框图

阀位信号与控制信号平衡时，阀门开度即固定在此位置。

如果控制要求需要阀门向上打开，微处理器将向 3 号 D/A 转换器发出控制指令，对应的 3 号位式供气电磁阀工作，该供气电磁阀将电信号转变为气压信号(此时 1 号位式供气电磁阀不工作，没有气压信号输出)，其气压信号送往 3 号位式气动阀将其打开，调节阀在簧弹作用下将向上移动，并将上部腔室的空气经 P_1 输出口和 3 号位式气动阀由阀门定位器的排气孔排出。同样，当阀门的阀位信号与控制信号平衡时，阀门开度即固定在此位置。

在紧急情况下可按下阀门定位器上的紧急复位按钮，同样可打开 3 号位式气动阀将调节阀中的空气排出，使调节阀在弹簧的作用下打开。

调节阀的种类很多，如图 3-14 所示的是单向调节阀，在气压作用下调节阀阀杆向下移动，也即气关式(调节阀是否为气开或气关还取决于阀体的结构)。如果在气压作用下阀杆向上移动，也即气开式。另外，也有如图 3-13 所示的双向调节阀。这时需将阀门定位器的 P_1 输出口接调节阀的一侧腔室，将阀门定位器的 P_2 输出口接调节阀的另一侧腔室。

7. 现场总线接口

现场总线接口是一种连接高级过程控制与多通道 FF 现场总线的接口。该接口是为工业或商用计算机设计的工业标准体系结构板卡(即 ISA 板卡)。一般它具备多个现场总线 H1 主通道，可运行多种复杂的功能块。由于它是直接连接在 PC 总线上的，因此它可提供迅捷的现场总线与计算机之间的通信。

由于现场总线接口是用于连接工业或商用计算机，一般用于构筑小型现场总线控制系统，如图 3-15 所示。小型现场总线控制系统一般只有两层系统结构，一层为实现现场的过程控制,一层则实现过程的管理。

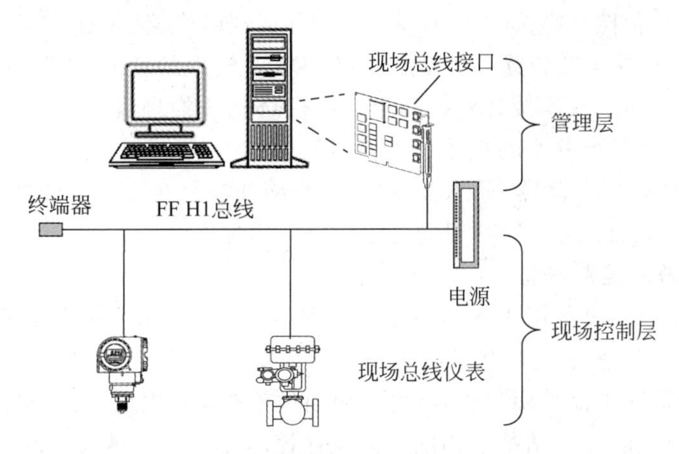

图 3-15 小型现场总线控制系统结构图

现场总线接口卡安装在计算机内,因此其硬件与软件的设计都要充分考虑在尽量减小计算机负担的情况下,完成一切必要的通信和过程控制任务。

现场总线接口卡的硬件结构如图 3-16 所示。图 3-16 中各部分电路的功能如下:

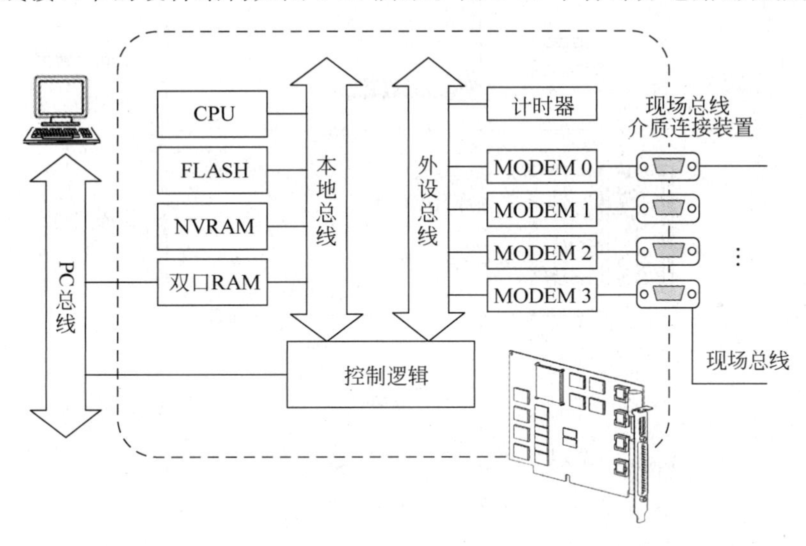

图 3-16 现场总线接口卡原理框图

(1) 中央处理器 CPU:用以完成现场总线接口的所有通信和控制任务。

(2) 双口 RAM:现场总线接口和计算机上的 CPU 可以同时访问该存储器,由此,它可为现场总线接口以及计算机之间提供一个高效的通信路径。

(3) 控制逻辑:控制逻辑用于处理 CPU 对所有设备的访问,以及双口 RAM 的仲裁机构。

(4) PC 总线:用于为现场总线接口卡供电,并使计算机可以访问现场总线接口卡。

(5) 本地总线:用于现场总线接口卡的 CPU 与 RAM、NVRAM、FLASH 和双口 RAM 之间高速交换信息。

(6) 外设总线:用于现场总线接口卡的 CPU 与计时器和 MODEM 的连接。

(7) 计时器：该通用计时器用作任务调度的时间基准和现场总线的通信定时。

(8) 现场总线通信控制器 MODEM：采用了专用的现场总线芯片来实现数据的串行通信。

(9) 现场总线介质连接装置：该装置将 MODEM 输出的信号转换为现场总线信号，并对信号实行隔离。另外，该连接装置符合相关的现场总线物理规范要求。这里一块现场总线接口卡可提供 4 路现场总线的连接。

(10) 非易失性随机存储器 NVRAM：用于存储现场总线接口卡的数据和对象。

(11) 闪存 FLASH：用于保存现场总线接口卡的程序。

8. 现场总线链路控制设备

现场总线链路控制设备用于连接现场总线和过程控制主站，一般用于构筑大型现场总线控制系统，如图 3-17 所示。现场总线链路控制设备可以是一个基于现场总线协议芯片的接口装置，但多数系统中都采用过程控制主站中的控制器来担任。过程控制主站和控制器与分布式控制系统中的控制站基本相同。只是在控制器模块中增加了现场总线协议芯片的接口装置。这时现场总线控制系统一般为控制系统中的一个子系统。这种大型控制系统一般有三层系统结构，一层为实现现场的过程控制，二层为设备或装置的控制，三层则实现过程的管理。

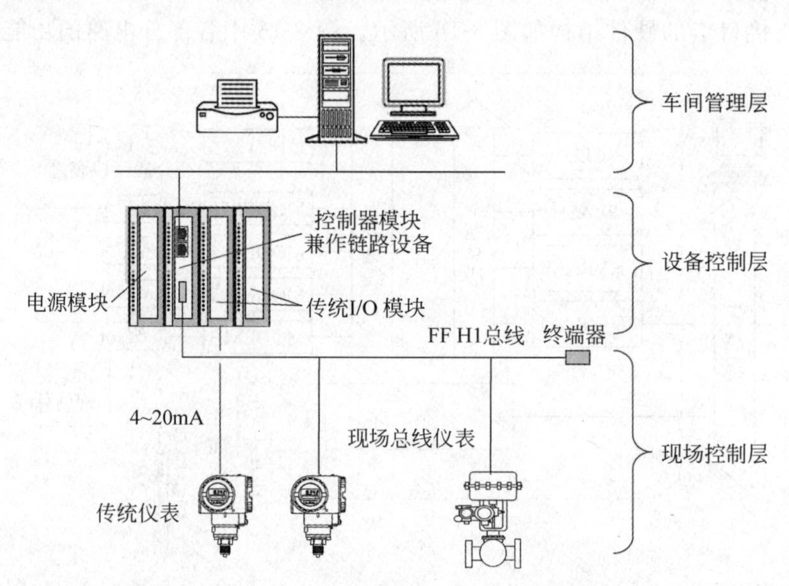

图 3-17　大型现场总线控制系统结构图

对于基金会现场总线系统，主站中的控制器主要用来担任高级控制任务，基础控制任务均可由现场总线设备完成。对于 Profibus-PA 现场总线系统，控制器也即系统中的主站。因为 Profibus-PA 现场总线系统中的现场设备只能是系统的从站，它们不具备基本的 PID 控制功能，控制功能必须由主站完成。基于 Profibus-PA 的现场总线控制系统如图 2-48 所示。

由过程控制主站中的控制器担任的现场总线链路控制设备的结构与 1.4.3 节中介绍的处理器模件的结构基本相同，其原理框图如图 3-18 所示。图中各部分电路的功能如下。

(1) 微处理器 CPU：用于本模件的操作与控制、控制应用程序的运行、功能块组态而建立的各种控制策略的执行以及与其他模件或部件的信息交换等。微处理器的操作系统及功

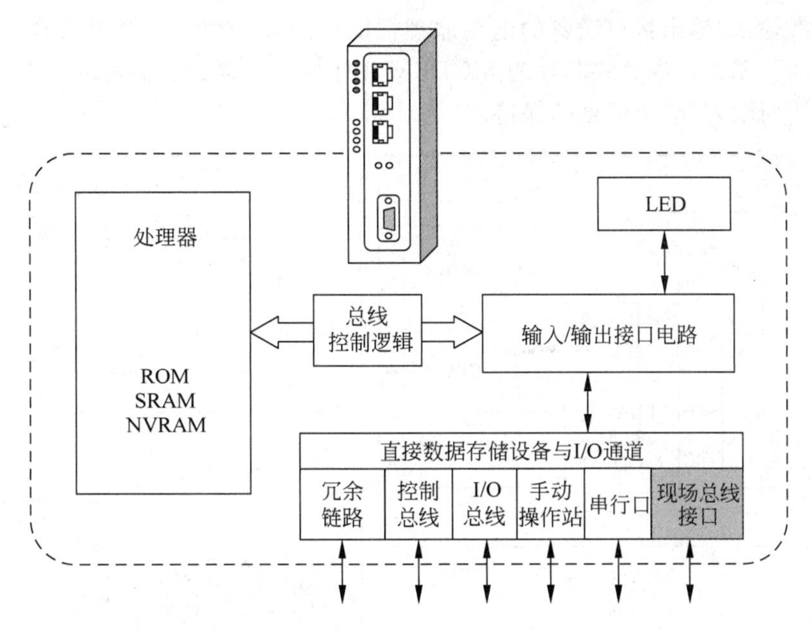

图 3-18 现场总线链路控制设备原理框图

能块库则驻留在只读存储器 ROM 中。

(2) 只读存储器 ROM、静态随机存储器 SRAM 及非易失存储器 NVRAM：ROM 用于保存微处理器的操作系统及功能块库，SRAM 用于数据暂存和系统组态副本的保留，NVRAM 用于保存系统组态、批处理文件和高级语言程序等，NVRAM 中保存的信息在失电情况下也不会丢失。

(3) 输入/输出接口电路及直接数据存储设备：用于各种通信链路管理及数据交换，支持现场总线的控制模块则相应配有现场总线的协议芯片以支持现场总线通信与管理。

(4) 各种输入/输出通道：冗余链路用于处理器模件冗余配置组态，为主处理器模件和备用处理器模件提供并行链路。控制总线用于为该处理器模件和其他控制站中的处理器模件进行数据交换提供通道。输入/输出总线用于处理器模件与传统输入/输出模件之间的数据传输提供通道。手动操作站接口用于中处理器模件故障情况下，需由手动操作站进行操作时进行必要的数据交换。串行口用于提供诸如 RS-232 和 RS-485 的标准接口，实现对其他设备的连接。现场总线接口则通过对现场总线的连接，基金会现场总线系统则直接提供 FFH1 接口，而 Profibus-PA 现场总线系统，在处理器模件上提供的则是用于主站的 Profibus-DP 现场总线系统接口，另外还需使用 DP/PA 耦合器实现对 Profibus-PA 现场总线系统的连接，其系统构成如图 2-48 所示。

9. 其他现场总线设备

用于基金会现场总线和 Profibus-PA 现场总线系统的设备还包括离散输入/输出接口设备、现场总线电源设备、现场总线安全栅以及总线终端设备等。

离散输入/输出接口设备是一种用于将现场的一些开关量信号连接到现场总线上来，并运用现场总线系统的功能块语言实现离散过程的控制。这些离散过程的控制包括像泵的启停、电磁阀的开断以及一些简单电器设备的启停控制，例如通断式温度控制、流量控制和液位控制等。

典型离散输入/输出接口设备的电路原理框图如图 3-19 所示。图中 CPU 用于管理和运行控制模块。基于现场总线芯片的 MODEM 用于实现数据的通信管理与控制。输入/输出门电路用于对输入/输出信号的保持。

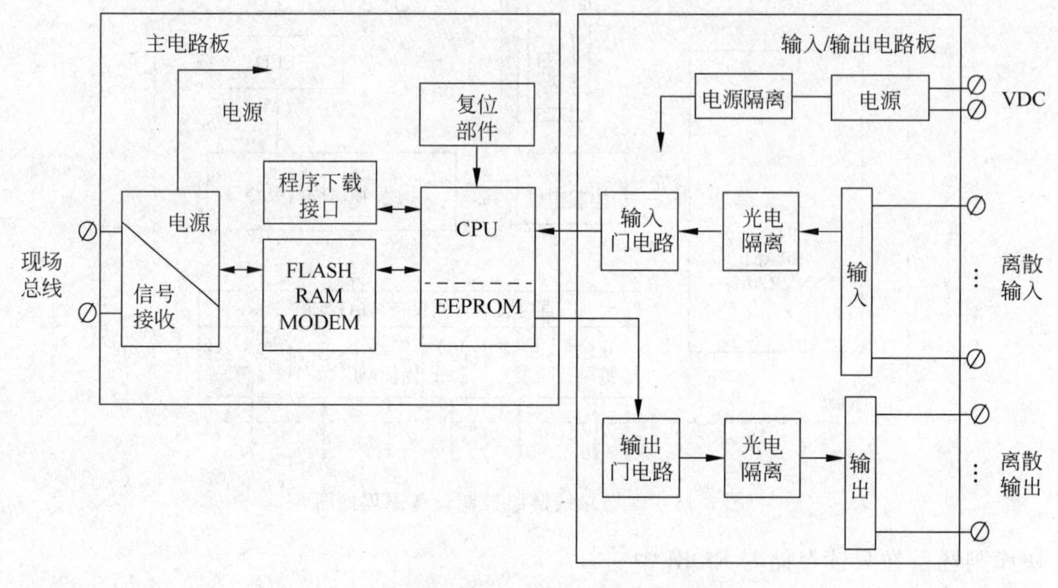

图 3-19　现场总线离散 I/O 设备原理框图

现场总线电源设备负责向现场总线的仪表设备提供 24V 的标准电源。现场总线电源设备可以接收交流输入,也可以接收直流输入。现场总线电源设备还可提供短路保护、过流保护及故障报警等功能。

现场总线安全栅与传统仪表系统的安全栅一样,用于对送往现场的电压与电流进行严格限制,以保证在各种状况下进入现场的电功率在安全的范围之内。

总线终端设备结构非常简单,采用一个 100Ω 的电阻和一个 1μF 的电容串联而成。其作用是使该终端器的电阻与总线的线路电阻相匹配,从而防止信号在线路上传输时产生反射。

另外,1.3.1 节中介绍的电磁流量计、涡街流量计、超声波流量计以及科里奥利流量计所配套的变送器,均可采用 FF 协议芯片、Profibus-PA 协议芯片或 HART 协议芯片,构成 FF 现场总线变送器、Profibus-PA 现场总线变送器或 HART 变送器,如图 3-20 所示。

3.2.2　Profibus-DP 现场总线设备

Profibus-DP 现场总线设备主要包括 Profibus-DP 总线上的主站设备和从站设备。1 类主站设备(主站控制器,通常是一台主站型 PLC)的功能主要包括:执行控制运算、与从站设备循环交换 I/O 数据或进行非循环访问、对从站设备进行诊断、对 2 类主站设备的组态和诊断请求进行处理、对从站设备的报警进行处理等。2 类主站设备(通常是一台便携式计算机)的功能主要是系统组态和收集 1 类主站设备的诊断数据等。从站设备的功能主要包括:与指定的主站设备循环交换 I/O 数据、响应指定主站的诊断请求、处理主站的组态请求、响应主站的非循环访问、向指定的主站提供报警、支持 1 类主站设备和 2 类主站设备调用预定义功能等。

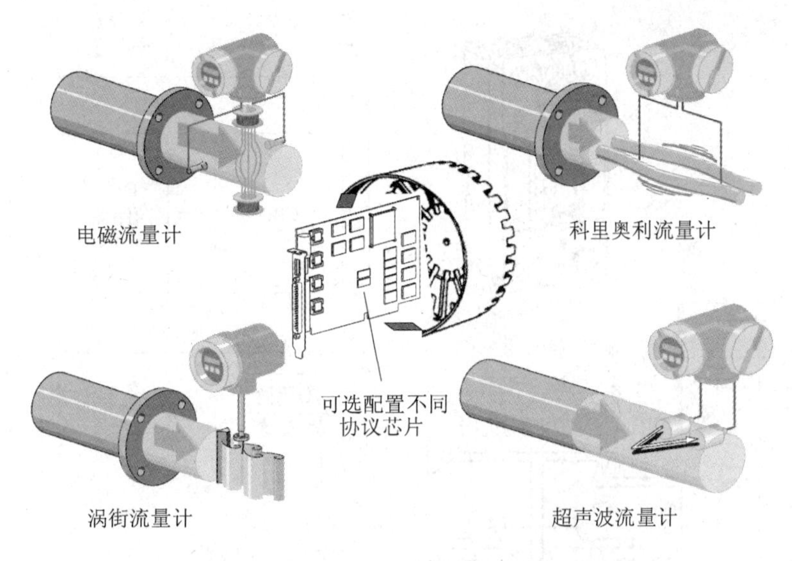

图 3-20 常用的现场总线变送器示意图

由于低压电气设备智能化和网络化的发展趋势，Profibus-DP 协议芯片得到了越来越多厂商的应用，这样除了 Profibus 现场总线控制系统的主站从站设备外，越来越多的电气产品可以挂接到 Profibus-DP 总线上，尤其是一些低压电器的控制设备、配电设备和主令设备，如断路器、电机启动器、变频器等(主要用作从站设备)。Profibus-DP 总线正如 2.3.1 节中所介绍的，是设备级现场总线。它主要用于对电气设备各种状态的表达和控制。同样支持低压电气设备智能化和网络化的发展的现场总线技术还包括 DeviceNet 总线和 Interbus 总线等。

另外，一些仪器或仪表系统也采用 Profibus-DP 协议芯片进行数据通信，这些仪器仪表主要是一些能够独立完成测控功能的仪器仪表系统，如过程分析仪器系统、调节仪表及称重仪表等。

在 Profibus-DP 总线上挂接的设备，制造商都必须安装 Profibus 协议要求建立与设备相关的电子设备数据文件 GSD，并将该文件公开，以便其设备能方便地集成到 Profibus-DP 系统中。

下面主要对一些低压电器控制或操作设备予以简单介绍，PLC 系统设备和便携式计算机读者可以通过相关资料查询。

1. 现场总线低压断路器

低压断路器也称自动空气开关，是低压配电网中的主要开关电器之一，它不仅可以接通和分断正常负载电路，也可以用来控制不频繁启动的电动机。低压断路器还具备多种保护功能和动作值可调的功能。低压断路器的功能涵盖了闸刀开关、过流继电器、失压继电器、热继电器和热电保护器等设备的功能。将低压断路器智能化并植入了现场总线协议芯片后即可升级为现场总线低压断路器，典型的现场总线低压断路器原理框图如图 3-21 所示。

图 3-21 中过流脱钩器的线圈和热脱钩器的热元件与主电路串联，失压脱钩器的线圈与主电路并联。当主电路发生短路或严重过载时，过流脱钩器动作，推动主脱钩机构动作使主触点断开主电路。当电路过载时热脱钩器动作，推动主脱钩机构动作使主触点断开主电路。

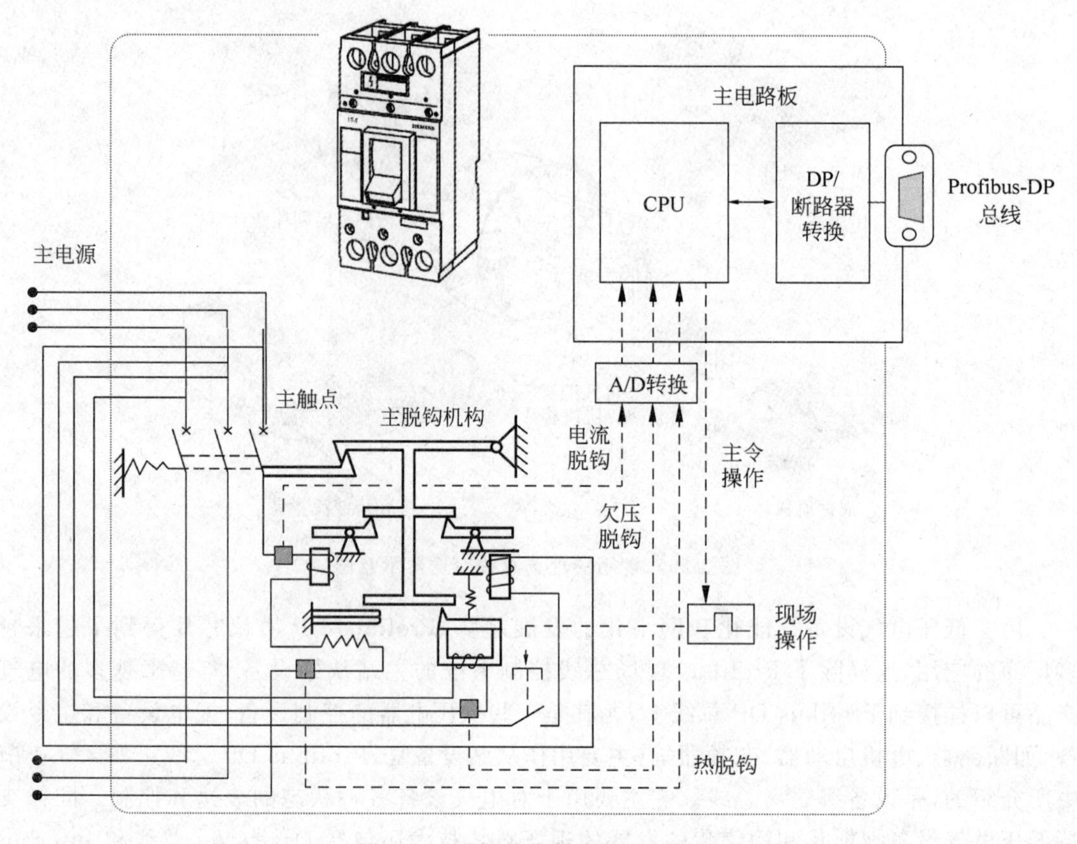

图 3-21　现场总线断路器原理框图

当电路欠电压时，失压脱钩器动作，推动主脱钩机构动作使主触点断开主电路。

现场总线低压断路器中其过流脱钩器、热脱钩器和失压脱钩器为电子式脱钩器，均配有相应的传感器，其保护信号均可通过断路器对 DP 总线的接口将数据转换成 Profibus-DP 规范后上传至 Profibus-DP 总线。Profibus-DP 主站也可通过 Profibus-DP 总线对断路器实行主令操作。断路器对 Profibus-DP 总线传输的数据包括相电流、相电压和接地故障电流等模拟量检测信号，也包括脱钩状态、潮湿报警和三相不平衡报警等故障信息，分合位置、分励欠压脱钩器状态、合闸准备就绪等运行状态信息，以及远距离参数设置和远距离控制等主令控制信息。

2. 现场总线马达启动器

马达启动器（即电机启动器）是用于辅助电机启动的设备，使用马达启动器可使电机启动平稳，启动过程中对电网的冲击小，还能实现对电机的软停车、制动、过载和缺相保护等。马达启动器主要用于大型电机和异步电机中。最常用的有星形/三角形降压启动控制方式和自耦变压器降压启动控制方式。这些启动方式都是在电动机的定子加上较低的电压进行启动，所以称为降压启动（减压启动）。待电机启动后再将电压恢复到额定值，使之在正常电压下运行。因为电枢电流和电压成正比，所以降低电压可以减小启动电流，防止在电路中产生过大的电压降，减小对线路电压的影响。

现场总线马达启动器采用基于微处理器的电子方式对星形/三角形的转换或自耦变压器的调整进行控制，通过启动器对 DP 总线的接口将数据转换成 Profibus-DP 规范后上传至

Profibus-DP 总线。Profibus-DP 主站也可通过 Profibus-DP 总线对启动器实行主令操作。

另外一种电机启动方式是软启动。电压逐步提升到额定电压,这样电机在启动过程中的启动电流,就由过去过载冲击电流不可控制变成为可控制。并且可根据需要调节启动电流的大小。电机启动的全过程都不存在冲击转矩,而是平滑的启动运行。软启动与其他启动方式的特性比较如图 3-22 所示。

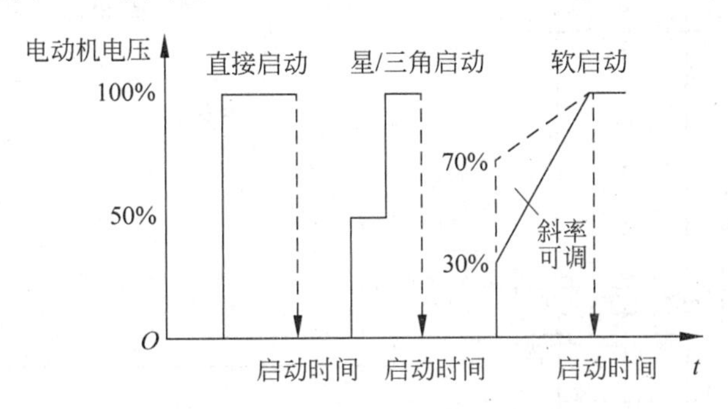

图 3-22 电机启动特性比较图

电机软启动器多采用三相反并联晶闸管作为调压器,将其接入电源和电动机定子之间。这种电路类似三相全控桥式整流电路。使用软启动器启动电动机时,运用不同的方法,改变晶闸管的触发角,就可调节晶闸管调压电路的输出电压。在整个启动过程中,软启动器的输出是一个平滑的升压过程,直到晶闸管全导通,电机在额定电压下工作。

软启动器的优点是降低电压启动,启动电流小,适合所有的空载、轻载异步电动机使用。由于晶闸管的输出电压是逐渐增加的,所以电动机逐渐加速,直到晶闸管全导通,电动机工作在额定电压的机械特性上,这样可实现平滑启动,降低启动电流,避免启动过流跳闸。待电机达到额定转数时,启动过程结束,软启动器自动用旁路接触器取代已完成任务的晶闸管,为电动机正常运转提供额定电压,以降低晶闸管的热损耗,延长软启动器的使用寿命,提高其工作效率,又使电网避免了谐波污染。软启动器同时还提供软停车功能。软停车与软启动过程相反,电压逐渐降低,转数逐渐下降到零,避免自由停车引起的转矩冲击。

同样也有现场总线软启动器产品。现场总线软启动器采用基于微处理器的电子方式对晶闸管的触发角进行控制,且内部集成有旁路接触系统,并通过软启动器对 DP 总线的接口将数据转换成 Profibus-DP 规范后上传至 Profibus-DP 总线。Profibus-DP 主站也可通过 Profibus-DP 总线对软启动器实行主令操作。典型的现场总线马达启动器原理框图如图 3-23 所示。

3. 现场总线变频器

变频器是通过改变电机电源的频率调节电机转速的装置。变频调速是将电网电压提供的恒压恒频交流电变换为变压变频的交流电,通过平滑改变异步电动机的供电频率来调节异步电动机的同步转速,从而实现异步电动机的无级调速。这种调速方法由于调节同步转速,故可以从高速到低速保持有限的转差率。在异步电动机诸多的调速方法中,变频调速的性能最好,其调速范围广、效率高、稳定性好,是交流电动机一种比较理想的调速方法。

常用的变频技术有交-直-交变频和交-交变频。交-直-交变频也称间接变频。交-直-交变频器先将频率固定的交流电整流成直流电,经过中间滤波环节之后,再把直流电逆变成频率可调的三相交流电。由于把直流电逆变成交流电的环节较易控制,因此,该方法在频率的

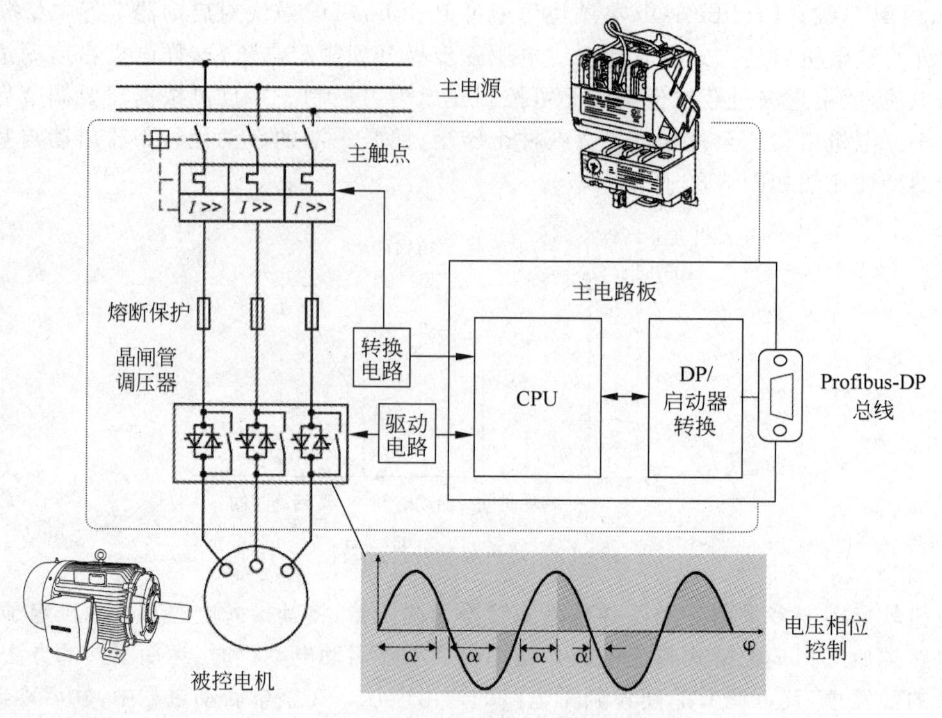

图 3-23　现场总线软启动器原理框图

调节范围及改善变频后电动机的特性等方面都具有明显的优势。大多数变频器都属于交-直-交型。

交-交变频也称直接变频。交-交变频器没有明显的中间滤波环节，电网固定频率的交流电被直接变成可调频调压的交流电。交-交变频器通常由三相反并联晶闸管可逆桥式变流器组成。交-交变频器具有过载能力强、效率高、输出波形较好等优点，但同时存在着输出频率低、使用功率器件多、功率因数低和高次谐波对电网影响大等缺点。

变频器要实现频率的转换，对控制的要求较高。因此，变频器基本上已经是智能化的设备。典型的交-直-交变频器原理框图如图 3-24 所示。

由图 3-24 可见，变频器包括主电路和控制电路。主电路由整流器、滤波器和逆变器组成。整流器将交流电整流成直流电。滤波器的作用是为了抑制脉动电压波动。逆变器是将直流电重新变换为交流电。控制电路则由运算电路、驱动电路、检测电路、输入电路和输出电路组成。运算电路将外部的速度、转矩等指令同检测电路的电流、电压信号进行比较运算(包括一般的 PID 运算)，控制逆变器的输出电压与频率。变频器可以接收上级控制器发送过来的模拟控制指令，本身作为执行机构实行开环控制，也可以接收传感器的发送过来的模拟信号，进行 PID 运算实行闭环控制。驱动电路用于驱动主电路器件。检测电路用于对电压、电流和速度进行检测。输入电路用于频率设定信号输入和电动机旋转方向设定信号的输入等。输出电路用于报警信号输出和测量信号输出等。

现场总线变频器则在控制电路的基础上，增加了 Profibus-DP 协议芯片进行数据通信，并通过变频器对 DP 总线的接口将数据转换成 Profibus-DP 规范后上传至 Profibus-DP 总线。Profibus-DP 主站也可通过 Profibus-DP 总线对变频器实行主令操作，如图 3-24 所示。

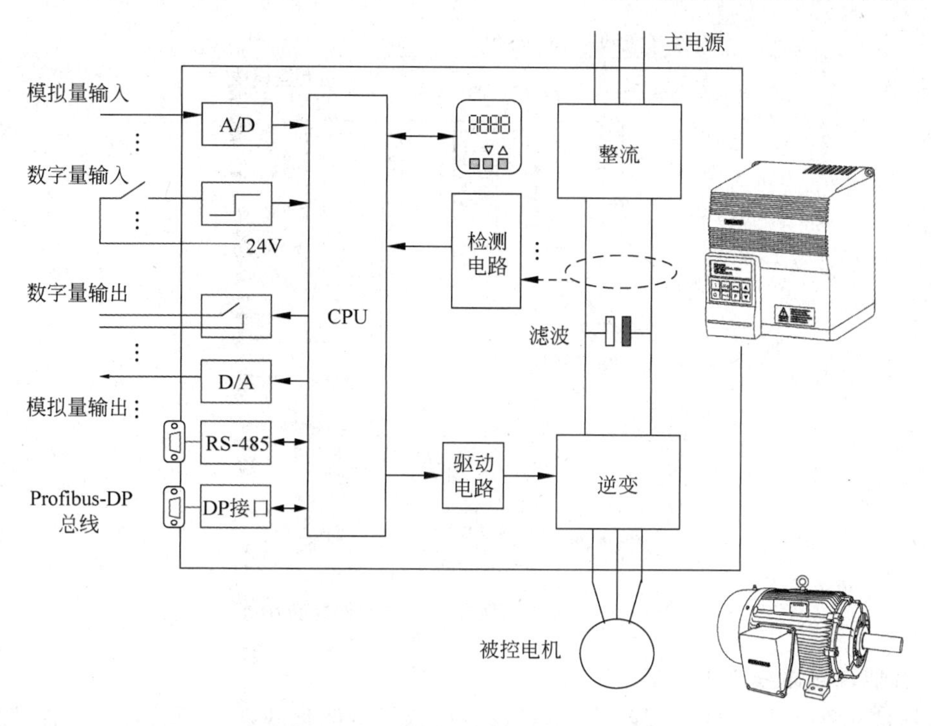

图 3-24 现场总线变频器原理框图

对于小功率变频器，还有一种比较通行的做法是将其做成 Profibus-DP 总线主站或从站中的一个模块。这时变频器通过背板总线接口与主站或从站上的背板总线进行连接，再通过站中的 Profibus-DP 通信模块与 Profibus-DP 总线进行数据交换。模块化设计的好处是变频器此时已成为控制系统的一个部分，这对控制系统的管理控制，以及数据交换更为方便灵活。模块化变频器的原理如图 3-25 所示。如图 3-26 所示为模块化变频器作为 Profibus-DP 总线从站模块的配置示意图。

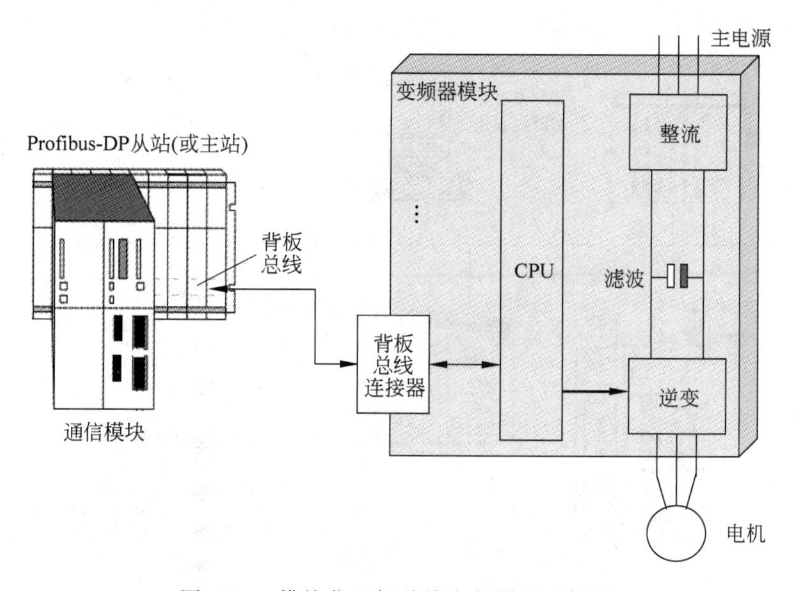

图 3-25 模块化现场总线变频器原理框图

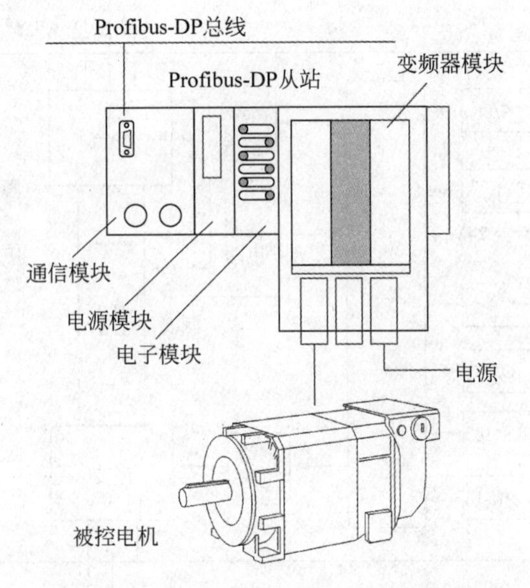

图 3-26 模块化现场总线变频器配置图

4. 其他现场总线电气设备

能挂接在 Profibus-DP 总线上的从站设备还包括智能化的低压开关柜和智能化的马达控制中心(MCC)等。

智能化低压开关柜的功能包括配电、控制、保护和远程通信等，基本上可实现无人值守。智能马达控制中心由断路器、接触器、马达保护器、马达启动器和马达调速器等组成。可实现对电机的启停控制、运行控制和预防控制等。另外，还能够将接地故障、过流、过载、欠压、自动重启动、堵转、超温等功能集中到中心的控制设备上，上位机控制主站能够通过总线网络对智能马达控制中心进行组态，也可采集马达控制中心所有电动机运行参数，控制电机的启停，实现远方对现场电机设备的操控及运行状态监控等。如图 3-27 所示为 Profibus-DP 总线上的智能化的低压开关柜和智能化的马达控制中心。

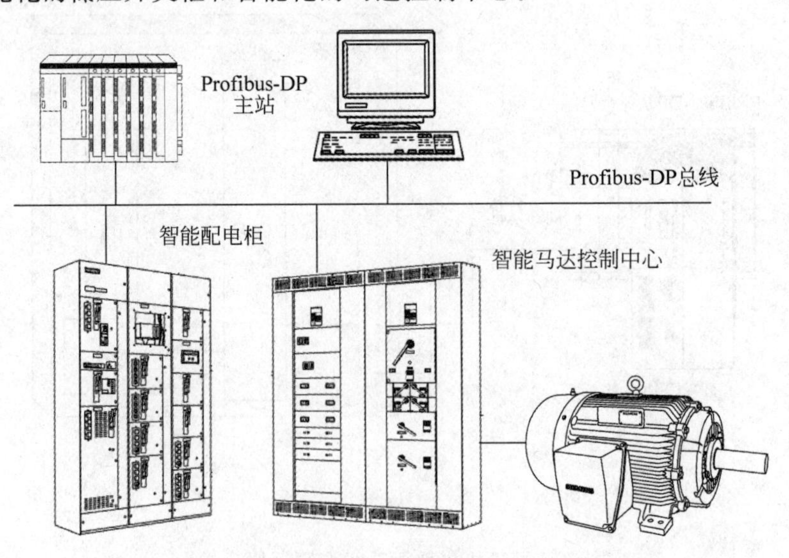

图 3-27 现场总线配电柜与马达控制中心示意图

5. Profibus-DP 现场总线上的仪表与系统设备

前面已经介绍了现场总线的仪表，这些仪表基本上都是基金会现场总线仪表或 Profibus-PA 现场总线仪表，因为只有在基金会现场总线仪表或 Profibus-PA 现场总线技术中才在通信模型的应用层制定了标准的应用协议。而在 Profibus-DP 总线上没有这类应用协议。Profibus-DP 总线上的仪表基本上都是具备独立控制功能的仪表或系统。基本运算功能在本地装置中完成，需要与上位机系统通信的内容主要是执行结果，设备之间不能相互操作。这类仪表主要是分析仪表系统、称重系统和智能调节器等。

早期的智能仪表系统基本上都采用 RS-485 规范。RS-485 是一种标准的物理接口，对应通信模型中的物理层，没有统一的通信协议。各家公司都有自己自定义的通信协议，但应用非常广泛的是 Modbus 协议，大部分大公司的 RS-485 产品都支持 Modbus 协议。

Modbus 是由 Modicon(莫迪康公司，现为施耐德电气公司的一个部分)在 1979 年开发的，是全球第一个真正用于工业现场的总线协议。Modbus 协议是应用于电子控制器上的一种通用语言，并成为一种通用工业标准。通过此协议，控制器相互之间、控制器经由网络和其他设备之间可以通信。通过该协议不同厂商生产的控制设备可以连成工业网络，进行集中监控。

Modbus 协议对应 ISO/OSI 参考模型中的第 1 层、第 2 层和第 7 层，如图 3-28 所示。Modbus 第 1 层采用 RS-232 或 RS-485 规范。RS-485 采用平衡发送和差分接收方式实现通信，发送端将串行口的 TTL 电平信号转换成两路差分信号输出，经过线缆传输之后在接收端将差分信号还原成 TTL 电平信号。由于传输线通常使用双绞线，又是差分传输，所以有极强的抗共模干扰能力，总线收发器灵敏度很高，可以检测到低至 200mV 的电压。故传输信号在千米之外都可以恢复。RS-485 最大的通信距离约为 1219m，最大传输速率为 10Mb/s，传输速率与传输距离成反比，在 100kb/s 的传输速率下，才可以达到最大的通信距离，如果需传输更长的距离，需要加 RS-485 中继器。RS-485 采用半双工工作方式，支持多点数据通信。RS-485 总线网络拓扑一般采用终端匹配的总线型结构。即采用一条总线将各个节点串接起来，不支持环形或星型网络。第 2 层采用 Modbus 串行链路协议。Modbus 在访问控制方面采用了主从原则，即查询与回应方式。尽管网络通信方法是“对等”方式，但是如果控制器发送消息，它将作为主设备，并期望从从设备得到回应。同样，当控制器接收到消息，它将建立从设备回应格式并返回给发送的控制器。在 Modbus 系统中有两种传输模式可选择。这两种传输模式对 PC 通信的能力是同等的。选择时应视所用 Modbus 主机

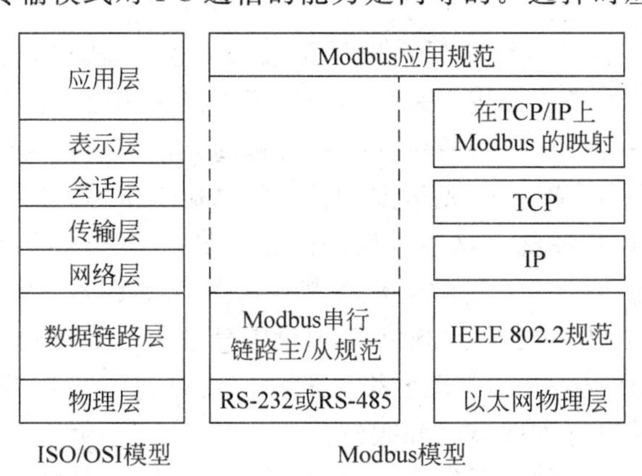

图 3-28　Modbus 与 OSI 模型关系图

而定,每个 Modbus 系统只能使用一种模式,不允许两种模式混用。一种模式是 ASCII(美国信息交换码),另一种模式是 RTU(远程终端设备)。Modbus 系统在数据校验方面采用循环冗余码校验。第 7 层为 Modbus 系统应用层,在应用层中采用功能码表述数据报文执行的功能。

智能化的自动化仪表很多都采用了 Modbus 通信协议,尤其是具备独立控制或执行功能的自动化仪表,如智能调节器和智能记录仪等。图 3-29 给出了一个基于 Modbus 通信协议的智能自动化仪表与上位计算机构成的监控系统应用案例。

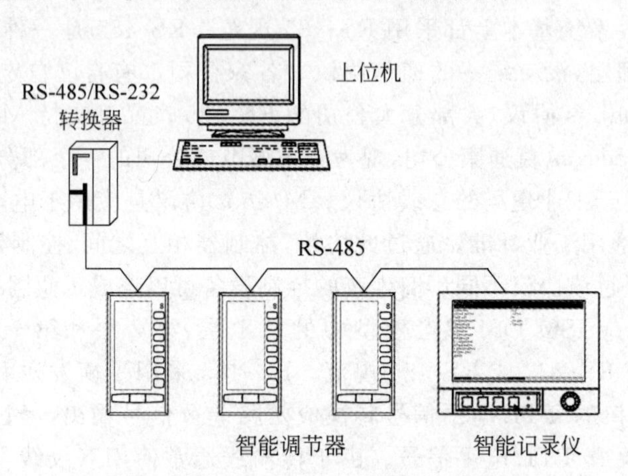

图 3-29　基于 Modbus 协议的智能仪表系统图

由于 Profibus-DP 通信协议在其物理层采用了 RS-485 规范,因此,上面介绍的这些具有独立控制功能的自动化仪表,采用可选的 Profibus-DP 通信协议模块非常容易实现 Profibus-DP 总线通信。

例子之一是分析仪器系统。过程分析仪器不论是分析气体还是液体成分,都必须进行样体采样与样体的预处理。取样预处理系统一般包括采样装置、过滤装置、流量控制装置和其他辅助装置等。采样装置的功能就是将工艺物质以足够的压力和流量不失真地导出并送入后续的处理和分析单元。由此可见,分析仪器系统本身就是一个比较复杂且相对独立并自成体系的控制系统。如图 3-30 所示为一个气体分析系统,该系统由采样预处理系统与分析仪器构成。

图 3-30 中被分析的工艺气体物质由取样泵抽入采样系统,经过滤、冷凝除水处理后送分析仪器的分析单元进行成分分析。采样系统运行一段时间后,进行反吹清洗,然后再用零位标定气体对分析仪进行标定。分析仪根据被分析的元素不同其结构与原理也不同。常用的过程分析单元有红外型、紫外型、光学型、电导型、电化学型等。对于本例中的红外分析单元,还需对分隔室定期进行冲洗。这些过程都由分析仪系统的内部控制器进行控制。用于分析元素的结果计算还涉及到样气中的氧含量及大气压等因素,由主电路板中的 CPU 进行实时计算,然后将结果转换成 4～20mA 模拟量信号送出。如果选配 Profibus-DP 协议芯片接口,则可将结果送往 Profibus-DP 总线上的控制主站进行控制或其他处理。分析仪本体也有显示操作面板可进行本地显示和操作。

例子之二是称重系统。称重系统分为动态称重系统与静态称重系统。如图 1-31 所示的即为动态称重系统,在该系统中,相应的二次仪表须将荷重传感器的信号与速度信号进行

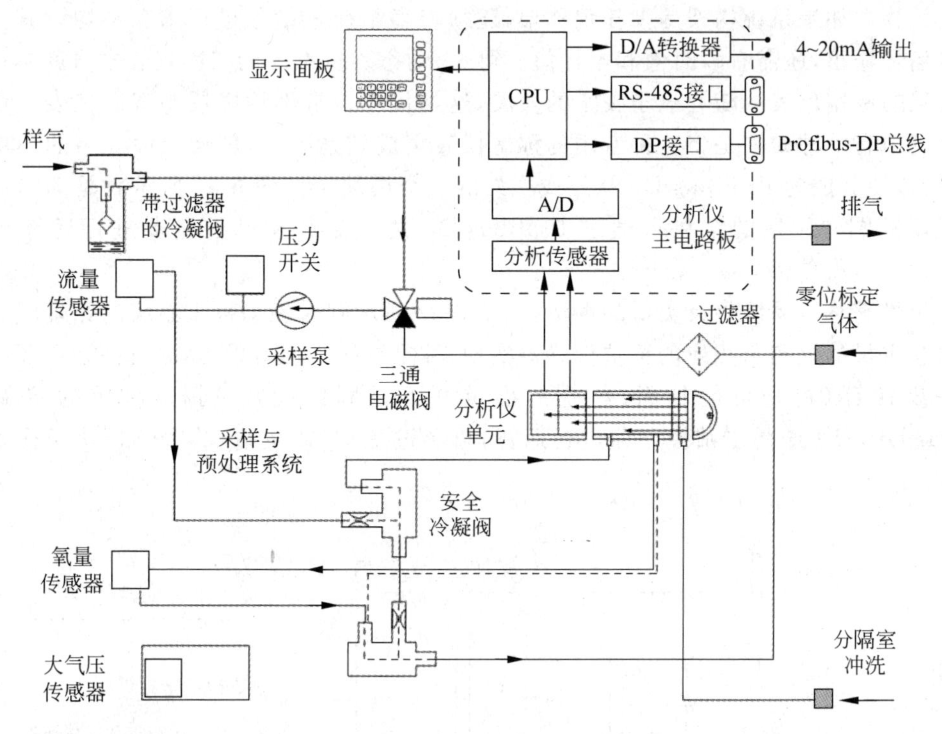

图 3-30 基于 Profibus-DP 协议的分析仪表系统图

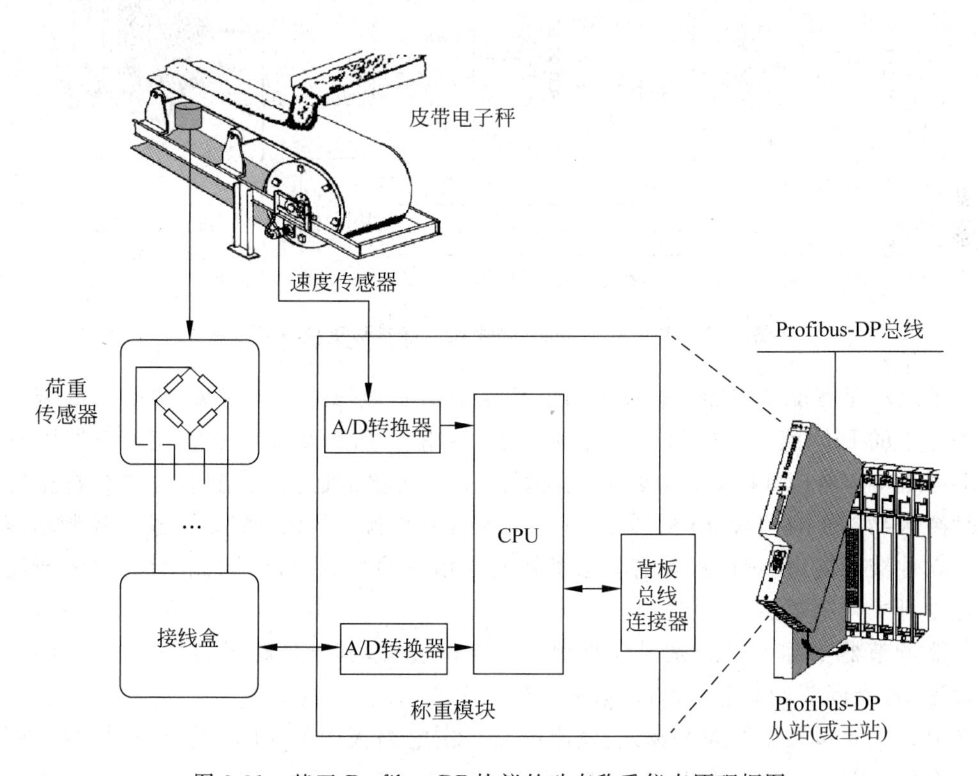

图 3-31 基于 Profibus-DP 协议的动态称重仪表原理框图

一定的运算。如果系统构架是多托辊称架，还须将多个荷重信号进行求和平均计算。由于是流量信号输出，还需有瞬时值和累计值。可见，动态称重系统的二次仪表本身就是一台功能性较强的专用仪表。随着电子技术的发展，这类仪表很自然地发展为智能仪表。在现场总线系统中有一种做法是将这种专用的称重仪表集成到系统中，就像上面介绍的小功率变频器一样，使其成为 Profibus-DP 从站或主站的一个模块。如图 3-31 所示就是动态称重模块的原理框图。称重的结果可通过 Profibus-DP 总线送往主站控制器进行运算或执行控制。

对于静态称重系统也有类似的做法，如图 3-32 所示则为静态称重系统的原理图。图中对于料仓重量的检测由相应的称重传感器实现，称重系统不但要检测物料的重量，还要进行自动去皮计算（料仓可能粘料，料仓的皮重并不是固定的）。同样，称重的结果通过 Profibus-DP 总线送往主站控制器进行运算，再经过从站（或主站）的 I/O 模块送往现场执行控制。

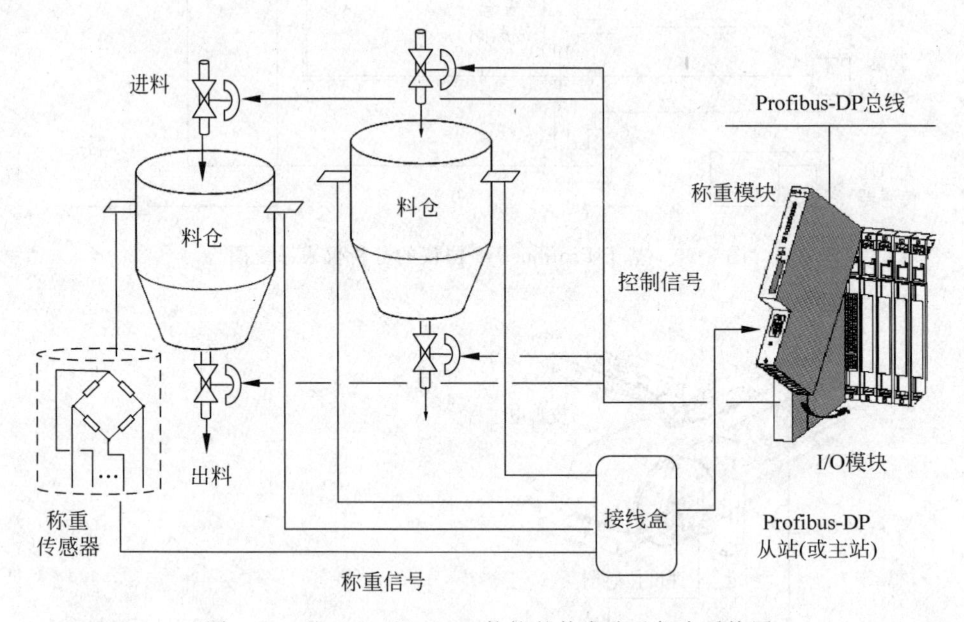

图 3-32　基于 Profibus-DP 协议的静态称重仪表系统图

例子之三是智能调节器。智能调节器是控制功能很强的一类仪表，最简单的智能调节器具备基本的 PID 控制功能和一些其他的运算功能。而稍高档位的智能调节器则具备串级 PID 控制、前馈 PID 控制、非线性补偿运算、史密斯预估运算，甚至 PID 参数自整定运算等多种高级功能。有些智能调节器还可实现双回路控制或四回路控制。这些控制功能都是通过其软件实现的，用户可根据需要选择并组合相应的控制功能，因此，有时也将智能调节器称之为可编程调节器。

智能调节器实际上已经是一台小型的计算机装置，其硬件构成包括 CPU 在内的相应芯片设施，智能调节器的电路原理框图如图 3-33 所示。

其电路主要包括主电路和输入/输出电路。主电路板中的 CPU 是调节器的核心部件，它用于完成 PID 控制和其他运算功能块的执行、自诊断和通信等任务（这些功能任务是由写入其内的功能语言来实现的）。内存 FLASH 中包括可编程只读存储器 PROM 和随机存

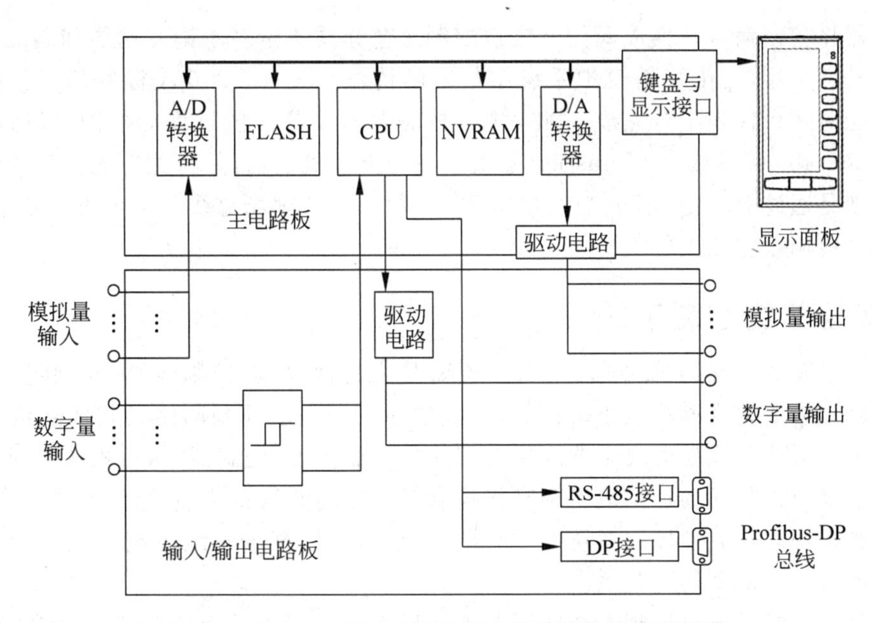

图 3-33　基于 Profibus-DP 协议的智能调节器原理框图

储器 RAM,PROM 用于存储由制造商编制的各种功能程序语言,RAM 用于暂存中间数据。非易失性随机访问存储器 NVRAM 用于保存在失电情况下必须保留的数据,如调校、组态和识别数据等。键盘显示接口主要用于处理面板显示与面板操作等。

输入/输出电路板用于处理输入/输出信号。智能调节器可接收各类模拟量输入信号,包括标准的 4～20mA 信号、热电阻输入信号和热电偶(mV)输入信号等。也接收开关量输入信号。输出信号包括标准的 4～20mA 信号和开关量信号(主要用于报警功能等),通过 RS-485 接口或 Profibus-DP 总线接口,也可输出相应通信协议的数字信号。

由智能调节器构成的一个简单回路控制应用如图 3-34 所示。在该应用中差压变送器检测流量孔板的前后差压,将其转换成 4～20mA 标准信号送往智能调节器。调节器根据控制要求进行 PID 运算,运算结果同样以 4～20mA 标准信号送往调节阀上的阀门定位器,

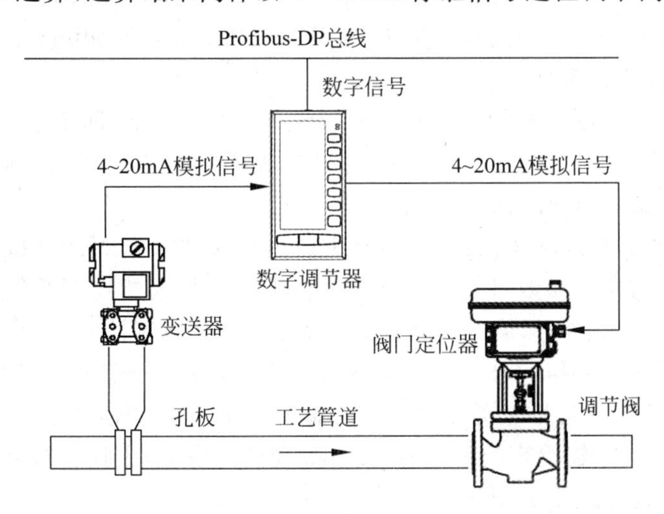

图 3-34　带 Profibus-DP 通信的仪表调节回路系统图

阀门定位器将控制信号转换成阀门开度以控制工艺介质流量。不论变送器和阀门定位器是模拟型还是数字型,在传统的模拟系统中信号的传输都是 4～20mA 标准信号。在该系统中控制功能由几台仪表组合完成。如果上位机需要监视该工艺过程的控制,可通过智能调节器上的 RS-485 接口或 Profibus-DP 总线接口与上位机通信,并将相应的信息传输给上位机。此处则是通过 Profibus-DP 总线接口和 Profibus-DP 现场总线与上位机主站进行通信,将控制信息传输给主站上位机。

3.3　现场总线控制系统

前面已经介绍了现场总线控制系统(FCS)是集过程仪表、控制运算、控制组态、系统诊断、功能报警、参数记录等功能于一体的,开放型的工厂底层控制网络的集成式全分布计算机控制系统。现场总线是解决工业现场的智能化仪器仪表、控制器、执行机构等现场设备间的数字通信以及这些现场控制设备和高级控制系统之间的信息传递的桥梁。但一般来说现场总线控制系统多是大型控制系统的一个子系统。可见,现场总线控制系统与传统的计算机控制系统有着非常密切的关系。

现场总线控制系统将控制系统底层的现场设备变成网络节点连接起来,实现自下而上的全数字化通信,可以实现现场设备的数字通信。但现场总线控制系统是由现场总线网络系统与现场智能化设备一起构成。

3.3.1　现场总线控制系统与传统计算机控制系统

随着电子技术、计算机技术和过程控制技术的发展,到 20 世纪 70 年代过程控制装置已发展成为分布式控制系统,分布式控制系统的典型结构如图 1-48 所示。虽然对于小规模的实际应用时可以构筑如图 2-3 所示的小型现场总线控制系统,但是当现场总线控制系统融合到传统的控制系统中之后,其系统结构如图 3-17 所示。这时现场级的仪表可以是传统的模拟仪表,也可以是智能化的模拟仪表,其传输信号为 4～20mA 标准信号,同时现场级的仪表也可以是数字通信的仪表系统,即现场总线的仪表与现场总线网络。在主站级,由于传输数据及带宽的要求,其通信网络基本上是采用以太网或基于以太网标准的网络,常用的网络协议包括基金会现场总线的高速以太网(HSE)、PROFInet、Modbus/TCP 等。

1. 传统计算机控制系统

构成传统计算机控制系统的实体有典型的分布式控制系统(即集散型控制系统,DCS)。随着 PLC 技术的发展,PLC 也已经成为分布式控制系统家族的成员,DCS 和 PLC 构成的控制系统都有着如图 1-49 所示的体系结构。

图 1-49 所示系统的具体连接如图 3-35 所示。在这种分布式计算机控制系统中,现场的变送器获取被控对象的参数,以 4～20mA 的标准信号传输给控制系统中的输入模块(即 I/O 模块),在输入模块中模拟信号被转换成数字信号,再通过控制系统的内部总线或控制装置的背板总线以数据通信的方式将信号传输给控制器模块。在控制器模块中进行控制算法的运算,再将运算结果传输给输出模块,在输出模块中数字信号被转换成模拟信号,以 4～20mA 的标准信号传输给现场的执行机构(如阀门定位器)去执行控制指令。另外,过程参数和控制结果等还要送上位机进行显示。

在控制器模块中具体控制算法是通过系统中的控制软件来实现的。上位机对过程信息

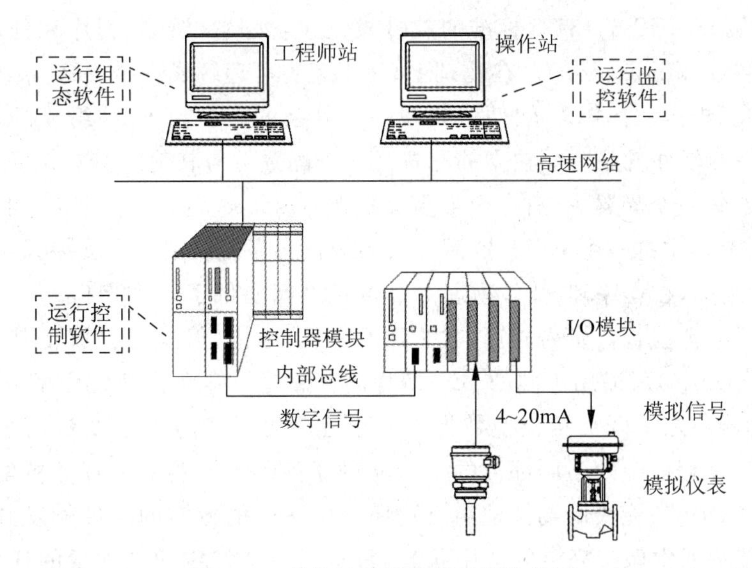

图 3-35 传统计算机控制系统结构图

进行显示是通过系统中的监控软件实现的。工程师工作站对控制系统进行编程或组态是通过系统中的组态软件实现的。

在分布式计算机控制系统的发展过程中，实现控制算法的编程语言也得到不断发展和完善。1992 年国际电工委员会制定了 IEC 61131-3 控制系统编程语言的标准。IEC 61131-3 标准专门为编程软件提出了软件模型，其软件模型如图 3-36 所示。该软件模型是一种分层结构，每一层隐藏了其下层的许多特征。

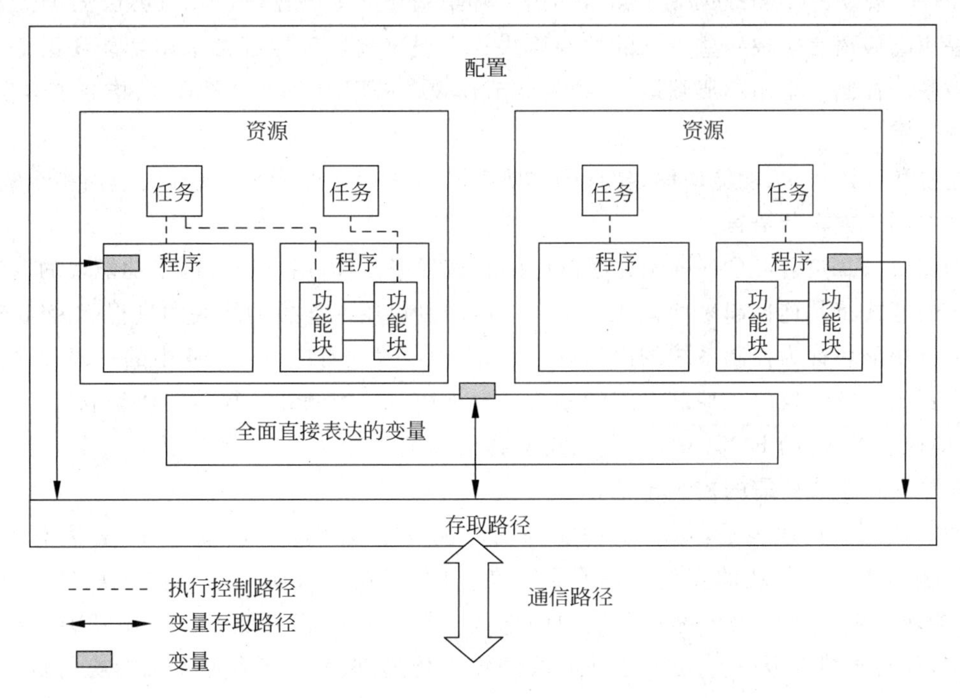

图 3-36 IEC 61131-3 软件模型图

由图 3-36 可见，IEC 61131-3 标准的软件模型包含配置、资源、程序和任务。模型的最上层是软件配置(configuration)。在物理上，一个配置可理解成一个 PLC 系统或 DCS 的现场控制站。它等同于一个 PLC 软件。如在一个复杂的由多台 PLC 组成的自动化生产线中，每台 PLC 中的软件就是一个独立的配置。一个配置可与其他的 IEC 配置通过定义的接口进行通信。在每一个配置中，有一个或多个资源(resources)。在物理上，可以将资源看成 PLC 或 DCS 控制器中的一个 CPU，资源不仅为运行程序提供了一个支持系统，而且它反映了 PLC 的物理结构，在程序和 PLC 物理 I/O 通道之间提供了一个接口。一个 IEC 程序只有在装入资源后才能执行。资源通常放在 PLC 或 DCS 内，但也可以放在其他系统内。一个 IEC 程序(program)可以用不同的 IEC 编程语言编写。典型的 IEC 程序由许多互联的功能块组成，各功能块之间可互相交换数据。一个程序可以读写 I/O 变量，并且能够与其他的程序通信。一个程序中的不同部分的执行通过任务(Task)控制。任务被配置以后，可以控制一系列程序(或)功能块周期性地执行程序或由一个的特定的事件触发开始执行程序。IEC 程序或功能块通常保持完全的待用状态，只有当一个特定的被配置的任务周期性地执行或由一个特定的变量状态改变触发执行时，IEC 程序或功能块才会执行。一个配置可以有一个或多个资源；每个资源可以执行一个或多个程序任务；程序任务可以是函数、功能块、程序或它们的组合。函数、功能块和程序可以由 IEC 61131-3 的任意一种或多种编程语言编制。

IEC 61131-3 一共制定了 5 种编程语言标准，它们是功能块图(Function Block Diagram，FBD)语言、梯形图(Ladder Diagram，LD)语言、顺序功能图(Sequential Function Chart，SFC)语言、指令表(Instruction List，IL)语言和结构化文本(Structured Text，ST)语言。有时还采用高级语言实现一些特殊的控制算法。实现流程过程控制常采用功能块图语言，实现设备联动控制常采用梯形图语言，智能调节仪表常采用顺序功能图语言、指令表语言或功能块图语言。

这些编程语言中，功能块图、梯形图和顺序功能图属于图形化编程语言，而指令表和结构化文本属于文本化语言。

功能块(FBD)语言是一种预先编制好的软件程序模块，用户通过确定功能块的参数，并以一定的方式将其连接起来便构成一个具体的控制应用。连接功能块的过程称为组态。我们也常将功能块称为控制系统的内部仪表，每个内部仪表对应着 ROM 中的一段程序，而不是一个真正的硬件仪表。控制系统的制造厂家把所有的控制和计算功能块编制好存放在控制器(即控制模块)的 ROM 中，用户只需选择所需的功能块，把它们连接在一起，设置好必要的参数即可组成所需的控制系统。

功能块用矩形块表示，每一个功能块的左侧有不少于一个的输入端，右侧有不少于一个的输出端。功能块的类型名称通常写在块内，但功能块实例的名称通常写在块的上部，功能块的输入与输出名称写在块内的输入与输出点的相应地方。在用功能块连成的网络中，信号通常是从一个功能或功能块的输出传递到另一个功能或功能块的输入。信号经由功能块左端输入，并求值更新，在功能块右端输出。一些常用的功能块参见表 3-1 所示。

表 3-1　常用功能块一览表

名　称	符　号	功　能
模拟量输入	AI	实现通道的选择，从相应的模拟量输入模块存储器中接收输入数据，并初步处理成其他功能块可用的数据
模拟量输出	AO	从控制或运算模块接收输入信号，通过内部定义将结果传递给相应的模拟量输出模块的存储器中
开关量输入	DI	从相应的数字量输入模块存储器中接收输入数据，并输出给其他功能块
开关量输入	DO	从逻辑运算模块接收输入信号，通过内部定义将结果传递给相应的数字量输出模块的存储器中
开方运算	√	对来自其他模块的信号进行开方运算后输出给后续模块
乘法运算	×	对输入的两个信号进行乘法运算后输出给后续模块
除法运算	÷	对输入的两个信号进行除法运算后输出给后续模块
PID 运算	PV SP TR TS PID A	对来自其他模块的信号进行 PID 运算后输出给后续模块。另外还可对相应输出模块进行跟踪。其中，PV 为过程变量，SP 为给定值，TR 为跟踪信号，TS 为跟踪开关，A 为自动输出
手动/自动操作	PV SP A TR TS M/A A O	对控制器的输出进行手动与自动操作的转换。其中 PV 为过程变量，SP 为给定值，TR 为跟踪信号，TS 为跟踪开关，A 为自动输入与输出，O 为手动输出
与门	&	对输入的两个逻辑信号进行“与”运算后输出给后续模块
或门	≥1	对输入的两个逻辑信号进行“或”运算后输出给后续模块
非门	1	对输入的逻辑信号进行“非”运算后输出给后续模块

功能块是在运行管理程序的指挥和控制下执行的，按照时间片顺序执行的方法是首先将要执行的功能块(如 PID 功能块)，从 ROM 中调入 RAM 的工作区。再将与功能块有关的参数(如 PID 的比例带、积分时间和微分时间)调入工作区。并将与该功能块有关的输入数据调入工作区，这些数据可能来自被控过程，也可能来自其他功能块的输出。接下来便执行功能块所定义的功能，得到计算结果，把计算结果存放在预定的位置或输出给相应的执行机构。

梯形图(LD)语言是使用最多的 PLC 编程语言，最初用于表示继电器逻辑，简单易懂，很容易被电气工程师掌握。后来随着 PLC 硬件技术发展，梯形图编程功能越来越强大，现在梯形图在 DCS 系统中也得到广泛使用。梯形图语言主要的图形符号包括触点、线圈、函数和功能块。

顺序功能流程图(SFC)语言是一种功能强大的描述控制程序的顺序行为特征的图形化语言，可对复杂的过程或操作由顶到底地进行辅助开发。SFC 语言允许一个复杂的问题逐层地分解为步和较小的能够被详细分析的顺序。顺序功能流程图可以由步、有向连线和过渡的集合来描述。顺序功能流程图可分为单序列控制、并发序列控制、选择序列控制和混合结构序列等。

指令表(IL)语言是一种低级语言，与汇编语言很相似，是在借鉴、吸收 PLC 厂商的指令表语言的基础上形成的一种标准语言，可以用来描述功能、功能块和程序的行为，还可以在顺序功能流程图中描述动作和转变的行为。现在仍广泛应用于 PLC 的编程。指令表操作符包括一般操作符、比较操作符、跳转操作符和调用操作符。

结构化文本(ST)语言是一种高级的文本语言，表面上与 PASCAL 语言很相似，但它是一个专门为工业控制应用开发的编程语言，具有很强的编程能力。用于对变量赋值、回调功能和功能块、创建表达式、编写条件语句和迭代程序等。结构化文本语言易读易理解，特别是用有实际意义的标识符、批注注释时，更加如此。

每种语言都各有千秋，用上述 5 种语言表达 A 与 B 非逻辑算法时，其表达形式如图 3-37 所示。

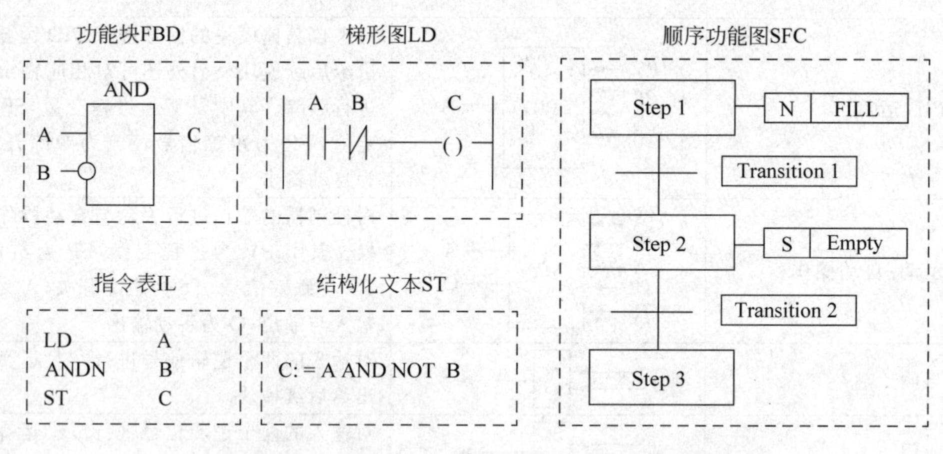

图 3-37 IEC 61131-3 中的 5 种编程语言比较图

表达复杂算法时需要多个功能的组合，也即所谓的组态，关于组态将在 3.4 节中予以介绍。

2. 现场总线控制系统

在基金会现场总线控制系统中，现场的各种仪表都是数字化仪表，它们已经是控制网络系统中的节点。变送器获取被控对象的参数，在变送器中模拟信号被转换成数字信号，数字信号直接通过现场总线传输给相应的执行机构(如阀门定位器)，基于 PID 的常规控制算法的运算，可以在变送器中实现，也可以在阀门定位器中实现。运算结果在阀门定位器中转换成相应形式的控制信号给执行机构去执行控制指令。只有非常复杂的控制算法(如模型控制算法和优化控制算法等)需要在主站控制器中完成。另外,过程参数和控制结果等还会通过现场总线送到主站控制器或上位机进行显示。系统结构如图 3-38 所示。

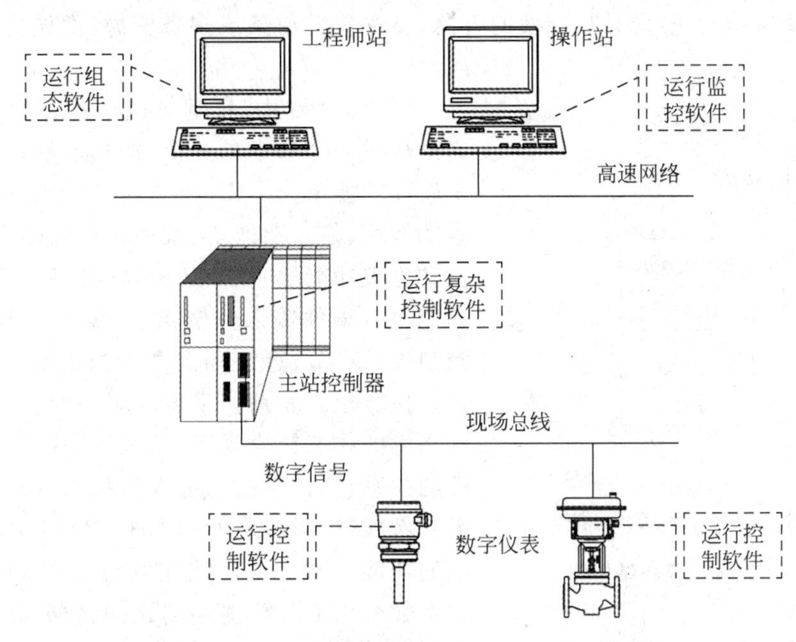

图 3-38 现场总线控制系统结构图

在 Profibus-PA 现场总线控制系统中,情况稍有不同。现场的各种仪表虽是数字化仪表,但它们都只是总线上的从站。从站不能执行控制运算,控制运算的任务只能由总线上的主站控制器完成。从这个意义上看,Profibus-PA 总线上的变送器相当于 DCS 中的 I/O 模块(此时 I/O 模块与现场变送器合为一体,控制器模块与 I/O 模块通过现场总线相连),Profibus-PA 总线上的阀门定位器也相当于 DCS 中的 I/O 模块(此时 I/O 模块与现场阀门定位器合为一体,控制器模块与 I/O 模块通过现场总线相连)。

在现场总线控制系统中,不论控制算法是在现场仪表中执行还是在主站控制器中执行,都是通过系统中的控制软件实现的。同样,上位机对过程信息进行显示是通过系统中的监控软件来实现的。工程师工作站对控制系统进行编程或组态是通过系统中的组态软件实现的。

从图 3-38 可以看出,现场总线控制系统是真正意义上的分布式控制系统。为了对分布式系统的编程语言进行规范,国际电工委员会在 20 世纪 90 年代初也制定了关于分布式工业过程测量与控制系统编程语言的标准 IEC 61499。

IEC 61499 标准是随着系统控制功能分散化、智能化的要求出现的。利用现场总线设备、智能仪器和传感器构造的大型复杂控制系统,控制功能可物理分散在许多设备中,不同设备中的软件通过通信网络互连起来。利用 IEC 61499 标准,由功能块实现这些软件单元,并根据标准规定进行功能块互连,可实现分布式系统的控制功能。例如,智能压力传感器可定义成一个内嵌的模拟输入 AI 功能块,它提供一组已定义的输入和输出,比如实际压力测量值、传感器标定值和错误状态等。利用 IEC 61499 标准,这些输入和输出可连接到其他功能块的输入和输出,如压力变送器的测量值输出,可连接到一个阀门定位器的 PID 运算功能块,而错误状态可连接到一个驱动报警显示的功能块,而所有这些功能块分散在一个分布式系统的不同设备中。这种方法为控制系统的设计和改进提供了高度灵活性。

IEC 61499 构建的系统从下至上的层次结构体系分别为功能块、资源、设备和系统。功能块是系统基本单元，资源是功能块的容器，设备包含单条或多条资源，而设备的互连形成分布式系统。

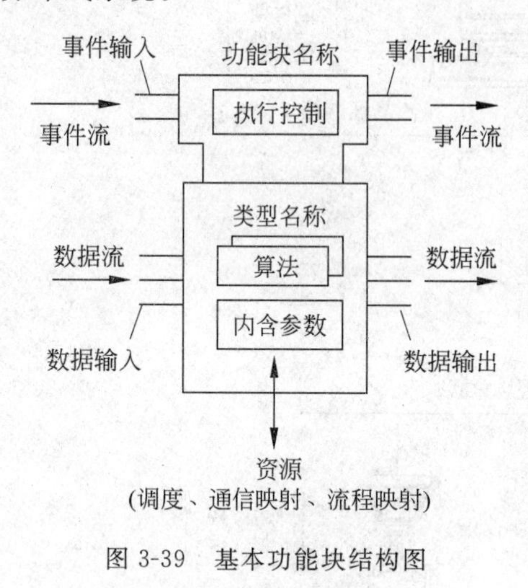

图 3-39　基本功能块结构图

IEC 61499 中，将重复应用的程序或软件封装起来构成一个基本单元，也即功能块。功能块是一个软件功能单元。IEC 61499 功能块按功能分为基本功能块、复合功能块、服务接口功能块（通信功能块和管理功能块）以及适配器（插件和插座）。基本功能块由事件输入和输出、数据输入和输出、执行控制表（ECC）、算法和内含参数组成，如图 3-39 所示。执行控制表是一个事件驱动的状态机，它决定状态机的状态转换规律、状态机当前状态与输入事件的关系、执行算法与进入新状态时发出事件的关系。例如过程控制中常用的 PID 算法就是一个标准的功能模块。算法决定功能块的功能特性。内含参数是指 PID 运算中的比例、积分和微分等不参与连接的参数。特定事件发生时，其变化反映在相应的事件输入上，它驱动相应算法执行，算法读取输入数据，根据输入数据和内部数据产生内部数据和输出数据的新值，最后发出一个事件并把它输出到事件输出上。将被控参数测量 AI 模块的输出连接到 PID 模块上，就成为 PID 模块的输入参数。执行或处理 PID 功能块就是运行开发商编写的 PID 运算程序。由运行结果产生输出参数，可送往与它相连接的 AO 模块，成为 AO 模块的输入参数，经 AO 模块处理后送往指定的阀门或变频器等执行器执行。

IEC 61499 功能块与 IEC 61131-3 功能块的区别主要有两个方面，一是 IEC 61499 功能块增加了事件流的控制功能，二是 IEC 61499 功能块中的算法可以有多个。

功能块的最大特征在于其封装性，具有黑盒子特性。对于功能块外部来说，算法、执行控制表和内部数据都是看不见的，而且使用功能块时一般只需知道其外部接口，如图 3-40 所示。

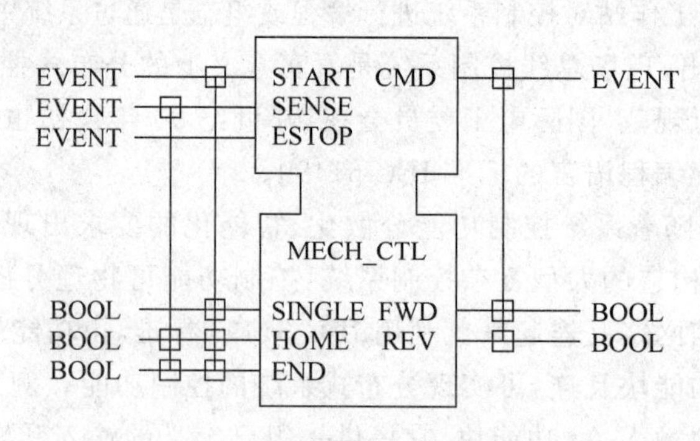

图 3-40　功能块外部接口图

在图 3-40 中，功能块为 MECH_CTL。在功能块 MECH_CTL 里包括事件输入 START、SENSE、ESTOP 和事件输出 CMD，以及数据输入 SINGLE、HOME、END 和数据

输出 FWD、REV。其中 EVENT 表示相应外部接口是事件输入或输出，BOOL 则表示相应外部接口是数据输入或输出，且为布尔类型。事件接口和数据接口之间的垂直线连接，如图 3-40 中事件输入 SENSE 与数据输入 HOME 和 END 相关联，表示 SENSE 事件到来时，功能块将对 HOME 和 END 进行采样。

资源是包含在设备里的一个功能单元。在一个设备里可以在不影响其他资源的情况下对一条资源执行创建、构造、参数化、启动、删除操作。资源的功能，是接收来自过程和通信接口的数据和事件、处理这些数据和事件，并给过程和通信接口返回数据和事件。一条资源包括一个本地应用(或分布式应用的本地部分)、过程映射、通信映射和调度函数。将服务接口功能块(SIFB)和基本功能块、复合功能块组合使用便形成资源，就可以提供一个分布式控制应用的本地部分，如图 3-41 所示。

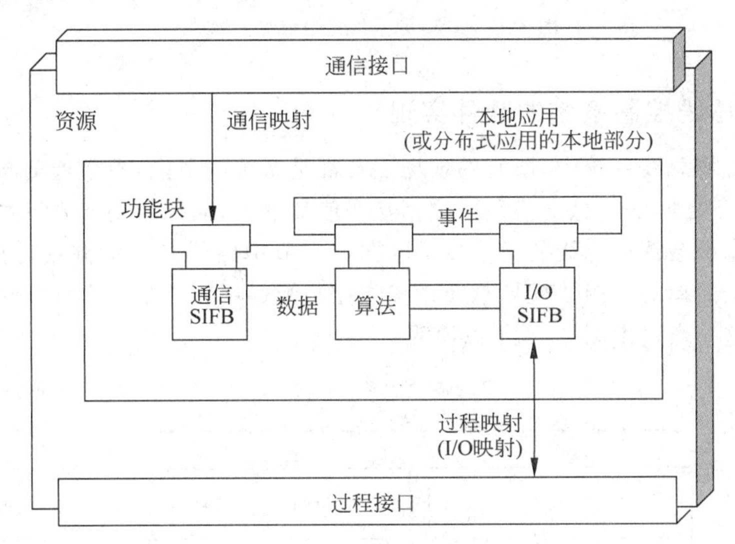

图 3-41　IEC 61499 资源模型示意图

设备是多条资源的容器(也即承载体)，并提供这些资源与通信网络、变送器和执行器之间的接口。这些接口提供的服务由支持分布式应用的专用资源中的服务接口功能块完成。通信网络把各分散设备集成为一个完整的系统。这样，分布在不同物理设备中的功能块形成了一个真正的分布式应用，这就是 IEC 61499 中定义的系统模型，如图 3-42 所示。

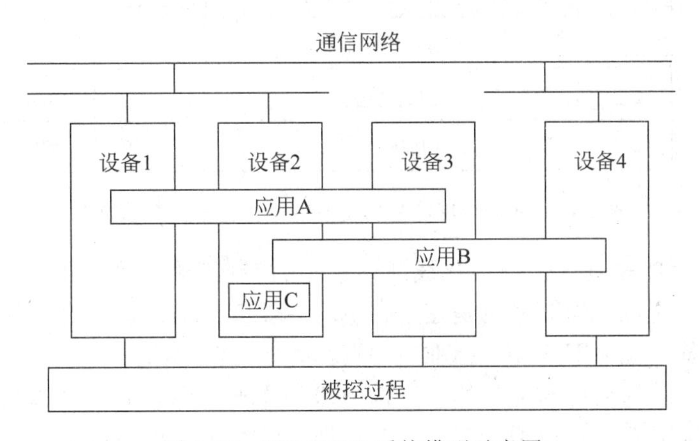

图 3-42　IEC 61499 系统模型示意图

在一个具体应用中，需要调用一个或多个功能块。多个功能块组合使用时需要将这些功能块连接起来，连接包括事件的连接和数据的连接。实现这些连接就是实现了一个具体应用，这就是应用模型。IEC 61499 中定义的应用模型，如图 3-43 所示。

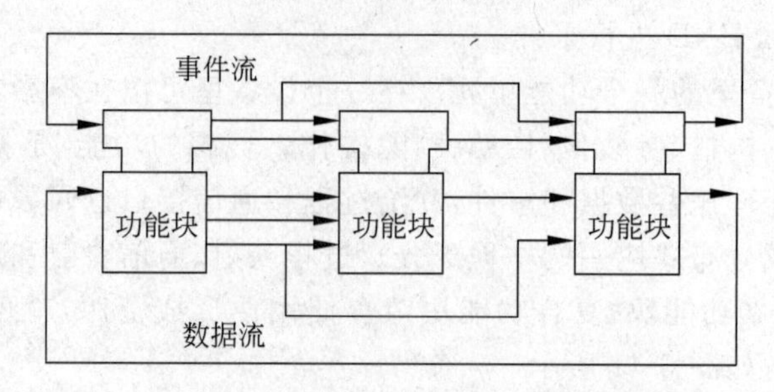

图 3-43　IEC 61499 应用模型示意图

3.3.2　现场总线控制系统的软件实现

在基金会现场总线系统中，所有的现场设备都是系统的节点，参数检测与控制执行是由硬件完成的，设备之间的信息交换是通过相互通信实现的，而控制功能（或称控制策略）是由软件实现的。基金会现场总线的通信技术已在 2.2 节中给予简单的介绍，现场总线设备已在 3.2 节中给予简单的介绍。现场总线系统的控制策略用软件如何实现？它与通信模型之间有何关系？这一点可由图 3-44 予以说明。

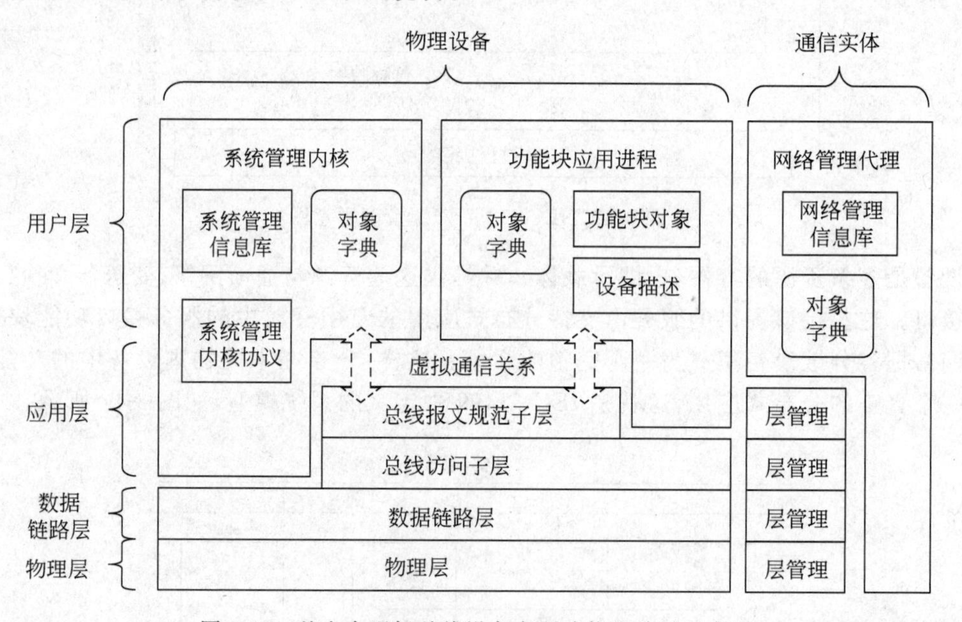

图 3-44　基金会现场总线设备主要功能及关系示意图

如图 3-44 所示的是基金会现场总线通信模型、控制策略与变送器、执行器等现场物理设备之间的关系。这种架构关系也是建立在 ICE 61499 标准的基础之上的。变送器和执行器等现场物理设备对应 ICE 61499 标准中的资源。

基金会现场总线的功能与通信体系结构力求简单与开放。简单即指在满足功能、环境和技术要求的情况下系统设计尽量简单。开放即指系统可以由不同的供应商提供检测与控制设备。系统的控制策略是由用户层的功能软件实现的。现场物理设备应主要完成三大功能，即实现过程控制、与其他设备的通信以及对控制和通信进行管理。这三大功能对应于图3-44中的功能块应用进程、通信实体和系统管理内核。

功能块应用进程就是用户在现场总线设备中实现各种具体应用的过程(Function Block Application Process,FBAP)。这些具体应用都由软件编制而成，每段应用程序被封装成一个功能块。功能块有输入、输出、算法和控制参数。输入参数通过这种模块化的函数可转换成输出参数。如PID功能块完成现场总线系统的控制计算，AI功能块完成参数输入等。每种功能块被单独定义，也可被其他功能块调用。将多个功能块相互连接集成起来就构成功能块应用。在功能块链接中，采用对象字典(Object Dictionary,OD)和设备描述(Device Description,DD)简化设备的互操作。

对象字典由一系列描述对象的条目信息组成，这些信息包括数据类型及数据长度等。基金会现场总线协议是面向对象的，设备中的信息是以对象的形式被访问的，设备的组态信息和控制策略的组态信息都以对象的形式被列在一个对象字典中，每个对象由一个索引标识。

设备描述是指制造商用专门的设备描述语言对其设备进行描述，然后将其编译，并随设备以文件形式一道提供给用户。设备描述可为虚拟现场设备中的各个对象提供了扩展描述，如图3-45所示。设备描述向控制系统或主机提供必需的信息，使其能理解虚拟现场设备中数据的意义(在基金会现场总线物理设备中至少设置了两个虚拟现场设备)，包括标定与诊断功能的人机界面。只要有物理设备的设备描述信息，任何与现场总线兼容的控制系统或主机就可以操作该物理设备。因此设备描述也可看作控制系统或主机对某个设备的驱动程序。由此，对象字典和设备描述是支持功能块应用的标准化工具。

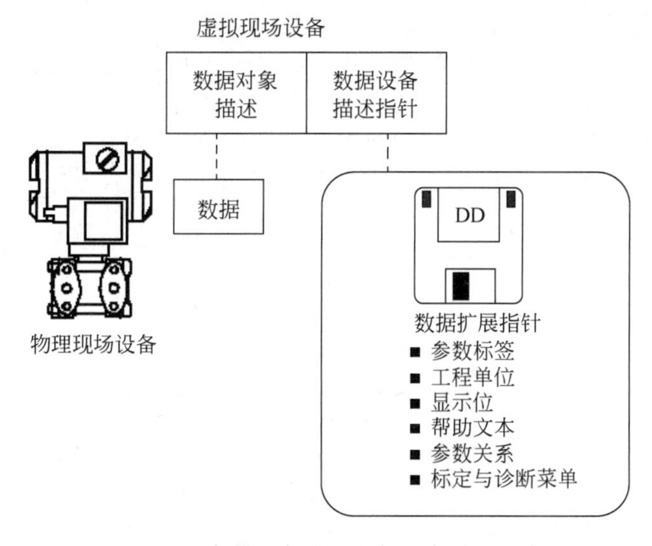

图3-45 设备描述与虚拟现场设备关系示意图

通信实体由各层协议和网络管理代理组成。通信实体的任务是生成报文和提供报文传输服务。网络管理代理借助各层管理实体，支持组态管理、运行管理和出错管理等功能。各种组态、运行和故障信息保存在网络管理信息库中。

系统管理内核主要负责与网络相关的管理任务，如确立本设备在网段中的位置，协调与网络上其他设备的动作和功能执行时间。通常将系统管理操作的信息组织成对象，储存在系统管理信息库中。

在 Profibus 现场总线中，采用了通用设备描述文件 GSD 及行规(Profile)的概念实现用户层的功能。所谓行规是一种规范或规定，用其对总线设备或装置的 I/O 数据、对设备的操作以及各种功能进行描述和规定。用于连接过程控制仪表的 Profibus-PA 现场总线也采用了 PA 行规和与基金会现场总线相似的软件实现方法，即用功能块语言描述控制功能。但由于 Profibus-PA 仪表都是从设备，这些仪表中都没有用于控制和计算的功能块。控制计算功能由主站完成。而 Profibus-DP 现场总线采用 GSD 文件实现各类设备的集成和各设备之间的数据交换与操作。

3.3.3 功能块

在基金会现场总线和 Profibus-PA 现场总线的设备中，有 3 类典型的功能块：资源块、转换块和功能块，如图 3-46 所示。目前已定义了 1 种资源块、7 种转换块以及多种基本功能块和先进功能块。另外还定义了一些对参数进行显示、报警和记录的功能。

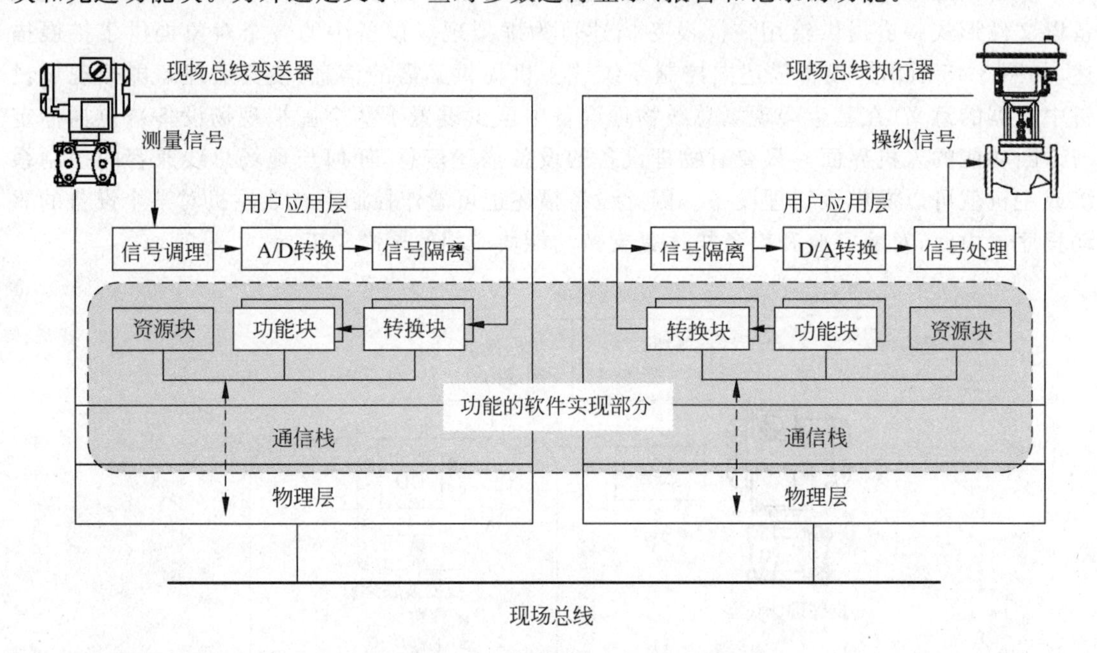

图 3-46 基金会现场总线中定义的功能块关系图

生产过程的被控信号或测量信号先经过现场总线设备中的硬件进行信号调理、A/D 转换及隔离后，成为数字信号并在用户应用层经转换块转换后送后续的功能块，功能块执行组态所规定的相应运算，如 AI 功能块中输入信号被转换成百分数表达的信号，进行信号报警处理等。运算后的信号在链路主设备中链路活动调度器 LAS 的调度下，将该信号进行封装并发送到通信栈，经物理层传输到另一台现场总线设备。在接收方的现场总线设备中，信号经各层的解装，传送到该设备的用户应用层，并按所组态的策略要求做功能块运算，如 PID 运算、AO 运算等，最后信号经该设备的输出转换块送往相应的电路进行信号处理、信号隔离及 D/A 转换，送往执行器去操作过程变量。

用户应用层内的功能块用于描述功能块应用进程(FBAP)的物理特性，这些特性用参数表征。不同的功能块有着不同的参数。对于同一种功能块，不同的制造商设置的参数或运行模式可以不同。

1. 资源块

资源块(Resource Block)用于描述设备的特征，如设备名称、制造商、系列号等。每台设备中只有一个资源块。为了使资源块能够表达这些特征信息，在资源块中也规定了一组参数，但其中没有输入参数和输出参数。资源块将功能块与设备硬件特性相隔离，但可以通过资源块在网上访问与资源块相关的设备的硬件特性。

2. 转换块

转换块(Transducer Block)用于读取传感器中的数据，或将数据写到相应的执行设备中。读写数据的频率是可以设定的。换句话说，转换块是用来将功能块连接到设备的 I/O 硬件的接口，这些硬件包括传感器、执行器及显示器等，如图 3-47 所示。转换块不仅仅处理测量，还用于处理执行和显示，出于这个目的，有以下 4 种转换块出现在现场总线设备中：

- 输入转换块(用于变送器和分析仪中)；
- 输出转换块(用于最终控制单元中)；
- 显示转换块；
- 诊断转换块。

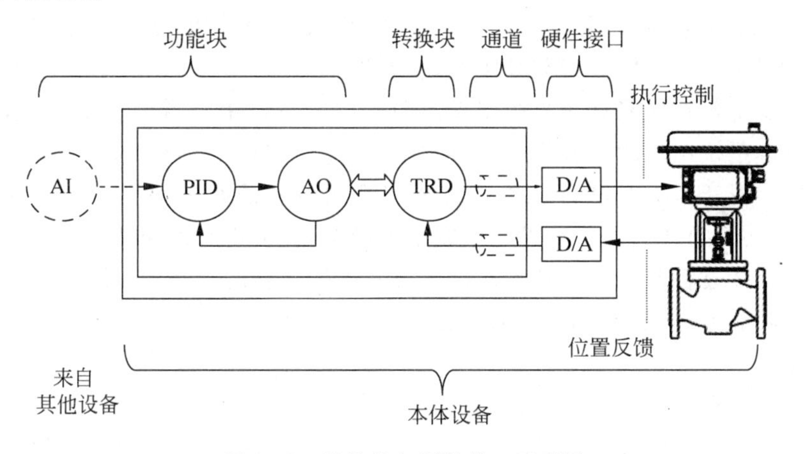

图 3-47 转换块与硬件接口示意图

在基金会现场总线设备和 Profibus-PA 现场总线设备中，已开发的输入/输出转换块有压力转换块、温度转换块、雷达液位转换块、流量转换块、基本阀门定位器转换块、先进阀门定位器转换块和离散阀门定位器转换块等。下面简要介绍其中的几种。

压力转换块出现在压力变送器中。压力转换块采用基本数值类型参数(PRIMARY_VALUE_TYPE)区分传感器是用于差压还是表压或绝对压力。压力转换块采用传感器类型参数(SENSOR_TYPE)区分压力传感器采用的是何种技术：是电容式、应变式还是谐振式压力计等。压力转换块中的基本测量参数(PRIMARY_VALUE)始终取自被测压力，该数值通过仪表的硬件通道(CHANNEL)传递给 AI 功能块。AI 功能块将压力转换成流量、液位或其他推算测量变量。用户还可以用传感器隔离材质参数(SENSOR_ISOLATOR_

MTL)查看传感器膜片材质。

温度转换块出现在温度变送器中。温度转换块中的基本测量参数(PRIMARY_VALUE)是被测温度,该参数可以是电压或电阻,同样通过仪表的硬件通道(CHANNEL)传递给 AI 功能块。用户还可以用传感器连接参数(SENSOR_CONNECTION)设置传感器的电气连接。连接选项包括两线制、三线制和四线制。选择适当的连接,如三线制和四线制可以进行适当的导线补偿。温度转换块中的辅助数值参数(SECONDARY_VALUE)是用于热电偶补偿的冷端温度,它可以帮助检测热电偶的校准。

阀门定位器转换块出现在阀门定位器中。除了基本的定位模拟量输出转换块参数外,基金会现场总线的带伺服定位 PID 算法的阀门定位器还有先进定位器模块,用其参数可实现反馈和伺服整定(由于 Profibus-PA 现场总线的阀门定位器是系统从设备,没有该先进定位器功能)。阀门定位器转换块从 AO 功能块接受阀位指令(FINAL_VALUE),其工程单位和最终范围从 AO 功能块的(XD_SCALE)参数选择。直行程执行器的单位为百分数(%),角行程执行器的单位为度(°)或弧度(rad)。阀门定位器转换块支持手动操作(O/S)和自动(AUTO)模式,只有当 AO 功能块不在手动操作(O/S)模式时,阀门定位器转换块才能进入自动(AUTO)模式。阀门定位器的本体温度信号由传感器温度参数(SECONDARY_VALUE)读出。

显示转换块出现在所有现场总线变送器与阀门定位器中。显示转换块用于帮助设备对主变量值进行显示。参数 DISPLAY_PARAM_SEL 可设定需要显示变量的个数,参数 BLK_TAG_# 可设定变量对应功能块的位号,参数 BLK_TYPE_# 可设定变量对应功能块的类型,参数 UNIT_TYPE_# 可设定变量的单位等。

诊断转换块出现在所有现场总线变送器与阀门定位器中。借助于学习,诊断转换块可帮助诊断设备或系统出现的一些问题。典型的诊断算法软件有脉冲管线堵塞检测(PIL)算法和统计过程监视(SPM)算法。脉冲管线堵塞检测算法是通过学习并比较过程的动力学模型,可用于检测压力变送器脉冲管堵塞或结冰情况,也可检测差压变送器的测量单管及双管堵塞情况。统计过程监视算法则是通过学习并比较过程的测量值、控制值或阀位值,计算统计参数的平均值与标准偏差值,帮助设备实现高层次的诊断。

3. 功能块

(1) 功能块的基本含义

基金会现场总线中的功能块(Function Block)完全依照 IEC 61499 功能块的标准设计,可参见图 3-39。如前所述,功能块就是一段应用程序被封装而成。每种类型的功能块都有一个不同的内部算法,并且有几个参数执行不同类型的功能。功能块不依靠 I/O 硬件设备,它可独立的运行基本的监测和控制功能。例如,模拟量输入模块(AI)提供测量所需的基本功能,包括仿真、推算量程、传递函数、阻尼及报警等。各种物理设备中的标准 AI 模块都是相同的,并且也与制造商无关。

功能块的类型有 4 种,它们是输入类功能块、控制类功能块、计算类功能块和输出类功能块,如图 3-48 所示。

输入类功能块利用硬件通道通过一个输入转换块连接到传感器。控制类功能块执行闭环控制和回算功能,以实现无扰模式切换和防止积分饱和等。计算类功能块执行控制或监测所需的辅助计算功能,它们不支持回算机制。输出类功能块利用硬件通道通过输出转换

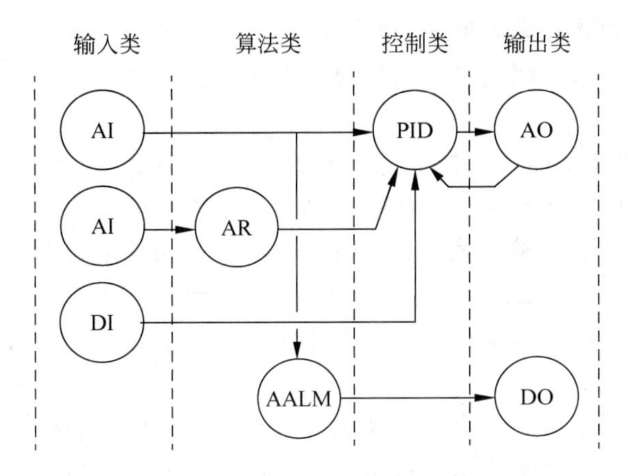

图 3-48　基金会现场总线功能块种类示意图

块连接到执行机构并支持回算机制。

现场总线基金会已定义了多种标准功能块和先进功能块，如表 3-2 所示。

表 3-2　基金会现场总线功能块一览表

功能块名称	符　号	功能块名称	符　号
输入/输出类功能块			
模拟量输入	AI	多通道模拟量输入	MAI
模拟量输出	AO	多通道模拟量输出	MAO
开关量输入	DI	多通道开关量输入	MDI
开关量输出	DO	多通道开关量输出	MDO
脉冲输入	PUL	步进 PID 输出	STEP
控制算法类功能块			
功能块名称	符　号	功能块名称	符　号
手动载入器	ML	设定值发生器	SPG
偏差与增益	B/G	定时与逻辑	TIME
比例系数	RA	超前-滞后补偿	LLAG 或 LL
比例/积分/微分	PID	动态限幅与输出选择	OSDL
先进比例/积分/微分	APID	常数	CT
计算	AR	时间死区	DT
先进函数	AEQU	RS/D 边沿触发	FFET
输出分程	OS	柔性功能	FFB
信号曲线	CHAR	Modbus 控制主站	MBCM
累积计算	INTG	Modbus 控制从站	MBCS
模拟报警	AALM	Modbus 监视主站	MBSM
输入选择	ISEL	Modbus 监视从站	MBSS

现场总线基金会还允许各设备制造商开发设计自己的功能块，但必须按照标准的编程语言来编写相应的设备描述，以保证不同制造商的产品在同一现场总线上具有互操作性。

功能块也可理解为软件集成电路，使用者不必十分清楚其内部构造的细节，只要理解其外部特性即可。用简单的功能块可以构成复杂的功能块。

（2）功能块参数

资源块、转换块以及功能块都包含内含参数，用于模块设置、操作以及诊断。功能块还包含输入参数以及经模块计算后产生的输出参数。这样一个功能块中共有三类参数：内含参数（contained parameter）、输入参数（input parameter）和输出参数（output parameter）。

例如在 PID 模块中，过程变量是输入参数之一，操作变量是输出参数之一，PID 的整定参数是内含参数。参数可以由用户设定或由模块本身设定。

（3）功能块链接

功能块的彼此链接是指一个模块的输出参数与另一个模块的输入参数相连。连接中既包括参数数值又包括参数状态。一个输出参数可以链接到任何数目的输入。不同设备之间功能块也可以实现链接，但需通过网络通信实现，如图 3-49 所示。

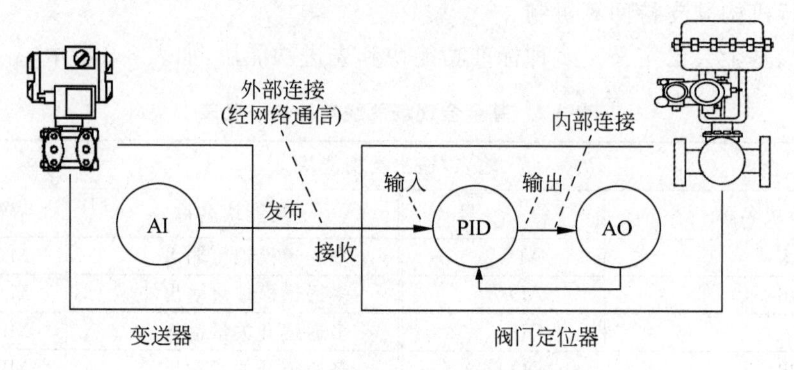

图 3-49 功能块链接示意图

所有带外部链接的输出参数都会在网络上发布该参数信息，这意味着该输出对所有需要使用它的输入均有效。带外部链接的输入分别接收该输出，如图 3-49 所示。

功能块中定义了三种链接方式：非串级前向（noncascade forward）、串级前向（cascade forward）和串级反向（cascade backward）。传统控制策略中的串级是指主 PID 控制器的输出作为次 PID 控制器的设定点。而功能块中的串级则是上游模块的输出作为下游任何模块的设定点。另外还有下游模块向上游模块的反馈称为反向串级，前向和反向串级链接统称串级结构，如图 3-50 所示。

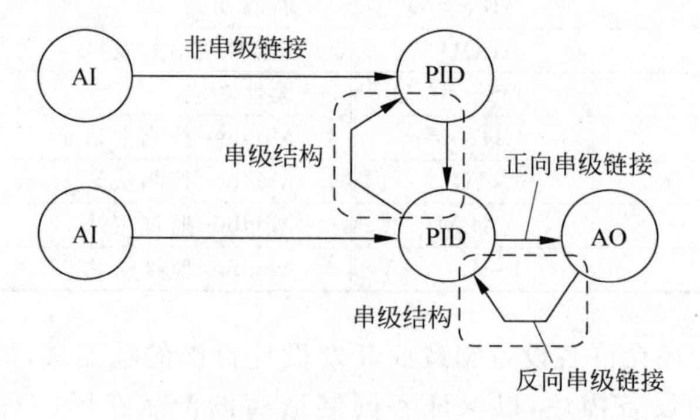

图 3-50 功能块链接种类和串级结构示意图

功能块上的不同参数有着不同的表达，这里用一个简单的PID回路为例说明，详细可见3.4节。在单回路控制策略中，如图3-51所示，模拟量输入模块AI的输出(OUT)连接到PID模块的主输入(IN)，用于过程变量，这是非串级链接。而PID控制器的给定值要从PID模块的串级输入端(CAS_IN)加入(图3-51中未标出)。PID模块的输出(OUT)连接到模拟量输出模块AO的串级输入端(CAS_IN)，这样就可实现诸如控制阀门开度的伺服装置。模拟量输出模块AO的回算输出端(BKCAL_OUT)连接到PID模块的回算输入端(BKCAL_IN)，这样连接的目的是用于连锁和实现无扰切换。

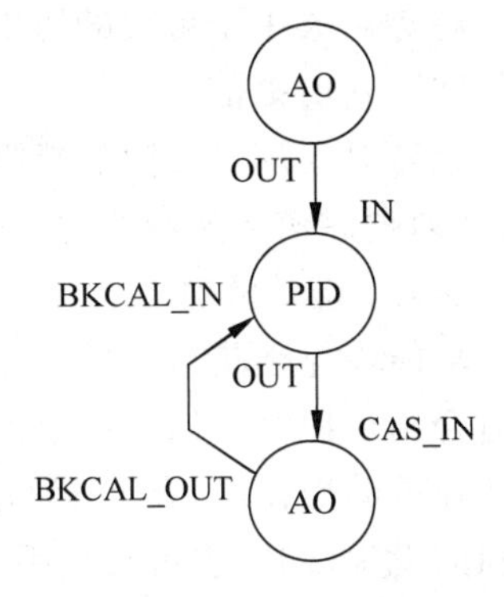

图3-51 基本PID控制回路中的功能块及其链接示意图

如果深究功能块的链接，基金会现场总线中采用了对象的概念。基金会现场总线在用户应用中采用链接对象定义同一设备或不同设备中功能块之间的链接。链接对象可以定义输入/输出参数之间的连接关系，也可规定系统对设备内部观测、趋势和报警的访问，同时还可识别各种参数的状况。除了链接对象外，在用户应用中还采用了观测对象、趋势对象和报警对象，如图3-52所示。

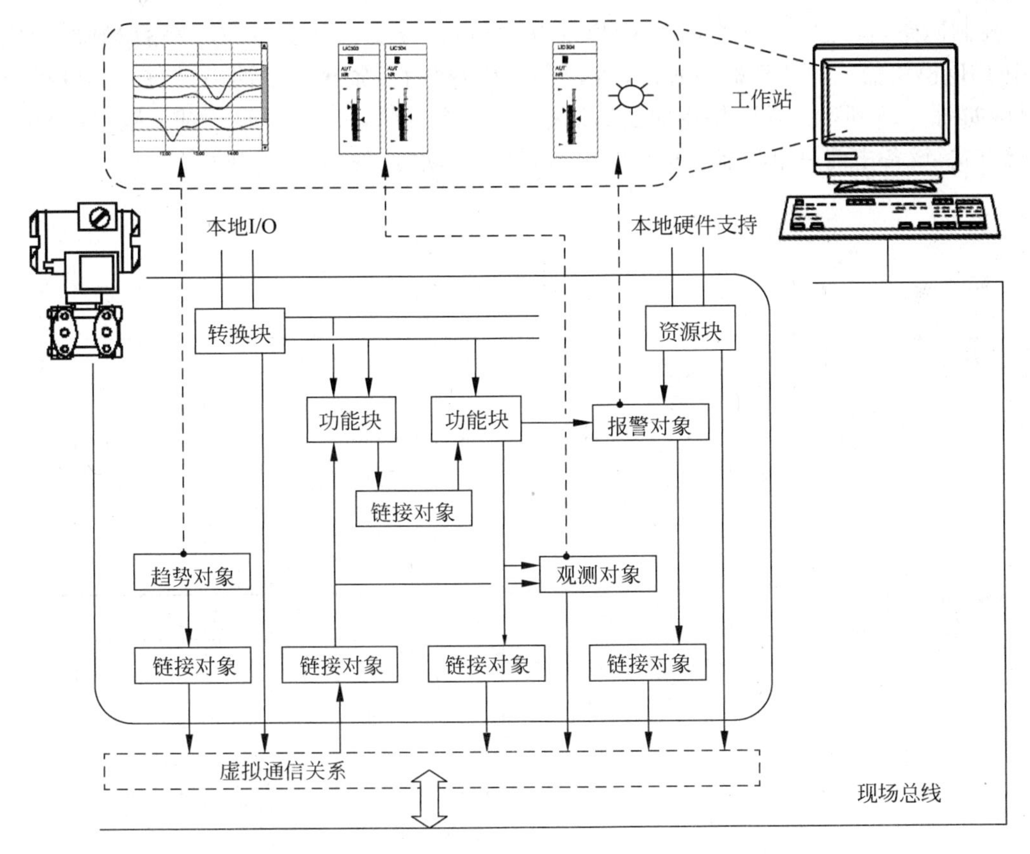

图3-52 功能块应用进程中模块与对象链接示意图

观测对象用于参数的显示，是为了实现用最少的通信读取同一模块中的参数而事先定义好的模块参数的子集。

趋势对象用于参数的历史记录，它针对模块的参数进行采集，并存储在一个设备中，以提供回顾其历史信息。

报警对象用于参数的超限报警，当判断出现有报警事件发生时，报警对象生成通知信息，并通过通信传递给主站。

(4) 功能块连锁

功能块连锁是指将模块输出参数的数值和状态一起传递给接收模块，并告知该数值是否适合用于控制。例如传感器失效，AI 模块通过连锁通知 PID 模块停止控制。再如，调节阀处在手动操作时，AO 模块通过反馈连锁通知 PID 模块对其输出进行初始化，以防止积分饱和的发生，同时也可实现手动与自动之间的无扰切换。

(5) 功能块运行

功能块运行也称功能块执行或功能块调度。功能块的运行是指功能块接收输入并执行其算法以产生输出，再将输出传递给下一个功能块。功能块的运行是可重复的，每一次重复称为一个宏周期(macrocycle)。功能块的运行方式包括受调度运行方式(scheduled)、非调度运行方式、链式运行方式和制造商特定的运行方式。功能块通常按照组态工具准备好的调度表运行，调度表规定了各功能块何时执行以及链路何时执行通信。例如，一个简单的 PID 控制回路，首先从变送器中的 AI 模块开始执行，接着执行从 AI 模块输出到阀门定位器中 PID 模块输入的外部链路通信，然后 PID 模块执行，紧接着是同一设备中 AO 模块的执行，如图 3-53 所示。功能块周而复始地执行，每次占用一定的时间。对于链式(chained)运行方式，设备中前一个功能块执行结束后，另一个功能紧接着开始执行。

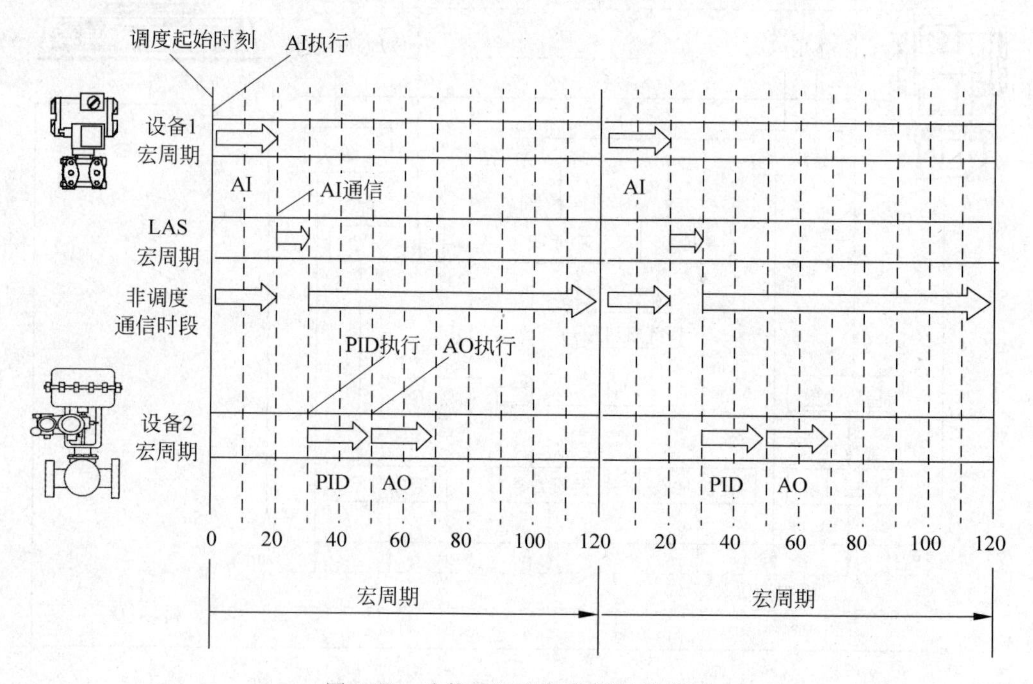

图 3-53　功能块调度与宏周期示意图

3.3.4 现场总线设备中的功能块

基金会现场总线设备是现场总线网络上的一个节点，在网上可以直接对设备进行访问。对现场总线设备进行访问时，通常可以访问设备的几个部分。设备中每个可以被访问的部分称为网络可视对象。每个网络可视对象，被称为实体现场设备中的虚拟现场设备(Virtual Fieldbus Device，VFD)。一台物理设备中可包含多个虚拟现场设备。每台基金会现场总线设备至少包含两个虚拟现场设备。其中一个虚拟现场设备用于包含设备的系统管理和网络管理信息。另一个虚拟现场设备用于功能块应用，如图 3-54 所示。

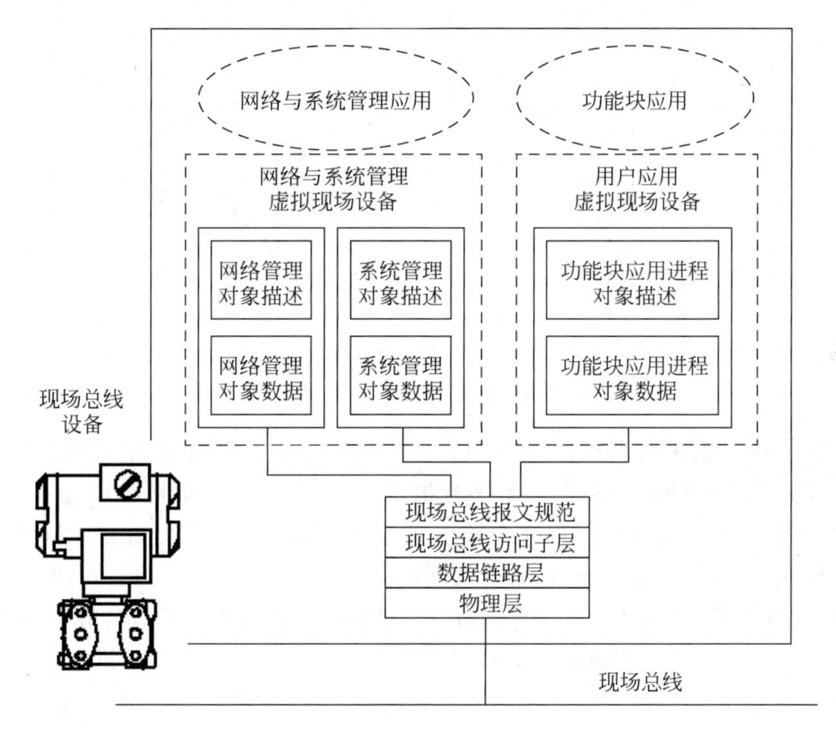

图 3-54 虚拟现场设备示意图

包含在一个虚拟现场设备中的功能块应用又被划分为设备应用过程(DAP)和控制应用过程(CAP)。设备应用过程包含资源块和转换块，用于设备的组态。控制应用过程包含组成控制策略的所有功能块，如图 3-55 所示。

资源块负责设备管理，例如启动或停止设备，同时还包含设备标识信息和设备诊断信息。

转换块负责功能块与传感器、执行器或显示硬件的接口。设备的校准是在转换块中完成的。

功能块负责执行输入、输出、控制和计算功能。功能块可以被连接在一起来形成一个完整的控制策略。

基金会现场总线差压变送器一般包括 1 个资源块、1 个输入转换块、1 个显示转换块、1 个模拟量输入块、1 个 PID 控制块、1 个输入选择块、1 个信号曲线块、1 个通用运算块和 1 个积算块。

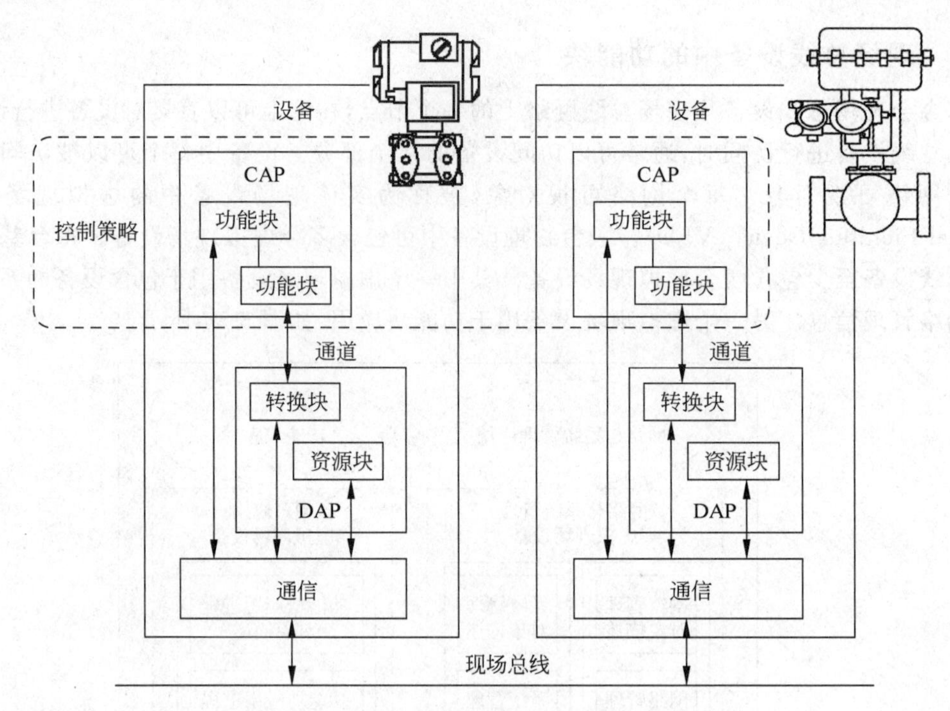

图 3-55 设备应用进程与控制应用进程关系图

模拟量输入块接收来自转换块的变量，并进行标度变换和滤波，再输出给其他模块所用。输出可以是输入的线性函数或者是平方根函数(在进行流量测量时用)。PID 控制块执行 PID 运算。输入选择块可实现对 3 个输入变量进行最大值、最小值或中间值进行选择。信号曲线块可实现对输入/输出正向函数或逆向函数选择使用。通用运算块可提供各种运算，包括气体或液体流量的温度校正、平均值计算、明渠流量计算、多项式计算以及简单的静压式储罐计量计算(HTG)等。积算块可实现对输入偏差的积分计算或进行累加计数计算等。

基金会现场总线温度变送器一般包括 1 个资源块、2 个输入转换块、1 个显示转换块、2 个模拟量输入块、1 个 PID 控制块、1 个输入选择块、1 个信号曲线块和 1 个通用运算块。

模拟量输入块接收来自转换块的变量，并进行标度变换和滤波，再输出给其他模块所用。PID 控制块执行 PID 运算。输入选择块可实现对 3 个输入变量进行最大值、最小值或中间值进行选择。信号曲线块可实现对输入信号的特征化输出。通用运算块可提供各种运算，包括冷端温度校正、平均值计算、多项式计算等。

基金会现场总线电磁流量计一般包括 1 个资源块、1 个输入转换块、1 个显示转换块、1 个模拟量输入块、2 个数字量输入块、2 个积算块、1 个通用运算块和 1 个可选的 PID 控制块。

模拟量输入块接收来自转换块的变量，并进行标度变换和滤波，再输出给其他模块所用。数字量输入块主要提供流量的限位开关或相应的报警信号。通用运算块可提供各种运算，包括气体或液体流量的温度校正、平均值计算、多项式计算等。积算块可实现对输入偏差的积分计算或进行累加计数计算等。可选 PID 控制块执行 PID 运算。

基金会现场总线涡街流量计一般包括 1 个资源块、2 个输入转换块、1 个显示转换块、2 个模拟量输入块、2 个数字量输入块、1 个积算块、1 个通用运算块和 1 个可选的 PID 控制块。

模拟量输入块一个用来接收来自转换块的流量变量，并进行标度变换和滤波，再输出给其他模块所用；而另一个用来接收来自转换块的温度变量用作温度补偿。数字量输入块主要提供流量的限位开关或相应的报警信号。通用运算块可提供各种运算，包括气体或液体流量的温度校正、平均值计算、多项式计算等。积算块可实现对输入偏差的积分计算或进行累加计数计算等。可选 PID 控制块执行 PID 运算。

基金会现场总线-电流转换器一般包括 1 个资源块、1 个显示转换块、1 个 PID 控制块、1 个输入选择块、1 个分程控制块和 3 个模拟量输出块。分程控制块用于实现阀门定位器中的分程控制功能。模拟量输出块负责将来自控制模块的信号送往相应的转换块。

基金会现场总线阀门定位器一般包括 1 个资源块、1 个输出转换块、1 个显示转换块、1 个 PID 控制块、1 个输入选择块、1 个分程控制与输出选择块、1 个通用运算块和 1 个模拟量输出块。PID 控制块执行 PID 运算。输入选择块可实现对 3 个输入变量进行最大值、最小值或中间值选择。分程控制块用于实现阀门定位器中的分程控制功能，可进行分程范围选择和阀门分配选择。阀门定位器中用其选择阀门位置信号输入。模拟量输出块负责将来自控制模块的信号送往相应的转换块，再将现场总线上的数字信号送往相应的硬件。在现场总线阀门定位器中通过设定输出转换块中的阀位特征类型参数可选择调节阀的流量特性(线性特性、等百分比特性、快开特性或抛物线特性等)。

对于具体的现场总线设备，如电磁流量计，其物理设备、虚拟现场设备中的功能块应用进程以及各种功能块的关系如图 3-56 所示。

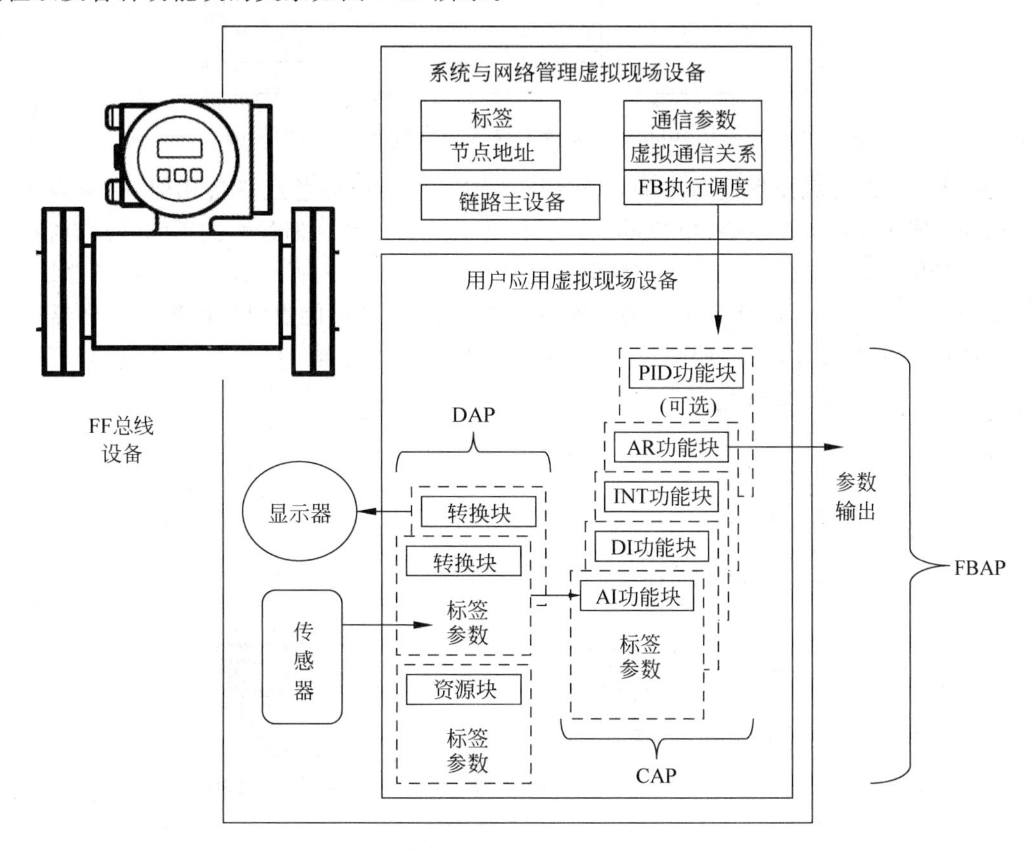

图 3-56　FF 系统中设备和功能块的逻辑结构图

在 Profibus-PA 现场总线设备中没有设置虚拟现场设备。这主要是因为在 Profibus-PA 总线中，现场设备为系统从设备，有关网络管理的任务主要有系统主设备担任。Profibus-PA 系统的物理设备、功能块应用进程以及各种功能块的关系如图 3-57 所示。

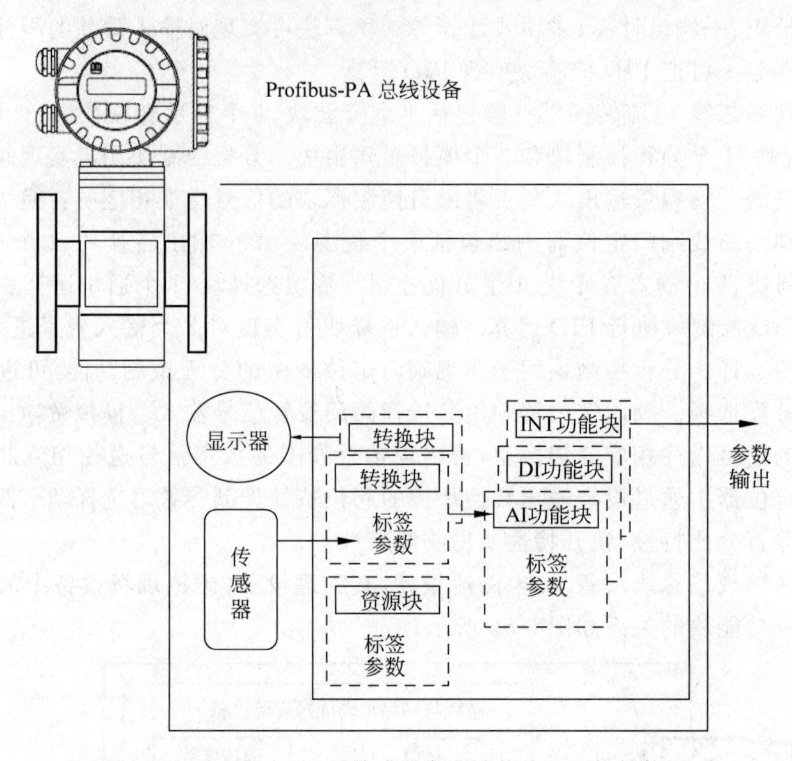

图 3-57 Profibus-PA 系统中设备和功能块的逻辑结构图

Profibus-PA 现场总线设备中的功能块配置与基金会现场总线设备相似，有资源块、输入或输出转换块、显示转换块、模拟量输入块和模拟量输出块。但最大的不同是没有控制与计算功能块，这些功能是在主站的控制器中完成的。如图 3-58 所示为基金会现场总线系统中功能块的分布情况。在基金会现场总线系统中，PID 控制功能也可以配置在变送器中，阀门定位器中只配置 AO 即可，如图 3-59(a)所示。但这样的配置 AO 模块对 PID 模块的反馈

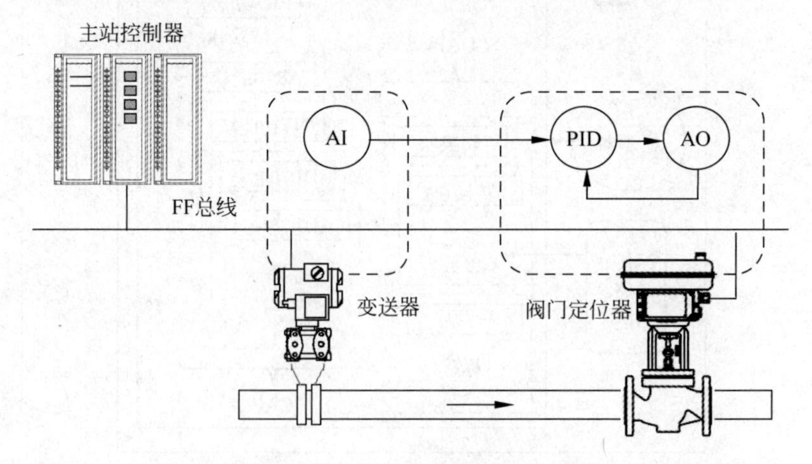

图 3-58 FF 设备中功能块的分布图

回算要跨越两台设备，也即增加了一个外部连接。如果需要三台完成控制，或者是将PID控制功能放在中央控制器中则会出现如图3-59(b)所示的结构，这时会有三个外部连接。因此图3-58所示的配置最为合理，这属于模块执行的优化问题。在Profibus-PA现场总线系统中，PID控制功能只能在中央控制器中实现，其功能块分布情况如图3-60所示。

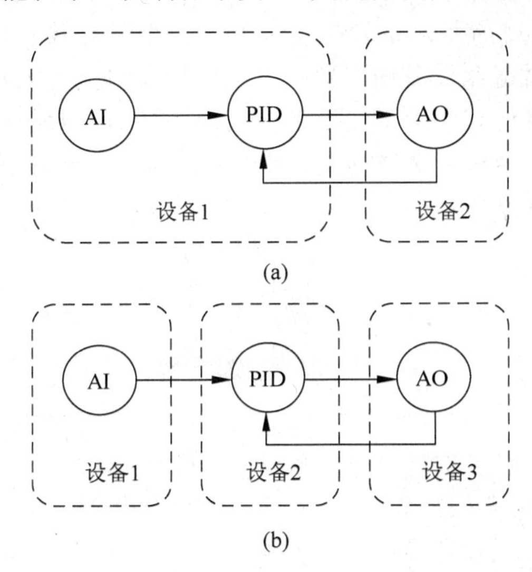

图3-59 功能块的不同分布示意图

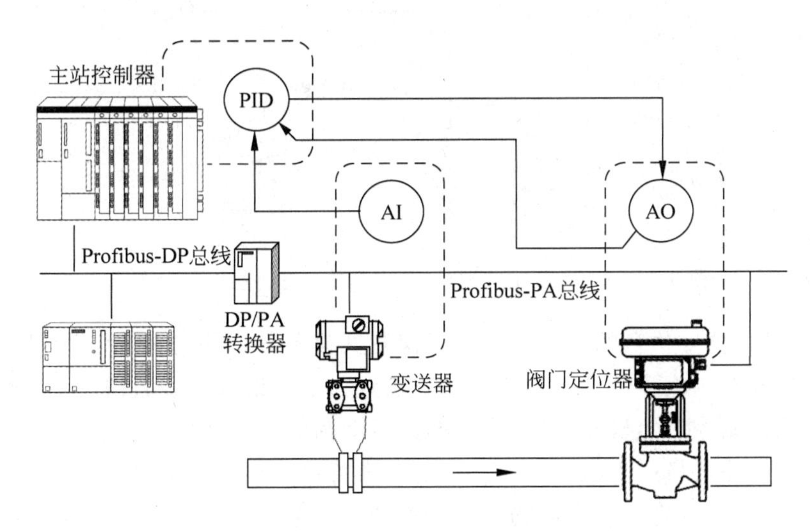

图3-60 Profibus-PA设备中功能块的分布图

3.4 组态

现场总线控制系统在投运之前，工程师必须对系统进行组态。组态的内容包括网络组态、设备组态和控制策略组态。

3.4.1 网络组态

网络组态包括为链路设备和通信端口分配网络以及设置通信参数。对用户而言，网络组态是为主站级网络和现场级网络定义网络层次。在基金会现场总线和 Profibus-PA 现场总线中，网络组态时都需要进行一些非常复杂的通信配置，幸运的是这些工作基本上都由组态工具自动完成，不需用户来考虑。

从通信的角度来看，基金会现场总线 FF H1 网络中有 3 种类型的设备：基本设备、链路主设备和网桥，如图 3-61 所示。主站接口通常是一个链路设备，连接在主站级高速以太网(HSE)上。操作站通过链路设备访问数据。一些设备可支持两种或多种上述功能，可通过系统运行功能类型设置使其成为上述设备模式中的任意一种。在任何时间段内，系统中只能有一个链路主站成为系统的链路活动调度器(LAS)。系统中的链路主站将自动裁决哪个链路主站成为系统的链路活动调度器。

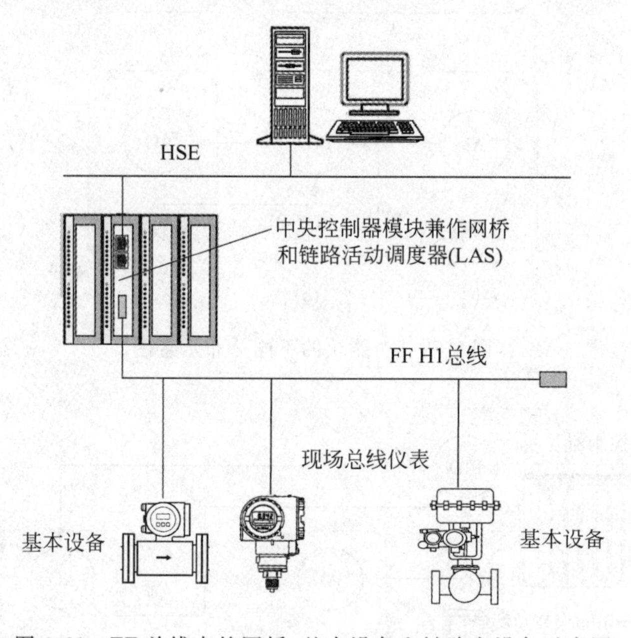

图 3-61　FF 总线中的网桥、基本设备和链路主设备示意图

链路活动调度器要执行的功能通常包括探测新设备并向它分配节点地址，同步设备时钟，控制数据传输等。大多数现场仪表一般被设置为基本设备。多数情况下，首选主站接口(如链路设备或主站控制器设备等)作为主链路活动调度器。如果系统使用了冗余配置的链路设备，一旦主链路设备发生故障时第二个链路设备将接替成为链路活动调度器。

系统中的网桥可以将一条网络的数据传输到另一条网络，使得不同网络上的设备可以互相通信。网桥的功能通常内置在链路设备中。网络组态时，工程师必须安排首选的链路主设备和应用时钟发布者。一个网桥必须设置为链路主站。默认情况下，主站接口就是主链路活动调度器。

在 Profibus 网络中也存在 3 种类型设备：1 类主设备、2 类主设备和从设备，如图 3-62 所示。1 类主设备是中央控制器，如 PLC。主设备都连接在 Profibus-DP 总线上。2 类主设备基本上是组态工具。Profibus-PA 现场总线仪表都是系统的从设备。1 类主设备周期性地与从设备交换数据信息，由图 3-62 可见，主设备是通过一个链路设备或耦合器来访问 Profibus-PA 设备的。

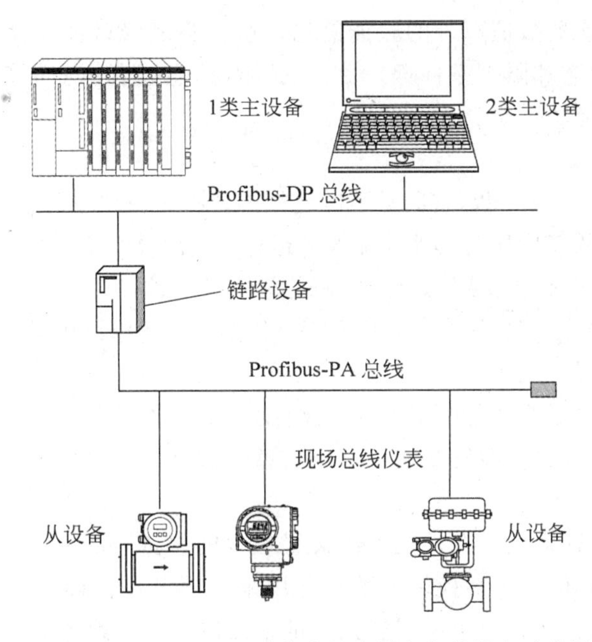

图 3-62　Profibus-PA 总线中的主设备与从设备示意图

3.4.2　设备组态

设备组态包括为选择设备、设置执行机构类型、设置传感器类型以及进行相关连接等。组态一台设备则包括选择被使用的现场级设备和主站级设备，同时还要对现场总线设备中的资源块和转换块进行相应的配置和参数设定。工程师必须给每台设备赋予一个物理设备位号(TAG)以用于对设备的识别。在系统中，每台设备的位号都是唯一的。该位号以及后续控制功能块中采用的位号都必须与系统文档(如过程与仪表系统图，即 P&I 图)所采用的位号一致。

在现场总线设备中的资源块和转换块中设计了多种参数供设计使用，按照参数存储的方式分为静态存储型参数、动态存储型参数和非挥发性存储型参数。按照参数的功能分为通用参数、模块模式参数和状态参数。

静态存储型参数也称静态参数，该参数自己不会变化，它们或者是常数，或者是由用户设定的数。静态参数在掉电期间会被保留。

动态存储型参数也称动态参数，该参数会连续变化，因而在掉电期间不会被保留。过程值是典型的动态参数。

非挥发性存储型参数也称非挥发性参数，设定点和输出值是典型的非挥发性参数。

通用参数包括位号描述符参数(TAG_DESC)、策略参数(STRATEGY)、静态修改参数(ST_REV)、警示键参数(ALERT_KEY)和模块错误参数(BLOCK_ERROR)。位号描述符参数用来描述模块所执行的功能。策略参数帮助对模块进行编组。静态修改参数用来追踪静态参数的修改进程。警示键参数用来对相关报警信息进行编组。模块错误参数用来保存对当前模块硬件和软件错误状态的汇总。

模块模式参数用于决定模块如何工作。资源块和转换块中的模块模式参数只有两种：终止服务(OOS)和自动(Auto)。

组态参数包含了参数数值以外的验证信息。这些验证信息也就是设备的状态元素，通常包括质量、质量子状态和限制条件等。更多的参数信息读者可查阅现场总线基金会或相关设备厂商提供的功能块手册。

1. 对资源块的组态

资源块中的参数是内含参数，它们是不能链接的。将资源块中的模式参数设置为终止服务(OOS)时，会中断该设备中所有其他功能块的运行。资源块的正常模式是自动(Auto)模式。

资源块中还有许多标识参数，如设备制造商标识参数(MANUF_ID)、设备类型参数(DEV_TYPE)、设备修订版本参数(DEV_REV)和设备描述修订版本参数(DD_REV)等。

2. 对转换块的组态

转换块是用来将内部的功能块软件连接到设备 I/O 硬件的。转换块中的参数也是内含参数，它们是不能链接的。在转换块中使用通道参数(CHANNEL)将 I/O 硬件与相应的转换块对应。

对于多数设备，工程师只需在转换块中设置很少的参数，如一些有关模式的参数即可。在 3.3.3 节中介绍的其他许多转换块参数都是用来识别设备、指示限幅和进行诊断的。下面以几个现场总线仪表为例，简单说明转换块的连接以及参数设置。

(1) 现场总线电磁流量计

现场总线电磁流量计中至少要配置 1 个资源块用于瞬时流量。如果需要也可配置 2 个资源块，一个用于瞬时流量，一个用于累积流量。如果流量计上配有就地显示器，还需配置一个显示转换块。如果出于智能诊断方面的考虑需对流量计进行设备故障诊断，则还需配置一个诊断转换块。如图 3-63 所示为现场总线电磁流量计中资源块与硬件及功能块之间的连接原理。该流量计配置 1 个转换块用于瞬时流量，1 个显示转换块和 1 个诊断转换块。

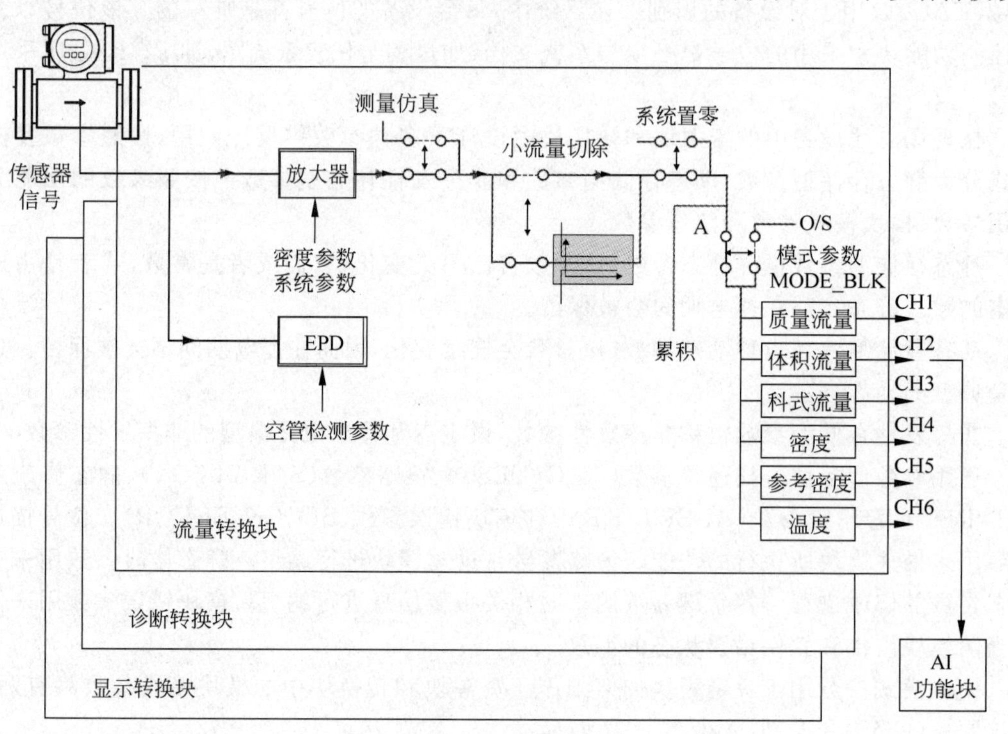

图 3-63 电磁流量计中的转换块示意图

电磁流量计中的流量转换块接收电磁流量传感器传来的信号,如电压信号。在转换块中还会对该信号进行一定的处理,如放大和小信号切除等。转换块中还可进行测量仿真。在没有输入信号时加入仿真信号,可观察后续设备是否正常工作。流量转换块中有6个通道可用于质量流量、体积流量、科里奥利体积流量、密度、参考密度和温度。如果本案例中测量体积流量,则将通道参数设置为2即可。如果需要质量流量,则需在运算放大器的密度参数设置相应的密度值,将通道参数设置为1即可。转换块的模式参数通常设置为自动(Auto)。另外,该电磁流量计还配有空管检测功能,若要启动该功能需对空管检测(EPD)参数进行设置。经流量转换块处理后的测量信号送往后续的AI功能块。

(2) 现场总线雷达物位计

现场总线雷达物位计中至少要配置1个资源块用于物位测量。如果物位计上配有就地显示器,还需配置1个显示转换块。如果出于智能诊断方面的考虑需对液位计进行设备故障诊断,则还需配置1个诊断转换块。如图3-64所示为现场总线雷达物位计中资源块与硬件及功能块之间的连接原理。该雷达物位计配置1个转换块用于瞬时物位测量,1个显示转换块支持本地显示功能。

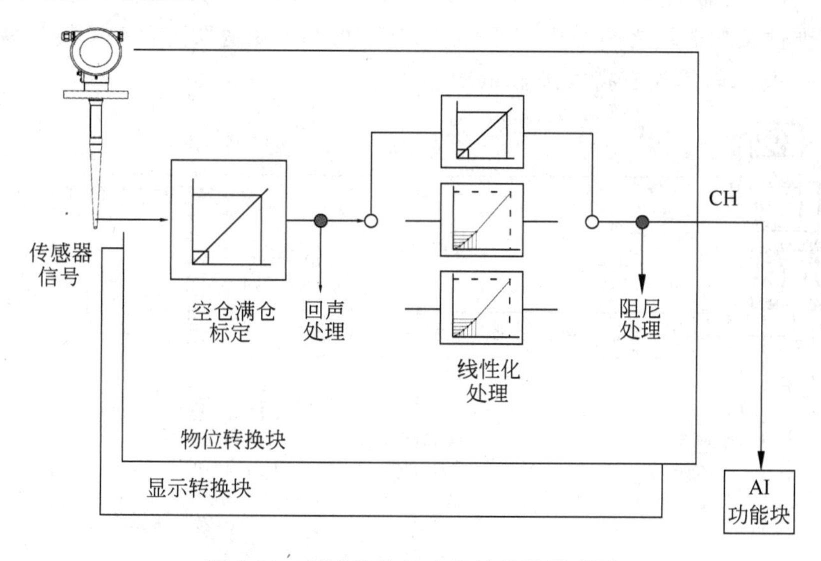

图3-64 雷达物位计中的转换块示意图

雷达物位计中的物位转换块接收雷达传感器来的信号,如电压信号或频率信号等。在转换块中还会对该信号进行一定的处理。物位转换块中的模式参数通常设置为自动(Auto)。如果需要进行满仓和空仓信号处理时,还可设置相应的满仓与空仓标定参数。对于物料仓内壁上存在有紧固件等,也会对雷达波产生回波,这时可以设置相应的回声处理参数(有些厂商专门开发了回声处理技术来处理回声)。对于普通的柱形物料仓料位与料量成线性关系,这时线性化参数设置为直线处理即可。如果物料仓为异性物料仓,如带锥型部分的物料仓,如图3-65所示,其物料仓料位与料量不成线性关系,这时线性化参数需要选择相应的函数曲线。对于采用压力变送器测量物位,线性化参数也需要选择相应的函数曲线。经物位转换块处理后的测量信号送往后续的AI功能块。

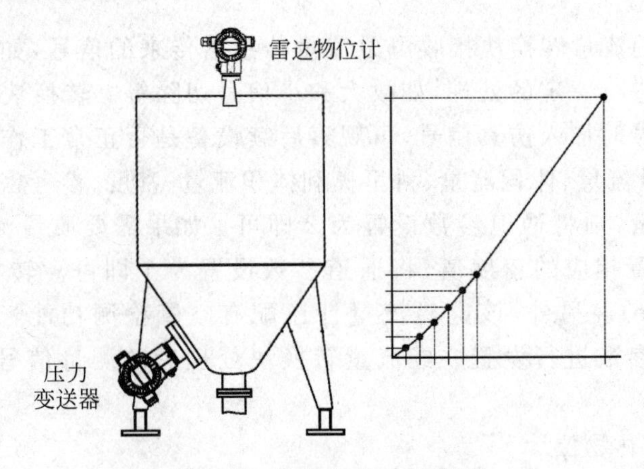

图 3-65　物位与关系示意图

(3) 现场总线压力/差压变送器

现场总线压力/差压变送器中至少要配置 1 个资源块用于物位测量。如果变送器上配有就地显示器，还需配置 1 个显示转换块。如果出于智能诊断方面的考虑需对变送器进行设备故障诊断，则还需配置 1 个诊断转换块。如图 3-66 所示为现场总线压力/差压变送器中资源块与硬件及功能块之间的连接原理。该压力/差压变送器配置 1 个转换块用于压力/差压测量，1 个显示转换块支持本地显示功能。

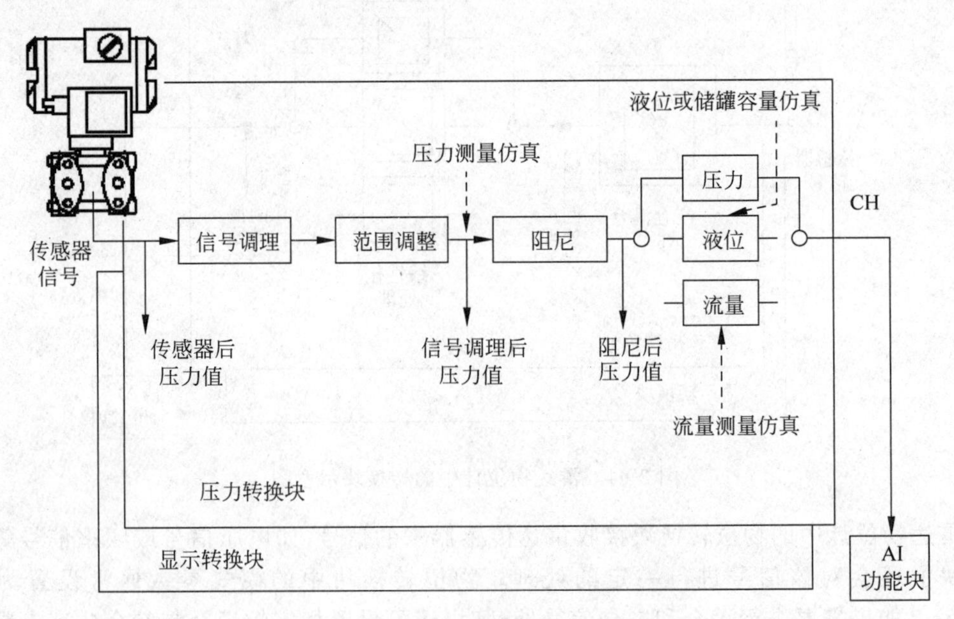

图 3-66　差压变送器中的转换块示意图

压力/差压变送器中的压力转换块接收变送器中的传感器发来的信号，如电容变化信号或电阻变化信号。在转换块中还会对该信号进行信号调理和一定的处理，如调理成电压信号、并对电压信号的范围进行调整以及增加一定的阻尼。转换块中还可进行测量仿真。在没有输入信号时加入仿真信号，分别对压力、液位或流量进行仿真，可观察后续设备是否正常工作。压力转换块中的模式参数通常设置为自动(Auto)。压力/差压变送器可以用来测量压力、差压或流量(采用节流装置测量流量时流量与差压有函数关系)，针对不同对象测量时也要选择不同测量参数。为了对系统进行测试，转换块中还设有仿真功能，通过设置仿真参数，即可使转换块向下游功能块输出压力、差压或流量的仿真信号。对于变送器本地显示，也可选择传感器后的信号、经处理后的信号或经阻尼后的信号。经压力转换块处理后的测量信号送往后续的 AI 功能块。

(4) 现场总线阀门定位器

现场总线阀门定位器中至少要配置 1 个转换块用于阀门控制。如果阀门定位器上配有本地显示器，还需配置 1 个显示转换块。如果出于智能诊断方面的考虑需对变送器进行设备故障诊断，则还需配置 1 个诊断转换块。

如图 3-67 所示为现场总线阀门定位器中资源块与硬件及功能块之间的连接原理。该阀门定位器配置 1 个转换块用于阀门的定位控制，1 个显示转换块用于现场设备显示器的显示。

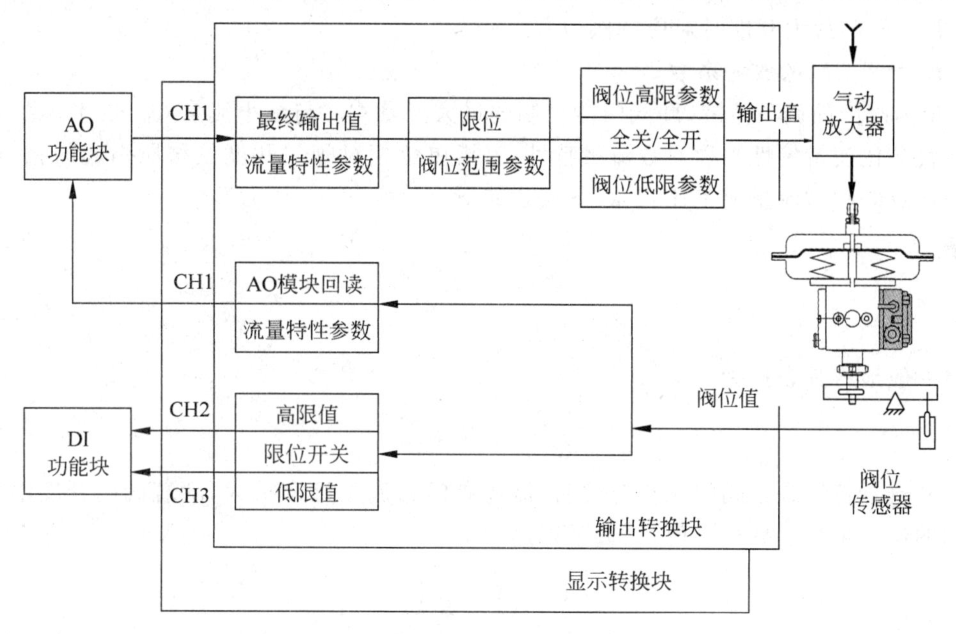

图 3-67　阀门定位器中的转换块示意图

阀门定位器中的输出转换块接收定位器中 AO 功能块的信号。输出转换块将该信号处理后将向如图 3-12 所示的压电挡板或如图 3-14 所示的电磁阀输出相应的控制信号。

输出转换块中的模式参数通常设置为自动(Auto)。输出转换块中设有一个流量特性参数(POSITION_CHAR_TYPE)，通过相应的选择可得到不同的流量特性，如线性流量特性、等百分比流量特性、快开流量特性，或者用户设定的以列表形式提供的流量特性，如图 3-68 所示就是部分常用的调节阀流量特性曲线。调节阀的流量特性是指被控介质流过阀门的相对流量与阀门的相对开度之间的关系。线性流量特性是指流经调节阀的相对流量与相

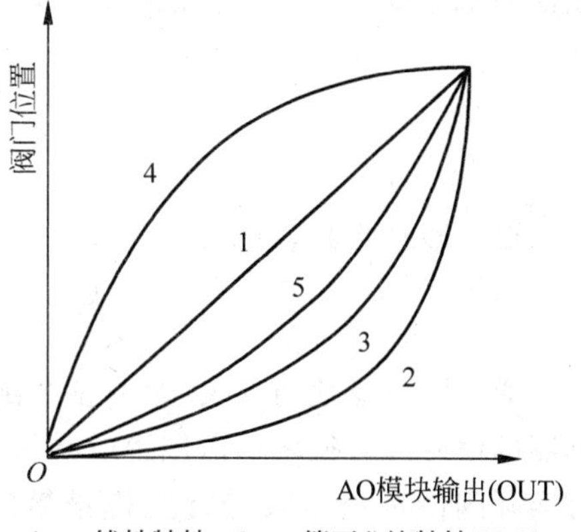

1——线性特性；2——等百分比特性(50:1)；
3——等百分比特性(30:1)；
4——快开特性；5——凸型曲线百分比特性

图 3-68　调节阀流量特性图

对阀位成线性关系，其数学表达如下：

$$\frac{\mathrm{d}\dfrac{Q}{Q_{\max}}}{\mathrm{d}\dfrac{l}{L}}=K$$

更一般地将其表达为

$$\frac{Q}{Q_{\max}}=\frac{1}{R}+K\frac{l}{L} \tag{3-5}$$

式中：Q 为瞬时流量；

$Q_{\max}$ 为最大流量；

l 为阀门开度阀位；

L 为阀门最大开度时对应的阀位；

K 为调节阀的放大系数；

R 为阀门的调节范围，即阀门能控制的最大流量 $Q_{\max}$ 与最小流量 $Q_{\min}$ 之比。

等百分比流量特性也称对数流量特性，是指单位相对阀门开度位移所引起的相对流量变化与该点的相对流量成正比，其数学表达如下：

$$\frac{\mathrm{d}\dfrac{Q}{Q_{\max}}}{\mathrm{d}\dfrac{l}{L}}=K\frac{Q}{Q_{\max}}$$

更一般地将其表达为

$$\frac{Q}{Q_{\max}}=R^{\left(\frac{l}{L}-1\right)} \tag{3-6}$$

快开流量特性是指阀门在小开度时，流经阀门的流量已有很大，随着阀门开度增大，流经阀门的流量很快达到最大值，其数学表达如下：

$$\frac{Q}{Q_{\max}}=1-\left(1-\frac{1}{R}\right)\left(1-\frac{l}{L}\right)^2 \tag{3-7}$$

凸型曲线百分比流量特性也称抛物线流量特性，是指调节阀的放大系数与该点相对流量值的平方根成正比，其数学表达如下：

$$\frac{\mathrm{d}\dfrac{Q}{Q_{\max}}}{\mathrm{d}\dfrac{l}{L}}=K\sqrt{\frac{Q}{Q_{\max}}}$$

更一般地将其表达为

$$\frac{Q}{Q_{\max}}=\frac{1}{R}\left[1+(\sqrt{R}-1)\frac{l}{L}\right]^2 \tag{3-8}$$

通过限位参数与全关/全开参数配合设置可确保阀门全关和全开的准确位置。阀位传感器的信号经转换块返送回 AO 模块，供上游模块做防积分饱和之用。限位开关的作用是对实际阀位是否超限进行监视报警或保护。这种阀门转换块需要气动放大器具有伺服功能。

另外一种先进转换块则可以在转换块中实现伺服控制，如图 3-69 所示。伺服控制功能包括 PID 算法或 PD 算法。阀位传感器的信号经转换块返送会 AO 模块供上游模块防积分饱和之用的同时，也送伺服控制器与控制指令进行比较。如果实际阀位与控制指令一致时伺服控制器输出为零，转换块将保持原输出不变。因此，这种转换块也就完全替代了图 1-43 所示的阀门控制与定位的全部功能。先进转换块通常还具备设备诊断的功能，这包括故障的诊断以及阀门动作次数的统计等。

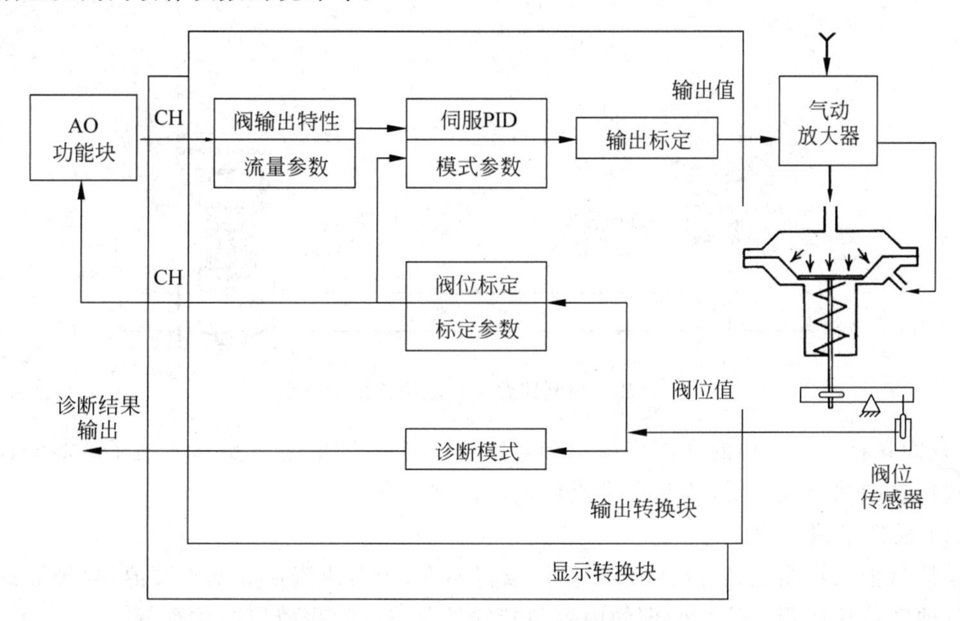

图 3-69 阀门定位器中的转换块示意图

3.4.3 控制策略组态

控制策略组态包括链接和配置功能块以及为功能块设置参数等。进行控制策略组态需要用到组态软件。组态软件用于建立控制策略，这一过程一般在工程师工作站或可完成这一功能的计算机中完成。随后要将组态下载到执行相应功能的设备中。在下载组态之前，组态软件还会检查组态的一致性。

基金会现场总线的功能块中设计了很多参数，以便灵活地实现各种控制功能。但在多数情况下，用户只会使用到少数参数，也即一些通用参数，如模块模式参数、设定点参数以及 PID 整定参数等。绝大多数的参数，可以使用默认值。

要用功能块来实现一个如图 3-58 所示的流量控制系统，其功能块的简单连接已在图中给出。但每个功能块都有许多参数需要设置，实际的组态是会稍微复杂一些。用组态软件将图 3-58 的功能块连接重画如图 3-70 所示。

在该应用中，功能块连接只用到图 3-70 中表示的一些参数，但每个功能块还有一些其他参数的应用图中并未表示出来。AI 模块通过通道参数 CHANNEL 从输入转换块获取测量信息，测量信息通过 AI 模块的输出 OUT 送往 PID 模块的信号输入端 IN。经 PID 运算后的结果由 PID 模块的输出端 OUT 送往 AO 模块的串级输入端 CAS_IN，经 AO 模块处理后的信号由 AO 模块的通道 CHANNEL 送往输出转换块。另外，AO 模块还有一路输出由模块的 BKCAL_OUT 端口反送给上游 PID 模块的 BKCAL_IN 端口，作为输出跟踪。

关于功能块的参数，需要了解功能块的内部结构。不同功能块其内部结构有所不同。

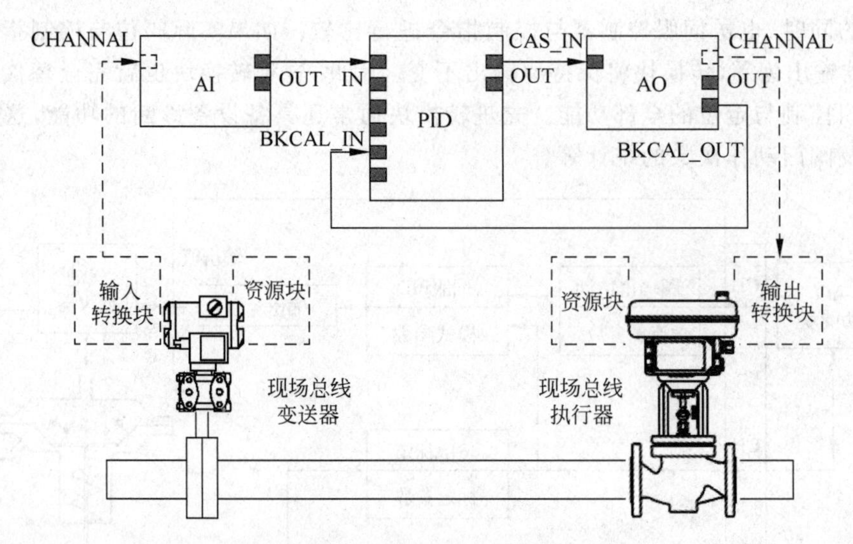

图 3-70 控制回路中功能块连接示意图

下面，我们只将部分常用的功能块结构和参数给予简单说明，想要更深入地了解需要查阅基金会现场总线功能块手册，或是厂商提供的功能块手册。

(1) 模拟量输入功能块

模拟量输入功能块 AI，从输入转换块取得温度、压力或流量等基本数值，处理后提供给后续其他功能块使用。信号处理的内容包括线性化、过滤、报警以及仿真等。

AI 功能块的表示符号多为如图 3-71 所示的方式表达，但不同厂商提供的功能块手册可能也会略有出入。AI 功能块从输入转换块获取测量信息，但这一般不在模块上表达。AI 功能块提供的输出有模块输出值 OUT(还会伴随其状态，这是与后续模块连锁和事件驱动所必需的信号)，以及一个离散输出值 OUT_D 用于报警。

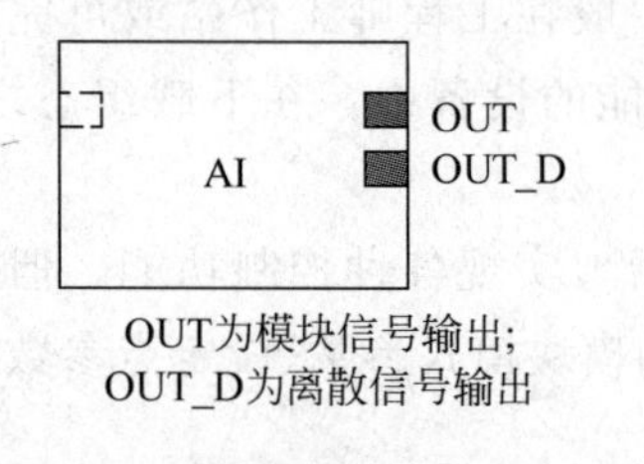

图 3-71 模拟量输入功能块示意图

AI 功能块的内部结构如图 3-72 所示。AI 功能块通过通道参数 CHANNEL 连接到转换块，且必须与转换块中对应的通道参数匹配。对于单一的集成传感器(大多数变送器都是如此)，通道参数为 1。

仿真参数 SIMULATE 是用于模块测试和进行故障排除的。多数功能块中都设有仿真功能。当模块置于仿真状态时，也即仿真开关位于使能时，模块输入通道被切断，仿真数值和仿真状态被送入功能块。仿真开关位于禁止时，模块接收输入值和输入状态，同时仿真值和仿真状态将跟踪模块的输入值和状态，以便仿真在使能时可以无扰切换。在系统投运前的调试过程中，可将仿真参数设置为仿真方式，通过仿真输出来检测信号是否正确。

模块的标定参数 XD_SCALE 可将输入信号值对应为百分数表示的参数值。而标定参数 OUT_SCALE 则对模块的输出信号进行标定。例如，流量变送器测量范围是 0～30m^3/h，当前测量值是 15m^3/h。经标定参数 XD_SCALE 转换后信号表达为 50%现场信号值。再经标定参数 OUT_SCALE 转换后信号表达为 50%过程信号值。这个转换过程如图 3-73 所示。

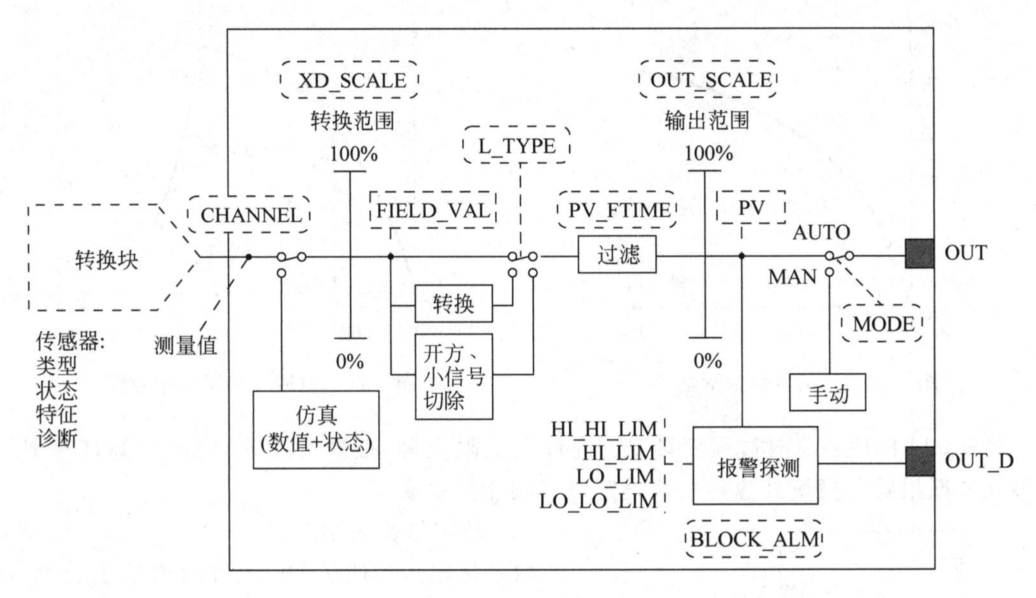

图 3-72　AI 功能块内部结构图

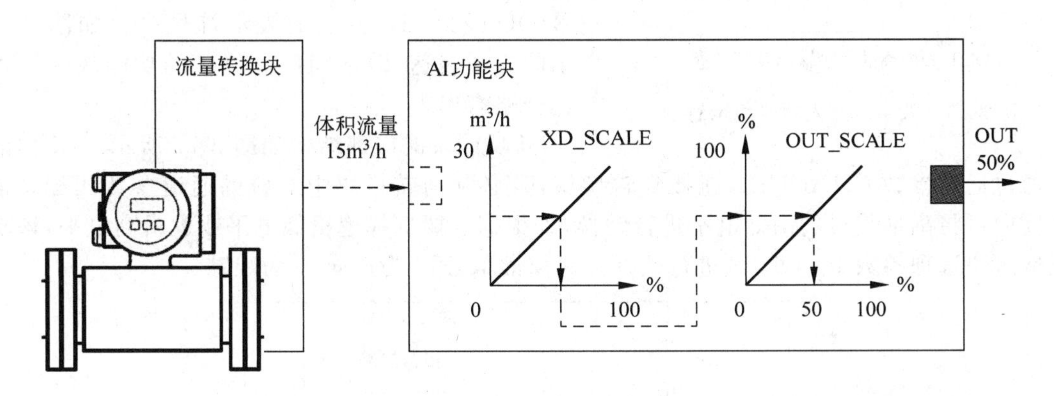

图 3-73　信号刻度转换示意图

参数 L_TYPE 是对输入信号线性化类型的使用方式进行选择，选择方式包括对输入信号的直接使用、对输入信号进行一定转换后使用以及对输入信号进行开方和将小信号切除后使用。小信号切除功能主要用于流量测量时需要消除流量传感器接近零的无效值。低流量时舍弃尾数可以使读数更加稳定，也可使过程更好控制。对于差压流量计，20％左右的流量值对应 4％～5％的差压值，因此常将 4％以下的差压信号值给予切除，如图 3-74 所示。

AI 模块中 PV 为过程变量。在某些应用中，会用到过滤(或称阻尼)来滤掉测量信号中的噪声。过滤时间参数 PV_FTIME 就是一阶滞后时间常数。该常数是指信号达到稳定状态 63％所需的时间，如图 3-75 所示。

对于模块模式，AI 模块通常设置为自动。功能块设置为自动时意味着功能块的输出是被计算出来的。功能块设置为手动意味着其输出不是被计算出来的，操作员可以直接给出功能块的输出值。

FIELD_VAL 是未经滤波等处理的实际过程变量或仿真信号，用百分比表示。

BLOCL_ALM 是表示某一条件的报警。

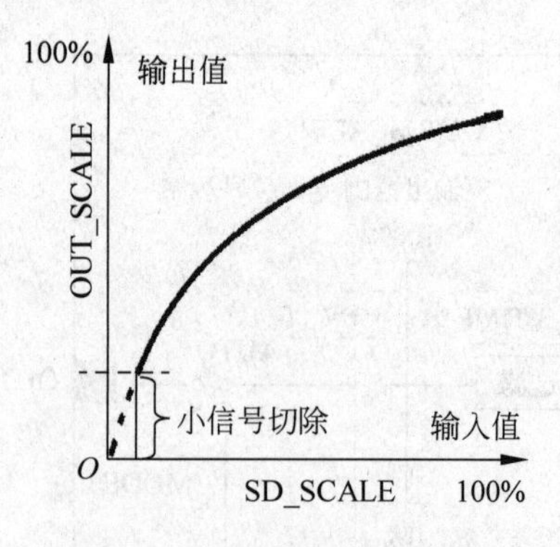

图 3-74　小信号切除示意图

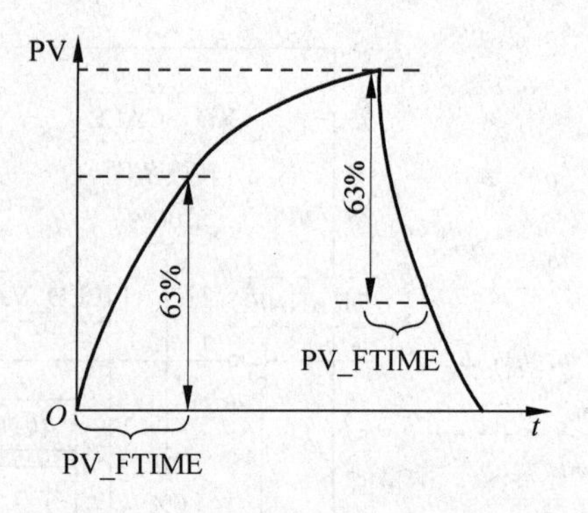

图 3-75　过程变量阻尼示意图

另外，AI 模块还可对过程变量 PV 进行上下限报警，报警可设为高报警、高高报警、低报警和低低报警。模块其他参数的设置可查阅相关手册。

(2) 数字量输入功能块

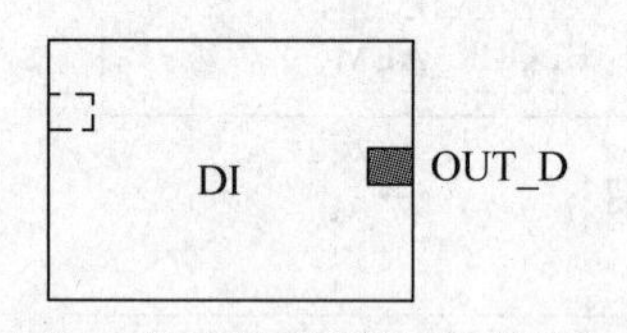

OUT_D为离散信号输出及其状态

图 3-76　数字量输入功能块示意图

数字量输入功能块 DI，通过通道号接受设备的离散输入数据，并产生其他功能块可用的离散输出信号 OUT_D。DI 模块的表示符号多为如图 3-76 所示的方式表达，但不同厂商提供的功能块手册可能也会略有出入。

DI 功能块的内部结构如图 3-77 所示。DI 功能块通过通道参数 CHANNEL 连接到转换块，且必须与转换块中对应的通道参数匹配。信号反向可将离散信号的高低电平进行转换，即根据需要选择逻辑低电平或逻辑高电平，该功能通过块选项参数 IO_OPTS 进行选择。对离散信号，0 为反向，1 为跟踪。

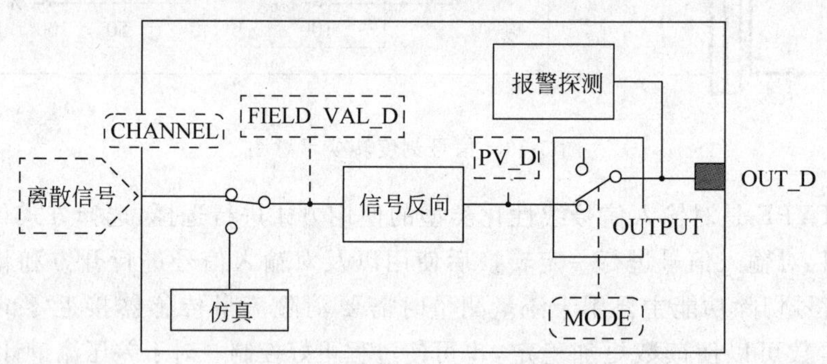

图 3-77　DI 功能块内部结构图

DI 功能块的输出也可由模式参数 MODE 选择自动与手动。自动时模块输出即为离散信号 PV_D，手动时则需对 OUT_D 写入值。DI 模块也有仿真参数用于模块测试和进行故障排除。另外，DI 模块还可对过程变量 PV_D 进行上下限报警。

仿真参数 SIMULATE 是用于模块测试和进行故障排除。当仿真被激活时，后续转换块的数值和状态将被仿真数值和状态取代，从而对后续功能进行仿真。模块其他参数的设置可查阅相关手册。

(3) 模拟量输出功能块

模拟量输出功能块 AO，从上游功能块接收输入信号，并对该信号进行一定的处理后传送给后续的转换块。AO 功能块的表示符号多为如图 3-78 所示的方式表达，但不同厂商提供的功能块手册可能也会略有不同。

AO 功能块的内部结构如图 3-79 所示。AO 功能块的输入信号可通过设定点选择器选择串级输入 CAS_IN 和远端串级输入 RCAS_IN。CAS_IN 为上游模块发送来的输入，这时操作员不能直接改变该值。RCAS_IN 为监控计算机或主站控制器等接口设备发送来的输入。上游模块通常是 PID 控制模块等。这样 AO 模块的设定点一般选择 CAS_IN。这里称为设定点是因为控制系统中所需的阀位、传输装置的速度或泵的转速等都称为设定点。

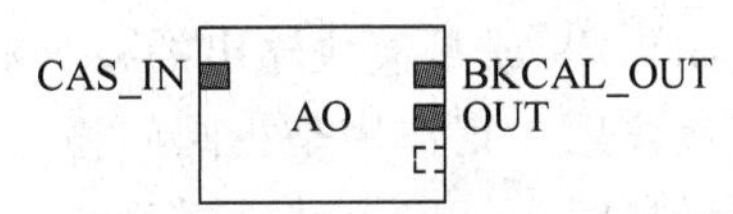

CAS_IN为串级信号输入；OUT为模块信号输出；BKCAL_ OUT 为回算信号输出

图 3-78　模拟量输入功能块示意图

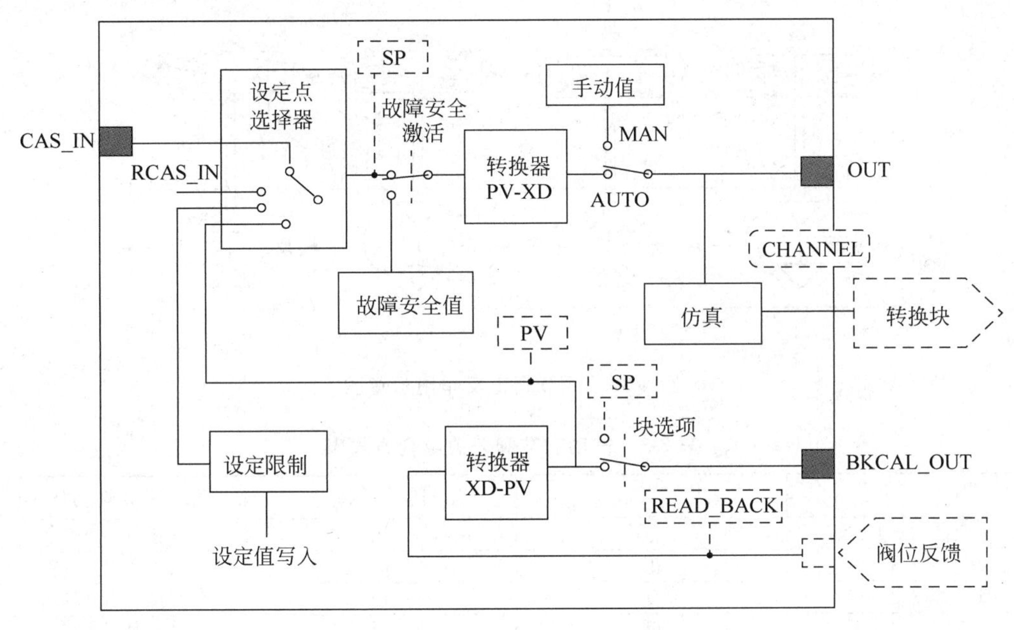

图 3-79　AO 功能块内部结构图

当模块不在自动状态，需要手动加入设定值时，对设定值加入的变化速率会有一定限制，这一功能由设定限制来实现。如果从 CAS_IN 或 RCAS_IN 送入的设定点超出一定的范围，模块将启用内部设定的设定点限制值来替代输入值。如果从 CAS_IN 或 RCAS_IN 送入的设定点变化率超出一定的范围，模块将启用内部设定的设定点变化率来替代输入值。

如果发生故障时，故障状态被激活，故障安全值变为输出值。故障安全值与回算输出同步，因此也可在回算中体现故障安全值。回算输出也将故障状态时的故障安全值送往上游模块，使上游模块跟踪故障状态输出，模块在脱离故障状态时可实现无扰切换。这里的故障安全值是指故障时调节阀应该关闭或开启的位置设置。

AO 模块中 PV 为过程变量。SP 为设定值，可根据工作模式选择本地设定、串级设定或远程串级设定。参数 SP_RATE_DN 为设定值变化时，允许的最大下降变化率。SP_RATE_UP 为设定值变化时，允许的最大上升变化率。

转换器用来将过程变量刻度 PV_SCALE 转换为后续转换块可以接受的转换器设定点刻度值 XD_SCALE。因为过程变量 PV_SCALE 的刻度单位为 0～100%，而阀门定位器中设定点刻度值 XD_SCALE 的单位多为 kg/cm^2 或 MPa 等。

块选项参数(也称输入/输出选项参数)IO_OPTS 可用来设置模块输出的增加对应阀门的关闭作用,或是模块输出的减少对应阀门的关闭作用。在过程控制中这就是所谓的正作用与反作用。正作用是指阀门输入气压增加时阀杆向下移动(关闭)。反作用是指阀门输入气压增加时阀杆向上移动(打开)。默认是模块输出的减少对应阀门的关闭作用。因为在故障时阀门会自动打开,以确保安全。

不同的调节阀结构,包括执行机构与阀体机构,正作用与反作用的情况是不同的,这一点可由图 3-80 来予以解释。调节阀执行机构与阀体机构的不同组合有不同的效果,组合情况如表 3-3 所示。可见,块选项参数的选择还与气动调节阀的结构有关。

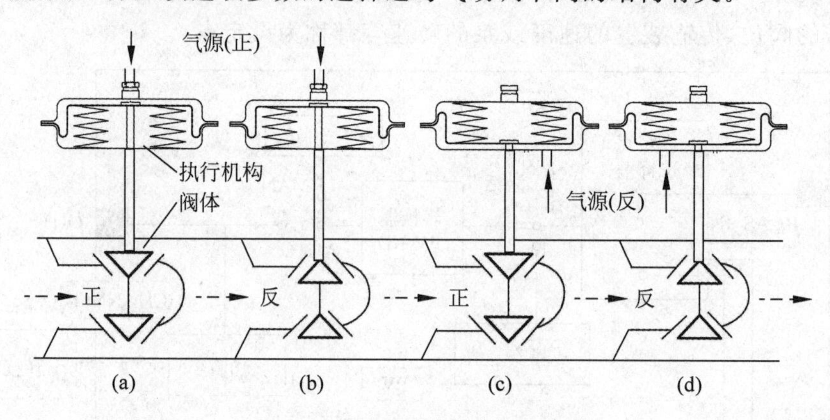

图 3-80 调节阀正反作用示意图

表 3-3 气动调节阀开关组合方式表

序 号	执 行 机 构	阀 体	气动调节阀动作形式
对应图 3-80(a)	正	正	(正作用)气关
对应图 3-80(b)	正	反	(反作用)气开
对应图 3-80(c)	反	正	(反作用)气开
对应图 3-80(d)	反	反	(正作用)气关

块选项参数还用于确定在故障状态时设定值是保持原值还是采用故障安全值。

通过回读参数 READ_BACK,AO 模块可将阀门定位器的阀位信号取回,经转换器将转换块刻度转换为过程变量刻度,再由回算输出端口 BKCAL_OUT 送往上游模块。为上游控制模块实现无扰切换与抗积分饱和提供回算信息。

AO 功能块通过通道参数 CHANNEL 连接到相应的转换块,且必须与转换块中对应的通道参数匹配。对于单一功能的执行机构(大多数执行机构都是如此),通道参数为 1。

仿真参数 SIMULATE 用于模块测试和进行故障排除。当仿真被激活时,后续转换块的数值和状态将被仿真数值和状态取代,从而对后续功能进行仿真。

输出参数 OUT 在传统的分布式控制系统中是用来将控制器的控制信号经 AO 模块(软件)送往模拟量输出模块(硬件),以便转换成 4～20mA 信号输出。在现场总线设备中输出信号通过通道参数 CHANNEL 连接到相应的转换块,再产生相应的操作信号去控制执行机构。这里输出参数 OUT 可以用来显示 AO 模块通过硬件通道传递给转换块的数据。所显示的输出参数单位与回读数据单位相同,也与转换块中所使用的单位相同。

对于模块模式，AO 模块通常设置为自动。模块其他参数的设置可查阅相关手册。

(4) 数字量输出功能块

数字量输出功能块 DO，其主要功能是将 CAS_IN_D 接收的来自上游功能块的离散值转换为对通道 CHANNEL 有用的值(如报警功能等)，传递给下游转换块。DO 功能块的表示符号多为如图 3-81 所示的方式表达，但不同厂商提供的功能块手册可能也会略有出入。

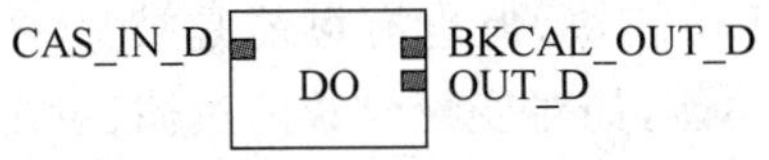

CAS_IN_D　DO　BKCAL_OUT_D
OUT_D

CAS_IN_D为DO模块的离散输入信号(或来自其他功能块的远程设定值);
BKCAL_OUT_D为其他模块跟踪功能所需的回算离散信号输出及其状态;
OUT_D为离散信号输出及其状态

图 3-81　数字量输入功能块示意图

DO 功能块的内部结构如图 3-82 所示。DO 功能块输入信号可选择串级输入端口 CAS_IN_D 输入或选择远端串级选项 RCAS_IN_D 输入。CAS_IN_D 为上游模块发送来的设定点输入，RCAS_IN_D 为监控计算机或主站控制器发送来的设定点输入。一般该参数选择为 CAS_IN_D。在自动模式 AUTO 时，设定值直接由 DO 功能块产生，此时与 CAS_IN_D 端口的数值无关。

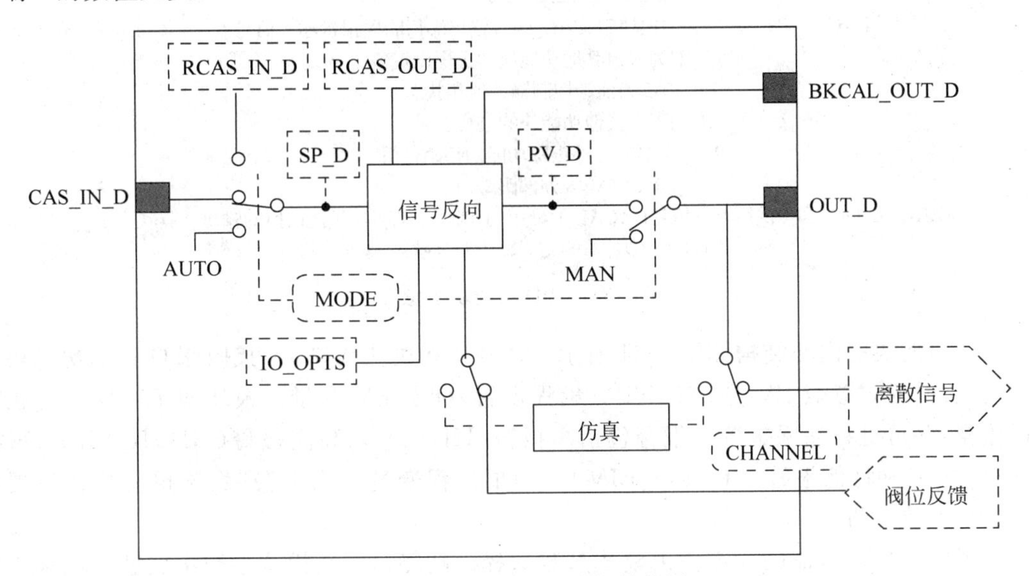

图 3-82　DO 功能块内部结构图

在手动模式 MAN 时，模块输出直接由 DO 功能块产生，其值需由人工写入，模块不会进行任何计算。

块选项参数 IO_OPTS 可选择信号的反向计算，即布尔取反逻辑。

DO 功能块输出信号由通道 CHANNAL 输出送给转换块。如果变送器等设备支持回读 READBACK_D 功能，DO 功能块也接收来自转换块的回读离散输入信号，该信号也由通道 CHANNAL 输入该 DO 功能块。如果设备不支持回读功能，回读数值 READBACK_D 可由输出 OUT_D 产生。

DO 功能块的输出值和状态，也可由 BKCAL_OUT_D 送往上游功能块。

仿真参数 SIMULATE 用于模块测试和进行故障排除。当仿真被激活时，后续转换块的数值和状态将被仿真数值和状态取代，从而对后续功能进行仿真。模块其他参数的设置可查阅相关手册。

(5) PID 控制功能块

PID(比例、积分、微分)控制功能块在输入参数处接收被控变量。这些变量包括温度、压力、流量等，通常来自上游 AI 功能块，但也有可能是被另一个模块处理后再发送过来的变量。PID 功能块包含了多种功能，如对变量参数的过滤、设定点选择和限幅、PID 算法、输出选择和限幅、前馈算法、设定点跟踪、输出跟踪以及对过程变量和偏差值进行报警等。用户可以使用 PID 功能块与其他模块一道实现多种控制策略。

PID 功能块的表示符号多为如图 3-83 所示的方式表达，但不同厂商提供的功能块手册可能也会略有不同。

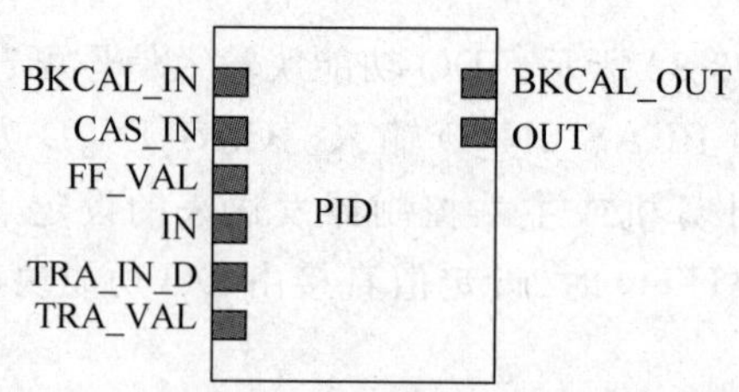

BKCAL_IN为来自其他模块BKCAL_OUT输出端口的模拟量输入信号；
CAS_IN为来自其他功能块的远程设定值；
FF_VAL为前馈控制输入值和状态；
IN为来自其他功能块的过程变量；
TRA_IN_D为外部跟踪功能的初始化值；
TRA_VAL为外部跟踪值；
BKCAL_OUT为提供给上游模块BKCAL_IN的用于抗积分饱和与无扰切换的输出及其状态；
OUT为PID计算的结果输出及其状态

图 3-83　PID 功能块示意图

PID 功能块的内部结构如图 3-84 所示。PID 功能块从端口 IN 接收来自其他功能块的过程变量，并通过参数 PV_SCALE(PV 量程设置)标定 PV 变量。模块对 PV 变量的状态进行监视，并可进行超限报警。报警包括高报警(HI_LIM)、高高报警(HI_HI_LIM)、低报警(LO_LIM)和低低报警(LO_LO_LIM)。如果过程变量超出报警限，该报警将通过现场总线送往上位主机。

实现闭环控制所需的设定值由模式参数选择。功能模块的模式参数主要就是用来决定模块的设定点(SP)和基本输出(OUT)的来源。一般设定点的来源可以是通过主站操作员设定、由另一个模块设定、本模块设定或某个非功能块应用软件给定。这里的设定点同样可以由主站操作员设定、另一个模块设定和本模块设定之间选择。

过程变量 PV 与设定点 SP 在 PID 算法中进行比较。PID 算法对其偏差进行计算。计算结果由输出口(OUT)输出。输出值通过 OUT_SCALE 参数进行量程设置，并通过输出限幅将被限制在输出范围以外的 10%之内。对于输出刻度默认值 0～100%，实际输出被限制在量程的－10%～＋110%。偏差信号也可进行超限报警，通过参数 DV_HI_LIM 和 DV_LO_LIM，即可设置高限与低限的报警值。如果偏差值超出报警限，该报警将通过现场总线送往上位主机。输出限幅功能还可以有效地防止积分饱和。

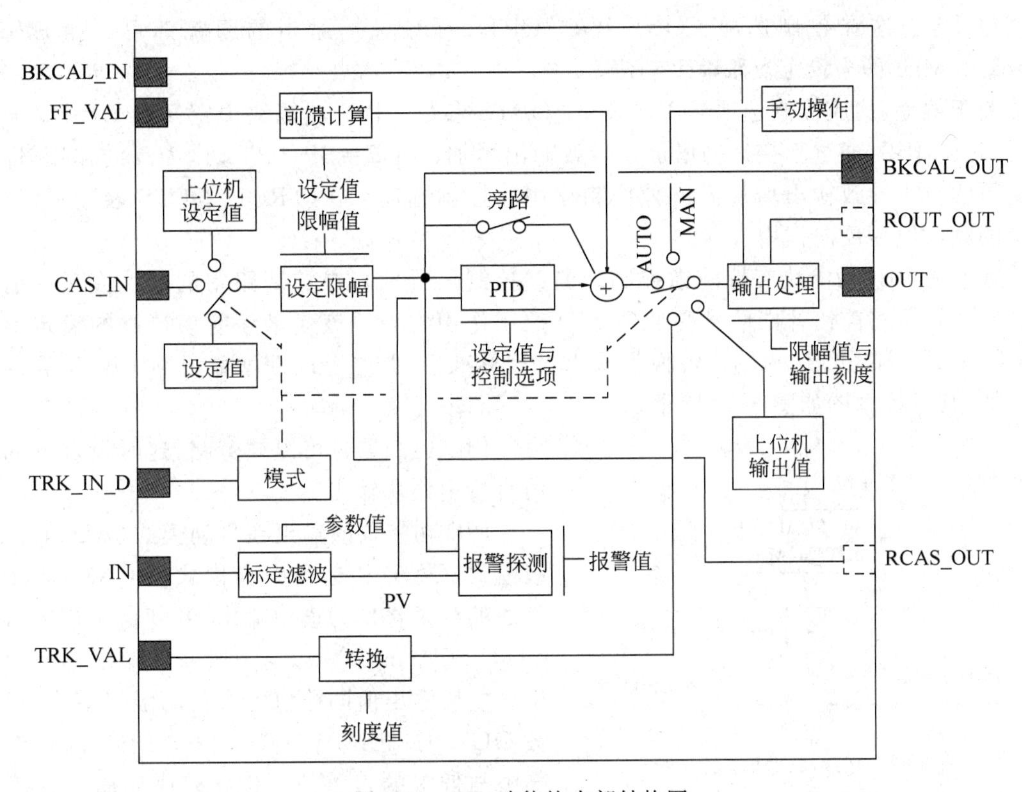

图 3-84 PID 功能块内部结构图

PID 算法的旁路作用是通过参数 BYPASS 设置。其值为 1 时，功能块的输出等于设定值，即控制输出被旁路。其值为 1 时，PID 算法的输出为功能块的输出。

PID 算法包含三个独立的参数，对应比率、积分和微分三个设定值，即 GIAN、RESET 和 RETE。这三项的加权和就是输出给调节阀的阀位或加热元件的能量。其数学表达有 ISA 标准 PID 算式和串联算式，

标准 PID 算式：

$$U(s) = K_p E(s)\left[1 + \frac{1}{T_i s + 1} + \frac{T_d s}{\alpha T_d s + 1}\right] + F(s) \tag{3-9}$$

串联 PID 算式：

$$U(s) = K_p E(s)\left[\left(1 + \frac{1}{T_i s}\right) + \left(\frac{T_d s + 1}{\alpha T_d s + 1}\right)\right] + F(s) \tag{3-10}$$

式中：$U(s)$为 PID 控制器输出；

K_p 为比率增益(对应 GIAN 参数)；

T_i 为积分时间常数(对应 RESET 参数)；

T_d 为微分时间常数(对应 RETE 参数)；

α 为固定因子(一般取 RETE 参数的 0.1)；

$F(s)$为来自前馈输入的前馈控制贡献份额；

$E(s)$为设定点与过程变量的偏差。

PID 功能块支持设定点跟踪功能，也即在任何手动模式下，设定点 SP 都会自动跟踪过

程变量 PV。这在控制选项 CONTROL_OPTS 参数选择适当的跟踪即可。如 SP-PV Track in Man 即为设定点跟踪手动值。

关于偏差，对应控制选项 CONTROL_OPTS 参数。PID 功能块中定义当 E＝PV－SP 时，为正向作用，即过程变量的增加会导致输出增加；当 E＝SP－PV 时，为反向作用，即过程变量的减少导致输出增加。这种控制作用在控制选项 CONTROL_OPTS 参数中设置。模块的默认值为反向作用。

标准的 PID 功能块支持前馈控制。前馈控制信号取自被控回路中的干扰变量。前馈控制作用就是将前馈补偿信号叠加到 PID 控制作用之上。该变量经前馈计算的设定值参数 FF_SCAL 和 OUT_SCAL 转换为输出量程标准后，并乘上前馈增益再与 PID 运算的结果相加，其运算框图如图 3-85 所示。

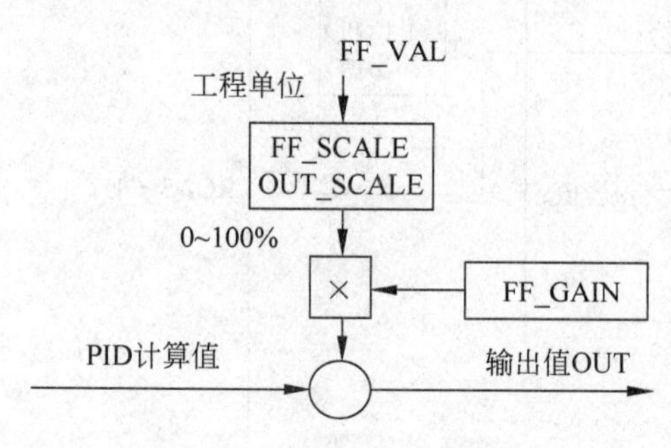

图 3-85　PID 前馈功能示意图

PID 控制器也可以被旁路，这时设定点的数值直接由模块输出。

PID 功能块的输出在自动模式(AUTO)、串级模式(CAS)和远程串级模式(RCAS)时，PID 算法的结果将作为模块输出 OUT。该输出值经 OUT_SCALE 参数标定为所需的输出刻度后输出。模块输出值同样也可进行超限报警，通过参数 OUT_HI_LIM 和 OUT_LO_LIM，即可设置高限与低限的报警值。PID 模块的输出在手动模式(MAN)时，其输出值和状态均由手动设置。

PID 功能块之回算功能(BKCAL_IN)。当下游模块的 BKCAL_OUT 状态信号被本 PID 功能块的 BKCAL_IN 接收到后，PID 功能块的模式将初始化为手动 I MAN。此时，PID 功能块的输出 OUT 初始化为 BKCAL_IN 的数值。对于两个 PID 功能块构成的串级控制系统，在投运初期设定参数时一般会先投入一个 PID 回路，然后再投入第二个 PID 回路。比如首先投入次级 PID 功能块，如图 3-86 所示。此时次级 PID 功能块已在自动模式。次级 PID 模块的设定值通过回算输出 BKCAL_OUT 反送到主 PID 模块的回算输入 BKCAL_IN。主 PID 功能块的模式将变为初始化手动 I MAN，所以主 PID 功能块的输出 OUT 被初始化为 BKCAL_IN 的数值。由于主 PID 功能块的输出 OUT 连接到次 PID 功能块的串级输入 CAS_IN，这样次 PID 功能块的串级设定点输入就与自己的设定点 SP 的数值一致。在任何时候次级 PID 功能块的模式切换回串级输入，设定点的值都不会有波动，从而实现无扰切换。

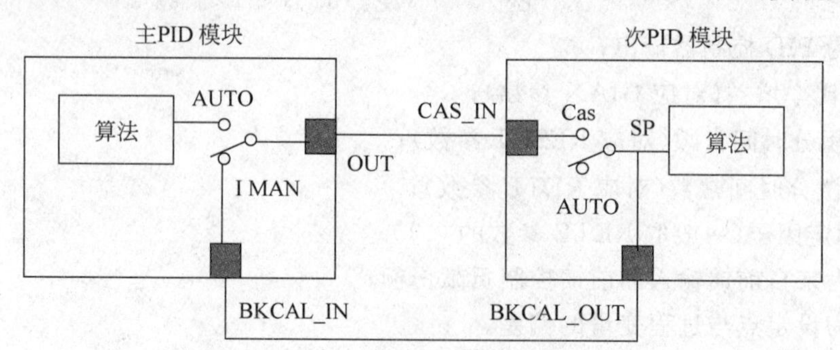

图 3-86　串级 PID 功能块之间无扰切换示意图

另一个无扰切换的例子是阀门定位器的回算反馈，如图3-87所示。当调节阀处在手动操作时，AO功能块的输入经通道参数送往转换块，最终转换成操作调节阀的操作信号。调节阀被操作时其阀位发生变化，位置传感器检测到该信号，经转换块及AO功能块的回读参数读回，再经AO功能块的回算输出BKCAL_OUT送往PID模块的回算输入BKCAL_IN。这时，PID功能块的模式将变为初始化手动I MAN，PID功能块的输出OUT被初始化为BKCAL_IN的数值，即阀位值。在任何时候PID功能块的模式切换自动状态AUTO时，PID功能块的输出值都不会有波动，从而实现无扰切换。

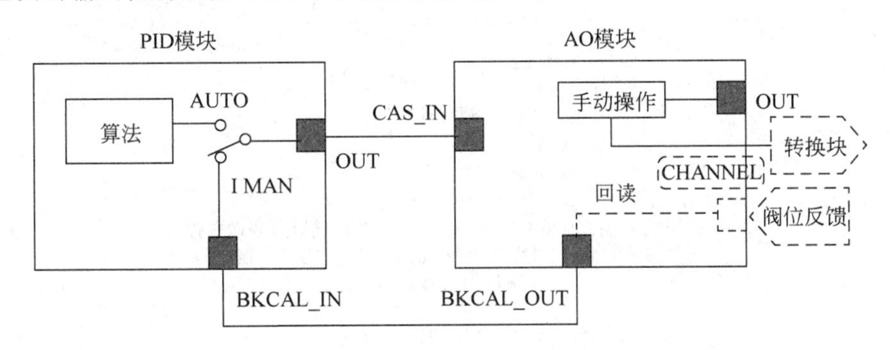

图3-87 PID功能块与下游功能块之间无扰切换示意图

图3-87所示的回算连接还有一个重要的功能就是抗积分饱和。控制类功能块有一个重要特性就是回算输入BKCAL_IN的某种状态可以激活初始化手动功能I MAN。只要初始化手动功能被激活，模块的输出OUT就会初始化到回算输入的值。由于AO功能块本身没有输出，AO功能块的输出是通过通道参数传送给转换块的。因此，必须将阀门的阀位信号用传感器取回，再由回读参数送往AO功能块，经AO功能块的回算输出送往上游PID功能块的回算输入。当阀门开度达到上下极限位置时，通过PID功能块的回算参数来激活初始化手动功能，从而使PID功能块的输出初始化到回算输入的值，也即阀位开度的极限值。PID功能块将不再有积分计算结果的输出，最终实现了抗积分饱和。

PID功能块支持外部输出跟踪（External-Output Tracking，也称本地超驰Local Override，简称LO）。有时，在发生紧急情况时，需要通过某种简单的本地设备进行操作。这时的控制器（模块）可能只是一个备份。这种情形通常称为控制器被本地控制超驰。要使控制器在投入运行时实现无扰切换，需将本地操作的状态和数值（如阀位等）也送往PID控制器模块。这就是PID功能块对外部信号进行跟踪。PID模块由输出跟踪值输入参数TRK_VAL接收外部信号。所接收的信号还需经跟踪刻度参数TRK_SCAEL和输出刻度参数OUT_SCAEL进行标度。该功能需要在一定的条件下才能实现，如控制选项CONTROL_OPTS中的跟踪使能需为真；模块模式需为自动或串级；TRK_VAL和TRK_IN_D的状态均可用；TRK_IN_D的值被激活等。外部输出跟踪的原理如图3-88所示。由图3-88可见，PID功能块的输出OUT即为TRK_VAL的数值。

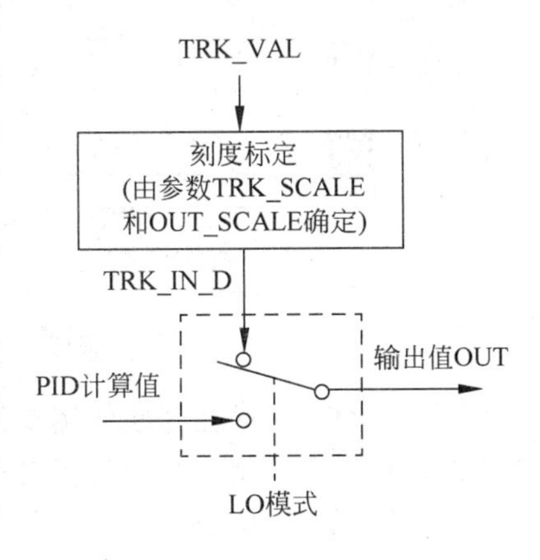

图3-88 外部跟踪示意图

在任何时候 PID 功能块的模式切换自动状态 AUTO 时,PID 模块的输出值都不会有波动,从而实现无扰切换。

(6) 计算功能块

计算功能块 ARTH 能够提供多种用途的计算功能。该功能块可以用来执行过程控制中的多种普通计算,如流量测量的温度与压力补偿计算、静压罐测量的计算以及比例控制中的设定点计算等。ARTH 功能块的表示符号多为如图 3-89 所示的方式表达,但不同厂商提供的功能块手册可能也会略有不同。

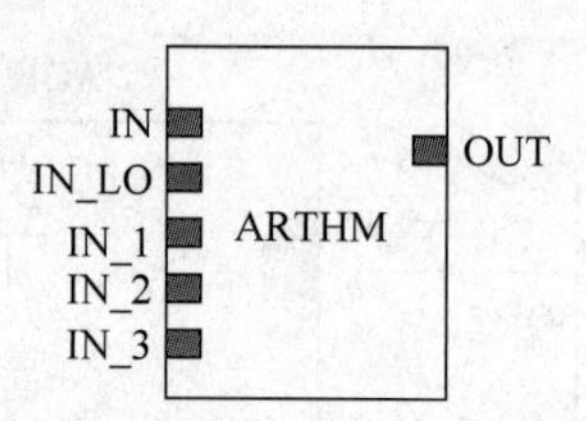

IN为模块的主输入;IN_LO为量程范围扩展时低量程变送器输入;
IN_1为辅助输入1;IN_2为辅助输入2;IN_3为辅助输入3;
OUT为信号输出

图 3-89　计算功能块示意图

ARTH 功能块的内部结构如图 3-90 所示。ARTH 功能块的输入信号可以从两个输入得到,一个主输入 IN,一个为低端输入 IN_LO。对于多数应用都只有主输入被用来获取过程变量。低端输入一般用于由两个变送器组合进行差压流量测量,以获取较高的量程比,如图 3-91 所示。

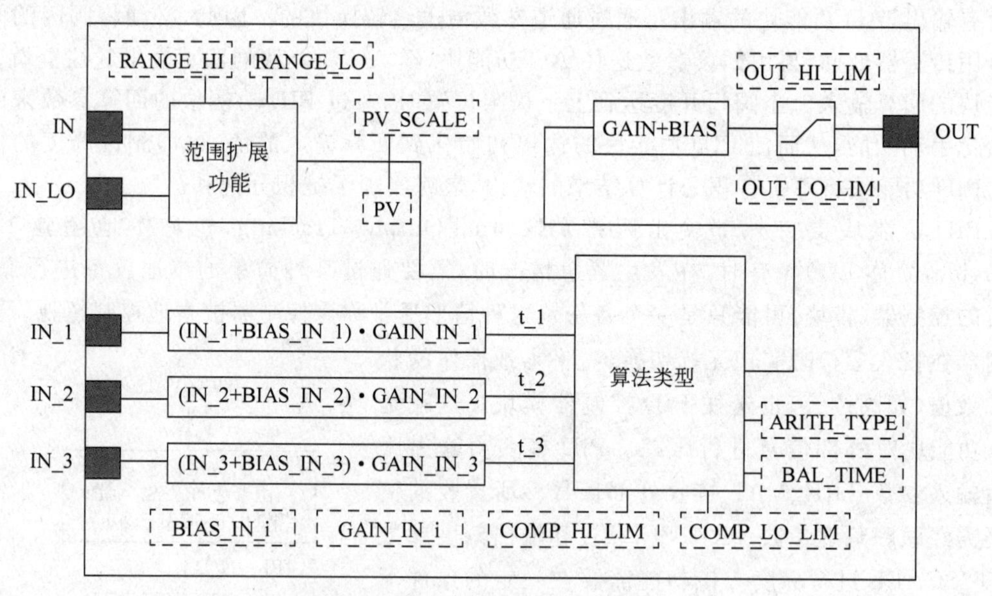

图 3-90　ARTHM 功能块内部结构图

可以用两台变送器并联使用来扩展量程比,这与用两台调节阀并联使用来扩展调节范围是相似的原理。用一台大量程变送器和一台小量程变送器同时测量某一流量。小量程变送器的量程上限是 RANGE_HI,大量程变送器的量程下限是 RANGE_LO。低于 RANGE_LO 的变量由小量程变送器测量,高于 RANGE_LO 的变量由大量程变送器测量。为了保险,

两台变送器的测量区域有一个重叠区,如图3-92所示。这样,量程比的扩展可按照下式计算:

$$PV = g \cdot (IN) + (1 - g) \cdot (IN\_LO) \tag{3-11}$$

$$g = \frac{(IN) - (RANGE\_LO)}{(RANGE\_HI) - (RANGE\_LO)} \tag{3-12}$$

且

$$g=0, \quad IN \leqslant RANGE\_LO$$

$$g=1, \quad IN \geqslant RANGE\_HI$$

式中:PV为过程变量;

IN为主变送器测量值;

IN_LO为低量程变送器测量值;

RANGE_HI为小量程变送器的量程上限值;

RANGE_LO为大量程变送器的量程下限值;

g为两台变送器测量重叠区域的扩展系数。

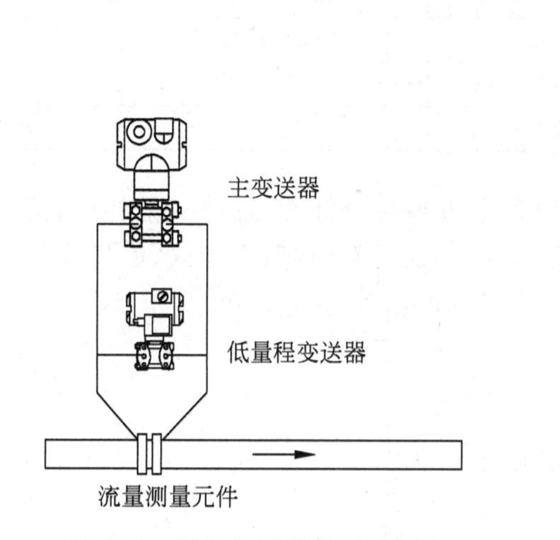

图3-91 量程比扩展原理示意图

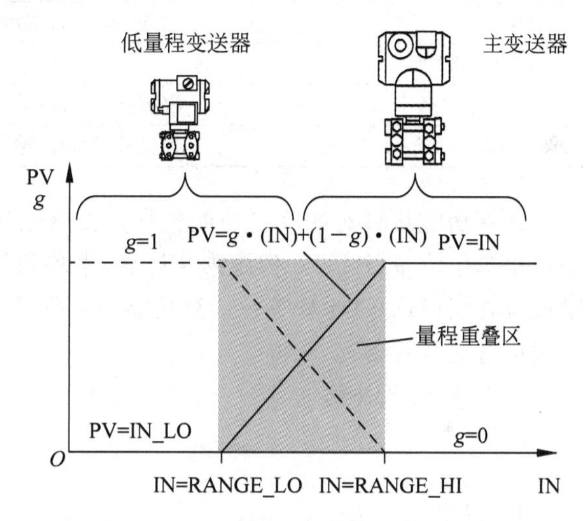

图3-92 量程扩展的传递函数示意图

量程扩展的功能块链接应用之一可如图3-93所示。对应的参数选择如表3-4所示。值得注意的是,两台变送器的工程单位必须相同。

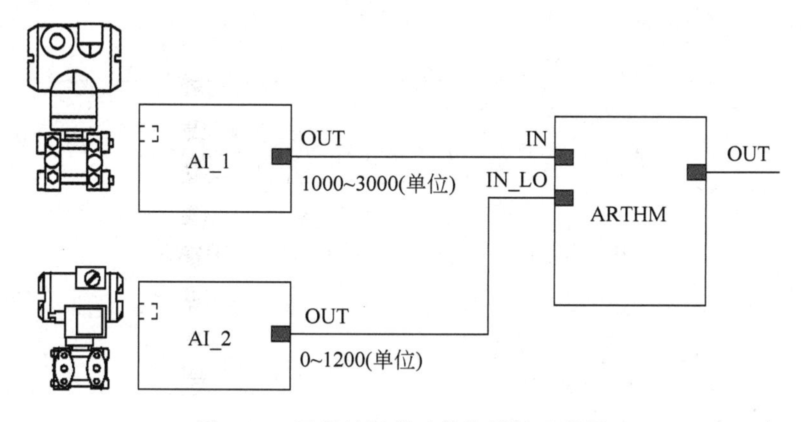

图3-93 量程扩展的功能块链接示意图

表 3-4 量程扩展功能块组态参数设置表

参数	作用说明	数值
MODE_BLK. Target	模块目标模式	Auto
PV_SCALE. EU_100 PV_SCALE. EU_0 PV_SCALE. UNITS_INDEX	扩展量程上限 扩展量程下限 过程变量单位	如 3000units 如 0units units
OUT_RANGE. EU_100 OUT_RANGE. EU_0 OUT_RANGE. UNITS_INDEX	输出变量上限 输出变量下限 输出变量单位	如 3000units 如 0units units
INPUT_OPTS	根据需要选择输入选择项	如输入选择不确定
RANGE_LO	PV 值	如 1050units
RANGE_HI	PV 值	如 1150units
BIAS	根据需要输入一个常数	0units(缺损值)
GAIN	输入/输出的刻度值	1
ARITH_TYPE		0(缺损值)
OUT_HI_LIM	根据需要选择输出值的上限	—
OUT_LO_LIM	根据需要选择输出值的下限	—

计算功能块具有的算术功能包括：线性流量补偿、平方根流量补偿、近似流量补偿、英制热量单位流量(BTU)、传统乘法计算、平均值计算、传统加法计算、四阶多项式、静压式储罐液位补偿(HTG)计算等。计算功能块另外还有三个额外的输入：IN_1、IN_2 和 IN_3，用于辅助这些计算。

① 线性流量补偿

$$\mathrm{OUT} = \mathrm{PV} \cdot \left[\frac{t_1}{t_2}\right] \cdot \mathrm{GAIN} + \mathrm{BIAS} \tag{3-13}$$

式中：t_i 为输入变量。

② 平方根流量补偿

$$\mathrm{OUT} = \mathrm{PV} \cdot \left[\sqrt{\frac{t_1}{t_2 \cdot t_3}}\right] \cdot \mathrm{GAIN} + \mathrm{BIAS} \tag{3-14}$$

③ 近似流量补偿

$$\mathrm{OUT} = \mathrm{PV} \cdot [\sqrt{t_1 \cdot t_2 \cdot t_3^2}] \cdot \mathrm{GAIN} + \mathrm{BIAS} \tag{3-15}$$

④ BTU 流量

$$\mathrm{OUT} = \mathrm{PV} \cdot [t_1 - t_2] \cdot \mathrm{GAIN} + \mathrm{BIAS} \tag{3-16}$$

⑤ 传统乘法

$$\mathrm{OUT} = \mathrm{PV} \cdot \left[\frac{t_1}{t_2} + t_3\right] \cdot \mathrm{GAIN} + \mathrm{BIAS} \tag{3-17}$$

⑥ 平均值

$$\mathrm{OUT} = \frac{\mathrm{PV} + t_1 + t_2 + t_3}{n} \cdot \mathrm{GAIN} + \mathrm{BIAS} \tag{3-18}$$

式中：n 为传感器个数(也即输入个数)。

⑦ 传统加法

$$OUT = (PV + t_1 + t_2 + t_3) \cdot GAIN + BIAS \tag{3-19}$$

⑧ 四阶多项式

$$OUT = (PV + t_1^2 + t_2^3 + t_3^4) \cdot GAIN + BIAS \tag{3-20}$$

例如，对于热电阻温度计的二阶近似表达

$$R(T) = R(T_0)[1 + \alpha_1 \Delta T + \alpha_2 (\Delta T)^2]$$

用多项式实现其计算，功能块的连接原理如图 3-94 所示。

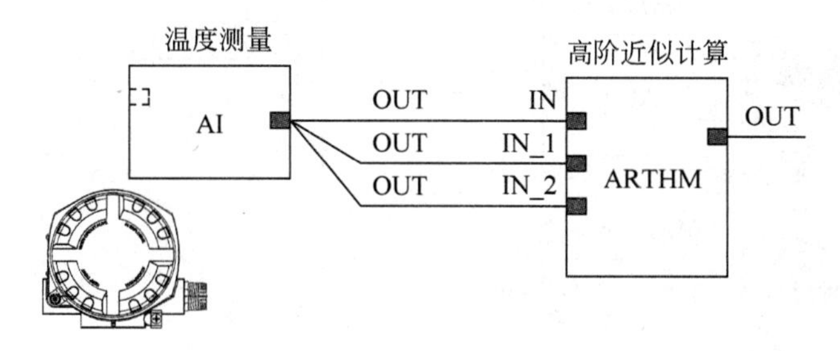

图 3-94　高阶计算的功能块链接示意图

⑨ HTG 液位补偿

$$OUT = \frac{PV - t_1}{PV - t_2} \cdot GAIN + BIAS \tag{3-21}$$

例如，采用压力变送器测量密封罐的液位，如图 3-95 所示。用一台压力变送器测量液位，由于液体液位也是液体密度的函数，因此，还有一台压力变送器用来测量密度以校正液位。对于密封罐，在罐体顶部还有一台压力变送器测量蒸汽压力以补偿液位。这时液位的补偿公式如下：

$$H = \frac{P_b - P_t}{P_b - P_m} \cdot h_{bm} \tag{3-22}$$

式中：H 为液位高度；

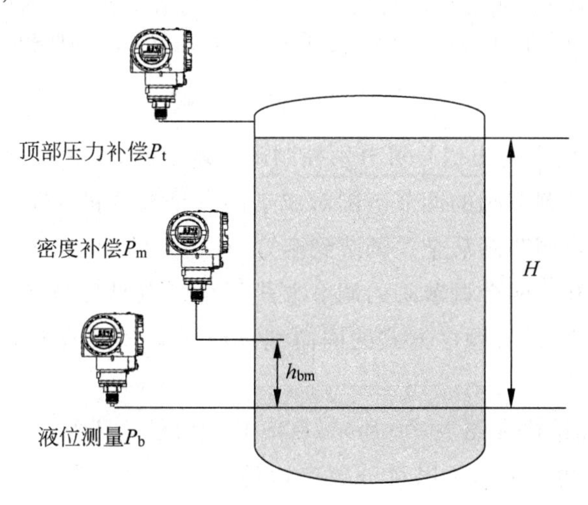

图 3-95　静压液位测量示意图

h_{bm} 为密度补偿液位高度；

P_b 为罐低压力；

P_m 为罐顶压力。

用 HTG 液位补偿计算，其功能块的连接原理如图 3-96 所示。

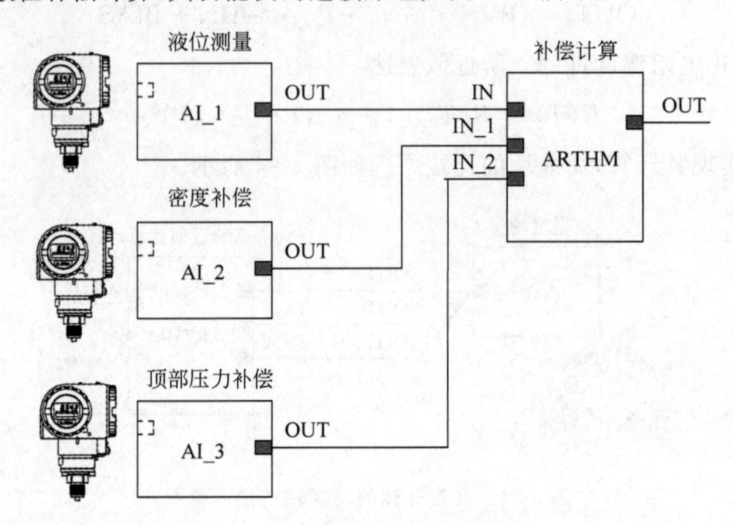

图 3-96 HTG 补偿计算的功能块链接示意图

（7）输出分程功能块

输出分程功能块 OS 能够实现在一个输入信号作用下提供两个控制信号输出的功能。OS 功能块的表示符号多为如图 3-97 所示的方式表达，但不同厂商提供的功能块手册可能也会略有不同。

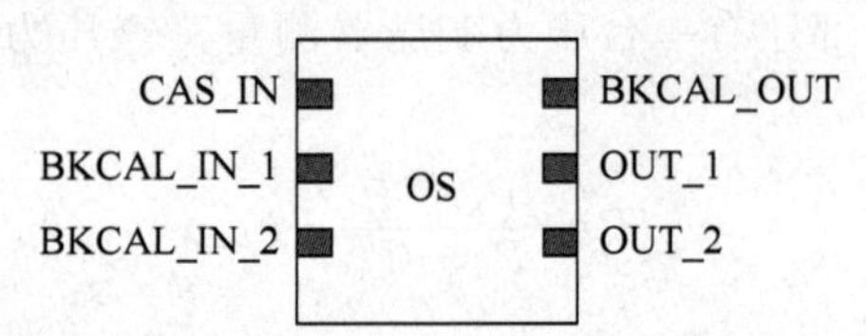

CAS_IN 为模块串级输入; BKCAL_IN_1为1号回算输入; BKCAL_IN_2为2号回算输入;
OUT_1为1号输出; OUT_2为2号输出; BKCAL_OUT为回算输出;

图 3-97 OS 功能块示意图

在 OS 功能块中，两个输出信号可分别控制两台调节阀，使其按照分程的方式动作或按顺序方式动作。这两台调节阀的调节范围对应于同一个输入的不同区间。比如，在输入的 0%～50%范围时，一台调节阀从全关调节到全开，在输入的 50%～100%范围时，另一台调节阀从全关调节到全开。两台调节阀的调节方式组合可以是任意的，包括分程方式的异向气开与气关方式的组合，以及顺序方式的同向气开或同向气关的组合，如图 3-98 与图 3-99 所示。

OS 功能块的内部结构如图 3-100 所示。OS 功能块的输入端一般连接上游的 PID 功能块，PID 功能块为 OS 功能块提供以百分数表达的设定点输入值 SP。OS 功能块的两个输出 OUT_1 和 OUT_2 则是由设定点输入值 SP 按照一定线性函数产生的。

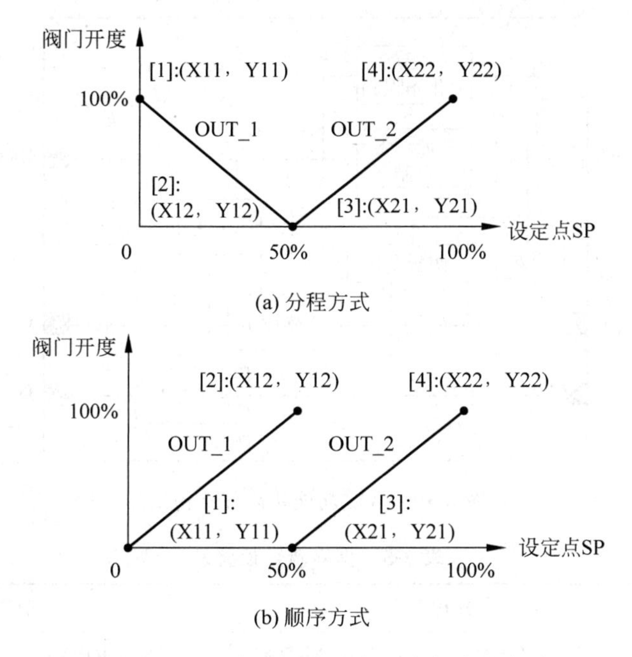

(a) 分程方式

(b) 顺序方式

图 3-98　调节阀分程方式与顺序方式示意图

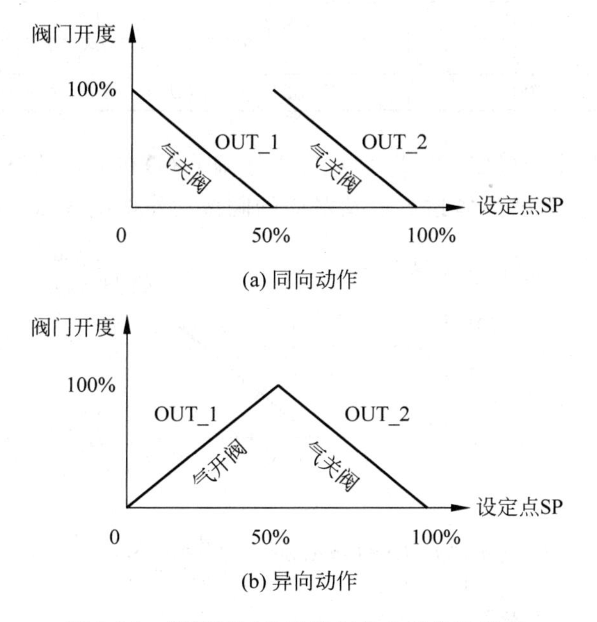

(a) 同向动作

(b) 异向动作

图 3-99　调节阀同向动作与异向动作示意图

分程函数由坐标参数来定义。这里的坐标是指分程作用直线的端点，比如输出 OUT_1 对应的阀门动作函数端点坐标为(X11，Y11)到(X12，Y12)，而输出 OUT_2 对应的阀门动作函数端点坐标为(X21，Y21)到(X22，Y22)，参见图 3-98(a)和(b)。坐标参数的设置是通过输入坐标参数 IN_ARRAY(设置设定点 X)和输出坐标参数 OUT_ARRAY(设置输出 Y)来实现的。图 3-98(a)和(b)对应的调节阀函数如表 3-5 所示。

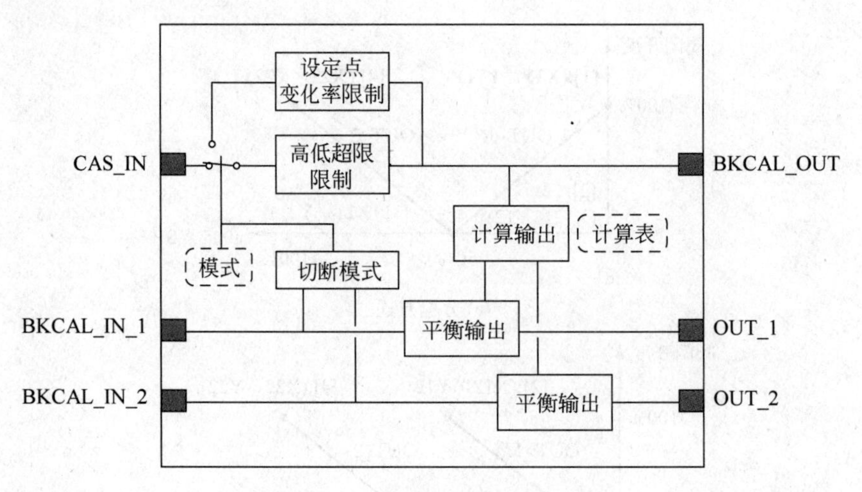

图 3-100 OS 功能块内部结构图

表 3-5 坐标参数设置表

端点号	分程范围		动作顺序	
	IN_ARRAY	OUT_ARRAY	IN_ARRAY	OUT_ARRAY
[1]	0	100	0	0
[2]	50	0	50	100
[3]	50	0	50	0
[4]	100	100	100	100

参数 LOCKVAL 用于确定 OUT_1(对应 1 号调节阀)在动作的终点是保持最后的阀位值还是返回到零。该参数的具体指令以及对应的阀位动作如图 3-101 所示。

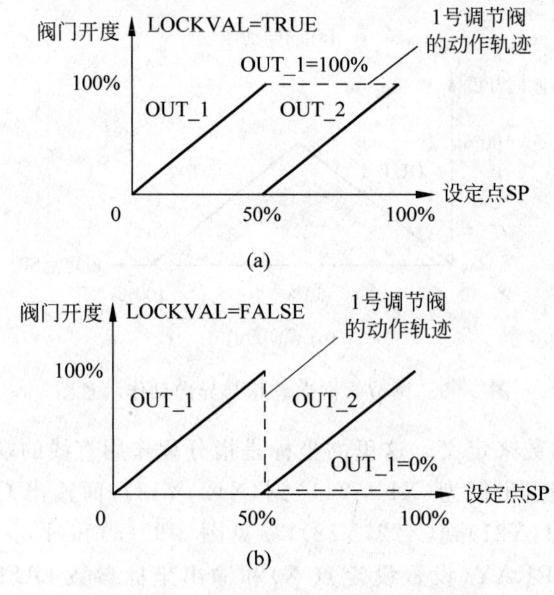

图 3-101 LOCKVAL 指令效果示意图

分程后的输出信号还需经参数 OUT_RANGE_1 和 OUT_RANGE_2 进行刻度转换。BKCAL_OUT 参数用于给上游功能块提供当前设定点值 SP。参数 BKCAL_IN_1 和 BKCAL_IN_2 为下游功能块提供的回算输入值。

(8) 信号特征化功能块

信号特征化功能块 CHAR 能够实现输入与输出之间的非线性映射关系。功能块有两个通道,每个通道使用各自单一的查询表,其查询表有 21 个定义。第二个通道可对其 x 轴与 y 轴进行可选择性的交换,这样就可将第二通道用作反馈控制通道。CHAR 功能块的表示符号多为如图 3-102 所示的方式表达,但不同厂商提供的功能块手册可能也会略有不同。

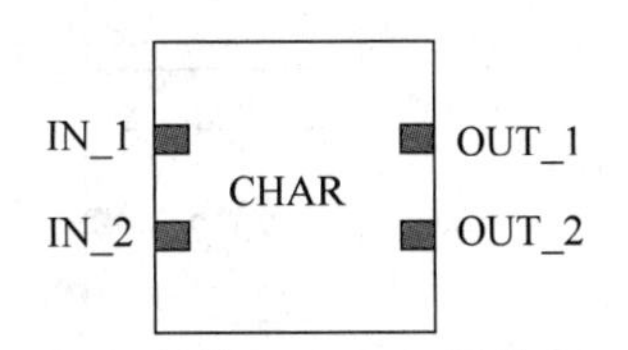

IN_1为1号输入; IN_2为2号输入;
OUT_1为1号输出; OUT_2为2号输出

图 3-102 CHAR 功能块示意图

CHAR 功能块的内部结构如图 3-103 所示。CHAR 功能块输入 IN_1 与输出 OUT_1 相关联,输入 IN_2 与输出 OUT_2 相关联。21 个点构成的曲线坐标为:

[x1; y1],[x2; y2],…,[x21; y21]

x 对应输入,y 对应输出。x 坐标是有工程单位的输入,y 坐标是有工程单位的输出。参数由 CURVE_X 与 CURVE_Y 设置。

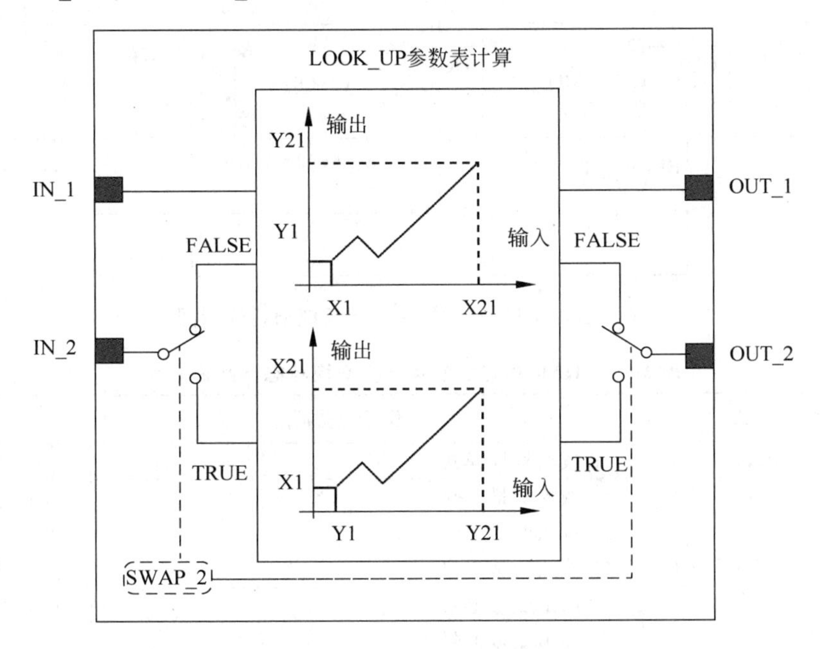

图 3-103 CHAR 功能块内部结构图

对应查询表中两个点之间的输出值,则由一定的插值公式根据这两个点的输入值进行计算。

参数 SWAP_2 表示交换,即将第二通道查询表的 x 轴与 y 轴进行交换。这意味着 IN_2 必须连接下游功能块,而 OUT_2 必须连接上游功能块,从而构成反馈控制通道。这时 IN_2 的单位必须与 OUT_1 的单位一致,OUT_2 的单位必须与 IN_1 的单位一致。

信号特征化功能块的一个应用实例就是将上游两个 AO 功能块的输出,经过一个完全相同的信号特征化处理，送往两个独立的 PID 功能块进行控制，如图 3-104 所示。

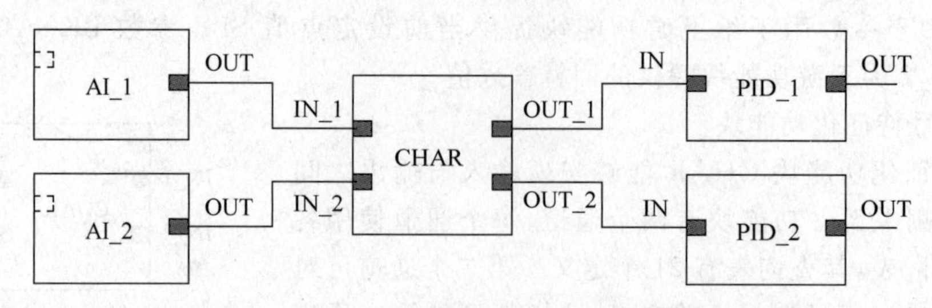

图 3-104　CHAR 功能块的标准应用连接图

信号曲线功能块的另一个应用实例是使用 x 轴与 y 轴交换的功能，如图 3-105 所示。在该案例中，PID 功能块的控制输出信号传输给下游功能块使用之前，先进行一定的信号特征化处理。这时下游功能块的回算信号在送往上游功能块之前，则要进行信号特征化逆向处理。因此，输出功能块的回算输出 BKCAL_OUT 连接到 CHAR 功能块的 2 号输入 IN_2。CHAR 功能块的 2 号输出 OUT_2 连接到 PID 功能块的回算输入 BKCAL_IN。将 CHAR 功能块的 2 号信号 x 轴与 y 轴进行交换就能实现这种逆向处理。通道对应的设置参数如表 3-6 所示。

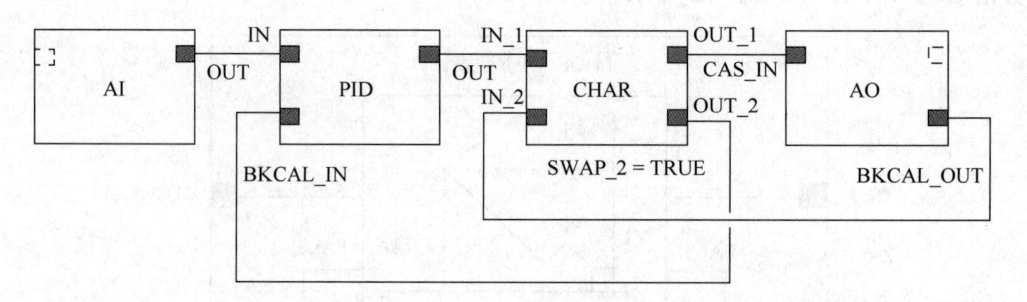

图 3-105　CHAR 功能块用于反馈通道连接图

表 3-6　CHAR 功能块信号特征交换组态参数设置表

参　数	作用说明	数　值
MODE_BLK. Target	模块目标模式	Auto
X_RANGE. EU_100 X_RANGE. EU_0 X_RANGE. UNITS_INDEX	输入变量上限 输入变量下限 输入变量单位	如 1000 如 0 如 kg/hr
Y_RANGE. EU_100 Y_RANGE. EU_0 Y_RANGE. UNITS_INDEX	输出变量上限 输出变量下限 输出变量单位	如 100 如 0 如%
SWAP_2	根据需要选择用于反馈通道的信号特征交换	缺损值为不交换
CURVE_X. [1] … CURVE_X. [21]	计算表中输入变量 X 值	0(kg/hr) … 1000(kg/hr)
CURVE_Y. [1] … CURVE_Y. [21]	计算表中输出变量 Y 值	0(%) … 100(%)

(9) 输入选择功能块

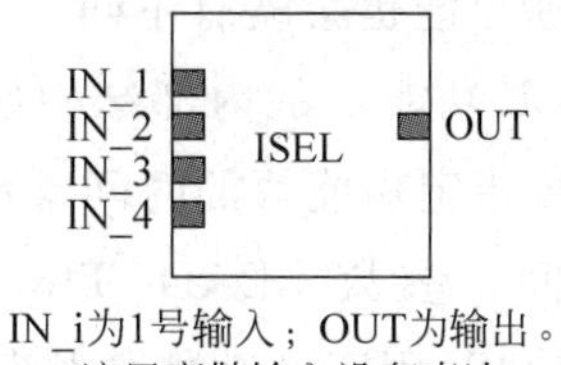

图 3-106　ISEL 功能块示意图

输入选择功能块 ISEL 能够实现从多个输入中选择产生一个输出的功能。其输入通常来自 AI 功能块或其他上游的功能块,不直接由转换块输入。ISEL 功能块的表示符号多为如图 3-106 所示的方式表达,但不同厂商提供的功能块手册可能也会略有不同。

ISEL 功能块有 4 个可连接上游模拟量输入模块的输入端 IN_1 到 IN_4。另外,有 4 个可连接上游开关量信号的输入端 DISABLE_1 到 DISABLE_4。ISEL 功能块的内部结构如图 3-107 所示。

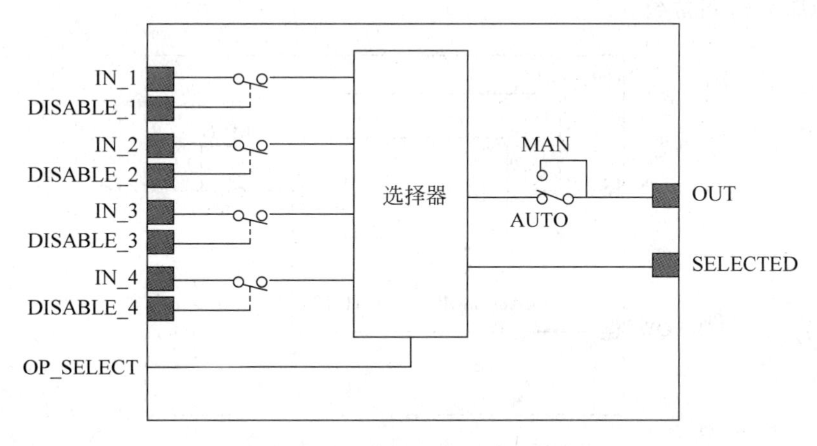

图 3-107　ISEL 功能块内部结构图

ISEL 功能块支持两大类功能作用。一类是内部信号选择,由参数 SELECT_TYPE 进行选择。选择的功能包括最大值(在所连接的有效输入信号中选择最大的)、最小值(在所连接的有效输入信号中选择最小的)、中间值(在所连接的有效输入信号中选择中间值)、平均值(计算所连接的有效输入信号的平均值)以及优先值(选择第一个遇到的质量最好的输入信号)。所选中的模拟量信号由 OUT 端输出,并由 OUT_RANGE 参数确定输出量程与单位。另一类是外部信号选择,由参数 DISABLE_n 进行选择。当 DISABLE_n 为真,对应的 IN_n 不被使用。

ISEL 功能块由外部参数 OP_SELECT 控制选择过程。OP_SELECT 参数为零时,执行内部选择。OP_SELECT 参数为非零时,执行外部选择,其参数的值对应功能块的输入 1 到 4。SELECTED 端输出一个整数表示选择算法选择的是哪一个输入信号。

(10) 超前-滞后补偿功能块

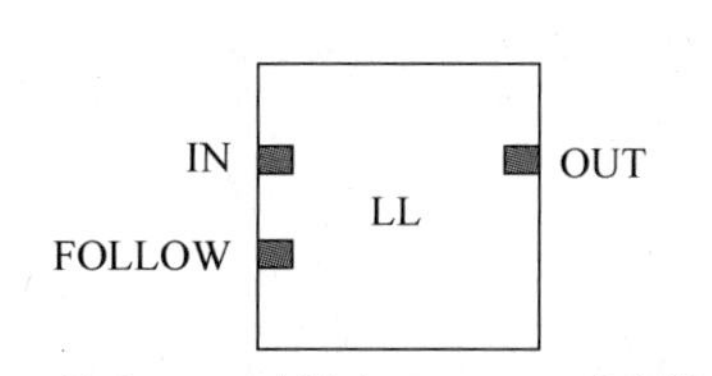

图 3-108　LL 功能块示意图

超前-滞后补偿功能块 LL 能够实现对其输入信号的动态补偿。LL 功能块通常用于控制方案中的前馈补偿,也可用于一些特殊控制方案中的初始化功能,或者实现由根轨迹方法、频率响应方法、状态空间方法等设计的一些简单的超前或滞后控制器等。LL 功能块的表示符号多为如图 3-108 所示的方式表达,但不同厂商提供的功能块手册可能也会略有不同。

LL 功能块的内部结构如图 3-109 所示。IN 端口接收待处理的过程信号，参数 LAG_TIME 指定功能块的时间常数，此常数是指对阶跃输入时其输出达到终值的 63.2%所需的时间。参数 LEAD_TIME 用于设定输入参数的增益或给输入参数加脉冲。参数 FOLLOW 用于使功能块执行跟踪功能，当 FOLLOW 参数为真时，功能块的输出 OUT 被强制跟踪其输入 IN。描述超前-滞后补偿功能的传递函数表达式为：

$$G(s)=\frac{T_1 s+1}{T_2 s+1} \tag{3-23}$$

式中：T_1 为超前时间常数；

T_2 为滞后时间常数。

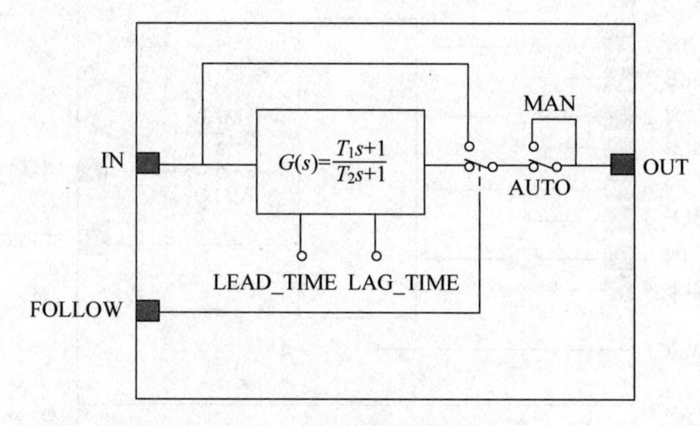

图 3-109　LL 功能块内部结构图

LL 功能块支持 O/S、MAN 和 AUTO 模式。

下面通过一个应用案例来说明超前-滞后补偿的作用。如果 LL 功能块的输入 IN=10，在 $t=5$s 时接收到一个正 10%的阶跃变化，在 $t=20$s 时接收到一个负 10%的阶跃变化，通过改变超前与滞后的参数，LL 功能块的输出分别如下：

(a) LEAD_TIME=0 和 LAG_TIME=5 时，LL 功能块的输出如图 3-110 所示。

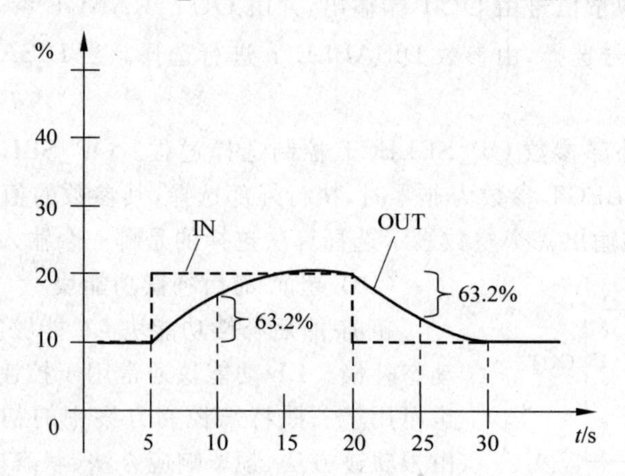

图 3-110　LEAD_TIME=0 和 LAG_TIME=5 时，LL 功能块的输出图

(b) LEAD_TIME＝5 和 LAG_TIME＝0 时，LL 功能块的输出如图 3-111 所示。

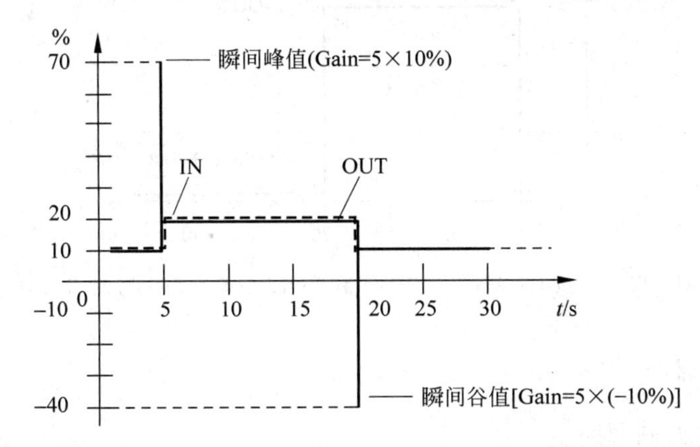

图 3-111　LEAD_TIME＝5 和 LAG_TIME＝0 时，LL 功能块的输出图

(c) LEAD_TIME＝5 和 LAG_TIME＝10 时，LL 功能块的输出如图 3-112 所示。

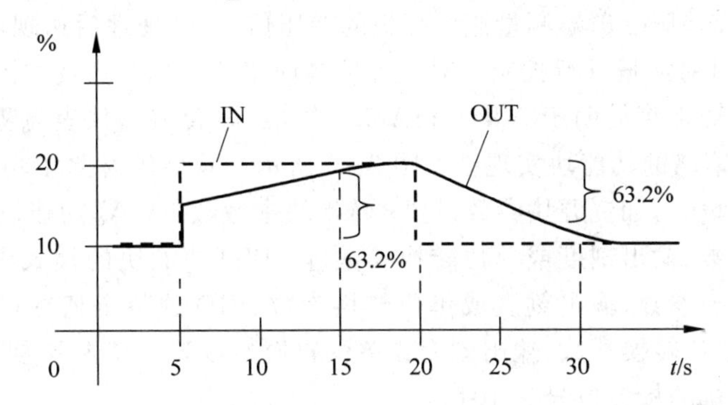

图 3-112　LEAD_TIME＝5 和 LAG_TIME＝10 时，LL 功能块的输出图

(d) LEAD_TIME＝10 和 LAG_TIME＝5 时，LL 功能块的输出如图 3-113 所示。

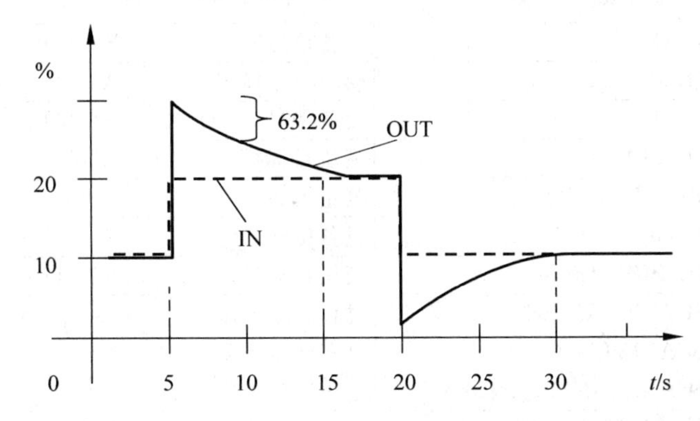

图 3-113　LEAD_TIME＝10 和 LAG_TIME＝5 时，LL 功能块的输出图

(e) LEAD_TIME＝10、LAG_TIME＝5 以及 FOLLOW＝TRUE 时，LL 功能块的输出如图 3-114 所示。

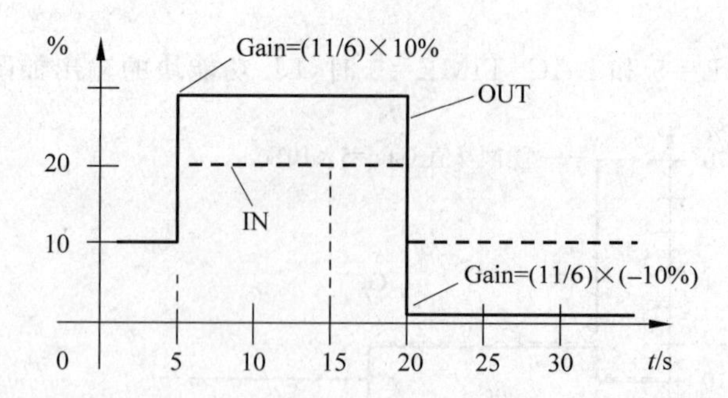

图 3-114　LEAD_TIME＝10、LAG_TIME＝5 和 FOLLOW＝TRUE 时，LL 功能块的输出图

3.5　应用案例

(1) 简单 PID 控制回路

工艺管道流量测量与控制的实现即构成一个简单 PID 控制回路，控制回路的硬件由一台现场总线差压变送器（流量传感器为标准流量孔板）和一台现场总线调节阀（即阀门定位器）构成。现场总线差压变送器测量流量孔板的差压信号，经处理后送现场总线阀门定位器进行 PID 运算，同时对流量进行控制。对这种控制回路的方框图表达如图 1-4 所示，控制回路连接原理的表达通常将借助于 ANSI/ISA-5.1 标准，即管道与仪表流程图（P&ID），参见图 4-7 所示。控制策略的功能块实现则如图 3-70 所示。软件组态除了功能块的连接外，还要进行相关参数的设置，如资源块参数设置；转换块参数数值；AI 功能块的模式参数、输入刻度或单位转换参数、输出刻度或单位转换参数等；PID 功能块的模式参数、设定点参数、输入刻度或单位转换参数、输出刻度或单位转换参数、PID 的整定值等；AI 功能块的模式参数、输入刻度或单位转换参数、输出刻度或单位转换参数等。其主要参数设置如表 3-7 所示。该控制回路安排的标签位号是 101。

表 3-7　简单控制回路功能块组态参数设置表

模　块	参　数	作用说明	数　值	所属仪表
资源块	PD_TAG	设备位号	FT-101	流量变送器
	MODE_BLK. Target	模块目标模式	AUTO	
压力转换块	TB_TAG	设备位号	FT-101-T	
	MODE_BLK. Target	模块目标模式	AUTO	
	MEASURING MODE	测量模式	Deltabar S：Flow	
AI 功能块	FB_TAG	设备位号	FT-101-AI	
	MODE_BLK. Target	模块目标模式	AUTO	
	XD_SCALE. EU_100	过程变量上限	18	
	XD_SCALE. EU_0	过程变量下限	0	
	XD_SCALE. UNITS_INDEX	过程变量单位	t/hr	
	OUT_SCALE. EU_100	输出变量上限	100	
	OUT_SCALE. EU_0	输出变量下限	0	
	OUT_SCALE. UNITS_INDEX	输出变量单位	%	
	L_TYPE	对输入信号的线性化	Indirect Sq Root	

续表

模　　块	参　　数	作用说明	数　　值	所属仪表
PID功能块	FB_TAG	设备位号	FCV-101-PID	流量调节阀
PID功能块	MODE_BLK. Target	模块目标模式	AUTO	流量调节阀
PID功能块	SP	设定值	60%	流量调节阀
PID功能块	PV_SCALE. EU_100 PV_SCALE. EU_0 PV_SCALE. UNITS_INDEX	过程变量上限 过程变量下限 过程变量单位	100 0 %	流量调节阀
PID功能块	OUT_SCALE. EU_100 OUT_SCALE. EU_0 OUT_SCALE. UNITS_INDEX	输出变量上限 输出变量下限 输出变量单位	100 0 %	流量调节阀
PID功能块	GAIN RESET RATE	PID参数	1.5 0.1s 0.5s	流量调节阀
AO功能块	FB_TAG	设备位号	FCV-101-AO	流量调节阀
AO功能块	MODE_BLK. Target	模块目标模式	CAS	流量调节阀
AO功能块	PV_SCALE. EU_100 PV_SCALE. EU_0 PV_SCALE. UNITS_INDEX	过程变量上限 过程变量下限 过程变量单位	100 0 %	流量调节阀
AO功能块	XD_SCALE. EU_100 XD_SCALE. EU_0 XD_SCALE. UNITS_INDEX	输出变量上限 输出变量下限 输出变量单位	0.1 0.02 MPa	流量调节阀
资源块	PD_TAG	设备位号	FCV-101	流量调节阀
资源块	MODE_BLK. Target	模块目标模式	AUTO	流量调节阀
阀门定位器转换块	TB_TAG	设备位号	FCV-101-T	流量调节阀
阀门定位器转换块	MODE_BLK. Target	模块目标模式	AUTO	流量调节阀
阀门定位器转换块	POSITION_CHAR_TYPE	调节阀流量特性	3	流量调节阀
阀门定位器转换块	SERVO_GAIN SERVO_RESET SERVO_RATE	定位器伺服PID参数	1.5 0.1s 0.5s	流量调节阀

(2) 串级PID控制系统

加热釜加热工艺如图3-115所示，加热过程需控制被加热介质的温度。这里，温度为主控变量，由现场总线温度变送器检测出口温度，并由变送器内的PID控制器进行控制。为了克服流量波动的影响，对加热蒸汽流量进行检测，由现场总线差压变送器(配合节流孔板)实现检测，测量信号送现场总线调节阀，由阀门定位器内的PID控制器进行流量调节。温度控制器的输出信号作为流量控制器的设定值，这样温度控制为主调节回路，流量控制为副调节回路。主调节回路与副调节回路一并构成串级控制系统。

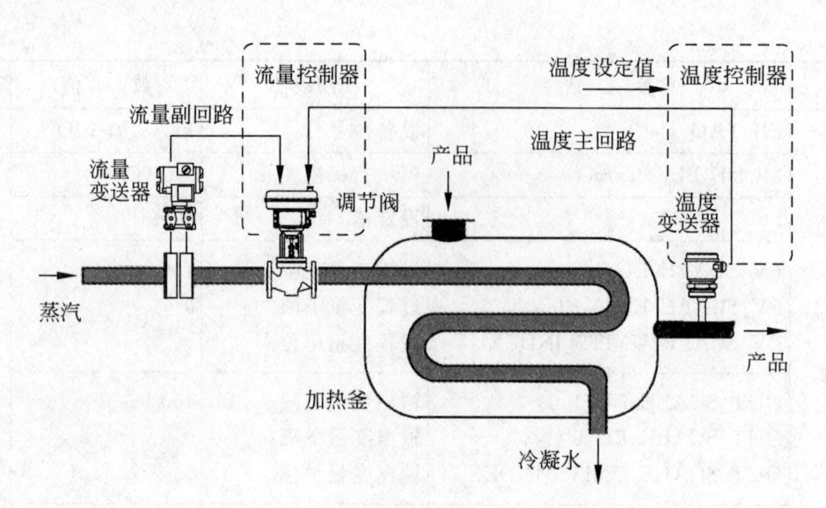

图 3-115　加热釜串级控制系统示意图

串级控制系统的控制策略组态如图 3-116 所示，功能块的主要参数设置如表 3-8 所示。该控制回路安排的标签位号是 102。

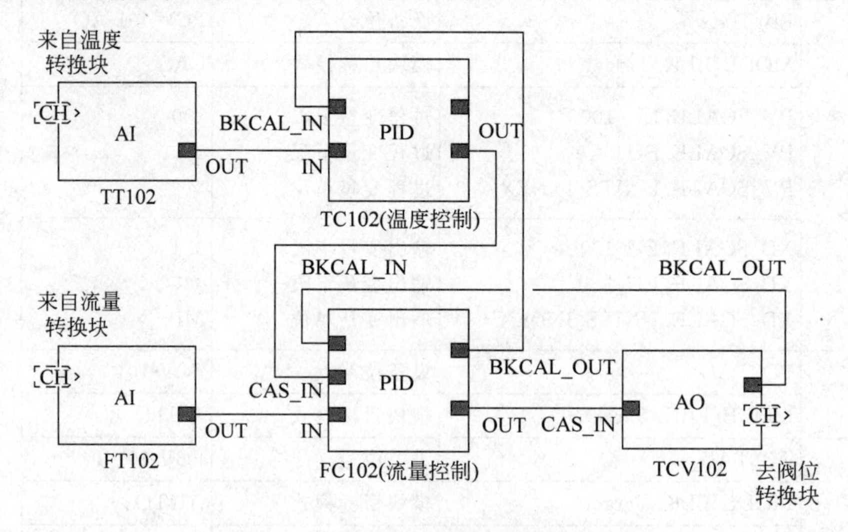

图 3-116　串级控制系统功能块连接图

表 3-8　串级控制系统功能块组态参数设置表

模　　块	参　　数	作用说明	数　　值	所属仪表
资源块	PD_TAG	设备位号	TT-102	温度变送器
	MODE_BLK. Target	模块目标模式	AUTO	
温度转换块	TB_TAG	设备位号	TT-102-T	
	MODE_BLK. Target	模块目标模式	AUTO	
	SENSOR_TYPE	传感器类型	Pt100	
	SENSOR_CONNECTION	接线方式	3	

续表

模　　块	参　　数	作用说明	数　　值	所属仪表
AI 功能块	FB_TAG	设备位号	TT-102-AI	温度变送器
	MODE_BLK. Target	模块目标模式	AUTO	
	XD_SCALE. EU_100	过程变量上限	600	
	XD_SCALE. EU_0	过程变量下限	0	
	XD_SCALE. UNITS_INDEX	过程变量单位	℃	
	OUT_SCALE. EU_100	输出变量上限	100	
	OUT_SCALE. EU_0	输出变量下限	0	
	OUT_SCALE. UNITS_INDEX	输出变量单位	%	
	L_TYPE	对输入信号的线性化	Direct	
PID 功能块（主回路）	FB_TAG	设备位号	TC-102-PID	
	MODE_BLK. Target	模块目标模式	AUTO	
	SP	设定值	60%	
	PV_SCALE. EU_100	过程变量上限	100	
	PV_SCALE. EU_0	过程变量下限	0	
	PV_SCALE. UNITS_INDEX	过程变量单位	%	
	OUT_SCALE. EU_100	输出变量上限	100	
	OUT_SCALE. EU_0	输出变量下限	0	
	OUT_SCALE. UNITS_INDEX	输出变量单位	%	
	GAIN	PID 参数	1.5	
	RESET		0.1s	
	RATE		0.5s	
资源块	PD_TAG	设备位号	FT-102	流量变送器
	MODE_BLK. Target	模块目标模式	AUTO	
压力转换块	TB_TAG	设备位号	FT-102-T	
	MODE_BLK. Target	模块目标模式	AUTO	
	MEASURING MODE	测量模式	Deltabar S：Flow	
AI 功能块	FB_TAG	设备位号	FT-102-AI	
	MODE_BLK. Target	模块目标模式	AUTO	
	XD_SCALE. EU_100	过程变量上限	18	
	XD_SCALE. EU_0	过程变量下限	0	
	XD_SCALE. UNITS_INDEX	过程变量单位	t/hr	
	OUT_SCALE. EU_100	输出变量上限	100	
	OUT_SCALE. EU_0	输出变量下限	0	
	OUT_SCALE. UNITS_INDEX	输出变量单位	%	
	L_TYPE	对输入信号的线性化	Indirect Sq Root	

续表

模　块	参　　数	作用说明	数　值	所属仪表
PID 功能块（副回路）	FB_TAG	设备位号	FCV-102-PID	流量调节阀
	MODE_BLK. Target	模块目标模式	CAS	
	SP	设定值	60%	
	PV_SCALE. EU_100 PV_SCALE. EU_0 PV_SCALE. UNITS_INDEX	过程变量上限 过程变量下限 过程变量单位	100 0 %	
	OUT_SCALE. EU_100 OUT_SCALE. EU_0 OUT_SCALE. UNITS_INDEX	输出变量上限 输出变量下限 输出变量单位	100 0 %	
	GAIN RESET RATE	PID 参数	1.5 0.1s 0.5s	
AO 功能块	FB_TAG	设备位号	FCV-102-AO	
	MODE_BLK. Target	模块目标模式	CAS	
	PV_SCALE. EU_100 PV_SCALE. EU_0 PV_SCALE. UNITS_INDEX	过程变量上限 过程变量下限 过程变量单位	100 0 %	
	XD_SCALE. EU_100 XD_SCALE. EU_0 XD_SCALE. UNITS_INDEX	输出变量上限 输出变量下限 输出变量单位	0.1 0.02 MPa	
资源块	PD_TAG	设备位号	FCV-102	
	MODE_BLK. Target	模块目标模式	AUTO	
阀门定位器转换块	TB_TAG	设备位号	FCV-102-T	
	MODE_BLK. Target	模块目标模式	AUTO	
	POSITION_CHAR_TYPE	调节阀流量特性	3	
	SERVO_GAIN SERVO_RESET SERVO_RATE	定位器伺服 PID 参数	1.5 0.1s 0.5s	

(3) 前馈控制系统

同样对于加热釜加热工艺，根据被加热介质的温度调节蒸汽加入量，由现场总线温度变送器检测出口温度，测量信号送现场总线调节阀，由阀门定位器内的 PID 控制器对蒸汽加入量进行调节，从而控制反应釜温度，这是一个简单控制系统。但蒸汽加入量可能会因其他因素影响而产生波动。为了克服蒸汽流量波动的影响，可对加热蒸汽流量进行检测，由现场总线差压变送器(配合节流孔板)实现检测，该测量值作为前馈信号加入 PID 控制器内，这样在蒸汽流量的波动还未影响到加热釜出口温度时即可得到提前补偿，这便构成一个前馈加反馈的控制系统，如图 3-117 所示。

控制系统的控制策略组态如图 3-118 所示，功能块的主要参数设置如表 3-9 所示。该控制回路安排的标签位号是 103。

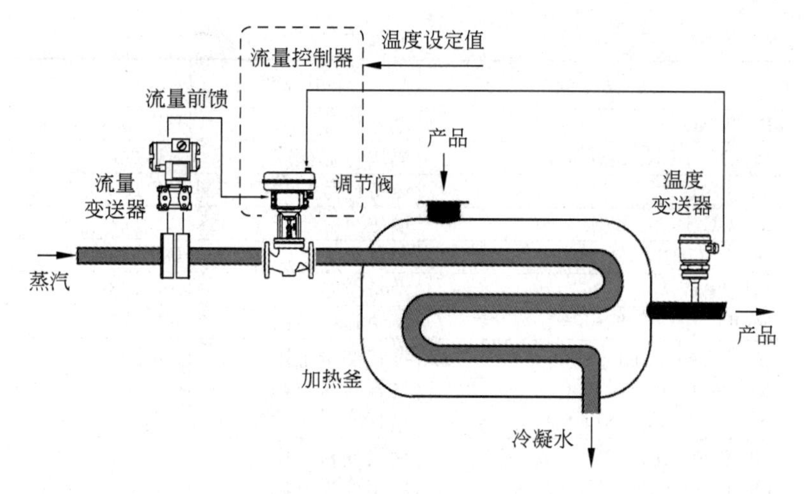

图 3-117　加热釜前馈控制系统示意图

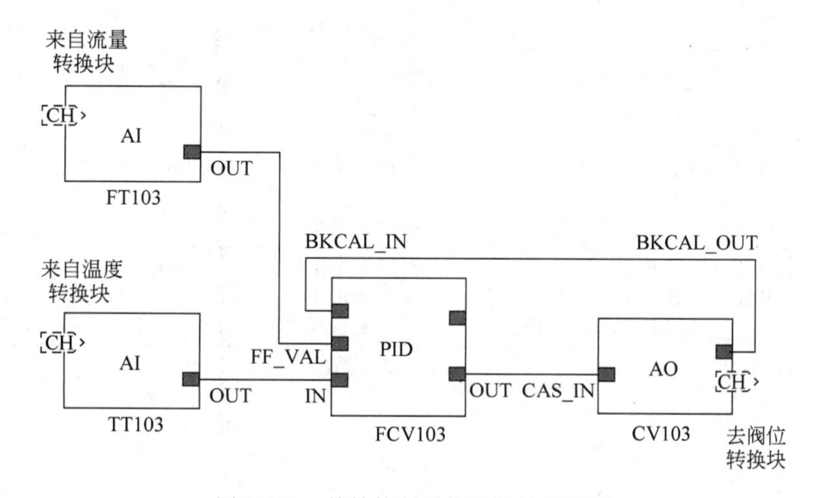

图 3-118　前馈控制系统功能块连接图

表 3-9　前馈控制系统功能块组态参数设置表

模　　块	参　　数	作用说明	数　　值	所属仪表
资源块	PD_TAG	设备位号	TT-103	温度变送器
	MODE_BLK. Target	模块目标模式	AUTO	
温度转换块	TB_TAG	设备位号	TT-103-T	
	MODE_BLK. Target	模块目标模式	AUTO	
	SENSOR_TYPE	传感器类型	Pt100	
	SENSOR_CONNECTION	接线方式	3	
AI 功能块	FB_TAG	设备位号	TT-103-AI	
	MODE_BLK. Target	模块目标模式	AUTO	
	XD_SCALE. EU_100 XD_SCALE. EU_0 XD_SCALE. UNITS_INDEX	过程变量上限 过程变量下限 过程变量单位	600 0 ℃	
	OUT_SCALE. EU_100 OUT_SCALE. EU_0 OUT_SCALE. UNITS_INDEX	输出变量上限 输出变量下限 输出变量单位	100 0 %	
	L_TYPE	对输入信号的线性化	Direct	

续表

模　块	参　数	作用说明	数　值	所属仪表
资源块	PD_TAG	设备位号	FT-103	流量变送器
	MODE_BLK. Target	模块目标模式	AUTO	
压力转换块	TB_TAG	设备位号	FT-103-T	
	MODE_BLK. Target	模块目标模式	AUTO	
	MEASURING MODE	测量模式	Deltabar S：Flow	
AI 功能块	FB_TAG	设备位号	FT-103-AI	
	MODE_BLK. Target	模块目标模式	AUTO	
	XD_SCALE. EU_100 XD_SCALE. EU_0 XD_SCALE. UNITS_INDEX	过程变量上限 过程变量下限 过程变量单位	18 0 t/hr	
	OUT_SCALE. EU_100 OUT_SCALE. EU_0 OUT_SCALE. UNITS_INDEX	输出变量上限 输出变量下限 输出变量单位	100 0 %	
	L_TYPE	对输入信号的线性化	Indirect Sq Root	
PID 功能块	FB_TAG	设备位号	TCV-103-PID	流量调节阀
	MODE_BLK. Target	模块目标模式	AUTO	
	SP	设定值	60%	
	PV_SCALE. EU_100 PV_SCALE. EU_0 PV_SCALE. UNITS_INDEX	过程变量上限 过程变量下限 过程变量单位	100 0 %	
	OUT_SCALE. EU_100 OUT_SCALE. EU_0 OUT_SCALE. UNITS_INDEX	输出变量上限 输出变量下限 输出变量单位	100 0 %	
	GAIN RESET RATE	PID 参数	1. 5 0. 1s 0. 5s	
	FF_SCALE. EU_100 FF_SCALE. EU_0 FF_SCALE. UNITS_INDEX	前馈变量上限 前馈变量下限 前馈变量单位	100 0 %	
	FF_GAIN	前馈增益	1	
AO 功能块	FB_TAG	设备位号	FCV-103-AO	
	MODE_BLK. Target	模块目标模式	CAS	
	PV_SCALE. EU_100 PV_SCALE. EU_0 PV_SCALE. UNITS_INDEX	过程变量上限 过程变量下限 过程变量单位	100 0 %	
	XD_SCALE. EU_100 XD_SCALE. EU_0 XD_SCALE. UNITS_INDEX	输出变量上限 输出变量下限 输出变量单位	0. 1 0. 02 MPa	
资源块	PD_TAG	设备位号	FCV-103	
	MODE_BLK. Target	模块目标模式	AUTO	
阀门定位器转换块	TB_TAG	设备位号	FCV-103-T	
	MODE_BLK. Target	模块目标模式	AUTO	
	POSITION_CHAR_TYPE	调节阀流量特性	3	
	SERVO_GAIN SERVO_RESET SERVO_RATE	定位器伺服 PID 参数	1. 5 0. 1s 0. 5s	

如果要使前馈的效果更佳，还可在前馈通道加上超前-滞后环节，可依据前馈加强前馈作用或平缓前馈作用。

（4）本地超驰控制系统

本地超驰控制系统也称输出跟踪控制系统或选择控制系统。对于希望恒定流体输送的工艺，可采用对流体流量进行测量，再对流量进行调节的简单控制回路方式来予以实现，如图3-119所示。由于该工艺的下游采用储罐来储存液体，为防止特殊情况时储罐内液体的溢出，在储罐上安装液位开关进行监视。当液位达到液位开关位置时，流量控制系统必须停止，同时输送泵也将停止工作。这就是本地液位的控制需求超驰了常规的流量控制。

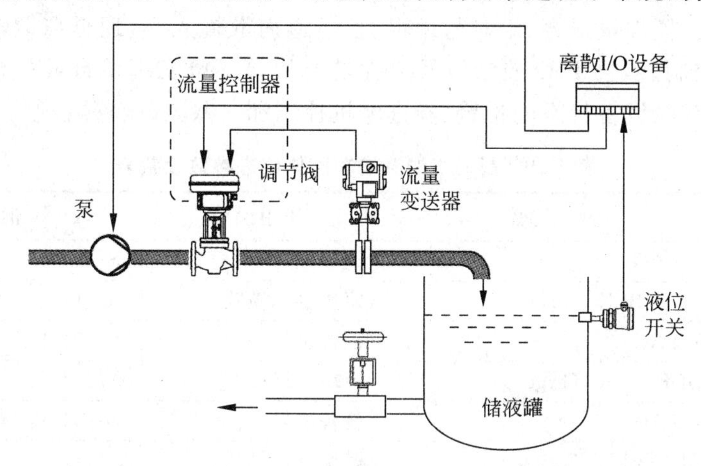

图3-119 超驰控制系统示意图

控制系统由液位开关变送器、现场总线流量变送器、现场总线调节阀以及现场总线离散I/O设备组成。控制系统的控制策略组态如图3-120所示，功能块的主要参数设置如表3-10

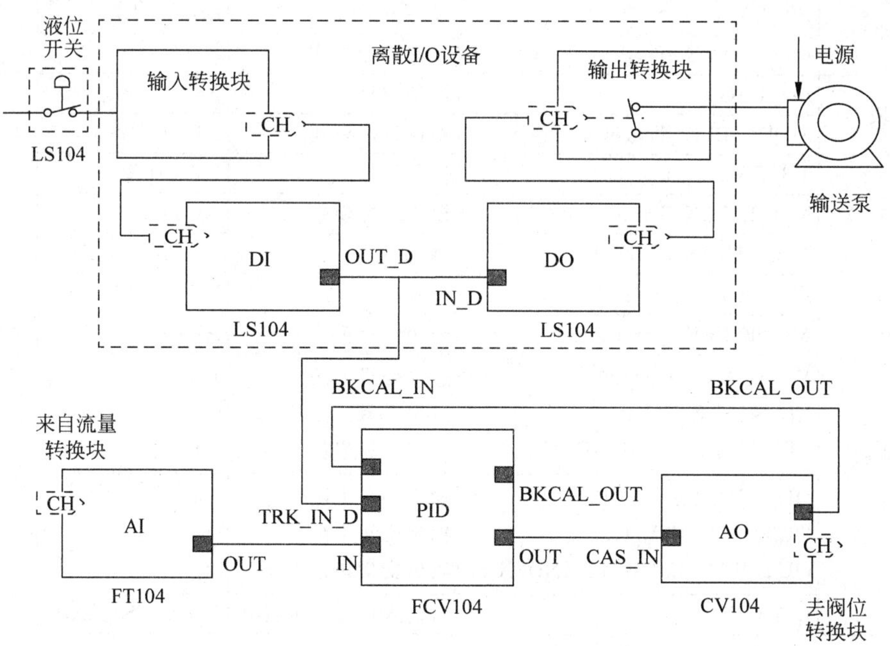

图3-120 超驰控制系统功能块连接图

所示。该控制回路安排的标签位号是104。控制策略中，将液位开关量信号由现场总线离散I/O设备中的DI功能块传送给阀门定位器中PID功能块的外部输出跟踪端口(TRK_IN_D，也称本地超驰端口)。由于在紧急情况时需要停止流量常规控制，而改用某种简单的本地设备进行操作，所以PID功能块的外部输出跟踪值选择为0%。值得注意的是，这种本地超驰控制是无法实现无扰切换的。

同样液位开关量信号由DI功能块再送DO功能块经离散I/O设备去控制输送泵的启停。

现场总线离散I/O设备中不但有离散的DI功能块和DO功能块，许多厂商还为其配备了反向、边沿触发、模拟量报警、定时与逻辑、多通道离散输入、多通道离散输出、算数功能、输入选择、PID控制、步进PID控制以及柔性功能块等。可实现单台或多台设备的启停控制、设备的联动控制、设备状态的报警、步进电机控制和一些其他特殊控制。

表3-10 超驰控制系统功能块组态参数设置表

模　块	参　数	作用说明	数　值	所属仪表
资源块	PD_TAG	设备位号	LS-104	离散I/O设备
	MODE_BLK. Target	模块目标模式	AUTO	
输入转换块	TB_TAG	设备位号	LS-104-T	
	MODE_BLK. Target	模块目标模式	AUTO	
输出转换块	TB_TAG	设备位号	LS-104-T	
	MODE_BLK. Target	模块目标模式	AUTO	
DI功能块	FB_TAG	设备位号	LS-104-DI	
	MODE_BLK. Target	模块目标模式	AUTO	
	IO_OPTS	块选项	0	
DO功能块	FB_TAG	设备位号	LS-104-DO	
	MODE_BLK. Target	模块目标模式	AUTO	
资源块	PD_TAG	设备位号	FT-104	流量变送器
	MODE_BLK. Target	模块目标模式	AUTO	
压力转换块	TB_TAG	设备位号	FT-104-T	
	MODE_BLK. Target	模块目标模式	AUTO	
	MEASURING MODE	测量模式	Deltabar S：Flow	
AI功能块	FB_TAG	设备位号	FT-104-AI	
	MODE_BLK. Target	模块目标模式	AUTO	
	XD_SCALE. EU_100 XD_SCALE. EU_0 XD_SCALE. UNITS_INDEX	过程变量上限 过程变量下限 过程变量单位	18 0 t/hr	
	OUT_SCALE. EU_100 OUT_SCALE. EU_0 OUT_SCALE. UNITS_INDEX	输出变量上限 输出变量下限 输出变量单位	100 0 %	
	L_TYPE	对输入信号的线性化	Indirect Sq Root	

续表

模　块	参　数	作用说明	数　值	所属仪表
PID功能块	FB_TAG	设备位号	FCV-104-PID	流量调节阀
	MODE_BLK. Target	模块目标模式	AUTO	
	SP	设定值	60%	
	PV_SCALE. EU_100 PV_SCALE. EU_0 PV_SCALE. UNITS_INDEX	过程变量上限 过程变量下限 过程变量单位	100 0 %	
	OUT_SCALE. EU_100 OUT_SCALE. EU_0 OUT_SCALE. UNITS_INDEX	输出变量上限 输出变量下限 输出变量单位	100 0 %	
	GAIN RESET RATE	PID 参数	1.5 0.1s 0.5s	
	FF_SCALE. EU_100 FF_SCALE. EU_0 FF_SCALE. UNITS_INDEX	前馈变量上限 前馈变量下限 前馈变量单位	100 0 %	
	FF_GAIN	前馈增益	1	
AO功能块	FB_TAG	设备位号	FCV-104-AO	
	MODE_BLK. Target	模块目标模式	CAS	
	PV_SCALE. EU_100 PV_SCALE. EU_0 PV_SCALE. UNITS_INDEX	过程变量上限 过程变量下限 过程变量单位	100 0 %	
	XD_SCALE. EU_100 XD_SCALE. EU_0 XD_SCALE. UNITS_INDEX	输出变量上限 输出变量下限 输出变量单位	0.1 0.02 MPa	
资源块	PD_TAG	设备位号	FCV-104	
	MODE_BLK. Target	模块目标模式	AUTO	
阀门定位器转换块	TB_TAG	设备位号	FCV-104-T	
	MODE_BLK. Target	模块目标模式	AUTO	
	POSITION_CHAR_TYPE	调节阀流量特性	3	
	SERVO_GAIN SERVO_RESET SERVO_RATE	定位器伺服 PID 参数	1.5 0.1s 0.5s	

(5) 分程控制系统

分程控制系统可用于扩大调节阀的调节范围以及一些特殊控制场合。如图 3-121 所示为一种特殊的温度控制系统。当反应釜的温度高于 50℃时,需打开冷水阀门对反应过程进行冷却处理,以便使反应釜的温度控制在 50℃以下。反应温度太高会使反应加剧,容易引发事故。当反应釜的温度低于 48℃时,需打开蒸汽阀门对反应过程进行加热,以便使反应釜的温度控制在48℃以上，为反应物提供必要的反应条件。这时，需要用一台控制器控制两台调节阀。

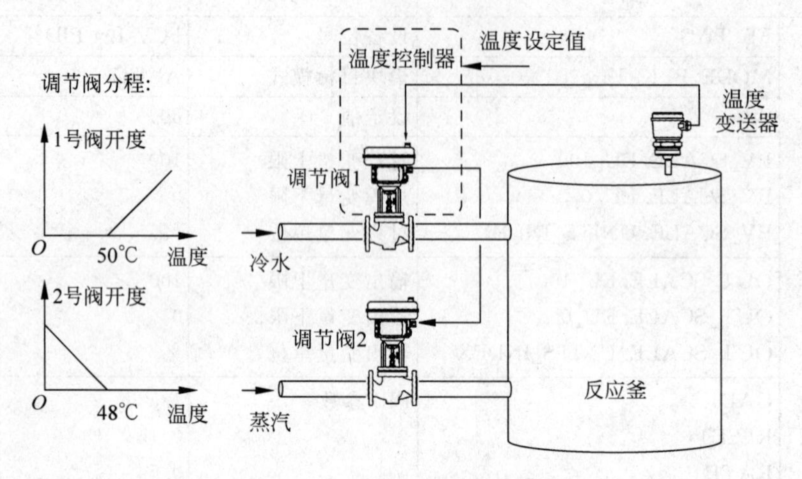

图 3-121 分程控制系统示意图

控制系统由1台现场总线温度变送器和2台现场总线调节阀组成。在调节阀的配置方面，需要从安全的角度来考虑气开或气关类型的选择。为了避免气源故障时引起反应釜温度过高，最好在无气源时输入热量最小，所以蒸汽调节阀选择气开型，而冷水调节阀选择气关型。分程区间则可按照控制要求选择蒸汽调节阀对应48℃以下区间，冷水调节阀对应50℃以上区间。48℃～50℃为反应物最佳反应温度区间。这是一种异向分程控制。

分程控制系统的控制策略组态如图3-122所示，功能块的主要参数设置如表3-11所示。该控制回路安排的标签位号是105。控制策略中，可将PID功能块配置在温度变送器中，也可将PID功能块配置在阀门定位器中。PID功能块配置在温度变送器中，功能块的外部连接最少，相对配置更合理一些。

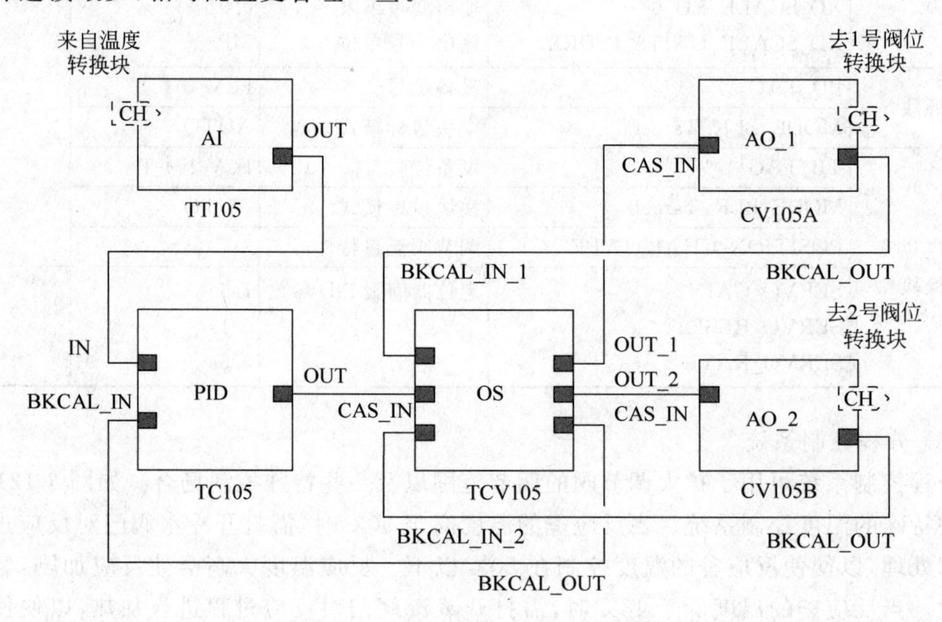

图 3-122 分程控制系统功能块连接图

表 3-11 分程控制系统功能块组态参数设置表

模 块	参 数	作用说明	数 值	所属仪表
资源块	PD_TAG	设备位号	TT-105	温度变送器
	MODE_BLK. Target	模块目标模式	AUTO	
温度转换块	TB_TAG	设备位号	TT-105-T	
	MODE_BLK. Target	模块目标模式	AUTO	
	SENSOR_TYPE	传感器类型	Pt100	
	SENSOR_CONNECTION	接线方式	3	
AI 功能块	FB_TAG	设备位号	TT-105-AI	
	MODE_BLK. Target	模块目标模式	AUTO	
	XD_SCALE. EU_100	过程变量上限	600	
	XD_SCALE. EU_0	过程变量下限	0	
	XD_SCALE. UNITS_INDEX	过程变量单位	℃	
	OUT_SCALE. EU_100	输出变量上限	100	
	OUT_SCALE. EU_0	输出变量下限	0	
	OUT_SCALE. UNITS_INDEX	输出变量单位	%	
	L_TYPE	对输入信号的线性化	Direct	
PID 功能块	FB_TAG	设备位号	TCV-105A-PID	1 号调节阀
	MODE_BLK. Target	模块目标模式	AUTO	
	SP	设定值	60%	
	PV_SCALE. EU_100	过程变量上限	100	
	PV_SCALE. EU_0	过程变量下限	0	
	PV_SCALE. UNITS_INDEX	过程变量单位	%	
	OUT_SCALE. EU_100	输出变量上限	100	
	OUT_SCALE. EU_0	输出变量下限	0	
	OUT_SCALE. UNITS_INDEX	输出变量单位	%	
	GAIN	PID 参数	1.5	
	RESET		0.1s	
	RATE		0.5s	
OS 功能块	FB_TAG	设备位号	TCV-105A-OS	
	MODE_BLK. Target	模块目标模式	AUTO	
	LOCK_VAL	阀位状况保持	YES	
	IN_ARRAY	阀位输入数值	0,48,50,100	
	OUT_ARRAY	阀位输出数值	100,0,0,100	
AO_1 功能块	FB_TAG	设备位号	TCV-105A-AO	
	MODE_BLK. Target	模块目标模式	CAS	
	PV_SCALE. EU_100	过程变量上限	100	
	PV_SCALE. EU_0	过程变量下限	0	
	PV_SCALE. UNITS_INDEX	过程变量单位	%	
	XD_SCALE. EU_100	输出变量上限	0.1	
	XD_SCALE. EU_0	输出变量下限	0.02	
	XD_SCALE. UNITS_INDEX	输出变量单位	MPa	
资源块	PD_TAG	设备位号	TCV-105A	
	MODE_BLK. Target	模块目标模式	AUTO	
阀门定位器转换块	TB_TAG	设备位号	TCV-105A_T	
	MODE_BLK. Target	模块目标模式	AUTO	
	POSITION_CHAR_TYPE	调节阀流量特性	3	
	SERVO_GAIN	定位器伺服 PID 参数	1.5	
	SERVO_RESET		0.1s	
	SERVO_RATE		0.5s	

续表

<table>
<tr><th>模 块</th><th>参 数</th><th>作用说明</th><th>数 值</th><th>所属仪表</th></tr>
<tr><td rowspan="4">AO_2 功能块</td><td>FB_TAG</td><td>设备位号</td><td>TCV-105B-AO</td><td rowspan="11">2 号调节阀</td></tr>
<tr><td>MODE_BLK. Target</td><td>模块目标模式</td><td>CAS</td></tr>
<tr><td>PV_SCALE. EU_100
PV_SCALE. EU_0
PV_SCALE. UNITS_INDEX</td><td>过程变量上限
过程变量下限
过程变量单位</td><td>100
0
%</td></tr>
<tr><td>XD_SCALE. EU_100
XD_SCALE. EU_0
XD_SCALE. UNITS_INDEX</td><td>输出变量上限
输出变量下限
输出变量单位</td><td>0.1
0.02
MPa</td></tr>
<tr><td rowspan="2">资源块</td><td>PD_TAG</td><td>设备位号</td><td>TCV-105B</td></tr>
<tr><td>MODE_BLK. Target</td><td>模块目标模式</td><td>AUTO</td></tr>
<tr><td rowspan="4">阀门定位器转换块</td><td>TB_TAG</td><td>设备位号</td><td>TCV-105B-T</td></tr>
<tr><td>MODE_BLK. Target</td><td>模块目标模式</td><td>AUTO</td></tr>
<tr><td>POSITION_CHAR_TYPE</td><td>调节阀流量特性</td><td>3</td></tr>
<tr><td>SERVO_GAIN
SERVO_RESET
SERVO_RATE</td><td>定位器伺服 PID 参数</td><td>1.5
0.1s
0.5s</td></tr>
</table>

分程控制的另外一个典型应用是扩大调节阀的调节范围。这与采用两台变送器扩大测量量程非常相似。调节阀的一个重要指标是可调范围 R，它是调节阀的最大流量系数与最小流量系数的比值。因为调节阀在小流量时调节作用非常弱，如果在工艺管道上再并联一个小管道，并配置一台小调节阀，微小流量用小管径调节阀调整，这能使系统调节范围大大拓宽。此时，两台调节阀为同向分程并联安装。

(6) 锅炉三冲量汽包液位控制系统

如图 3-123 所示为锅炉三冲量汽包液位控制系统。影响锅炉汽包水位的因素较多，包括锅炉汽包内部的物料平衡、给水量与蒸汽量的匹配以及燃烧室的燃烧温度等。维持锅炉水位在工艺允许的范围内是保证锅炉和汽轮机安全运行的必要条件。在水位控制系统中需

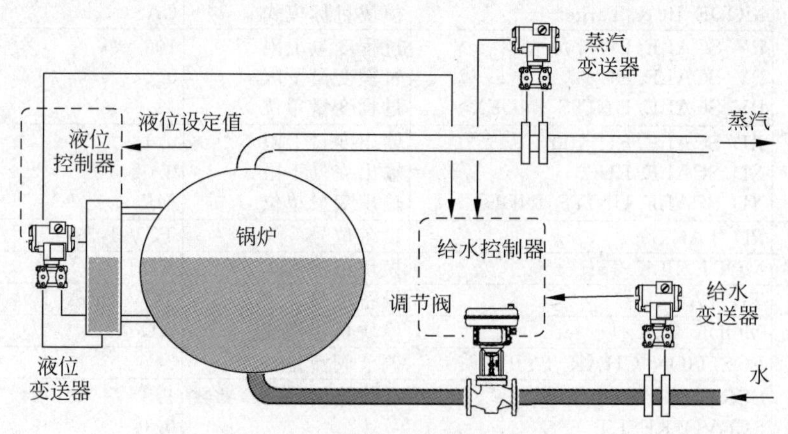

图 3-123 锅炉三冲量汽包液位控制系统示意图

控制的变量为锅炉水位，但影响该参数的变量包括锅炉给水流量和锅炉产出蒸汽量(燃烧温度一般由另外的控制回路实现控制)。这里采用现场总线差压变送器测量锅炉水位，由水位控制给水，作为主控制回路。由于给水流量本身的变化，以及蒸汽流量本身的变化都会影响水位，因此可将给水流量作为副控制回路，水位控制器的输出作为给水流量控制器的给定值，也即液位和给水流量构成了串级控制关系。另外将蒸汽流量作为前馈补偿参数，蒸汽流量与给水流量又构成了前馈控制关系，这就构成了水位、给水流量和蒸汽流量三冲量汽包液位控制系统，也即前馈加串级控制系统。

三冲量控制水位控制系统的优点是在给水变量有波动时副环回路可以及时控制。当锅炉负载波动，即蒸汽流量波动时，该参数作为前馈变量引入主控制回路，可使给水流量及时跟随其变化，补偿其对水位的影响。

三冲量控制水位控制系统的控制策略组态如图 3-124 所示，功能块的主要参数设置如表 3-12 所示。该控制回路安排的标签位号是 106，而蒸汽控制回路安排的标签位号则为 107。控制策略中，可将主 PID 功能块配置在液位变送器中，将副 PID 功能块配置在给水调节阀的阀门定位器中。由于给水流量和蒸汽流量在工业中是计量参数，也即给水量要记入生产成本，蒸汽量则是该工序的生产产品。因此，给水流量和蒸汽流量都需进行累计。这样在给水流量变送器和蒸汽流量变送器中都要采用累计功能块进行流量累计。

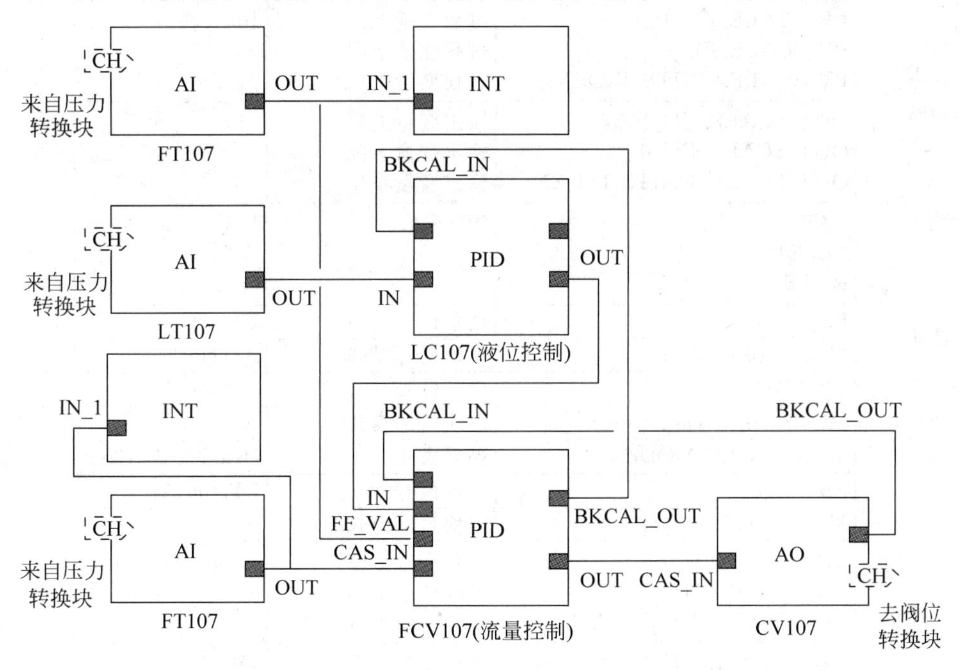

图 3-124 锅炉三冲量汽包液位控制系统功能块连接图

累计功能块 INT 一般有两个输入端口 IN_1 和 IN_2。每个通道都可进行单独累计。可接收的输入信号包括模拟量速率信号和脉冲累计信号。累计功能块的累计输出可以在模块的输出端口 OUT 读取。流量工程单位和时间单位都可自行设定。累计功能块还有两个离散输出报警，可用于在累计量达到一定限度时进行报警。对于有批量需求的应用，还可在累计值达到一定数量值时自动复零。

表 3-12 三冲量液位控制系统功能块组态参数设置表

模 块	参 数	作用说明	数 值	所属仪表
资源块	PD_TAG	设备位号	LT-106	水位变送器
	MODE_BLK. Target	模块目标模式	AUTO	
温度转换块	TB_TAG	设备位号	LT-106-T	
	MODE_BLK. Target	模块目标模式	AUTO	
	MEASURING MODE	测量模式	Deltabar：Level	
AI 功能块	FB_TAG	设备位号	LT-106-AI	
	MODE_BLK. Target	模块目标模式	AUTO	
	XD_SCALE. EU_100 XD_SCALE. EU_0 XD_SCALE. UNITS_INDEX	过程变量上限 过程变量下限 过程变量单位	140 －640 mmH_2O	
	OUT_SCALE. EU_100 OUT_SCALE. EU_0 OUT_SCALE. UNITS_INDEX	输出变量上限 输出变量下限 输出变量单位	100 0 %	
	L_TYPE	对输入信号的线性化	Direct	
PID 功能块（主回路）	FB_TAG	设备位号	LC-106-PID	
	MODE_BLK. Target	模块目标模式	AUTO	
	SP	设定值	60%	
	PV_SCALE. EU_100 PV_SCALE. EU_0 PV_SCALE. UNITS_INDEX	过程变量上限 过程变量下限 过程变量单位	100 0 %	
	OUT_SCALE. EU_100 OUT_SCALE. EU_0 OUT_SCALE. UNITS_INDEX	输出变量上限 输出变量下限 输出变量单位	150 0 t/h	
	GAIN RESET RATE	PID 参数	1. 5 0. 1s 0. 5s	
资源块	PD_TAG	设备位号	FT-106	给水流量变送器
	MODE_BLK. Target	模块目标模式	AUTO	
压力转换块	TB_TAG	设备位号	FT-106-T	
	MODE_BLK. Target	模块目标模式	AUTO	
	MEASURING MODE	测量模式	Deltabar S：Flow	
AI 功能块	FB_TAG	设备位号	FT-106-AI	
	MODE_BLK. Target	模块目标模式	AUTO	
	XD_SCALE. EU_100 XD_SCALE. EU_0 XD_SCALE. UNITS_INDEX	过程变量上限 过程变量下限 过程变量单位	3500 0 mmH_2O	
	OUT_SCALE. EU_100 OUT_SCALE. EU_0 OUT_SCALE. UNITS_INDEX	输出变量上限 输出变量下限 输出变量单位	150 0 m^3/h	
	L_TYPE	信号线性化处理	Indirect Sq Root	
INT 功能块	FB_TAG	设备位号	FT-106-INT	
	MODE_BLK. Target	模块目标模式	AUTO	
	TIME_UNITS	累计时间刻度	HOURS	
	OUT_UNITS	输出单位	m^3	

续表

模块	参数	作用说明	数值	所属仪表
资源块	PD_TAG	设备位号	FT-107	蒸汽流量变送器
	MODE_BLK. Target	模块目标模式	AUTO	
压力转换块	TB_TAG	设备位号	FT-107-T	
	MODE_BLK. Target	模块目标模式	AUTO	
	MEASURING MODE	测量模式	Deltabar S：Flow	
AI功能块	FB_TAG	设备位号	FT-107-AI	
	MODE_BLK. Target	模块目标模式	AUTO	
	XD_SCALE. EU_100 XD_SCALE. EU_0 XD_SCALE. UNITS_INDEX	过程变量上限 过程变量下限 过程变量单位	9500 0 mmH_2O	
	OUT_SCALE. EU_100 OUT_SCALE. EU_0 OUT_SCALE. UNITS_INDEX	输出变量上限 输出变量下限 输出变量单位	150 0 t/h	
	L_TYPE	信号线性化处理	Indirect Sq Root	
INT功能块	FB_TAG	设备位号	FT-107-INT	
	MODE_BLK. Target	模块目标模式	AUTO	
	TIME_UNITS	累计时间刻度	HOURS	
	OUT_UNITS	输出单位	t	
PID功能块（副回路）	FB_TAG	设备位号	FCV-106-PID	给水流量调节阀
	MODE_BLK. Target	模块目标模式	CAS	
	SP	设定值	60%	
	PV_SCALE. EU_100 PV_SCALE. EU_0 PV_SCALE. UNITS_INDEX	过程变量上限 过程变量下限 过程变量单位	150 0 m^3/h	
	OUT_SCALE. EU_100 OUT_SCALE. EU_0 OUT_SCALE. UNITS_INDEX	输出变量上限 输出变量下限 输出变量单位	100 0 %	
	GAIN RESET RATE	PID参数	1.5 0.1s 0.5s	
	FF_SCALE. EU_100 FF_SCALE. EU_0 FF_SCALE. UNITS_INDEX	前馈变量上限 前馈变量下限 前馈变量单位	+100 −100 %	
	FF_GAIN	前馈增益	1	
	CONTROL_OPTS	调节阀作用方向	反向	
AO功能块	FB_TAG	设备位号	FCV-106-AO	
	MODE_BLK. Target	模块目标模式	CAS	
	PV_SCALE. EU_100 PV_SCALE. EU_0 PV_SCALE. UNITS_INDEX	过程变量上限 过程变量下限 过程变量单位	100 0 %	
	XD_SCALE. EU_100 XD_SCALE. EU_0 XD_SCALE. UNITS_INDEX	输出变量上限 输出变量下限 输出变量单位	0.1 0.02 MPa	
资源块	PD_TAG	设备位号	FCV-106	
	MODE_BLK. Target	模块目标模式	AUTO	
阀门定位器转换块	TB_TAG	设备位号	FCV-106-T	
	MODE_BLK. Target	模块目标模式	AUTO	
	POSITION_CHAR_TYPE	调节阀流量特性	3	
	SERVO_GAIN SERVO_RESET SERVO_RATE	定位器伺服PID参数	1.5 0.1s 0.5s	

3.6 Profibus 现场总线系统的组态

(1) 网络与设备组态

与基金会现场总线系统一样，网络组态也是为主站级和现场级网络定义网络层次。Profibus-PA 网络与 FFH1 有着相同的结构，而 Profibus-PA 网络与更高一级的 Profibus-DP 网络之间需要用链路设备进行连接。通常将链路设备与现场总线电源和终端器等集成为一台设备。如前所述，Profibus 网络体系中存在三种类型设备，即从设备、1 类主设备和 2 类主设备。2 类主设备基本上是组态工具，典型的 1 类主设备是诸如 PLC 之类的中央控制器。1 类主设备周期性地与从设备交换 I/O 信息，而 2 类主设备非周期性地与从设备传递组态和维护信息。主设备通常连接在 Profibus-DP 主站级网络上，通过一个链路设备或耦合器来访问 Profibus-PA 设备。

设备组态也与基金会现场总线的情形相似，内容包括对主站级设备和现场设备进行选择，对现场级设备的物理块和转换块进行配置和参数设定。

Profibus-PA 设备中的功能块参数都由行规(Profile)来定义。在 Profibus 系统中，协议规定了用户数据如何在总线各站之间传递，但用户数据的含义是其行规具体说明的。行规是由制造商和用户制定的有关设备和系统的特征、功能特性和行为的规范。行规定义了属于某个行规族的设备和系统的参数和行为特性。行规使不同制造商所生产的设备能够互换使用，而工厂操作人员无须了解两者之间的差异，因为与应用有关的参数含义在行规中均作了精确的规定和说明。行规定义了被使用的通信功能子集，也定义了设备参数的约定值，从而使系统中的设备可互换使用。行规分为通用应用行规(如 Profisafe 行规和冗余行规等)、专用应用行规(如 PA Devices 行规和 SEMI 行规等)以及系统和主站行规(如 Roobots/NC 行规等)。

Profibus-PA 设备行规属于专用应用行规，在 Profibus-PA 专用应用行规中一类行规用来定义变送器和执行器类的现场仪表，另一类行规用来定义现场分析仪器。基于变送器和执行器类现场仪表的行规模块模型如图 3-125 所示。而基于分析仪器类现场仪表的行规模块模型如图 3-126 所示。

Profibus-PA 设备中采用物理块(类似基金会现场总线设备中的资源块)来识别设备，但物理块模块模式参数通常不用。

Profibus-PA 设备中同样采用了转换块，转换块中模式参数通常也不用。行规已定义了许多 Profibus-PA 设备中常用的转换块，这些转换块有压力转换块、温度转换块、电气定位器转换块，以及一些专用液位仪表(如超声波液位计、雷达液位计、微波液位计、电容液位计等)和专用流量仪表(如超声波流量计、电磁流量计、涡街流量计、科里奥利流量计等)中的转换块。转换块参数的设置与基金会现场总线中转换块参数设置相似。

压力转换块中，传感器类型由参数 SENSOR_TYPE 设定，信号刻度转换与线性化处理由参数 SCALE_IN 设定，传感器数据单位由参数 SENSOR_UNIT 设定等。

温度转换块中，测量类型由参数 SENSOR_MEASUREMENT_TYPE 设定，传感器接线方式由参数 SENSOR_CONNECTION 设定等。

电气定位器转换块中，调节阀流量特性由线性化参数 LIN_TYPE 设定，阀门类型由参数 VALVE_TYPE 设定等。

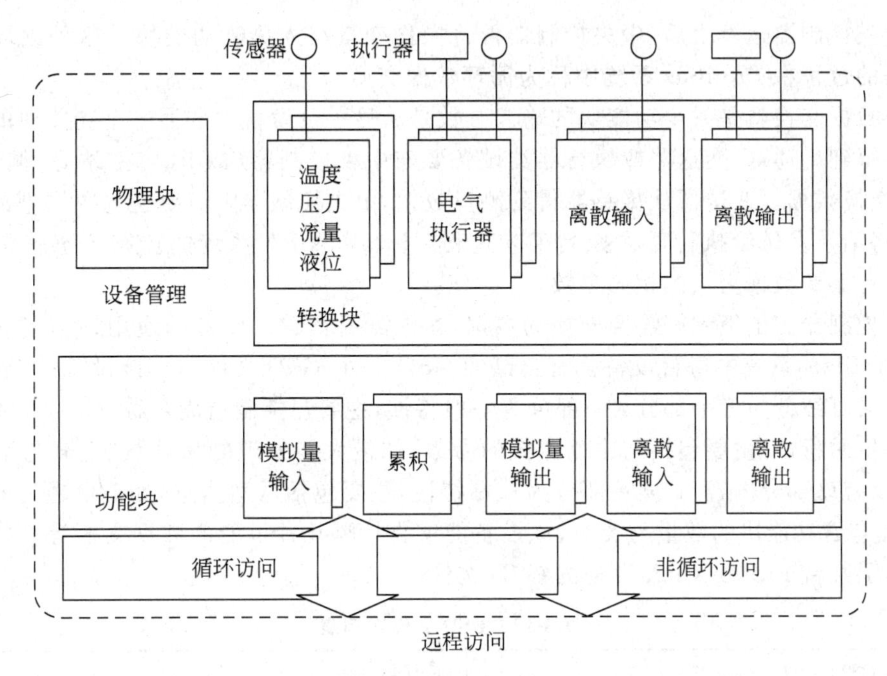

图 3-125　Profibus-PA 变送器和执行器行规模块模型示意图

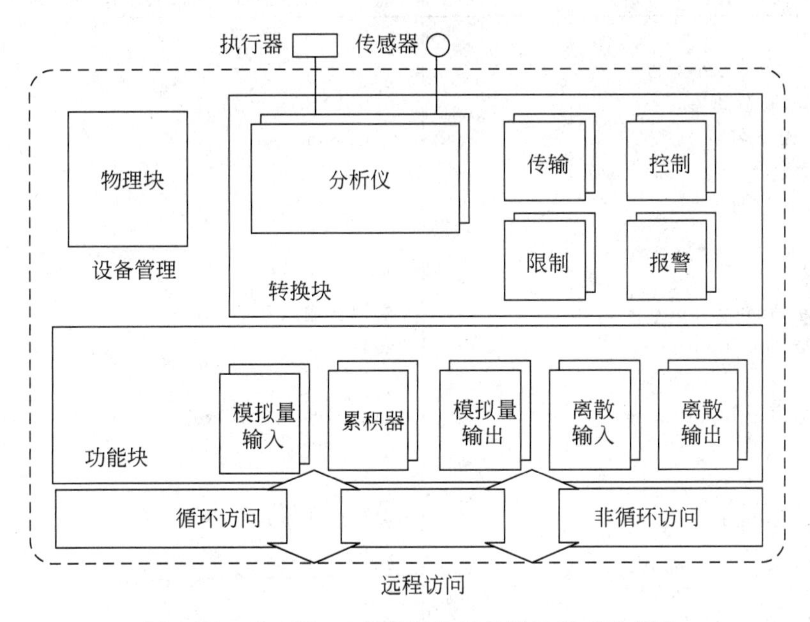

图 3-126　Profibus-PA 分析仪行规模块模型示意图

(2) 控制组态

Profibus-PA 设备与基金会现场总线设备不同，它们都是系统的从设备。基金会现场总线系统的现场设备中配置的功能块可以相互链接建立控制策略，并且功能块可以分布在不同的现场设备中。而 Profibus-PA 设备中只有输入/输出类功能块，这些功能块无法彼此链接来建立控制策略，系统的控制与运算功能全部由中央控制器完成。对于一个控制回路，中央控制器不论用何种编程语言组态，都是中央控制器读取来自 AI 功能块的数值，变量数值经过中央控制器运算之后，中央控制器再将操作变量写入 AO 功能块。这种读取数据和写入数据的过程在 Profibus 系统中称为循环数据交换。

循环数据交换就是一个功能块的输入参数是从另一台设备中的另一个功能块的指定输出参数中得到。通常，变送器或执行器类设备要与中央控制器（如 PLC 主站等）循环地（周期性地）交换数据。变送器从传感器得到测量数据，中央控制器则需要这些数据进行适当的运算，再将结果发送给执行器去控制工艺过程。Profibus-PA 系统的控制组态就是要设置好需要进行循环数据交换的相关参数。

中央控制器为了组织好需要交换的数据，首先需要查看从设备的通用站描述(GSD)文件。在 Profibus 系统中每台设备都有自己的 GSD 文件，GSD 文件包含该设备的全部信息，这些信息又可细分为三个部分：一部分为一般特性，主要包括制造商名称、GSD 版本等；另一部分为主站特性，主要包括与主站相关的参数，如最大能处理的从站数、上载与下载选择等（从站没有该部分内容）；再一部分为从站特性，主要包括从站信息，如 I/O 通道的数量与类型、设备包含功能块的数量与类型、该设备能够支持哪几种可能的数据交换等。如表 3-13 所示给出了某台 Profibus-PA 设备的 GSD 文件。

表 3-13 GSD 文件实例表

LD303 的 GSD 文件： SMAR0895.GSD (GSD 文件名)	压力变送器 （前 4 位为制造商名称，后 4 位为设备 ID 号）
Profibus_DP	
GSD_Revision(文件版本)：	=2
Vendor_Name(制造商)：	="SMAR"
Mode_Name(设备名)：	="LD303"
Revision(版本)：	="1.0"
Ident_Number(ID 号)：	= 0x0895；0x9740
：	：
：	：
；Modules for Analog Input	（模拟量输入功能块）
Module ="Analog Input (short)"	0x94
EndModule	
Module ="Analog Input (long)"	0x42,0x84,0x08,0x05
EndModule	
；Modules for Totalizer	（累积功能块）
Module ="Total"	0x41,0x84,0x85
EndModule	
Module ="Total_Settot"	0xc1,0x80,0x84,0x85
EndModule	
Module ="Total_Settot_Modetot"	0xc1,0x81,0x84,0x85
EndModule	
；Empty Module	
Module ="EMPTY_MODULE"	0x00
EndModule	

在GSD文件中，位于Module和EndModule之间的内容就是组态数据。建立控制组态时，中央控制器要选择所需使用的功能块以及功能块的相关参数。组态数据的选择由参数CFG_DATA来设定。

Profibus系统中主站与从站设备之间的循环数据交换过程如图3-127所示。图3-127中从站设备中可能有几个功能块，但只有1号模拟量输出功能块AO1被组态使用。对于AO1功能块，主站中央控制器发送过来的指令，由远程串级设定点输入RCAS_IN接收，而AO1功能块还通过远程串级设定点输出RCAS_OUT回送信息送往主站中央控制器。我们称AO1功能块执行"RCAS_IN+RCAS_OUT"数据交换。这实际上就是主站中央控制器向现场阀门定位器远程串级设定点输入RCAS_IN写入操作变量，而阀位信息需通过RCAS_OUT送往主站中央控制器，也即主站中央控制器与AO1功能块的串级设定远程点输出参数RCAS_OUT进行握手。

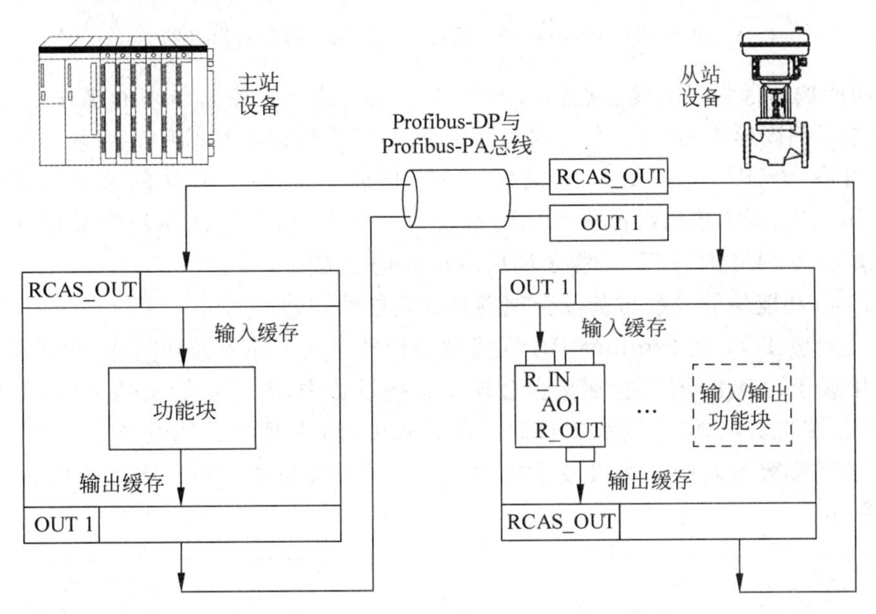

图3-127　Profibus-PA系统中主-从站循环数据交换示意图

与基金会现场总线系统不同的是，下游功能块向上游功能块发送信息是通过远程串级设定点输出与上游模块握手，而不是回算，如图3-128所示。

Profibus-PA系统中的现场仪表都是从站设备，它们只承担输入与输出功能，不承担控制与运算功能。因此，Profibus-PA仪表中只设置了输入/输出类功能块，即模拟量输入功能块AI、模拟量输出功能块AO、数字量输入功能块DI、数字量输出功能块DO以及累计功能块TOT。因此，对Profibus-PA现场总线设备的组态只涉及AI、AO、DI、DO和TOT功能块。如果中央控制器也采用功能块实现控制策略，这时的系统控制功能实现则类似于图3-59(b)所示的情形。

AI功能块从输入转换块取得温度、压力或流量等基本数值，并将处理后提供给下游功能块使用。信号处理的内容包括线性化、过滤、报警以及仿真等。对输入信号刻度的处理由参数PV_SCALE来设定，对信号处理方法的选择由参数L_TYPE来设定，对输入信号过滤的效果由参数PV_FTIME来设定，仿真参数SIMULATE用于模块测试和进行故障排除。

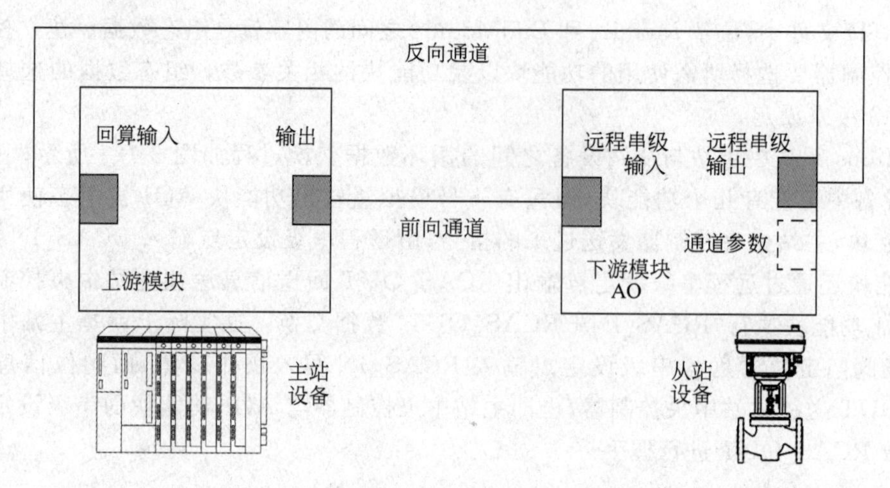

图 3-128　Profibus-PA 系统中功能块远程串级示意图

AO 功能块由远程串级设定点输入通道参数接收从上游控制器来的操作变量，变量形式为百分之百刻度形式，并对该信号进行一定的处理后传送给后续的转换块。输出信号刻度的处理由参数 OUT_SCALE 来设定。AO 功能块有两个独立的通道参数：OUT_CHANNEL，表示所需输出数值去往的转换块，IN_CHANNEL，表示反馈数值来自哪个转换块。仿真参数 SIMULATE 是用于模块测试和进行故障排除。

DI 和 DO 功能块的参数与基金会现场总线功能块相似。

累计功能块 TOT 在 Profibus-PA 现场总线设备中属于输入类功能块，而在基金会现场总线设备中属于运算类功能块，在基金会现场总线设备中，累计功能块是 AI 功能块的下游功能块，它需接收来自 AI 功能块的数据。在 Profibus-PA 现场总线设备中 TOT 功能块则直接通过通道参数与转换块发生关系。Profibus-PA 设备中 TOT 功能块的内部结构如图 3-129 所示。

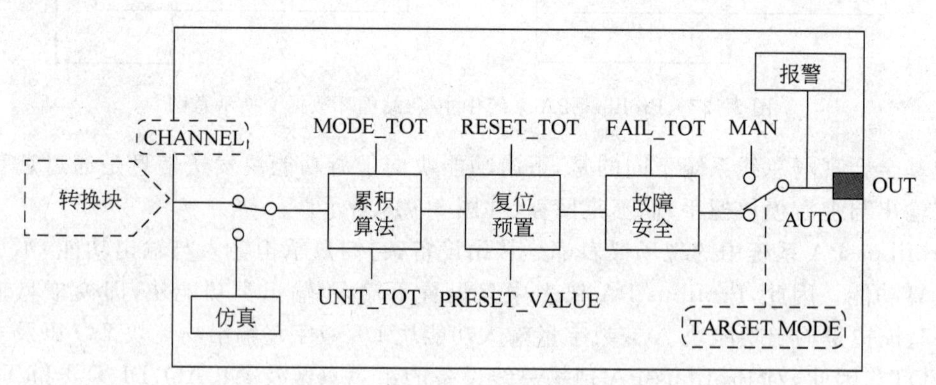

图 3-129　Profibus-PA 系统中累积功能块内部结构图

TOT 功能块通过通道参数选择的通道从转换块中直接接收输入信号。从转换块接收的输入变量按照时间积分，这类变量一般对应体积流量、质量流量、电量或长度。其累计方式选择由参数 MODE_TOT 来设定，这里累积模式有 4 种：Balanced(平衡模式)，即正方向输入被累加，而负方向输入被减去；Positive only(仅正模式)，即只有正值被累加；Negative only(仅负模式)，即只有负值被累加；Hold(保持模式)，即停止所有累加。单位由参数

UNIT_TOT 来设定。累计复位参数 RESET_TOT 用来将积分复位到零。预置参数 PRESET_TOT 用来将总量置为所需的数值。参数 FAIL_TOT 用于故障状态被激活时，故障安全值变为输出值。这里安全输出方式有三种：Run(运行)，即累加继续；Hold(保持)，即累加暂停直至故障结束；Memory(储存)，即基于最后可用值继续累加。仿真参数 SIMULATE 是用于模块测试和进行故障排除。TOT 功能块一般设置在自动目标模式运行。模块其他参数的设置可查阅相关手册。

3.7　系统集成

在基金会现场总线系统中，现场设备中的功能块可以构成控制策略。这要求所有现场设备与主机系统都是按照相关的国际标准(协议)设计开发的，同时还要对这些设备与主机系统进行一致性测试和互可操作测试，才能确保它们可集成在一个系统中协同地运行和工作。所谓一致性测试就是确认现场总线设备是否符合基金会现场总线协议规范。一致性测试包括对现场设备测试和对主机系统的测试。而互可操作测试就是确认来自不同制造商的现场总线设备与主机系统能够彼此通信且不丢失功能。互可操作测试还分为：设备配置和功能的测试、设备描述测试、性能文件测试、物理层规范测试等。采用专用的测试软件包进行测试，测试系统原理如图 3-130 所示。测试过程中运行由测试脚本语言编写的一段小程序(称为测试例)，测试系统调取被测设备相关参数，比对分析参数状态，从而对被测试设备的功能块参数及执行情况进行动态测试。

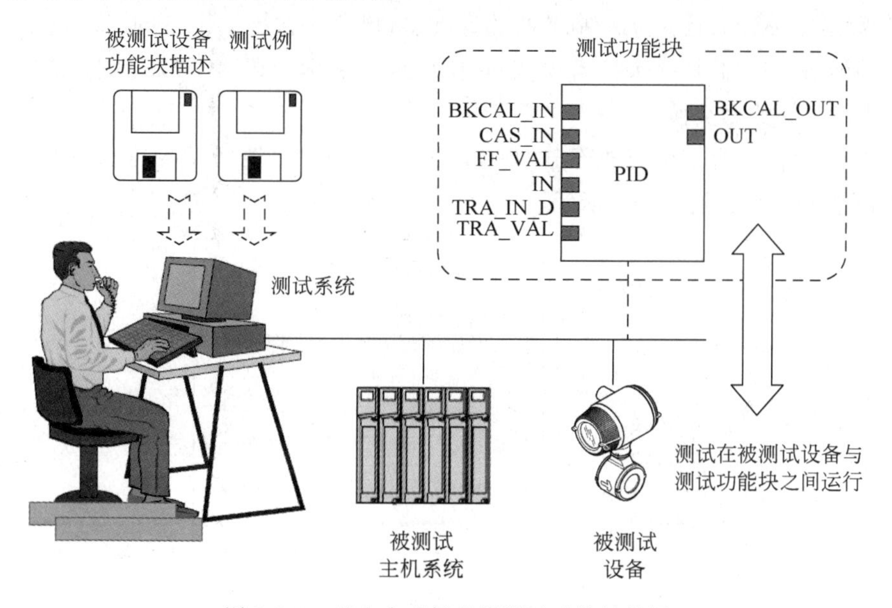

图 3-130　基金会现场总线测试系统结构图

现场总线主机系统的功能测试一般包括初始链接与地址分配、对设备信息的读写、链接对象与调度表的分配、模式与状态、报警与事件、视图与趋势对象、功能块特性行为、系统对设备描述的支持、系统对性能文件的支持等。

互可操作测试一般包括现场总线设备中资源块所定义的功能特性情况、转换块的基本配置与通信参数、转换块与标准功能块和过程接口的链接情况、功能块中的所有参数、功能块的链接与功能建立情况、功能块模式的准确确定与操作、功能块的报警与事件处理、功能块输入与输出的集合、系统视图列表内容是否跟踪特定功能块的参数、功能块在系统断电和上电时信息恢复情况以及所有功能块对基金会现场总线标准的一致性情况等。

在Profibus系统中则采用主从机制，中央控制器从现场设备中读取数据，中央控制器向现场设备写入指令，系统需要解决的问题主要是中央控制器如何集成各个分散设备的问题。目前，已开发了许多用于这种集成技术的方法和工具。Profibus行规、通用设备描述文件GSD以及电子设备描述EDD都属于这种工具。在过程自动化中使用较多的是现场设备工具与设备类型管理器FDT/DTM(Field Devices Tool/Devices Type Manager)。

FDT技术采用标准的方法来管理现场设备。与基于设备描述技术的GSD和EDD不同，FDT/DTM是基于软件技术的设备集成工具。FDT是一个软件包，它通过DTM界面接口和工程系统进行通信。

FDT相当于现场总线设备和智能化装置的驱动器。它是制造商为用户提供的给每台智能设备编制的软件，包括设备的所有组态、测试和诊断信息以及各种功能等。所有现场设备中都有各自的DTM，它的工作类似于一台打印机的驱动程序。打印机制造商交货时必须把驱动程序交给用户，用户需将驱动程序安装到计算机上才能使用打印机。DTM也是由制造商编制的，并随设备一道交互给用户，用户在使用时要通过FDT程序将其集成到控制系统中。DTM不是一个可执行程序，它只有通过FDT才能发挥作用。

FDT则是一种开放且独立于制造商的标准接口规范，它提供设备的组态、设置参数、测试和诊断功能等。FDT是一个技术规范，它使用可扩展标记语言XML来完成框架应用程序和DTM之间的数据交换。

FDT技术规范包含三个组成部分：FDT框架应用程序、现场设备的设备DTM以及通信设备的通信DTM，如图3-131所示。

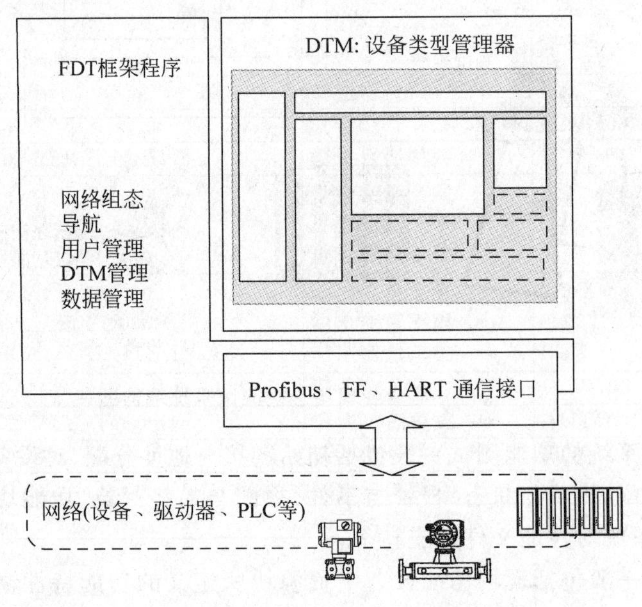

图3-131　Profibus-PA系统中FDT框架结构示意图

FDT框架应用程序：该程序通过标准的接口与DTM进行通信，该程序可以是现场设备的参数设置工具或组态工具，并且对所有通信协议都是开放的。

设备DTM：设备DTM是由制造商开发的软件，它封装了设备的所有特定数据、功能和管理方法，并包含图形用户界面。设备DTM还提供了对包含高级操作与诊断参数在内的所有设备参数的访问。

通信DTM：通信DTM是集成在系统中的标准接口，它可在系统的任何层次提供对现场设备数据的透明访问。网关和多路转换器等图形设备也需要通信DTM将数据在不同协议间进行转换。

FDT/DTM技术概念包含了在工程、服务、诊断以及资产管理领域中十分有用的集成选项。FDT/DTM技术概念如图3-132所示。

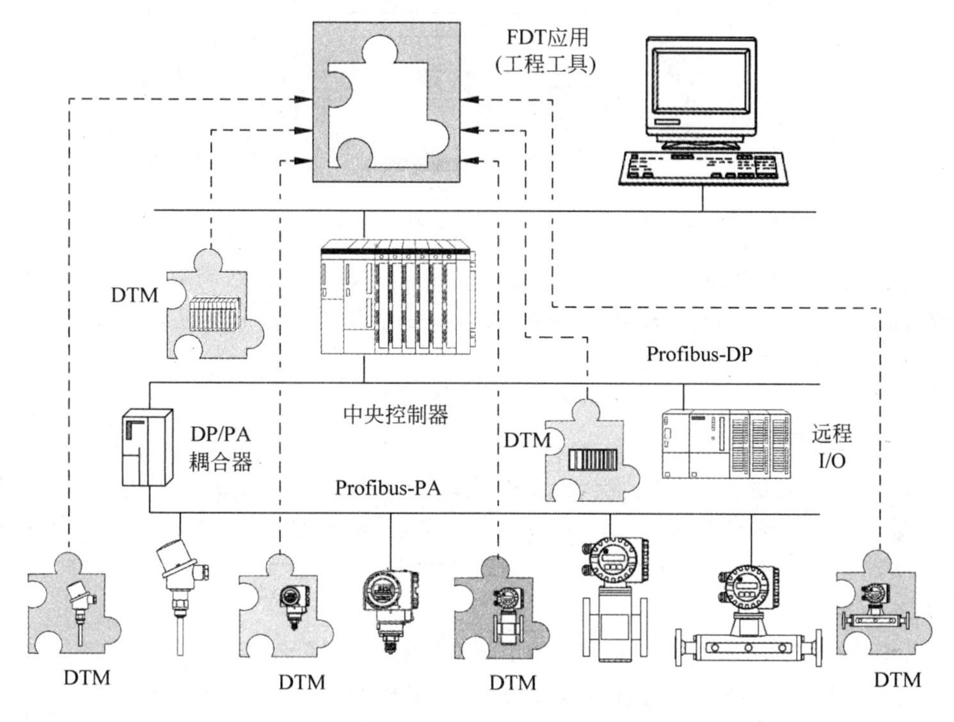

图3-132　Profibus-PA系统中FDT与DTM技术示意图

Profibus-DP和Profibus-PA设备都是基于FDT/DTM技术概念集成到控制系统之中的。基于这个原因，许多测量类现场总线仪表，如各类流量变送器和压力变送器，以及许多具有独立功能的仪表或系统，如分析仪器系统、称重系统、单回路调节器和智能记录仪等，都可通过Profibus-DP总线集成到系统中。中央控制器通过Profibus-DP总线即可读取这些仪表设备的数据。需要说明的是，Profibus-DP总线不具备总线供电功能，需要配置另外的辅助电源对现场仪表设备供电。但Profibus-DP总线可以实现本质安全功能。这样Profibus-DP总线系统具有很强的现场仪表或系统配置的灵活性，如图3-133所示。

在Profibus-DP总线上的仪表系统都具有独自的功能，如分析仪器的采样系统可能就是由一台小型PLC所控制；记录仪与单回路调节器都有自己的应用程序，它们本身就可实现回路控制功能，其编程语言可以是功能块语言，也可以是顺序功能图语言等。中央控制器

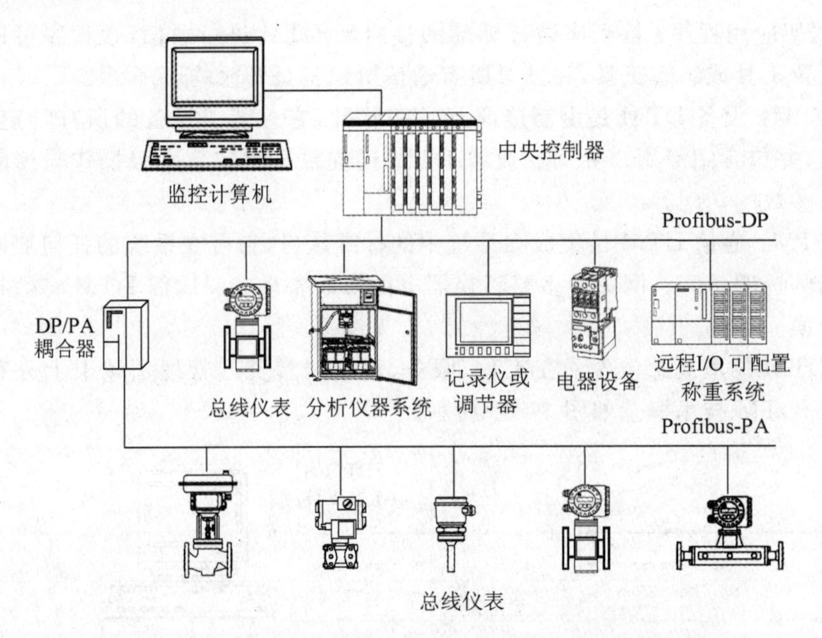

图 3-133　Profibus-PA 与 Profibus-PA 系统中设备配置示意图

主要是读取这些仪表的数据，以在上位机上进行显示。如果单回路调节器与中央控制器为同一制造商的产品，单回路调节器的仪表面板可以完全相同地在上位机的显示器上显示，这也就是典型的虚拟仪器实现方式。

3.8　本章小结

本章内容主要包括基金会现场总线设备、Profibus-PA 总线设备以及 Profibus-DP 总线设备的简单介绍。同时还简要介绍了实现设备控制功能的相应的功能软件。主要介绍基金会现场总线所用的功能软件，包括功能块组成、功能块的组态等。通过本章内容，读者主要学习了如下内容：

- 现场总线控制系统(FCS)是集过程仪表、控制运算、控制组态、系统诊断、功能报警、参数记录等功能的，系统开放型的工厂底层控制网络的集成式全分布计算机控制系统。
- 现场总线设备实际上就是现场总线上的一个节点，同时也具有了智能控制的功能。
- 基金会现场总线设备主要包括变送器类设备、执行器类设备、转换类设备、接口类设备、电源类设备和附属类设备等。
- 基金会现场总线设备可以实现常规仪表的基本功能，以及信号处理、PID 控制、本体设备的自诊断以及网络通信等功能。
- Profibus-DP 现场总线设备主要包括低压电器的控制设备、配电设备和主令设备，如断路器、电机启动器、变频器等，也包括一些仪器或仪表系统。
- IEC 61131-3 标准为控制系统编程语言的标准，IEC 61131-3 标准的软件模型包含配置、资源、程序和任务。IEC 61131-3 一共制定了 5 种编程语言标准，它们是功能块图(FBD)语言、梯形图(LD)语言、顺序功能图(SFC)语言、指令表(IL)语言和结构化文本(ST)语言。

- IEC 61499标准为分布式工业过程测量与控制系统编程语言标准，IEC 61499构建的系统从下至上的层次结构体系分别为功能块、资源、设备和系统。
- 基金会现场总线设备主要完成三大功能：实现过程控制、与其他设备通信以及对控制和通信进行管理。这三大功能对应设备中的功能块应用进程、通信实体和系统管理内核。
- 在基金会现场总线和Profibus-PA现场总线的设备中，有3类典型的功能块：资源块、转换块和功能块。资源块用于描述设备的特征，转换块用于读取传感器中的数据，或将数据写到相应的执行设备中，功能块就是一段应用程序被封装而成。
- 基金会现场总线设备中有4种功能块，它们是输入类功能块、控制类功能块、计算类功能块和输出类功能块；Profibus-PA现场总线设备中只有输入类功能块和输出类功能块。
- 功能块中共有三类参数：内含参数、输入参数和输出参数。
- 组态包括网络组态、设备组态和控制策略组态。网络组态包括为链路设备和通信端口分配网络以及设置通信参数；设备组态包括为选择设备、设置执行机构类型、设置传感器类型以及进行相关连接等，设备组态需对设备中的资源块和转换块进行组态，不同的设备有不同的转换块。
- 只有基金会现场总线系统涉及控制策略组态，控制策略组态包括链接和配置功能块以及为功能块设置参数等。
- 在基金会现场总线设备中，上游功能块对下游功能块的链接为串级，下游功能块对上游功能块的链接为回算。而在Profibus-PA现场总线设备中，上游功能块对下游功能块的链接或下游功能块对上游功能块的链接均为远程串级。
- Profibus-DP现场总线上也可集成过程控制仪表或系统。

习题

3.1　什么是现场总线控制系统？

3.2　基金会现场总线设备一般具备哪些功能？

3.3　常用的现场总线仪表设备有哪几种？

3.4　现场总线仪表设备中一般有哪几个功能部件？

3.5　现场总线阀门定位器的基本工作原理是什么？

3.6　现场总线/电流转换器的作用是什么？

3.7　Profibus-DP现场总线设备主要有哪几种？

3.8　IEC 61131-3制定了几种编程语言标准？

3.9　IEC 61499是什么标准？

3.10　基金会现场总线系统中采用了哪几种功能块？

3.11　网络组态与设备组态主要包括哪些内容？

3.12　基金会现场总线系统和Profibus-PA现场总线系统的设备组态用到了哪几种模块？

3.13　一台设备中的功能块能够连接到另一台设备中的转换块吗？

3.14　一个只包含AI、PID和AO的简单控制回路中，为将通信链接减至最少，PID模块应该安排在变送器中、阀门定位器中还是中央控制器中？

3.15 组态 PID 控制回路的控制作用在哪里？

3.16 基金会系统 AI 功能块标定参数 XD_SCALE 的作用是什么？

3.17 基金会系统功能块中 IN、CAS_IN 或 RCAS_IN 参数有何区别？

3.18 输出分程控制主要用于哪些场合？

3.19 转换块中通道参数的作用是什么？

3.20 串级结构被打破时，PID 模块的什么模式可以确保无扰切换？

3.21 在转换块中，哪个参数可以看到主要传感器的测量数值？

3.22 在 Profibus-PA 系统中，操作变量被传送给 AO 模块的哪个参数？

3.23 输出模块的仿真功能会改变物理输出吗？

3.24 基金会现场总线中一致性测试和互可操作测试的含义是什么？

3.25 Profibus 系统中 GSD 文件的作用是什么？

参考文献

[1] Jonas Berge. 过程控制现场总线[M]. 北京：清华大学出版社，2003.

[2] 斯可克，等. 基金会现场总线功能块原理及应用[M]. 北京：化学工业出版社，2003.

[3] 阳宪惠. 现场总线技术及其应用[M]. 2 版，北京：清华大学出版社，2008.

[4] 白焰，等. 分散控制系统与现场总线控制系统[M]. 北京：中国电力出版社，2005.

[5] 王永华，等. 现场总线技术及应用教程[M]. 2 版，北京：机械工业出版社，2012.

[6] 王慧锋，何衍庆. 现场总线控制系统及应用[M]. 北京：化学工业出版社，2006.

[7] 技术资料. Guidelines for Foundation Fieldbus Function Blocks [R]. E+H 公司，2004.

[8] 技术资料. Guidelines for planning and commissioning Profibus DP/PA [R]. E+H 公司，2004.

[9] 技术资料. Foundation Fieldbus Blocks Manual [R]. 萨默生(罗斯蒙特)公司，2000.

[10] 技术资料. User's Manual：FF Type Advanced Valve Positioner [R]. 横河电机株式会社，2013.

[11] 技术资料. Function Blocks Instruction Manual- FF [R]. SMAR 公司，2014.

[12] 技术资料. User's Manual：FF Type Magnetic Flowmeter [R]. 横河电机株式会社，2007.

[13] 技术资料. Function Blocks Instruction Manual- Profibus [R]. SMAR 公司，2002.

第4章

控制系统工程设计基础

教学目标

采用现场总线控制技术和现场总线系统实现过程控制，需要对控制系统进行设计。设计的内容涉及生产工艺、系统选择和设备选择等，同时还包括设计文档资料的建立。本章主要介绍过程控制系统设计的相关内容，包括几种主要设计文档的要求与建立内容等。通过对本章内容的学习，读者能够：

- 了解控制工程设计的主要内容；
- 掌握工艺流程图的基本表达方式；
- 掌握控制流程图的基本表达方式；
- 掌握管道及仪表流程图的基本表达方式；
- 掌握SAMA图的基本表达方式；
- 掌握仪表回路图的基本表达方式。

4.1 过程控制系统的工程设计简介

工程设计是工程项目实施中的一个阶段，而一个工程项目根据专业分工不同又可划分为若干子工程。自动化工程就是这些工程中的一项子工程。每个工程的实施又包含了多个阶段，比如可行性研究、项目报批、工程设计、工程施工、工程验收、开车调试、竣工投产等，如图4-1所示。

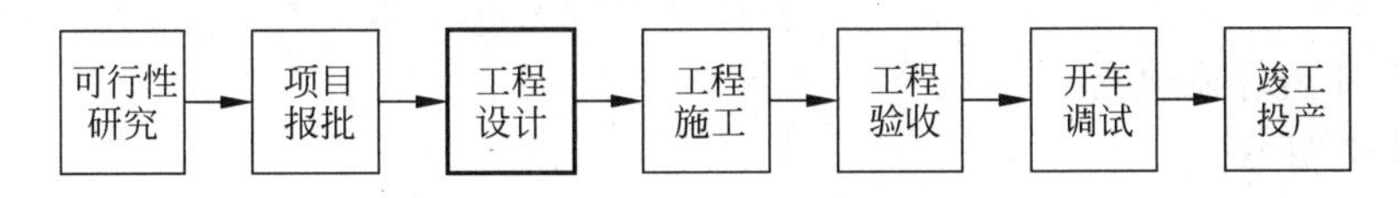

图4-1　工程项目实施流程图

进行过程控制系统的工程设计，首先要分析生产过程对自动化系统的需求，需要测量多少过程参数，需要控制多少过程参数。再次要依据生产过程装置的分布情况，考虑是否选取适当的网络，包括对现场级网络的考虑和对上层网络的考虑。尤其是现场总线技术的不断发展，设计中对现场总线技术的应用自然会是重要的选择。对于现场总线控制系统并没有专门的设计标准，已有的标准完全能够满足现场总线控制系统设计的需要。

控制系统的工程设计需要自动化专业与工艺专业和其他各专业进行广泛地沟通，确定工艺控制方案，需要确定的内容主要包括：

① 工艺上需要观测的参数和传感器安装的位置；

② 选择必要的被控变量和适当的操纵变量；

③ 建立必要的报警和安全保护系统；

④ 设备的选型与控制方案的确定等。

对于现场总线控制系统还应考虑：

① 总线拓扑结构（包括控制网络与节点、工作站的分布、控制器的分布、电源的分布等）；

② 系统规划（包括仪表标签数、设备信号标签数、监控标签数等）；

③ 控制策略的优化（包括功能块链接的优化、虚拟通信关系的考虑等）；

④ 系统冗余（包括 I/O 的冗余、控制器的冗余、电源的冗余等）。

工程设计要对工艺上的需求，以及满足这些需要的方案有着清晰的表达。这要借助于标准化的表达方式和文档。文档主要包括能够表达工艺基本情况或原理的工艺流程图，能够表达工艺对测控需求的控制流程图，能够表达工艺控制基本概貌的管线及仪表流程图（P&ID），能够提供给自动化专业施工的仪表及系统接线图，能够反映控制回路或控制策略的 SAMA 图，以及实现具体组态的组态文档等。有时也采用仪表回路图来表达控制回路的构成与接线情况，如图 4-2 所示。

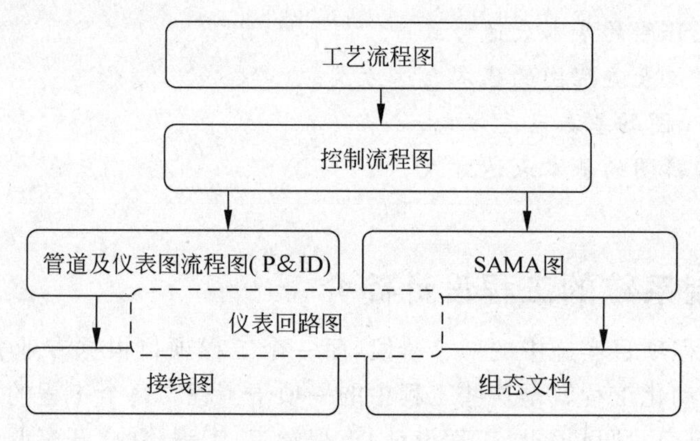

图 4-2 工程设计主要步骤示意图

需要说明的是，图 4-2 所示的设计内容只是控制系统工程设计当中的几项主要文档内容，实际的设计内容还包括：

- 设计说明书；
- 工艺控制流程图；
- 仪表设备及材料汇总表；
- 综合材料（包括电气设备材料、电缆、管缆等）汇总表；
- 初步设计概算；
- 设计图纸目录与说明；
- 节流装置数据表；
- 调节阀数据表；
- 差压式液位计数据表；
- 测量管路与伴热管路表；
- 信号及连锁原理图；
- 控制室仪表盘布置图；
- 报警灯屏布置图；

- 供电接线图；
- 仪表接线图；
- 仪表接管图；
- 报警器接线图；
- 仪表盘端子图；
- 仪表供气图；
- 电缆、管缆平面敷设图；
- 仪表安装图；
- 接地系统图；
- 管道与仪表流程图等。

对于分布式控制系统(DCS)、现场总线控制系统(FCS)及其他计算机控制系统，设计文档还应包括：

- DCS 或 FCS 的技术规范；
- DCS 或 FCS 的 I/O 表；
- DCS 或 FCS 的监控数据表；
- DCS 或 FCS 的系统配置图；
- 工艺流程显示图；
- 计算机操作组分配表；
- 计算机趋势组分配表；
- 计算机系统报表；
- 其他文件等。

4.2　工艺流程图

工艺流程图(Process Flowchart)是用于对生产工艺设计或程序设计的一种简单的图形表达，它便于设计者理解工艺流程的基本情况，包括原料来源情况、用到的主要工艺步骤、中间物料转移情况、产成品与渣料的去向等。工艺流程图的表达方式有多种，但最主要的是活动标志，为矩形符号，用来表示过程中的一个单独的步骤。活动的简要说明写在矩形内。流线(流程)符号，用来表示步骤在顺序中的进展。流线的箭头表示一个过程的流程方向。在程序设计中用到的流程图，决策判断也是一个非常重要的步骤，为菱形符号，它表示过程中的一项判定或一个分岔点，判定或分岔的说明写在菱形内，常以问题的形式出现。对该问题的回答决定了判定符号之外引出的路线，每条路线标上相应的回答。一些基本且重要的工艺流程图表达符号如表 4-1 所示。如图 4-3 所示为某一生产工艺(或程序)的流程图表达。

表 4-1　常用工艺流程图符号

名　　称	符　　号	含　　义
起止符号	▭	表示流程的开始或结束
流程符号	⟶	表示流程进行的方向

续表

名　　称	符　　号	含　　义
流程处理符号	▭	表示执行或处理的某些事物
决策判断符号	◇	表示对某一条件作出的判断
输入/输出符号	▱	表示资料的输入或结果的输出
连接符号	○	用于： a. 转换到另一页 b. 避免流程线交叉 c. 避免流程线太长

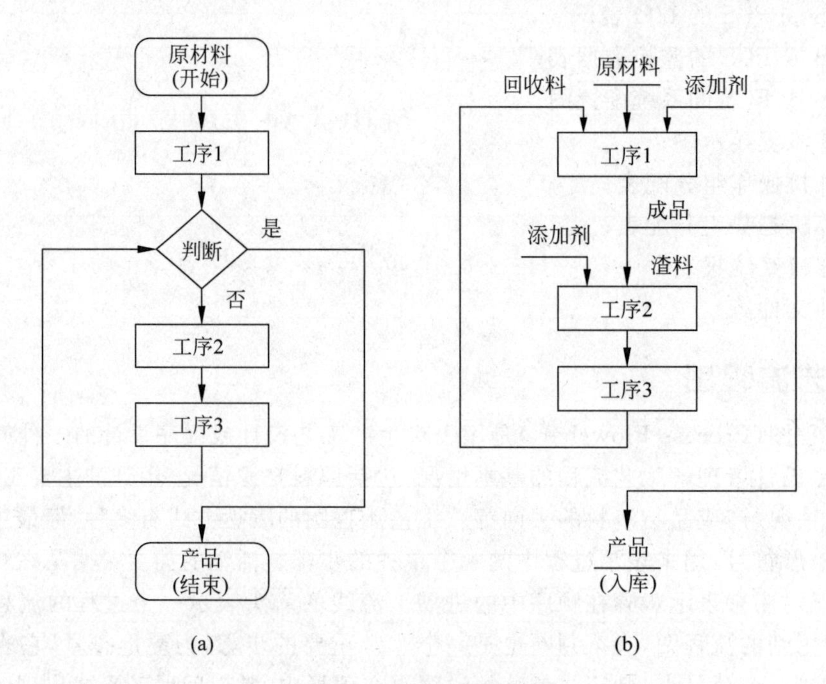

图 4-3　工艺流程图示意图

图 4-3(a)所示的表达生产工艺(或程序)流程的标准表达,流程中用到了起始符号、流程符号、流程处理符号以及决策判断符号等。这种表达更多地出现在程序流程中。对于工业生产流程则多用图 4-3(b)所示的简化表达。起始符号被原料及生产过程所需的添加剂取代,决策判断符号则可由流程线条简化表达,结束符号也被产品说明取代。该流程表示对原材料和相关添加剂,经过生产工序 1 的加工,可生产出相应的产品直接送往成品仓库。但在生产工序 1 的生产过程中也会产生一些渣料,渣料经过生产工序 2 和生产工序 3 的处理,可再度返回到生产工序 1 进行加工处理。

4.3　控制流程图

如图 4-3 所示的工艺流程图对整个生产工艺过程给出了概貌性的描述，但它没有给出检测与控制相关的信息，这就需要控制流程图(Control Flowchart)。控制流程图是能将生产工艺过程中的参数检测和控制回路的基本信息直接在相关工艺设备上反应出来的一种简单的图形表达，它便于设计者理解工艺流程检测控制的基本情况。如图 3-115、图 3-117、图 3-119、图 3-121 及图 3-123 等都可属于控制流程图。

对于较大规模的具有成百上千检测点与控制回路的生产工艺，采用上述的表示会显得过于繁琐，有时会采用方框图来简化表达。已有国家标准与行业标准对过程测量与控制仪表的功能符号或图例进行了统一规定，特别是国际标准化组织制定了 ANSI/ISA5.1 标准，对过程测量与控制仪表的功能符号、图例以及连接管线等进行了统一规定，构成了管道及仪表流程图标准。因此许多时候会将控制流程图与管线及仪表流程图合并。

4.4　管道及仪表流程图

管道及仪表流程图(Piping and Instrumentation Diagram，P&ID)是带有检测点与控制点的工艺流程图，是借助统一规定的图形符号和文字代号，用图示的方法把工艺装置所需的全部设备、仪表、管道、阀门及主要管件，按其各自功能以及工艺要求组合起来，以起到描述工艺装置的结构和功能的作用。因此，管道及仪表流程图不仅表达了部分或整个生产工艺流程，更重要的是体现了对该工艺过程所实施的控制方案，通过它可以清晰地了解生产过程的自动控制实施方案等相关信息，是自控专业设计的出发点和基本依据。可以说管道及仪表流程图是从工艺流程到工程施工设计的重要资料，是工厂安装设计的依据。下面介绍管道及仪表流程图中的部分图形符号，详细情况请查阅相关手册或技术标准。

4.4.1　仪表位号

在管道及仪表流程图中表达参数的检测与控制回路，必须给每个测点或每台仪表设备分配一个位号以作为唯一的标识，这就是仪表位号。仪表位号由仪表功能标志和仪表回路编号两部分组成，如表 3-8 中的现场设备位号 FCV—102，其中仪表回路编号的组成有工序号和顺序号两部分，如图 4-4 所示。在行业标准 HG/T 20505—2000 中，仪表位号的确定有如下规定。

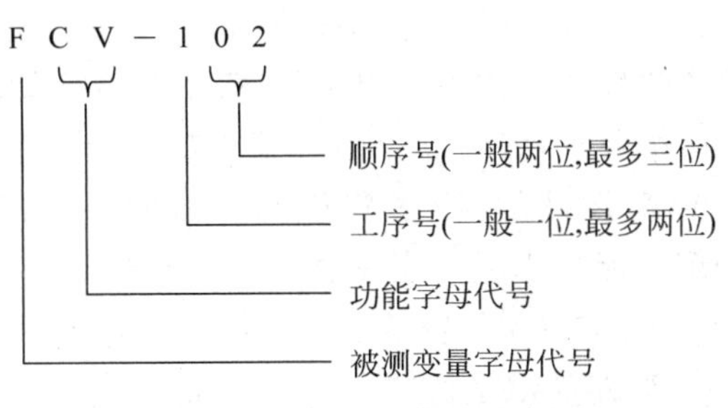

图 4-4　仪表位号编排示意图

① 仪表位号按不同的被测变量分类，同一装置(或工序)同类被测变量的仪表位号中顺序号可以是连续的，也可以不连续；不同被测变量的仪表位号不能连续编号。

② 若同一仪表回路中有两个以上功能相同的仪表,可在仪表位号后附加尾缀(大写英文字母)以示区别。例如 FT-201A、FT-201B 表示该仪表回路中有两台流量变送器。

③ 当不同工序的多个检测元件共用一台显示仪表时,显示仪表的位号不表示工序号,只编顺序号;对应的检测元件位号表示方法是在仪表编号后加数字后缀并用“-”隔开。例如一台多点温度记录仪 TR-1,其对应的检测元件位号为 TE-1、TE-2 等。

对仪表位号而言,在施工图中还会大量地用到,特别是多功能仪表的位号编制,与带控制点的工艺流程图有紧密的对应关系。

4.4.2 仪表功能字母代号

仪表功能字母代号是指在自控类技术图纸中,仪表的各类功能是用其英文含义的首位字母来表达的,且同一字母在仪表位号中的表示方法具有不同的含义。各英文字母的具体含义如表 4-2 所示。

表 4-2 P&ID 图中部分变量与仪表功能字母代号含义表

字母代号	首位字母	后缀字母	字母代号	首位字母	后缀字母
A	分析	报警	O	未定义	孔板
B	烧嘴,火焰		P	压力,真空	连接点或测试点
C	电导率	控制	Q	数量(或累积)	
D	密度		R	辐射	记录,记录仪
E	电压(电动势)	主元件	S	速度,频率	开关
F	流量		T	温度	传输,变送器
G	可燃气体	试镜,观察设备	U	多变量	多功能
H	手动	高	V	振动,机械监视	阀,风门,百叶窗
I	电流	指示器	W	重量,力	套管
J	功率		X	未定义	
K	时间,时间程序	控制站	Y	事件,状态	继电器,计算器,转换器
L	物位	灯,低			
M	水分或湿度	中,中间	Z	位置,尺寸	驱动器,执行机构
N	未定义				

仪表功能标志是用几个大写英文字母的组合表示对某个变量的操作要求,如 TIC、PDRCA 等。其中第一位或两位字母称为首位字母,表示被测变量,其余一位或多位称为后继字母,表示对该变量的操作要求,各英文字母在仪表功能标志中的含义由表 4-2 中给出。为了正确区分仪表功能,根据设计标准《过程检测和控制系统用文字代号和图形符号》(HG/T20505—2000),理解功能标志时还应注意如下几个方面。

① 功能标志只表示仪表的功能,不表示仪表的结构。例如,要实现流量记录功能 FR,可选用涡街流量计或差压变送器加记录仪。

② 功能标志的首位字母选择应与被测变量或引发变量相对应,可以不与被处理变量相符。例如,某液位控制系统中的控制阀,其功能标志应为 LV,而不是 FV。

③ 功能标志的首位字母后面可以附加一个修饰字母,使原来的被测变量变成一个新变

量。如在首位字母 P、T 后面加 D,变成 PD、TD,分别表示压差、温差。

④ 功能标志的后继字母后面可以附加一个或两个修饰字母,以对其功能进行修饰。如功能标志 PAH 中,后继字母 A 后面加 H,表示压力的报警为高限报警。

表 3-8 中的现场设备位号 TT-102 表示温度变送器,第一工序中的第二号温度变送器设备。FT-102 表示流量变送器,第一工序中的第二号流量变送器设备。FCV—102 表示流量控制阀,第一工序中的第二号调节阀设备。现场总线设备的内部功能块同样以后缀的形式进行标注。

仪表位号在管道及仪表流程图中的标注方法是字母代号标注在仪表圆圈符号的上半圆中,回路编号标注在仪表圆圈符号的下半圆中,如图 4-5 所示。图 4-5(a)表示安装在集中仪表盘上的仪表,位号为 FCV—102,即流量控制阀,位于第 1 工序安排为 02 号。图 4-5(b)表示就地安装的仪表,位号为 PI—201,即压力显示仪表,位于第 2 工序安排为 01 号。

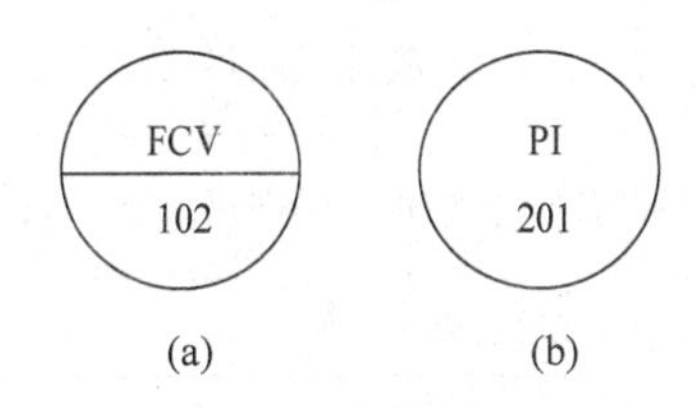

图 4-5 仪表位号标注方法示意图

4.4.3 仪表的图形符号

过程检测和控制系统的图形符号一般由测量点、连接线(包括引线和信号线)、仪表圆圈以及相关功能设备等组成。

1. 测量点图形符号

测量点(包括传感器)是由过程设备或管道符号引到仪表圆圈的连接引线的起点,如图 4-6(a)所示。传感器还可用一些专门的符号(比如节流孔板等)表示,如图 4-6(b)所示。当测量点位于设备中,也可用实线或虚线引入,如图 4-6(c)所示。

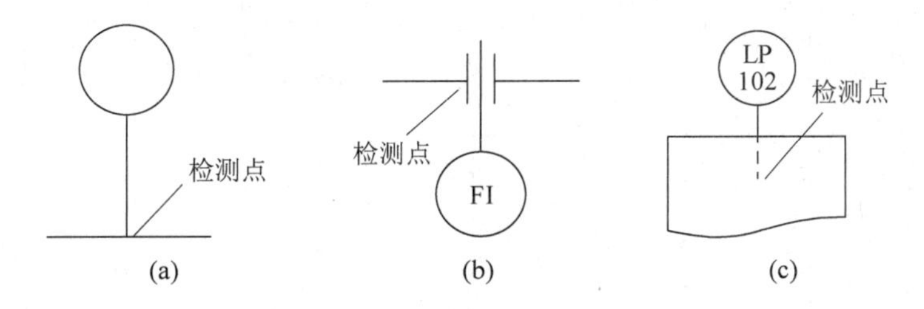

图 4-6 测量点图形符号示意图

2. 连接线图形符号

设备之间的连接线是由实线表示,若还需附加其他功能时,可参考表 4-3 所示的表达。

表 4-3 P&ID 图中部分仪表连线图形符号表

信号线类型	图形符号
工艺管线,工艺与仪表之间的连线	————————
电动信号线	- - - - - - - - - - - - - 或 ——///————///——

续表

信号线类型	图形符号
气动信号线	
液动信号线	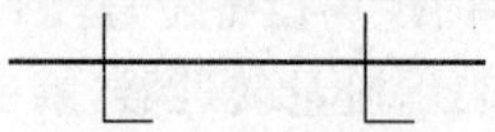
毛细管	
有导向的电磁、辐射、热、光、声波等信号线	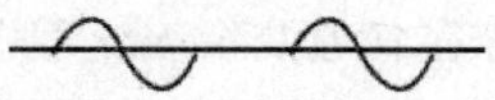
无导向的电磁、辐射、热、光、声波等信号线	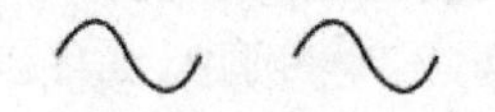
内部系统线	

3. 仪表及其安装位置的图形符号

常规仪表、分布式控制系统、计算机系统以及可编程控制系统的图形符号，以及它们对应的安装位置图形符号如表4-4所示。

表4-4 P&ID图中部分仪表安装位置图形符号表

功能说明	现场安装	控制室安装	现场盘装
单台常规仪表		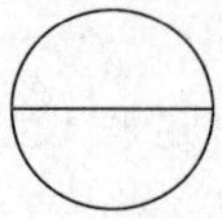	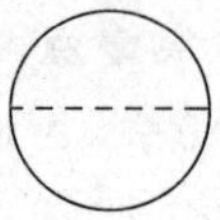
分布式控制系统	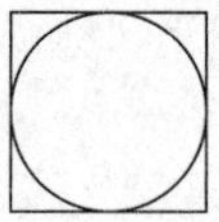	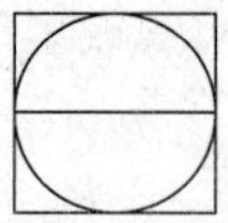	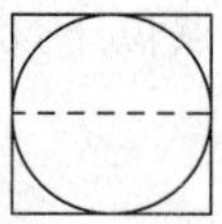
计算机功能	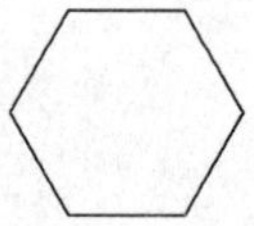	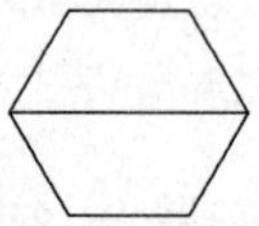	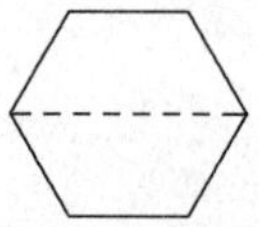
可编程逻辑控制器		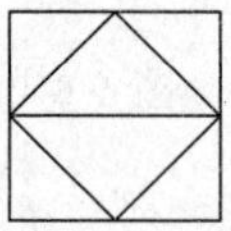	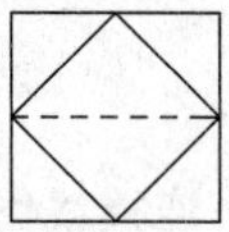

4. 控制阀图形符号

部分控制阀与执行机构的图形符号如表4-5所示。

表4-5 P&ID图中部分执行机构和过程元件图形符号表

功能说明	图形符号	功能说明	图形符号
皮带运输机	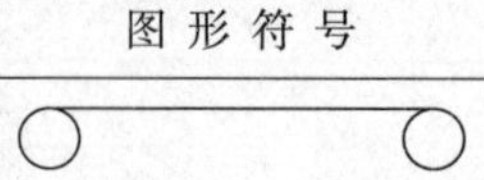	气动执行机构	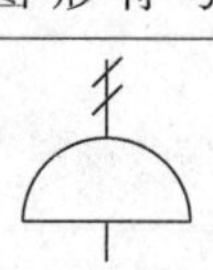
控制阀			

续表

功能说明	图形符号	功能说明	图形符号
电动执行机构	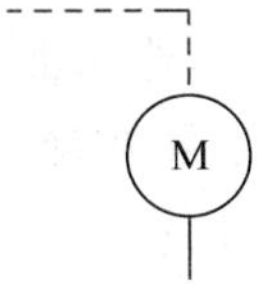 M	流量孔板	
活塞式执行机构	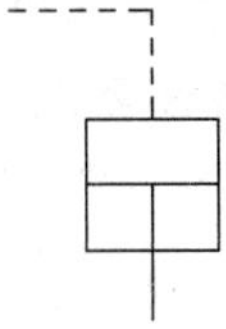	文丘里管	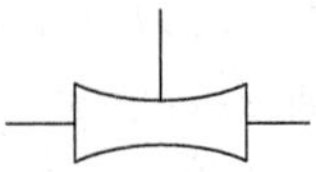
电磁执行机构	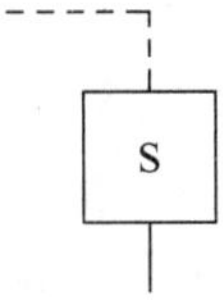 S	热交换器	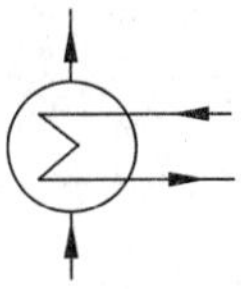

5. 功能图形符号

部分运算功能的图形符号如表 4-6 所示。

表 4-6　P&ID 图中部分运算功能图形符号表

功能说明	图形符号	功能说明	图形符号
乘法运算	$\times$	高选	$>$
除法运算	$\div$	低选	$<$
偏差运算	$\triangle$	高限	$\not>$
求和运算	Σ	低限	$\not<$
积分运算	$\int$		

4.4.4 采用 P&ID 图进行工程设计

广义的管道及仪表流程图(P&ID)可分为工艺管道及仪表流程图和公用工程管道及仪表流程图两大类。一套完整的管道及仪表流程图应清楚地标出工艺流程对工厂安装设计中的所有要求,包括所有的设备、配管、仪表等方面的内容和数据。采用 P&ID 图进行工程设计时应主要包括相关设备、配管以及在线仪表方面的内容。

1. 设备

每台设备包括备用设备,都必须标示设备的名称、位号和设备规格。对成套供应的设备要用点画线画出成套供应范围的框线,并加标注。另外还需说明接管与连接方式、相关的零部件、驱动装置类型与驱动机功率以及排放要求等。

2. 配管

配管的内容涉及到管道规格、相关的管件与阀件、管道的衔接、伴热管与埋地管的说明、取样点的位置、成套设备接管以及其他特殊要求等。

3. 在线仪表

在线仪表是指与过程检测和控制相关的仪表设备,包括各类变送器与调节阀。对于直接安装在工艺管道上的流量计与调节阀应注意与工艺设备的接口尺寸。

4. 设计图例

这里采用 4.4.3 节给出的图形符号及其说明,对 3.5 节中的工艺控制采用 P&ID 表达,以说明 P&ID 图的应用方法。

对于如图 3-70 所示的流量控制系统,其管道与仪表流程图(P&ID)的表达如图 4-7(a)所示。图 4-7(a)中 FF 表示基金会现场总线设备,FT101 为流量变送器,FCV101 为流量调节阀,I/P(YP101)为电流对气压转换器,也即阀门定位器。流量调节阀是带 PID 控制功能的,并且这些设备都是现场总线型,因此都为现场设备。

对于 Profibus-PA 现场总线系统,虽然变送器与调节阀都为现场设备,但由于现场仪表是系统的从站,控制功能配置在系统的中央控制器内,因而该功能不是现场型的仪表功能,其表达如图 4-7(b)所示。

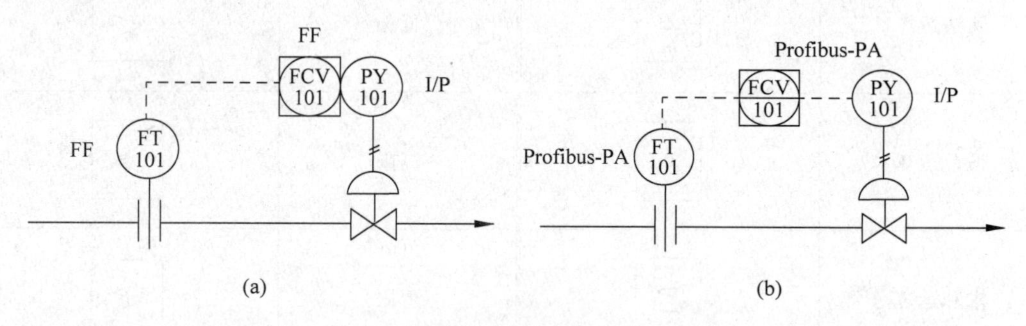

图 4-7 简单流量控制回路 P&ID 图

对于如图 3-115 所示的温度与流量串级控制系统,其管道及仪表流程图(P&ID)的表达如图 4-8 所示。图 4-8 中 FF 表示基金会现场总线设备,FT102 为流量变送器,TT102 为温度变送器,FCV102 为流量调节阀,I/P(YP102)为电流对气压转换器,也即阀门定位器。TC102 为温度变送器中的 PID 控制功能,该 PID 控制器为串级调节的主控制器。流量调节阀也带 PID 控制功能,该 PID 控制器为串级调节的副控制器。并且这些设备都是现场总线型,因此都为现场设备。

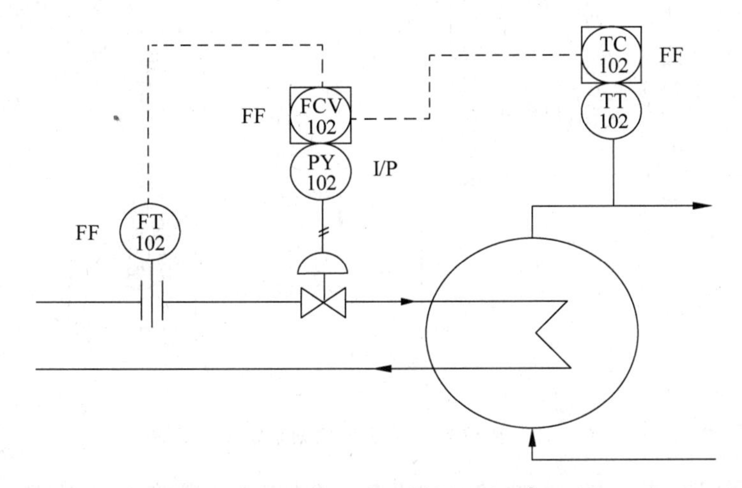

图 4-8 温度与流量串级控制系统 P&ID 图

对于如图 3-117 所示的温度与流量前馈反馈控制系统,其管道及仪表流程图(P&ID)的表达如图 4-9 所示。图 4-9 中 FF 表示基金会现场总线设备,FT103 为流量变送器,TT103 为温度变送器,FCV103 为流量调节阀,I/P(YP103)为电流对气压转换器,也即阀门定位器。流量调节阀带 PID 控制功能,流量变送器的信号为反馈控制信号,温度变送器的信号为前馈控制信号。这些设备都是现场总线型,因此都为现场设备。

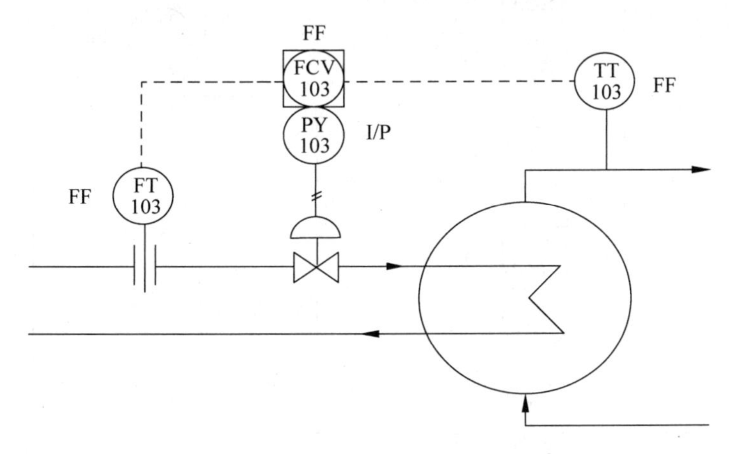

图 4-9 温度与流量前馈反馈控制系统 P&ID 图

对于如图 3-119 所示的供液与储液罐超驰控制系统,其管道及仪表流程图(P&ID)的表达如图 4-10 所示。图 4-10 中 FF 表示基金会现场总线设备,FT104 为流量变送器,LS104 为液位开关,FCV104 为流量调节阀,I/P(YP104)为电流对气压转换器,也即阀门定位器。流量调节阀带 PID 控制功能,流量变送器的信号为控制回路中的反馈控制信号,当液位开关信号为真时,控制器将选择停止操作,即停止供液。这些设备都是现场总线型,因此都为现场设备。

对于如图 3-121 所示的分程控制系统,其管道及仪表流程图(P&ID)的表达如图 4-11

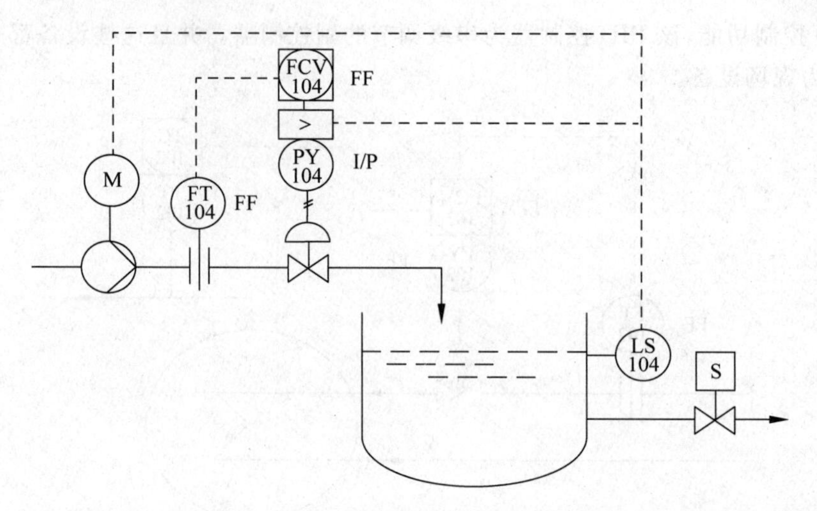

图 4-10　液位与流量超驰控制系统 P&ID 图

所示。图 4-11 中 FF 表示基金会现场总线设备，TT105 为温度变送器，TCV105A 为温度调节阀，I/P(YP105)为电流对气压转换器，也即阀门定位器。温度调节阀带 PID 控制功能，温度控制器的输出信号分程为两路，一路送往 TCV105A 调节阀，一路送往 TCV105B 调节阀，从而实现对不同温度范围的分程控制。这些设备都是现场总线型，因此都为现场设备。

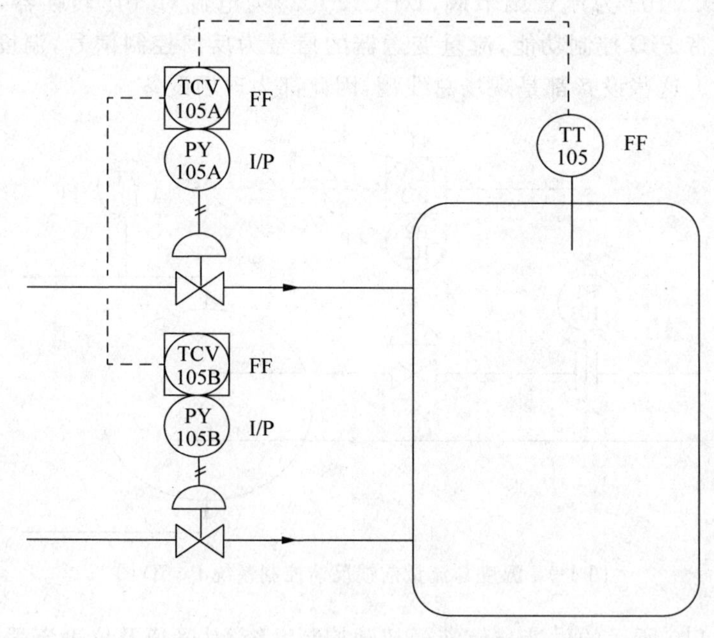

图 4-11　分程控制系统 P&ID 图

对于如图 3-123 所示的锅炉三冲量汽包液位控制系统，其管道及仪表流程图(P&ID)的表达如图 4-12 所示。图 4-12 中 FF 表示基金会现场总线设备，LT106 为液位变送器，液位变送器带有 PID 控制功能，该 PID 控制器为串级调节的主控制器。FT106 为给水流量变送器，FCV106 为给水调节阀，I/P(YP106)为电流对气压转换器，也即阀门定位器。给水调节阀带 PID 控制功能，该 PID 控制器为串级调节的副控制器。FT107 为蒸汽流量变送器，蒸汽流量变送器的输出作前馈信号送往 FCV106 调节阀，从而实现水位与给水流量的串级控制，以及蒸汽流量与给水流量的前馈控制。另外，对于水位信号还需继续高水位和低水位的报警，对高水位报警功能的表达即 LAH，对低水位报警功能的表达即 LAL。对其他信号的报警也可采用同样的方式进行标注。这些设备都是现场总线型，因此都为现场设备。

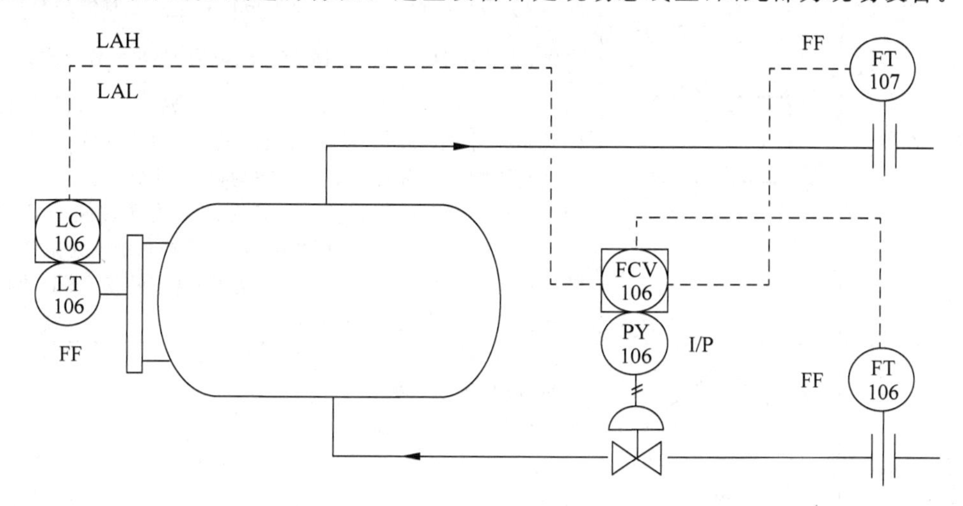

图 4-12　锅炉三冲量控制系统 P&ID 图

4.5　接线图

接线图是指系统中所有仪表之间的接线关系、所有现场仪表与现场仪表箱端子排之间的接线关系、所有现场仪表与控制室仪表柜端子排之间的接线关系等。各种接线图的表达可参见 4.7 节中仪表回路图的表达方式。

4.6　SAMA 图

SAMA 图是美国科学仪器制造协会(Scientific Apparatus Maker's Association)所采用的绘制图例，它易于理解，能清楚地表示系统功能，在自动控制系统设计中大量应用。在 SAMA 图中采用了 4 大类功能图例，圆形图例表示测量或信号读出功能，矩形图例表示自动信号处理(对应仪表系统中的架装仪表)，菱形图例表示手动信号处理(对应仪表系统中的盘装仪表)，等腰梯形图例表示执行机构。常用的 SAMA 图例如表 4-7 所示。图例图形中的功能字母代号与管道和仪表流程图所用的功能字母代号基本相同。

表 4-7　SAMA 图中部分功能图形符号表

功能类别	图形符号	功能内容
测量、信号读出	○	FT 为流量变送器；LT 为液位变送器； PT 为压力变送器；TT 为温度变送器； T 为继电器线圈；ZT 为位置指示器； I 为指示仪；R 为记录仪
	(带四条斜线的圆形)	指示灯

续表

功能类别	图形符号	功能内容
自动信号处理		$\sqrt{\ }$为开方；×为乘法器；÷为除法器；±为偏置；△为偏差；$\sum$为加法器；$\sum/n$为平均值；$\sum/t$为积算器；K为比例；$\int$为积分；d/dt为微分；$f(t)$为时间函数；$f(x)$为函数；T为切换；S为螺线管；M为马达；H/为高限监视；L/为低限监视；H/L为高低限监视；＞为高选；＜为低选；≯为高限幅；≮为低限幅；≮≯为高低限幅；V≯为速率限制；R/I为电阻-电流转换；R/V为电阻-电压转换；mV/V为热电势-电压转换；V/I为电压-电流转换；I/V为电流-电压转换；P/I为气-电流转换；P/V为气-电压转换；I/P为电流-气转换；V/P为电压-气转换
手动信号处理		T为自动/手动切换； A为模拟信号发生器
		手操信号发生器
执行机构		MO为电动执行机构； HO为液动执行机构
		气动执行机构
		直行程阀
		旋转球阀
		带阀门定位器的执行机构
其他	AND	逻辑与
	OR	逻辑或

SAMA 图主要用于表达仪表的内部控制与运算功能以及仪表的面板操作与显示功能。典型的仪表内部控制与运算功能是 PID 运算功能。PID 运算功能在 SAMA 图的经典表达如图 4-13(a)所示。对 PID 运算的简化表达如图 4-13(b)所示。更实用的一种微分先行 PID 表达则如图 4-13(c)所示。

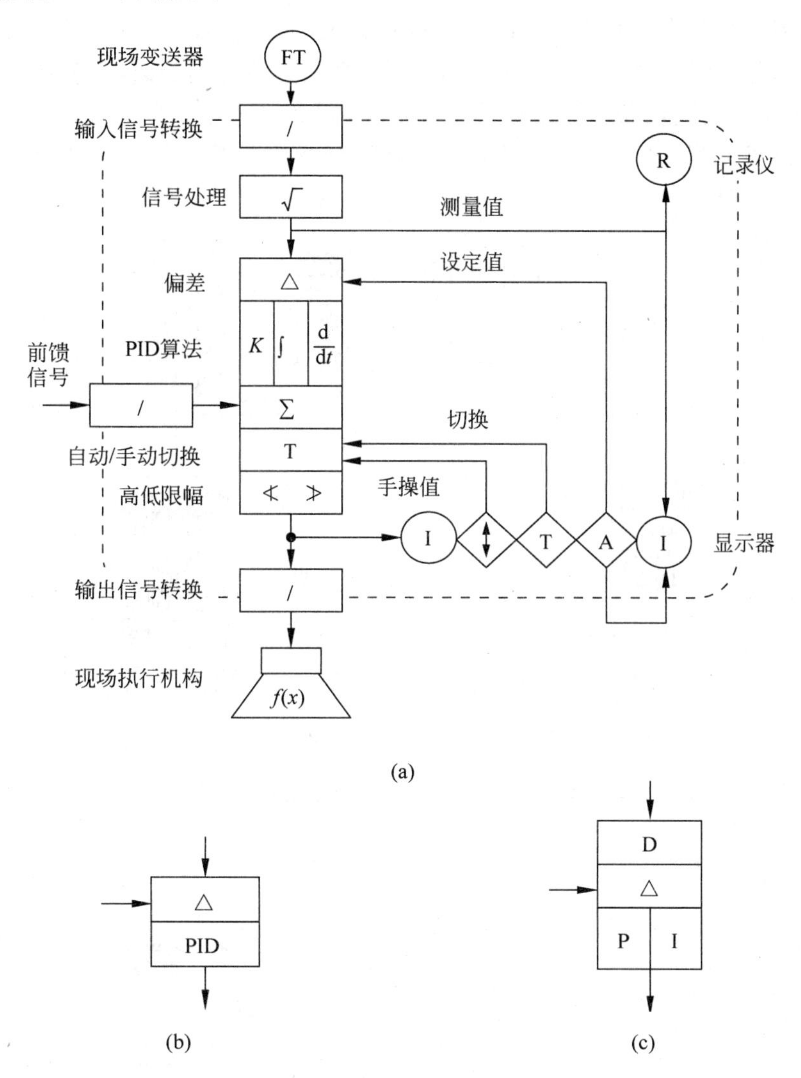

图 4-13　PID 及简单控制回路的 SAMA 图

图 4-13(a)表示了实现某一参数控制所需要的控制运算、操作与显示等功能。首先需要测量参数的变送器,变送器的输出信号还需进行一定的调理或转换,该测量值需要进行显示和记录,测量信号要与系统给定值进行比较,对其差值进行 PID 运算,给定值是可以调整的,也能被显示。若有前馈变量加入还可在 PID 输出处加入,在系统投入或需维修时,还需有手动功能,需要有手动/自动切换功能,以及手动加载功能,考虑执行机构的量程范围,需对控制输出进行一定的限幅,最终的输出信号经过一定的转换后送往执行机构,输出值也需要进行显示。

表达系统功能的目的是为了实现该功能。用过程控制仪表实现上述功能,系统如

图 4-14 所示。在分布式控制系统(DCS)和现场总线控制系统(FCS)中,仪表的内部控制与运算功能在现场的变送器与阀门定位器中实现,仪表的面板操作与显示功能则在上位操作监控站中实现。借助于专门的系统监控软件,在系统的上位机或工作站,可实现各种形式的显示与记录功能。如图 4-15 所示为一种分布式控制系统或现场总线控制系统中工艺流程显示画面,过程参数可在工艺中相关的位置进行显示,非常直观。另外,在画面中还可开设窗口显示调节仪表面板。如图 4-16 所示为过程参数的趋势显示画面,趋势显示也即记录功能。分布式控制系统或现场总线控制系统中的显示功能还可包括分组显示、回路显示、报警显示、设备状态显示等。分布式控制系统或现场总线控制系统中的操作功能一般在上位机或系统工作站上实现。

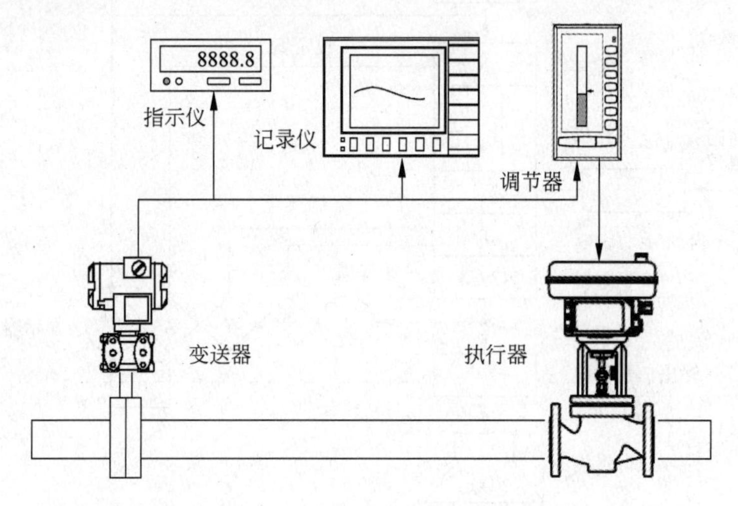

图 4-14　图 4-13(a)所示功能的仪表实现示意图

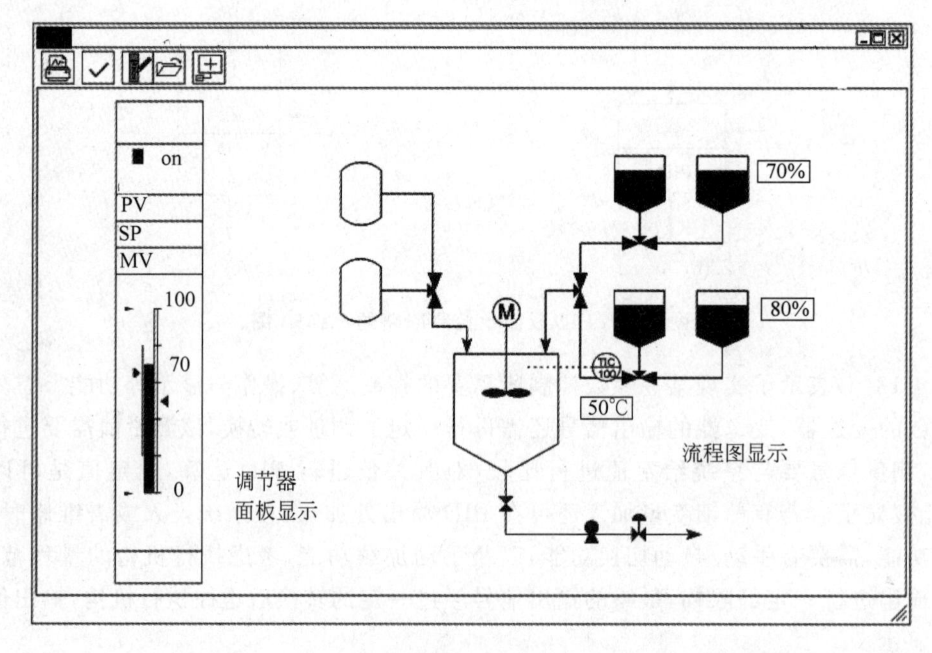

图 4-15　计算机控制系统流程图与仪表面板显示示意图

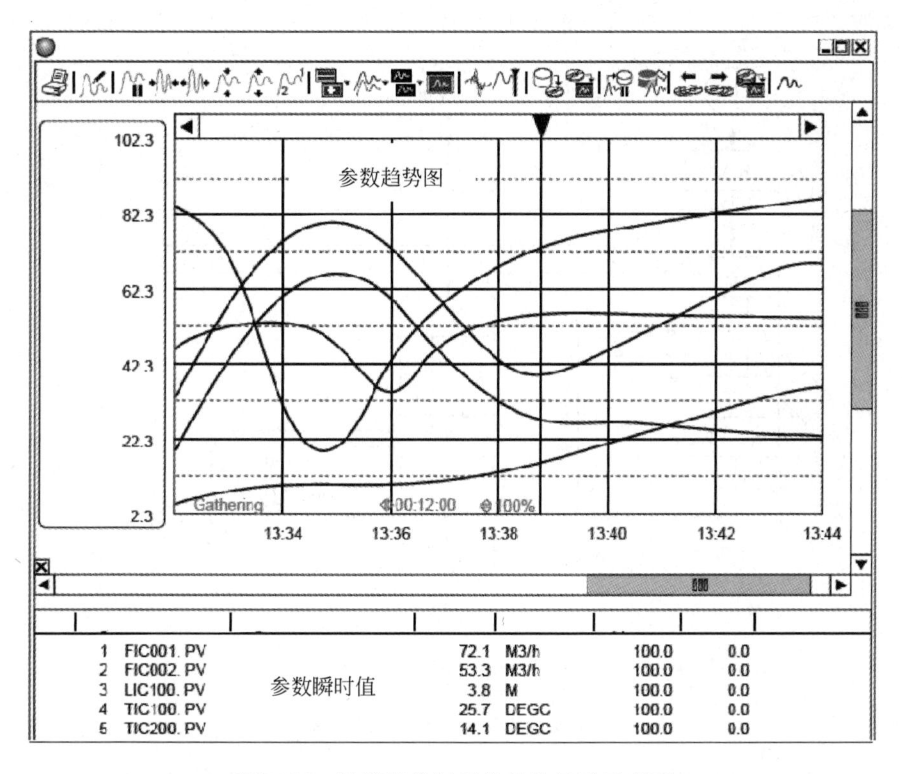

图 4-16　计算机控制系统趋势显示示意图

对于如图 4-7 所示的简单控制回路，其 SAMA 图表达即为图 4-13(a)所示。还有一种将 SAMA 图与 P&ID 图结合起来表达控制系统的方式，如图 4-17 所示，不过这种表达方式使用不多。

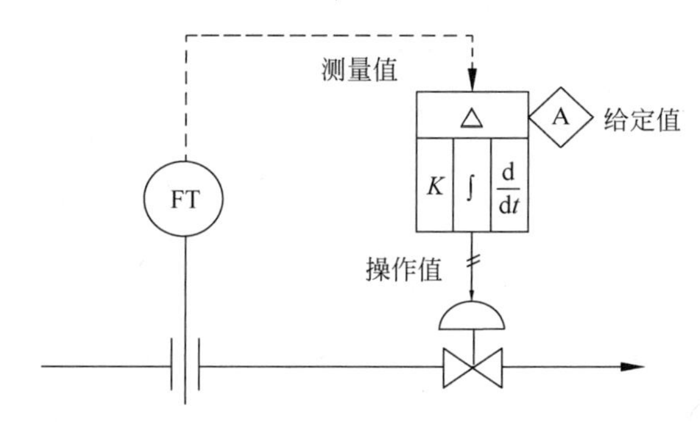

图 4-17　简单控制回路 SAMA 图与 P&ID 图混合表达的示意图

对于如图 4-8 所示的串级控制系统，其 SAMA 图表达即为图 4-18 所示。图 4-18 中，在副环处于运行状态时，为了防止主调节器的输出积分饱和，将副环测量值和主环输出值反馈到主调节器的积分。该反馈信号的作用是将主环的输出限制在规定限值内，因此从副环运行转换到串级运行时是无扰动的。这种作用被称为用外部积分防止主环积分饱和。防止积分饱和功能，对于不同的设备可能会用到不同的方法来实现，比如图 3-86 所示的功能块回算方法也是一种实现形式。

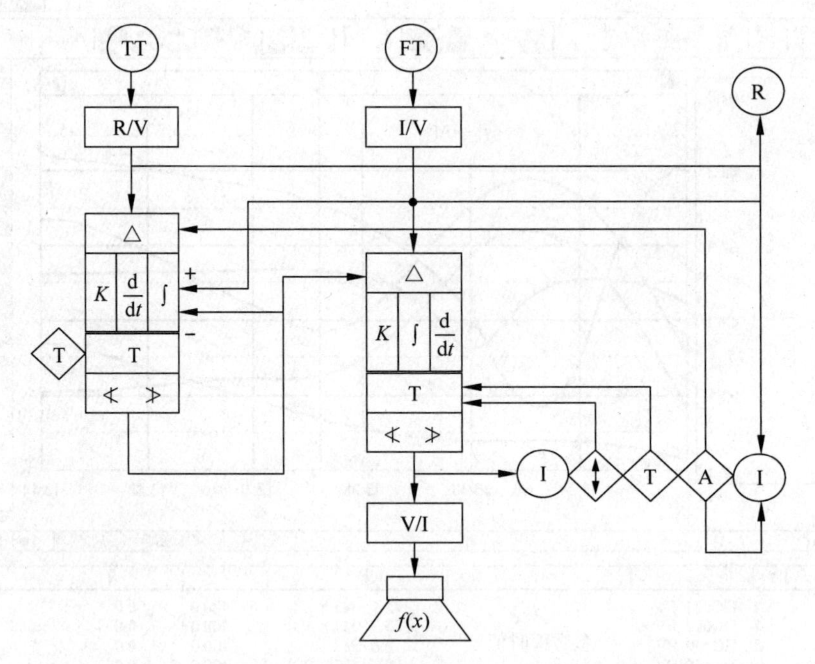

图 4-18 串级控制系统 SAMA 图

对于如图 4-9 所示的前馈反馈控制系统，其 SAMA 图表达即为图 4-19 所示。

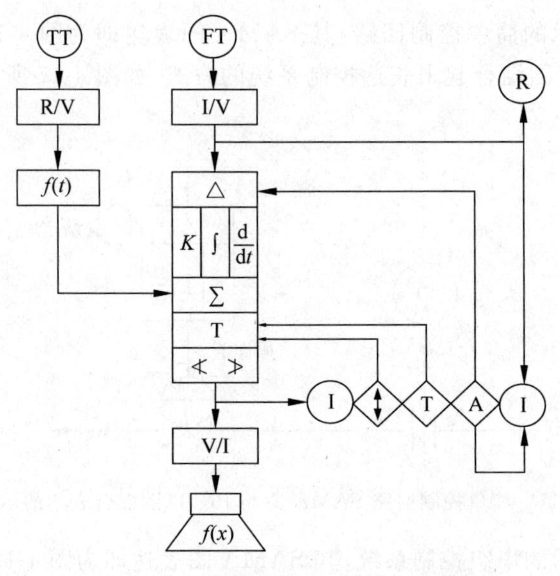

图 4-19 前馈控制系统 SAMA 图

对于如图 4-10 所示的选择控制系统，其 SAMA 图表达即为图 4-20 所示。

对于如图 4-11 所示的分程控制系统，其 SAMA 图表达即为图 4-21 所示。

对于如图 4-12 所示的锅炉三冲量控制系统，其 SAMA 图表达即为图 4-22 所示。

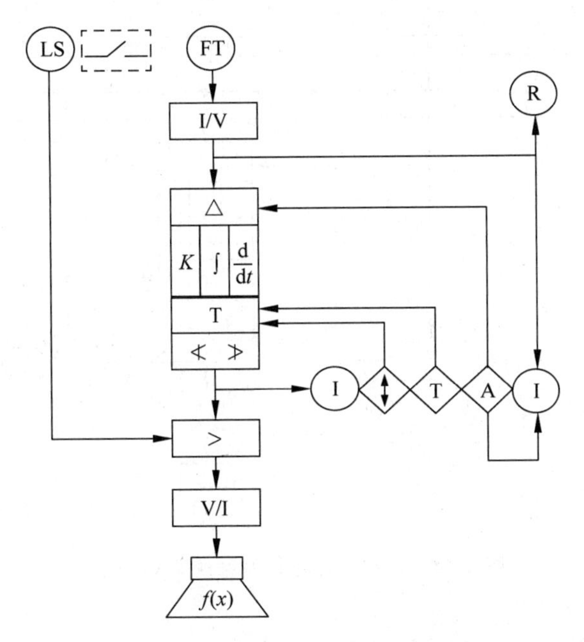

图 4-20　选择控制系统 SAMA 图

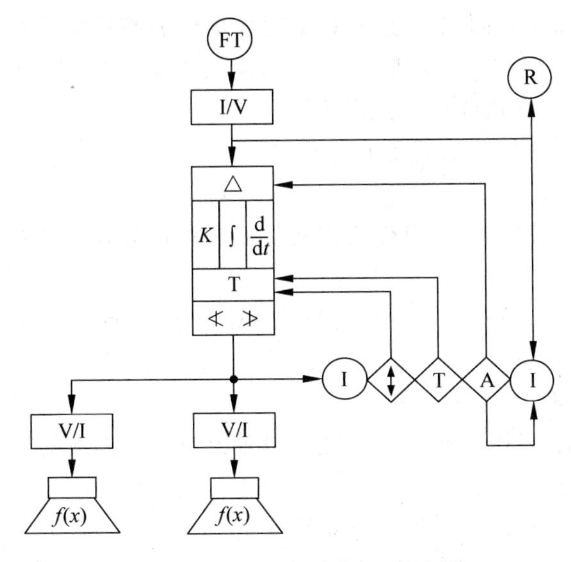

图 4-21　分程控制系统 SAMA 图

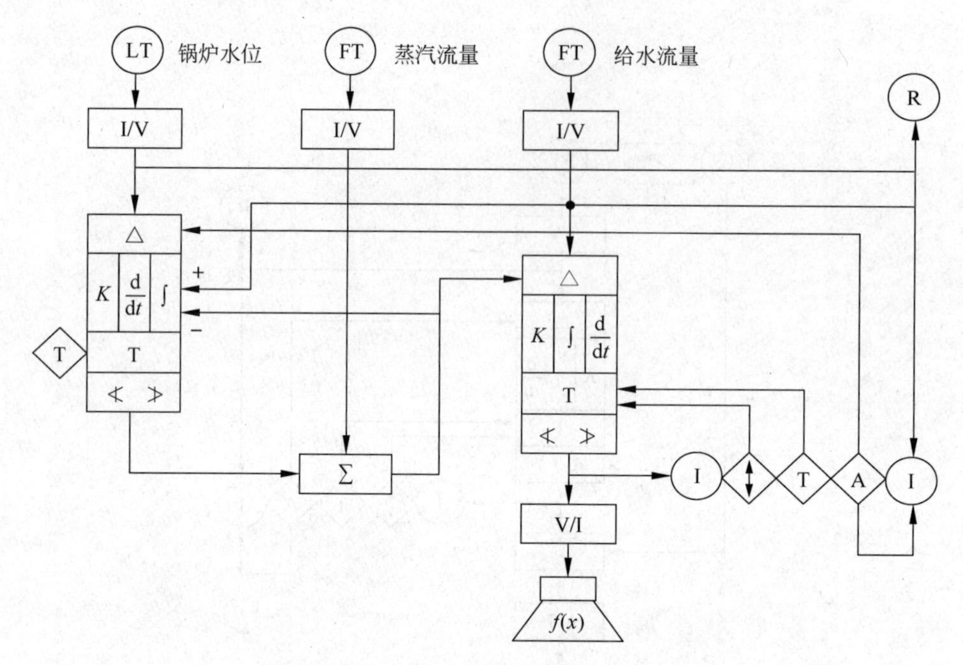

图 4-22　锅炉三冲量控制系统 SAMA 图

4.7　仪表回路图

仪表回路图可以比较详细地表达一个控制回路中的设备连接和控制策略信息，尤其对于 DCS 或 FCS 这样的计算机控制系统，更容易给出软件实现的控制策略与现场硬件之间的详细信息。国际标准 ANSI/ISA-5.4 给出了仪表回路图的相关规则。

仪表回路图主要以控制回路为主线来描述现场仪表与控制系统之间的连接或信号关系、控制盘与控制系统之间的连接或信号关系、电气设备与控制系统之间的连接或信号关系，以及控制系统之间的连接或信号关系等。

仪表回路图主要用途包括如下几个方面。

1. 设计方面

可以较清晰地表达控制策略，可作为图的扩展来表达仪表设备对通信等功能的需求。

2. 安装方面

可以更清晰地解释控制室、仪表柜、现场仪表之间的连接关系；方便对已连接的扩展回路进行检查与校对。

3. 开车与运行方面

更方便进行开车的调试，运行回路参数的设置以及操作人员的培训等。

4. 维修与后期修改方面

更方便进行故障查找，以及后期进行系统变更等。

ANSI/ISA-5.4 标准提供的仪表回路图基本符号主要有通用仪表端子排符号、仪表接线端符号以及仪表系统能源配置符号。

通用仪表端子排符号如图 4-23 所示。

仪表接线端符号如图 4-24 所示。仪表系统能源配置分为电源、气源和液压源，其表示符号分别为图 4-25(a)、图 4-25(b)和图 4-25(c)所示。

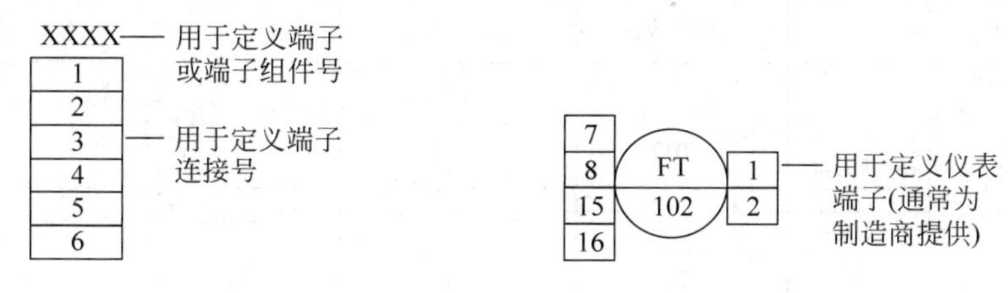

图 4-23　通用端子符号示意图　　　图 4-24　仪表端子符号示意图

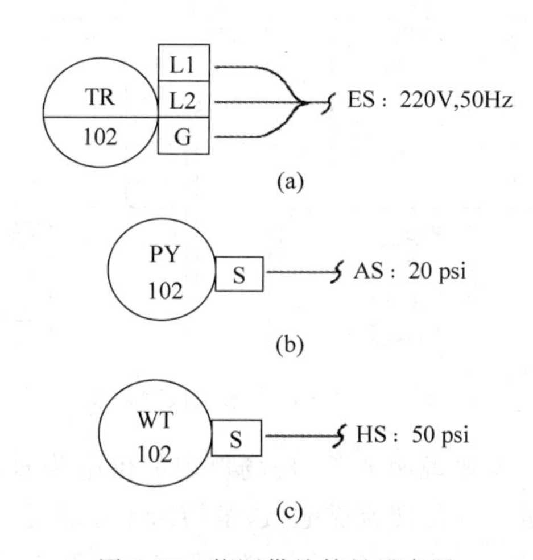

图 4-25　能源供给符号示意图

仪表回路图采用诸如上述的基本仪表符号来表达检测或控制回路的构成，并标注该回路全部仪表设备及其端子和接线情况。对于复杂系统，有时还需另附原理图、系统图、运算式、动作原理等加以说明。这里所说的仪表既包括常规仪表与智能仪表，也包括分布式控制系统或现场总线控制系统中的内部虚拟仪表(功能块)。

仪表回路图通常包括两个部分，现场部分与控制室室内部分。现场的设备包括测量变送器、执行器和现场仪表接线箱等，有时也将现场区域划分为工艺区与接线箱。传感器、变送器、调节阀或其他执行机构安装在工艺区，接线箱的作用是将分散的测量信号线集中为电缆送往控制室，或将控制室来的控制信号电缆分散到各个执行器。室内仪表系指所有二次仪表(包括调节器、记录仪、指示仪、安全栅、仪表电源等)、仪表柜内的接线与仪表盘上的配线等。对于分布式控制系统和现场总线控制系统，二次仪表就由系统功能块(即虚拟仪表)的连接所替代。这时参数的显示在显示屏上进行，显示的方式参见图 4-15 与图 4-16。参数的记录保存在系统的硬盘中，原来仪表的功能都由系统的功能块取代。关于计算机系统中虚拟仪表的表述参见表 4-4 所示。

在过程自动化中所采用的执行机构通常都是气动控制阀，因此还有气源管线的配置表达或连接关系表达。

如图 4-26 所示为用常规仪表或智能仪表实现如图 3-70 所示的流量控制系统时仪表回路图的表达。图 4-26 中流量变送器与流量调节阀安装在工艺区，相应的信号线都经过现场接线箱送往控制室。在控制室现场送来的电缆首先连接到仪表柜的仪表接线端子上，再从

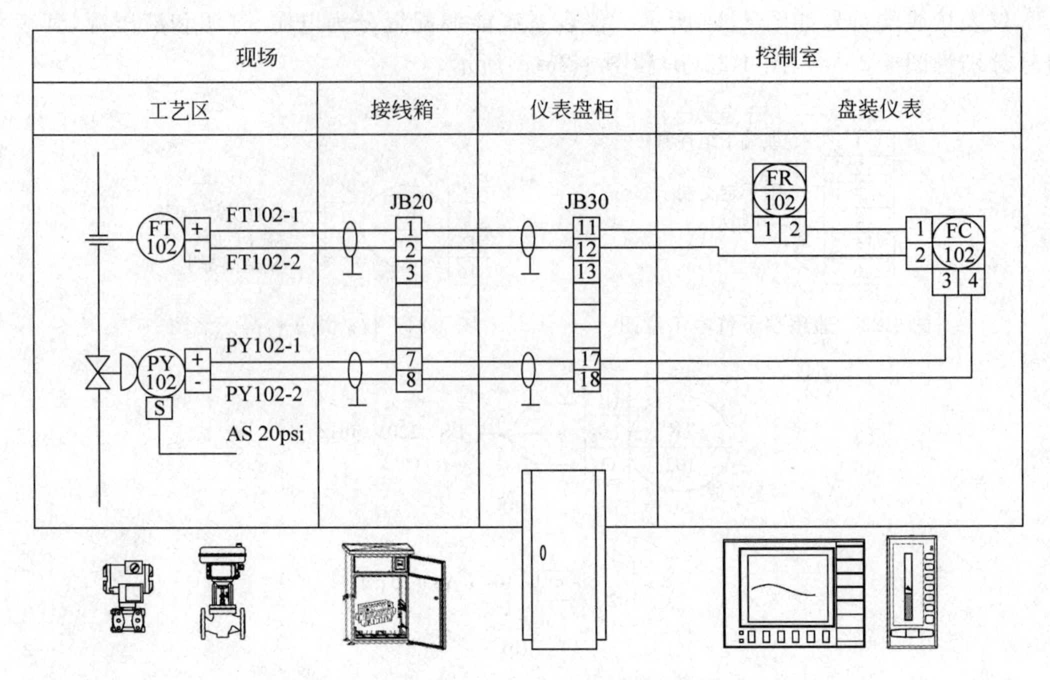

图 4-26　自动化仪表系统仪表回路图

仪表柜内配送到各台仪表。需要说明的是，现场仪表的供电为直流 24V 电源，而控制室的二次仪表可以是直流供电也可以是交流供电，这里均未予以表述。

如图 4-27 所示为用分布式控制系统(DCS)实现如图 3-70 所示的流量控制系统时仪表回路图的表达。图 4-27 中流量变送器与流量调节阀安装在工艺区，相应的信号线都经过现

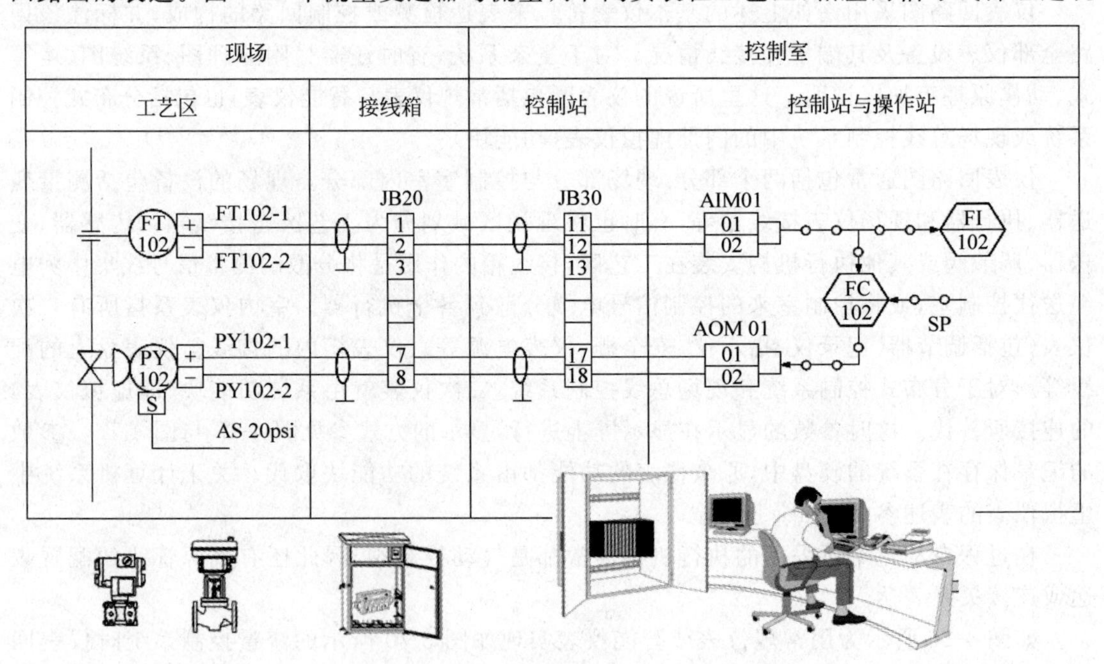

图 4-27　分布式控制系统仪表回路图

场接线箱送往控制室。在控制室现场送来的电缆首先连接到分布式控制系统中过程控制站的仪表接线端子上,再从仪表接线端子配送到控制系统的模拟量输入模块端子。后续的控制功能则由系统的功能块实现,功能块的连接是系统内部的连接。控制功能块的输出再送往模拟量输出模块,模拟量输出端子与过程控制站的端子排连接,最后送往现场仪表。与仪表系统一样,现场仪表的供电这里未予以表述。

如图4-28所示为用基金会现场总线控制系统实现如图3-70所示的流量控制系统时仪表回路图的表达。图4-28中流量变送器与流量调节阀安装在工艺区,相应的信号线则为现场总线,现场总线经过现场接线箱或专用的总线配线器送往控制室。在控制室现场敷设过来的现场总线电缆直接接到控制系统的通信模块端子。现场总线控制系统中一般的控制功能由现场仪表实现,相应的功能块也在现场仪表中。上位机或工作站只实现显示、记录以及操作等功能,或者其他的高级控制功能。系统功能块之间的连接为内部连接。控制站也可向现场仪表发送操作指令,或进行参数设定等。这些信号的传输是通过现场总线实现的。与仪表系统一样,现场仪表的供电这里未予以表述。

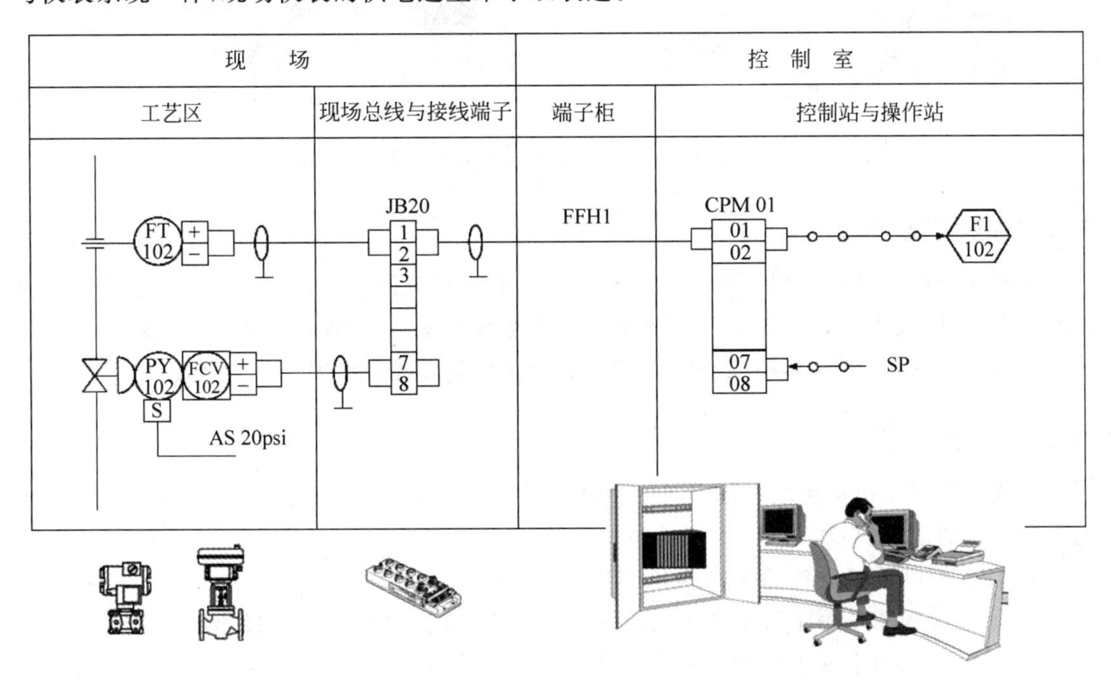

图4-28 基金会现场总线控制系统仪表回路图

如图4-29所示为用Profibus-PA现场总线控制系统实现如图3-70所示的流量控制系统时仪表回路图的表达。图4-29中流量变送器与流量调节阀安装在工艺区,相应的信号线则为现场总线,现场总线经过现场接线箱或专用的总线配线器送往控制室。与基金会现场总线系统不同的是,Profibus-PA现场仪表都是系统的从站,它们不具备控制功能,控制功能是在中央控制器中实现的。另外,Profibus-PA总线还需对Profibus-DP总线进行转换,DP/PA转换器可以配置在现场的接线箱中,也可以配置在控制室的控制柜中。与仪表系统一样,现场仪表的供电这里未予以表述。

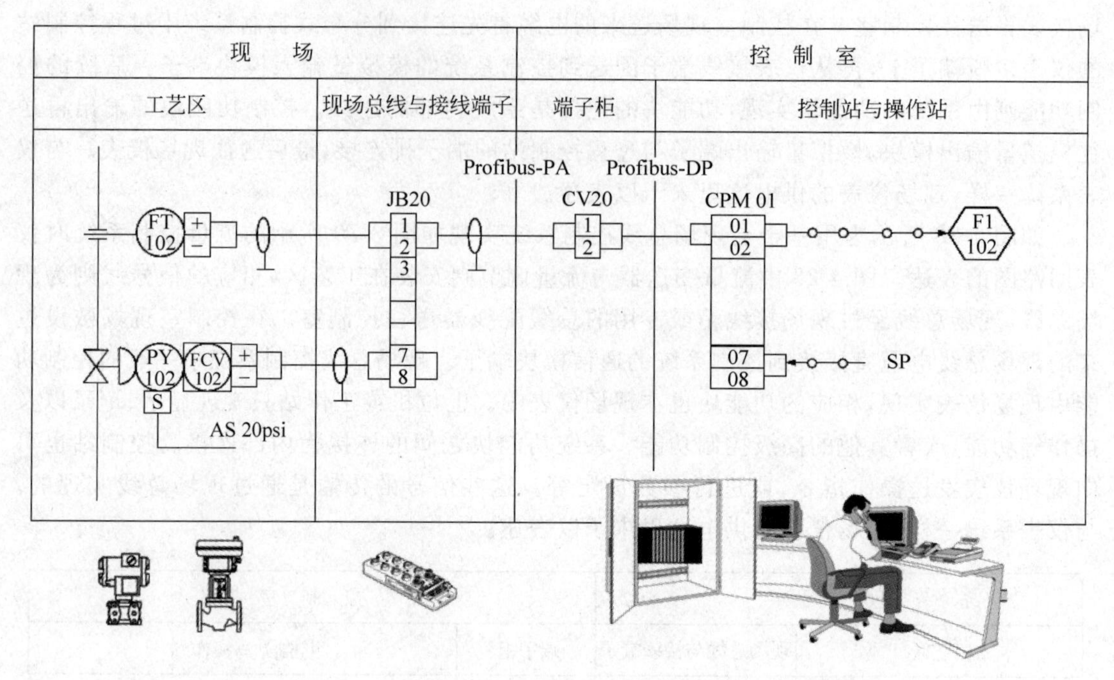

图 4-29　Profibus-PA 现场总线控制系统仪表回路图

4.8　组态文档

组态文档就是如图 3-70、图 3-116、图 3-118、图 3-120、图 3-122 和图 3-124 所示的控制系统组态图，以及表 3-7 至表 3-12 所示的模块参数设置表等。将其以电子文档或纸质文档的形式保存，以备后续开车调试、系统维护、工程调整变更或操作人员培训之用。

4.9　本章小结

本章内容主要包括控制系统设计文档的主要内容和基本要求等。通过本章内容，读者主要学习了如下内容：

- 自动控制系统设计的基本内容。
- 工艺流程图是用于对生产工艺设计或程序设计的一种简单的图形表达。
- 工艺流程图中最主要的符号包括起止符号、流程符号、流程处理符号、决策判断符号、输入/输出符号和连接符号等。
- 控制流程图是能将生产工艺过程中的参数检测和控制回路的基本信息直接在相关工艺设备上反映出来的一种简单的图形表达。
- 管道及仪表流程图是带有检测点与控制点的工艺流程图，它可以描述工艺装置的结构和功能作用。
- 仪表位号由仪表功能标志和仪表回路编号两部分组成。
- 仪表功能字母代号是自控类技术图纸中用其英文含义的首位字母来表达的各类功能符号。
- 仪表的图形符号一般由测量点、连接线、仪表圆圈以及相关功能设备等组成。
- 广义的管道及仪表流程图可分为工艺管道及仪表流程图和公用工程管道及仪表流

程图两大类。

- 一套完整的管道及仪表流程图应清楚地标出工艺流程对工厂安装设计中的所有要求,包括所有的设备、配管、仪表等方面的内容和数据。
- 接线图是指系统中所有仪表之间的接线关系、所有现场仪表与现场仪表箱端子排之间的接线关系、所有现场仪表与控制室仪表柜端子排之间的接线关系等的图纸文档。
- SAMA 图是美国科学仪器制造协会所采用的绘制图例,SAMA 图主要用于表达仪表的内部控制与运算功能以及仪表的面板操作与显示功能。
- 仪表回路图是一种详细的表达一个控制回路中的设备连接和控制策略信息图纸文档。
- 仪表回路图主要可用于设计、安装、调试、培训和后期维护等。

习题

4.1 控制系统工程设计主要包括哪些步骤?

4.2 仪表位号的作用是什么?

4.3 物理设备的细节能在 P&ID 图中体现吗?

4.4 SAMA 图能否表达仪表之间的连接关系?

4.5 仪表回路图主要用途有哪些?

参考文献

[1] Jonas Berge. 过程控制现场总线[M]. 北京:清华大学出版社,2003.

[2] 王慧锋,何衍庆. 现场总线控制系统及应用[M]. 北京:化学工业出版社,2006.

[3] 孙洪程,李大字. 过程控制工程设计[M]. 2版. 北京:化学工业出版社,2009.

[4] 技术资料. ANSI/ISA-5.1,Instrument Loop Diagrams[R]. ISA,2009.

[5] 技术资料. ANSI/ISA-5.4,Instrument Loop Diagrams[R]. ISA,1991.

[6] 技术资料. SAMA Diagrams for Boiler Controls,Siemens Moore Process Automation,Inc[R]. 2000.

第5章

控制系统可靠性分析

教学目标

采用现场总线控制系统实现过程控制与常规控制系统一样，要求控制系统必须具有很高的可靠性，这样才能保证产生工艺的安全和经济运行。为了实现控制系统的高可靠性，在控制系统中必须采用许多提高可靠性的技术。可靠性技术主要包括可靠性设计、可靠性分析、可靠性实验以及可靠性管理等。可靠性设计是指按照一定的技术要求，设计和制造出可靠性高且不易损坏的产品；可靠性分析是指通过对有关数据的收集、分析和处理，得出一些关于可靠性问题的评价与结果；可靠性实验是验证系统是否达到规定指标的手段，通过实验可暴露系统设计中可能存在的问题；可靠性管理是指通过管理提高系统的可靠性。本章主要介绍提高控制系统可靠性的相关内容，包括可靠性分析方法和提高可靠性的有关措施等。通过对本章内容的学习，读者能够：

- 了解控制系统可靠性的主要指标；
- 了解控制系统进行可靠性分析的基本方法；
- 了解进行系统可靠性测试的基本原理和基本方法；
- 了解提高控制系统可靠性的基本方法与措施。

5.1 可靠性指标

要从理论上分析系统的可靠性，必须采用一些能够表征系统可靠性的技术指标。这些指标主要有：可靠度、故障率、平均故障间隔时间、平均故障修复时间、维修率与可用率等。

1. 可靠度

采用概率来表示可靠性时也称为可靠度(Reliability)。可靠度即指产品在规定的时间内，在规定的使用条件下，完成规定功能的概率。

可靠度一般用$R(t)$来表示，它是时间的函数，其取值域为$[0,1]$。设T为产品寿命的随机函数，则：

$$R(t) = P(T > t) \tag{5-1}$$

式(5-1)表示产品寿命T超过规定时间t的概率，也即产品的可靠度。

系统可靠性有如下几个特性：

- $R(0)=1$，这表示产品在开始时是良好的
- $R(\infty)=0$，这表示产品在长时间使用后其可靠度的值趋于零
- $0 \leqslant R(t) \leqslant 1$，这表示在任何时刻可靠度的值处于0和1之间
- $R(t)$是时间的单调递减函数

2. 不可靠度

不可靠度(Unreliability)是在规定的时间内，在规定的使用条件下，发生故障的概率。不可靠度一般用$F(t)$来表示，则：

$$F(t) = P(T \leqslant t) = 1 - P(T > t) = 1 - R(t) \tag{5-2}$$

3. 故障密度函数

故障密度函数(Failure Density Function)是不可靠度对时间的变化率,记为 $f(t)$,它表示产品在单位时间内失效的概率,其数学表达为:

$$f(t) = \frac{\mathrm{d}F(t)}{\mathrm{d}t} = -\frac{\mathrm{d}R(t)}{\mathrm{d}t} \tag{5-3}$$

系统不同,其失效的密度也不同。对于电子系统,其失效密度一般符合指数规律,即

$$f(t) = \begin{cases} \lambda \mathrm{e}^{-\lambda t} & (t \geqslant 0, \lambda > 0) \\ 0 & (t < 0, \lambda > 0) \end{cases} \tag{5-4}$$

例 5-1 某电子元件的寿命服从指数分布,设 $\lambda = 1/1000$,计算元件在 50h、100h、1000h 的工作时间内的可靠度。

解: 由式(5-2)和式(5-4)有电子元件的可靠度函数为

$$R(t) = 1 - F(t) = 1 - \int_0^t f(x)\mathrm{d}x = 1 - \int_0^t \lambda \mathrm{e}^{-\lambda x}\mathrm{d}x = \exp(-\lambda x) = \exp\left(-\frac{t}{1000}\right)$$

所以

$$R(50) = \exp\left(-\frac{50}{1000}\right) = 0.951$$

$$R(100) = \exp\left(-\frac{100}{1000}\right) = 0.905$$

$$R(1000) = \exp\left(-\frac{1000}{1000}\right) = 0.368$$

---

4. 故障率

故障率(Failure Rate)是工作到某一时刻 t 尚未失效的产品,在该时刻 t 后单位时间内失效的概率,一般记为 $\lambda(t)$。也可以说产品的故障总数与寿命单位总数之比叫故障率。换句话说,失效率是时刻 t 尚未失效的产品,在 $t+\Delta t$ 单位时间内失效的条件概率,即

$$\lambda(t) = \lim_{t \to 0} \frac{1}{\Delta t} = P(t < T \leqslant t + \Delta t \mid T > t)$$

由条件概率:

$$P(t < T \leqslant t + \Delta t \mid T > t) = \frac{P(t < T < t + \Delta t)}{P(T > t)}$$

所以

$$\begin{aligned} \lambda(t) &= \lim_{t \to 0} \frac{1}{\Delta t} = \frac{P(t < T < t + \Delta t)}{P(T > t)\Delta t} = \frac{F(t + \Delta t) - F(t)}{P(T > t)\Delta t} \\ &= \frac{\mathrm{d}F(t)}{\mathrm{d}t} \cdot \frac{1}{R(t)} = -\frac{R'(t)}{R(t)} \end{aligned} \tag{5-5}$$

由大量元器件构成的电子设备,其典型的故障率曲线如图 5-1 所示。曲线分为三个区,第一个区为早期故障区,在这一阶段由于设备中元器件质量不稳定和生产工艺不够成熟等原因,故障率比较高,在早期故障区的设备"新不如旧"。随着工作时间的增加,故障率逐渐下降,进入偶发故障区。随着工作时间的进一步增加,设备中的元器件逐渐老化,特性参数发生变化,故障率会上升,这就是晚期故障区,这个时期的设备"旧不如新"。由于故障率曲线的形状酷似浴盆,因此,故障率曲线也称为浴盆曲线。

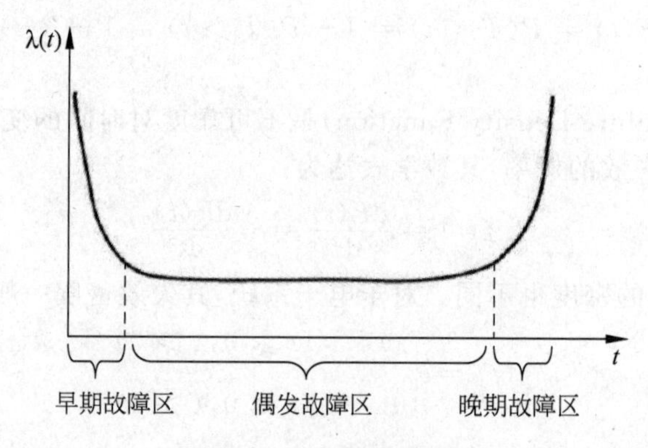

图 5-1 故障率曲线图

制造商提供的控制系统在出厂前，设备中的元器件都已经过了严格的老化处理和出厂检验，目的就是让系统或设备在实际使用时能尽量的工作在偶发故障区。这样系统或设备在整个工作期间其故障率可以视为常数，即：

$$\lambda(t) = \lambda$$

表 5-1 给出了一些常用设备的故障率。

表 5-1 部分常用设备的故障率表

设　备	故障率 $\lambda/(10^{-6}\cdot h^{-1})$	设　备	故障率 $\lambda/(10^{-6}\cdot h^{-1})$
传感器	50～100	小型计算机	125～200
变送器	100～200	微型计算机	50～200
调节器	40～200	打印机	1000～2000
执行器	40～100	磁带机	400～1200
数字显示仪表	100～400	集成电路	2000

概括地说，产品故障少就意味着产品可靠性高。

5. 平均故障间隔时间

平均故障间隔时间(Mean Time Between Failure，MTBF)，又称平均无故障时间，是指可修复产品两次相邻故障之间的平均时间，也称平均寿命，单位为小时。

设有一个可修复的产品在使用过程中，共计发生过 n 次故障，每次故障后经过修复又和新的一样继续投入使用，其工作时间分别为 $T_1, T_2, \cdots, T_n$，那么产品的平均故障间隔时间，也就是平均寿命 Q 为：

$$Q = \mathrm{MTBF} = \frac{1}{n}\sum_{i=1}^{n} T_i \tag{5-6}$$

设备的工作时间也即完成规定功能的时间，是系统可靠时间。对于连续系统，上述关系被表达为：

$$\mathrm{MTBF} = \int_0^{\infty} R(t)\,\mathrm{d}t$$

若对式(5-4)两边同时积分有：

$$R(t) = \mathrm{e}^{-\int_0^t \lambda(t)\,\mathrm{d}t} \tag{5-7}$$

所以

$$\mathrm{MTBF} = \int_0^{\infty} R(t)\mathrm{d}t = \int_0^{\infty} \mathrm{e}^{-\int_0^t \lambda(t)\mathrm{d}t}\mathrm{d}t \tag{5-8}$$

当 $\lambda(t)=\lambda$ 时,有

$$\mathrm{MTBF} = \frac{1}{\lambda} \tag{5-9}$$

例如,一款可用于服务器的硬盘,MTBF 高达 120 万小时,保修 5 年。120 万小时约为 137 年,并不是说该种硬盘每只均能工作 137 年不出故障。由 MTBF=1/λ 可知 λ=1/MTBF=1/137 年,即该硬盘的平均年故障率约为 0.7%,一年内,平均 1000 只硬盘有 7 只会出故障。当产品的寿命服从指数分布时,其故障率的倒数就称为平均故障间隔时间。

平均故障间隔时间 MTBF 指标在系统运行中的作用可体现在如下几个方面:

- 可借鉴于 MTBF 针对高频率故障零件制定相应的对策;
- 进行零件寿命周期的推算,以制订最佳维修计划;
- 针对重点项目和对象合理安排点检;
- 设定备品备件基准,各种零件的储备项目及基本库存数量,应根据 MTBF 的记录分析来判断,使其库存水平达到合理的状况;
- 可对设备对象设定预估运行时间标准,以确保设备运行可靠;
- 可作为设备维修计划预估时间基准,以合理进行维护作业的安排;
- 提供设备的可靠性、可维修性设计的技术资料。

6. 平均故障恢复时间

平均恢复时间(Mean Time to Restoration,MTTR),源自于 IEC 61508 中的平均维护时间(Mean Time to Repair),它包括确认失效发生所必需的时间,以及维护所需要的时间。MTTR 也必须包含获得配件的时间,维修团队的响应时间,记录所有任务的时间,还有将设备重新投入使用的时间。可以这么说,平均恢复时间是系统运行中总维修时间与总维修次数之比,即

$$\mathrm{MTTR} = \frac{1}{n}\sum_{i=1}^{n} t_i \tag{5-10}$$

式中: t_i 为第 i 次维修所用的时间;

n 为总维修次数。

平均恢复时间的倒数是设备的维修率,通常用 μ 表达,这样

$$\mu = \frac{1}{\mathrm{MTTR}} \tag{5-11}$$

7. 平均失效时间

平均失效时间(Mean Time to Failure,MTTF),是目前使用较为广泛的一个衡量可靠性的参数。它被定义为随机变量、出错时间等的期望值。MTTF 的长短,通常与使用周期中的产品有关,其中不包括老化失效。

对于一个简单的可维护的元件,MTBF= MTTF + MTTR。因为 MTTR 通常远小于 MTTF,所以 MTBF 近似等于 MTTF,通常由 MTTF 替代。MTBF 用于可维护性和不可维护的系统。

8. 可用率

可用率也称有效率(Availability),常用 A 表示,它是可靠度与维修度的综合指标,用于

反应系统的运行效率。可用率按如下计算公式计算：

$$A=\frac{\mathrm{MTBF}}{\mathrm{MTBF}+\mathrm{MTTR}} \tag{5-12}$$

由式(5-12)可知，为了提高可用率，应该设法增加系统的 MTBF，同时也应该减少系统的 MTTR。

5.2　可靠性分析

根据系统中每台设备的可靠性指标求出整个系统的可靠性指标，这就是进行系统可靠性分析。要对由若干台设备组成的系统进行可靠性分析，必须建立系统的可靠性分析模型。

系统的可靠性分析模型有串联模型、并联模型、关系矩阵模型、组合模型以及马尔科夫链模型等，最常用的是串联模型与并联模型。

1. 串联系统及其模型

串联系统模型的结构如图 5-2(a)所示。在由设备串联构成的系统中，只要其中一台设备发生故障，系统将会丧失预定的功能。

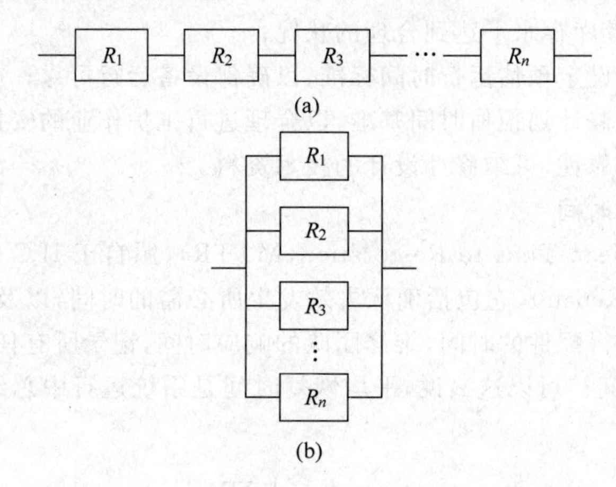

图 5-2　串联与并联可靠性分析模型图

在串联系统中，若用 $R_1,R_2,\cdots,R_n$ 分别表示各台设备的可靠性，则串联系统的可靠性 R_s 为

$$R_s(t)=R_1(t)R_2(t)\cdots R_n(t) \tag{5-13}$$

由式(5-7)，串联系统的可靠性可表达为

$$R_s(t)=\mathrm{e}^{-\int_0^t[\lambda_1(t)+\lambda_2(t)+\cdots+\lambda_n(t)]\mathrm{d}t}=\mathrm{e}^{-\int_0^t\lambda_s(t)\mathrm{d}t} \tag{5-14}$$

当系统处于正常运行阶段(即偶然故障区)，则 $\lambda_1(t)=\lambda_1,\lambda_2(t)=\lambda_2,\cdots,\lambda_n(t)=\lambda_n$，这时系统的故障率为

$$\lambda_s(t)=\sum_{i=1}^{n}\lambda_i=\lambda_s \tag{5-15}$$

由式(5-8)、式(5-14)和式(5-15)，串联系统的平均故障间隔时间为

$$\mathrm{MTBF}_s=\int_0^{\infty}R_s(t)\mathrm{d}t=\frac{1}{\lambda_s} \tag{5-16}$$

式(5-16)也说明串联的元器件越多，系统的可靠性越低。

2. 并联系统及其模型

并联系统模型的结构如图5-2(b)所示。在并联结构系统中,只有当每台设备全部发生故障时,系统才丧失预定功能。在并联系统中,若用 $R_1, R_2, \cdots, R_n$ 分别表示各台设备的可靠性,则并联系统的可靠性 R_p 为

$$R_p(t) = 1 - [1 - R_1(t)][1 - R_2(t)]\cdots[1 - R_n(t)] \tag{5-17}$$

式(5-17)中,$[1-R_i(t)]$为各台设备的不可靠度。

当 $R_1 = R_2 = \cdots = R_n$ 时,则

$$R_1(t) = R_2(t) = \cdots = R_n(t) = e^{-\int_0^t \lambda(t)dt} \tag{5-18}$$

同时

$$R_p(t) = 1 - [1 - R(t)]^n \tag{5-19}$$

当系统处于正常运行阶段(即偶然故障区),如果 $\lambda_1(t) = \lambda_2(t) = \cdots = \lambda_n(t) = \lambda$,由式(5-7)和式(5-8)得,并联系统的平均故障间隔时间为

$$\begin{aligned} \text{MTBF}_p &= \int_0^\infty R_s(t)dt = \int_0^\infty [1 - (1 - e^{-\int_0^t \lambda(t)dt})^n]dt \\ &= \frac{1}{\lambda}\left(1 + \frac{1}{2} + \frac{1}{3} + \cdots + \frac{1}{n}\right) = \frac{1}{\lambda}\sum_{i=1}^n \frac{1}{i} \end{aligned} \tag{5-20}$$

注意到式(5-9)有

$$\text{MTBF}_p = \text{MTBF}\left(1 + \frac{1}{2} + \frac{1}{3} + \cdots + \frac{1}{n}\right) \tag{5-21}$$

由式(5-21)可见,采用并联设备构成的系统,其平均故障间隔时间大于单个设备的均故障间隔时间,并联设备越多,系统可靠性越高。当 $n=2$ 时,MTBF_p 提高了50%。在这个基础上每增加一台设备,MTBF_p 可提高 $1/n$。当 $n>3$ 时,再增加设备对提高系统可靠性的作用就不大了。在实际应用时,常取 $n=2$ 或 $n=3$。

例 5-2 有某多功能电路板,板上的元器件数量和器件的故障率情况如表5-2所示。求该电路板的可靠性和平均寿命。

表 5-2 例 5-2 中元器件数量与故障率表

元 器 件	数 量	故障率/h
大规模集成电路	2	40×10^{-8}
小规模集成电路	5	5×10^{-8}
线驱动/接收器	5	20×10^{-8}
LED 指示器	1	2×10^{-8}
钽电容	30	5×10^{-8}
96 针连接器	1	0.1×10^{-8}
焊点	500	0.02×10^{-8}

解:为简单起见,电路板上的元器件按照串联情形考虑,则总故障率为

$$\begin{aligned} \lambda_s(t) &= \sum_{i=1}^n \lambda_i \\ &= [2\times40 + 5\times5 + 5\times20 + 1\times2 + 30\times5 + 96\times0.1 + 500\times0.02]\times10^{-8}/\text{h} \\ &= 376.6\times10^{-8}/\text{h} \end{aligned}$$

该电路板的可靠度函数为

$$R_s(t) = e^{-376.6\times 10^{-8}t}$$

该电路板的平均寿命为

$$\mathrm{MTBF_s} = \frac{1}{\lambda_s} = \frac{1}{376.6\times 10^{-8}} \approx 265533\mathrm{h} \approx 30\text{ 年}$$

例 5-3　对如图 5-3 所示的串联-并联混合系统,求其可靠度。

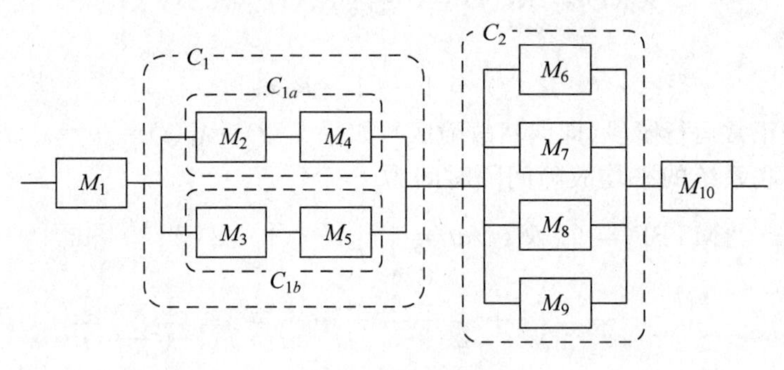

图 5-3　例 5-3 图

解:由图 5-3 可见,系统 M_2 和 M_4 为串联(即 C_{1a}),系统 M_3 和 M_5 为串联(即 C_{1b}),而 C_{1a}和 C_{1b}为并联(即 C_1)。系统 C_1 的可靠性为

$$\begin{aligned} R(C_1) &= 1-[1-R(C_{1a})][1-R(C_{1b})] \\ &= 1-[1-R(M_2)R(M_4)][1-R(M_3)R(M_5)] \end{aligned}$$

系统 M_6、M_7、M_8 和 M_9 为并联(即 C_2)。系统 C_2 的可靠性为

$$R(C_2) = 1-[1-R(M_6)][1-R(M_7)][1-R(M_8)][1-R(M_9)]$$

因此,由 M_1、C_1 和 C_2 构成的整个系统 M 可靠性可表达为

$$R(M) = R(M_1)R(C_1)R(C_2)R(M_{10})$$

---

3. 关系矩阵型系统模型

假设采用多个控制器来控制多个子系统,即可构成关系矩阵模型的结构,如图 5-4 所示。

为了描述这个复杂系统的可靠性,首先要描述系统中各部分之间的连接关系,这就需要采用连接矩阵:

$$\begin{array}{cc} & \begin{array}{ccc} U_1 & \cdots & U_n \end{array} \\ \boldsymbol{R} = & \begin{bmatrix} r_{11} & \cdots & r_{1n} \\ \vdots & & \vdots \\ r_{m1} & \cdots & r_{mn} \end{bmatrix} \begin{array}{c} S_1 \\ \vdots \\ S_m \end{array} \end{array} \tag{5-22}$$

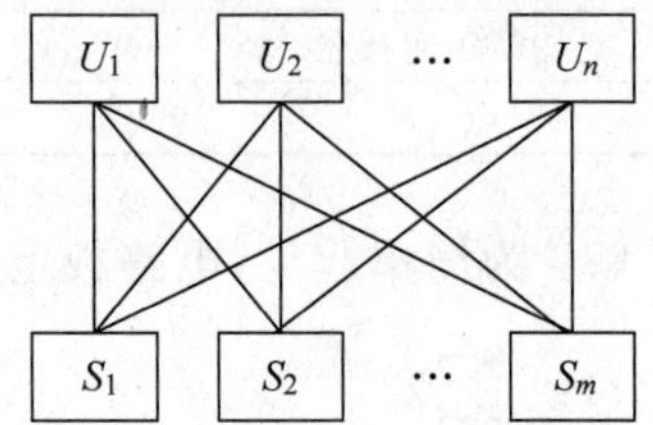

图 5-4　关系矩阵模型图

矩阵的每一行对应一个子系统 $\boldsymbol{S}_i$,每一列对应一个子系统 $\boldsymbol{U}_j$。矩阵 $\boldsymbol{R}$ 的元素取值方法是

$$r_{ij}=\begin{cases}1, & \text{子系统 } \boldsymbol{S}_i \text{ 与控制器 } \boldsymbol{U}_j \text{ 相连} \\ 0, & \text{子系统 } \boldsymbol{S}_i \text{ 与控制器 } \boldsymbol{U}_j \text{ 不相连}\end{cases}$$

假设被控对象本身(一般为机械设备)的可靠性比控制器(一般为电子设备)的可靠性高得多,研究可靠度时可以只考虑控制器本身和控制器的输出通道装置的失效率情况。如果用 $\lambda_{U1},\lambda_{U2},\cdots,\lambda_{Un}$ 表示控制器的失效率,用 $\lambda_{O1},\lambda_{O2},\cdots,\lambda_{On}$ 表示控制器输出通道装置的失效率,并假定它们全为常数时,用向量对其进行表达有

$$\boldsymbol{\Lambda}_U=\begin{bmatrix}\lambda_{U1}\\ \lambda_{U2}\\ \vdots\\ \lambda_{Un}\end{bmatrix}$$

$$\boldsymbol{\Lambda}_O=\begin{bmatrix}\lambda_{O1}\\ \lambda_{O2}\\ \vdots\\ \lambda_{On}\end{bmatrix}$$

考虑到控制器和控制器的输出通道装置为串联模型,注意到式(5-15)有

$$\boldsymbol{\Lambda}_s=\boldsymbol{\Lambda}_O+\boldsymbol{R\Lambda}_U=\begin{bmatrix}\lambda_{O1}+r_{11}\lambda_{U1}+r_{12}\lambda_{U2}+\cdots+r_{1n}\lambda_{Un}\\ \lambda_{O2}+r_{21}\lambda_{U1}+r_{22}\lambda_{U2}+\cdots+r_{2n}\lambda_{Un}\\ \vdots\\ \lambda_{Om}+r_{m1}\lambda_{U1}+r_{m2}\lambda_{U2}+\cdots+r_{mn}\lambda_{Un}\end{bmatrix}\tag{5-23}$$

式(5-23)中的每一行表示一个子系统和与它相连的控制器的故障率。Λ_s 称为系统故障率矩阵。

对于关系矩阵型、组合型以及马尔科夫链型等复杂系统的可靠性分析一般都要借助于一些数学理论与工具,本书不做讨论,有兴趣的读者可查阅相关书籍或资料。

5.3　系统可靠性测试

获取系统的可靠性数据,或者说获取设备故障率数据,方法一般有两种,其一是直接采集现场数据,其二是在实验室中测试生存周期来得到其数据。直接采集现场数据更加真实,因为它可代表正常操作条件下设备的故障率,但这一般需要的时间较长。在实验室中测试生存周期是当设备新投入运行且不存在现场数据时的唯一选择。

在实验室中进行可靠性测试或试验依据其试验的目的又分为可靠性增长试验、可靠性验证试验、元件筛选试验和质量验收试验等。而按照试验性质则分为环境试验、性能试验和寿命试验等。

可靠性增长试验用于暴露产品在设计、工艺和元器件等方面的缺陷,发现薄弱环节以便后续改进,同时也可使产品进入可靠性比较稳定的偶然故障区。

可靠性验证试验用于检验系统设计和制造是否达到了预期的可靠性指标。

筛选试验用于将不符合规范要求的元器件或产品剔除。常用的筛选试验方法有振动法、加速度法、机械冲击法、温度循环法和热冲击法等。

质量验收试验主要用于经验产品的可靠性是否符合规定的要求。质量验收试验包括在

生产厂家进行的产品验收试验和交货后在工业现场进行的现场验收试验。

由于检测与控制系统的使用寿命一般都比较长，不可能等到被测设备或系统完全报废才得出结论，实际上是需要在一个相对比较短而又能说明问题的时间内得出试验结论。解决这个问题的方法有两种，一种是截尾试验，另一种是加速试验。

截尾试验又分为定故障次数(定数)截尾试验和定试验时间(定时)截尾试验。定数截尾试验就是试验到预订的故障次数时停止试验，这里故障次数是确定的，停止试验的时间是随机的。定时截尾试验则是试验到预订的时间停止试验，这里停止试验的时间是确定的，故障次数是随机的。对基于计算机的控制系统定时截尾试验的截尾时间一般选用 180 天(约 4320h)。

加速试验也称加速测试，其方法就是为了缩短数据采集的时间，对设备施压，使得设备的故障率由于某个因素而提高。如果可以对加速因子进行估计，就可以基于加速测试的数据推导出正常操作条件下的故障率。最常用的加速因子就是温度。温度越高，器件的故障率越高。加速因子可以由下式给出：

$$R(T) = A\mathrm{e}^{-E_a/kT} \tag{5-24}$$

式中：R 为故障率；

A 为常数；

E_a 为激活能量；

k 为玻尔兹曼常数($0.8625\times10^{-4}\,\mathrm{eV/K}$)；

T 为温度(K)。

当温度分别为 T_1 和 T_2 时，设备故障率的比值为：

$$\frac{R(T_1)}{R(T_2)} = \mathrm{e}^{-(E_a/k)(1/T_1-1/T_2)} \tag{5-25}$$

如图 5-5 所示为一个 MOS 器件的测试例子。该器件 $E_a\approx0.7\mathrm{eV}$，试验以 25℃时的加速因子为基准。由图 5-5 可见，在温度为 100℃时，进行 1h 的测试大约相当于温度在 25℃时进行 250h 的测试。

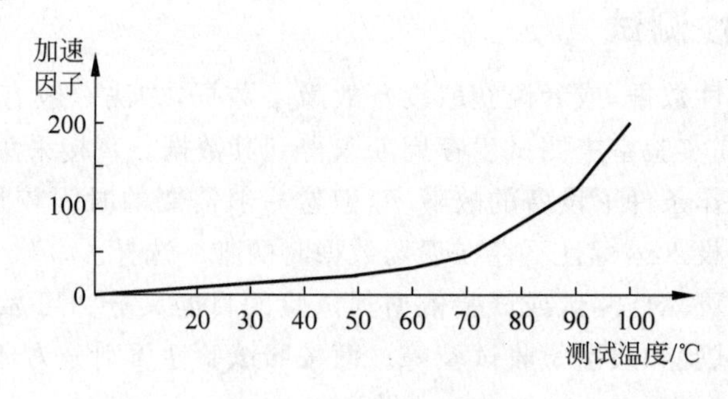

图 5-5 加速因子曲线图

5.4 提高现场总线控制系统与分布式控制系统可靠性的措施

现场总线控制系统与其他控制系统一样，我们希望它具有较高的可靠性。提高自动控制系统的可靠性实际上包括两个方面，一是尽量不发生故障，二则是系统对故障要有一定的容忍度。任何装置或系统不发生故障是不可能的，我们期待的是装置或系统的寿命周期尽量的长。这可以通过对装置或系统的合理设计、元器件的严格筛选和老化、制造过程的严格把关、以及安装调试过程的严格管理等来实现。另一方面则是在装置或系统发生故障时尽可能减少故障对系统所造成的影响，或者是在出现故障时系统仍然能够继续运行，也即容错。

延长装置或系统寿命周期的措施主要包括以下几个方面。

1. 对元器件进行严格筛选和老化

所谓筛选，就是将不符合使用条件的元器件通过一定的方式予以剔除。所谓老化，就是在元器件投入使用之前将其置于一定的工作条件下，使有可能发生参数漂移的元器件逐步稳定。在控制系统中常用的筛选方法是温度循环法，如图 5-6 所示是温度循环法中的温度变化曲线。将被筛选的元器件置入这样的温度变化环境中，温度的改变重复 8～10 次，则可使元器件产生较大的热应力，有缺陷的元器件会迅速失效，以便将其淘汰。

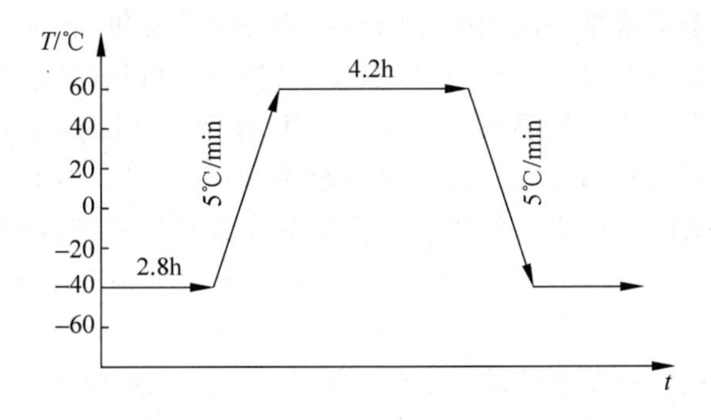

图 5-6　筛选过程中的温度循环曲线图

2. 元器件的降额使用

电子元器件都有一定的使用条件，这些条件是以元器件的某些额定参数值来表示的。当元器件的工作条件低于额定值时，其工作更加稳定，发生故障的机会也会更少。为了提高元器件的可靠性，将元器件降额使用也是一种选择。

3. 充分考虑参数变化的影响

在电路设计时就充分考虑到元器件在使用过程中受参数变化造成的影响，使之在各种不同的工作参数时均能正常工作。

4. 采用低功耗元件

低功耗元件的发热量比较少，其故障率相对比较低。大量采用低功耗元件时也可减轻电源的负担，从而可提高电源的可靠性。

5. 采用噪声抑制技术

在工业控制现场，各种脉冲干扰往往是造成控制系统硬件故障的原因。因此采用噪声抑制技术是提高控制系统可靠性的一种行之有效的办法。

6. 耐环境设计

在控制系统硬件设计上，充分考虑各种环境因素的影响，采用适当的冷却、抗震、防尘、防爆、防腐等技术措施，以提高控制系统抵御外部环境侵袭的能力。

装置或系统要能容忍故障可从两个方面考虑，即限制故障范围和使系统具有后备能力。限制故障范围是指当发现故障时，系统能将故障设备与系统的其他部分隔离开来，使其不至于影响其他设备的正常运行。另一种限制故障范围的做法是固定(也即“冻结”)控制输出，以免造成输出混乱。在智能系统中还可将输出转为安全模式，如交通信号系统在故障情况下，信号灯全部转为安全模式（全部转为红灯），以免造成交通事故。

控制系统具有后备能力也称系统冗余。系统冗余包括硬件冗余、软件冗余、时间冗余和信息冗余。

硬件冗余就是采用附加的（也即后备的）硬件来弥补发生故障的硬件功能。

软件冗余相对是一个新兴的领域。如果只是对软件进行复制作为冗余，很多时候是不能起到提高可靠性的作用。因为对于相同的输入，所复制的软件可能也会产生同样的错误。这就需要运行不同版本的软件来实现冗余。

时间冗余也称后向错误恢复，最简单的做法就是在出错的地方重试，或者回到前一个检验点重试，再或者整个计算重新开始。

信息冗余的基本思想就是利用比必要的数据多一些的数据来检查错误。换句话说，信息冗余就是采取一种编码方式，使得一些数据位出错时也可以被检测出来或被更正，具有保证系统继续运行的能力。这些编码技术与通信中采用的编码校验技术非常相似，比如重复码、奇偶校验码、循环码和算术码等都是信息冗余中常用的检错与纠错技术。

这里重点介绍提高硬件可靠性的措施。提高分布式控制系统或现场总线控制系统可靠性一般从硬件的冗余结构设计、不易发生故障的硬件设计和能迅速排除故障的硬件设计几个方面考虑。

硬件的冗余结构设计就是系统除了运行的硬件以外，还需配有后备的硬件能在故障情况下投入。硬件的冗余配置是昂贵的，一般只对系统的关键部件进行硬件冗余配置，如控制器，电源或者通信设施等。对于分布式控制系统（DCS）以及 Profibus-PA 现场总线控制系统，对系统控制器模块进行备份的结构如图 5-7 所示。这种一对一的控制器备份，也称控制器的 1∶1 冗余。

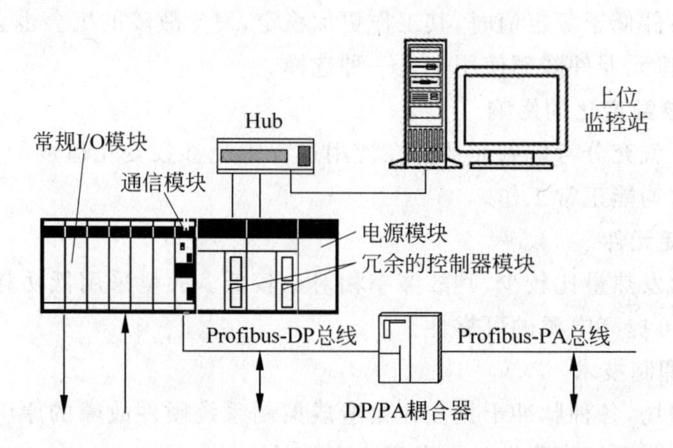

图 5-7　Profibus-PA 现场总线系统控制器冗余的配置图

对于图 5-7 所示的控制器冗余配置，一个控制器处于正常工作状态，设其故障率为 λ_1。另一个控制器处于备用工作状态，设其备用期间故障率为 μ（在备用期间有可能发生故障），工作期间故障率为 λ_2。系统的可靠性为：

$$R(t) = e^{-\lambda_1 t} + \frac{\lambda_1}{\lambda_1 + \mu - \lambda_2}\left[e^{-\lambda_2 t} - e^{-(\lambda_2 + \mu)t}\right] \tag{5-26}$$

系统的平均故障间隔时间为：

$$\mathrm{MTBF}=\frac{1}{\lambda_1}+\frac{1}{\lambda_2}\frac{\lambda_1}{\lambda_1+\mu} \tag{5-27}$$

如果假设备用控制器在备用期间不会发生故障，同时假设备用控制器与工作控制器的故障率相同，则式(5-27)与式(5-21)表达相同，即并联一台备用控制器，系统可靠性将提高，其平均故障间隔时间大于单台控制器的均故障间隔时间。这时的 MTBF_p 提高了 50%。

为了提高控制系统的可靠性，除了将控制器进行冗余之外，有时还需将通信网络、通信总线、操作站以及系统电源和现场电源进行冗余配置，甚至还要将整个控制室的不间断电源系统(UPS)进行冗余配置。一种典型的控制系统冗余配置结构如图 5-8 所示。

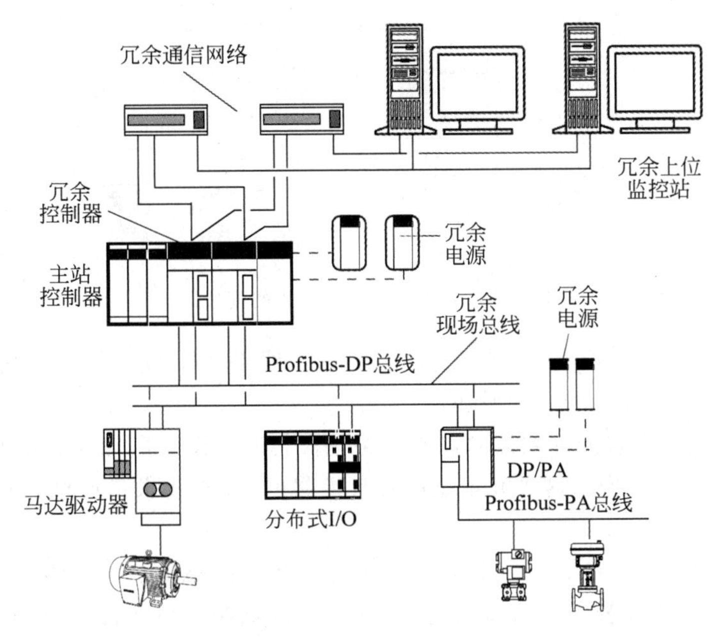

图 5-8　分布式系统冗余的配置图

在图 5-7 和图 5-8 的系统配置中，对 Profibus-PA 现场总线没有进行冗余配置，这是因为 Profibus-PA 总线上的设备是从站设备，其控制功能在中央控制器上实现。如果对 Profibus-PA 总线进行冗余配置，几乎所有总线设施都要做备份，系统造价会过高。通行的做法是多配置一些 DP/PA 耦合器与 Profibus-PA 总线段，每个总线段上不要挂接过多设备，适度提高系统的分散程度。对于基金会现场总线，其情况与 Profibus-PA 现场总线相似，但每台基金会现场总线设备都可用作控制器，其分散程度已经非常高。同样多安排一些总线段，每个总线段上不挂接过多现场设备即可。

在工业控制中，除了上述系统冗余外，还有一个重要的措施是采用手动后备来提高可靠性。尤其对于重要的控制回路，一旦自动控制失灵，可以手动操作生产过程。分布式控制系统可在三个不同层次设置手动操作，如图 5-9 所示。

在运行操作站进行手动操作。这种手动操作要求上位操作站、通信网络、中央控制器等都能正常工作时才能进行。

在专用的手动操作站进行手动操作。对重要回路一般都要配置专用的手动操作站，它可绕开中央控制器对现场设备进行手动操作。专用的手动操作站非常类似(有时就是采用)数字调节仪表。

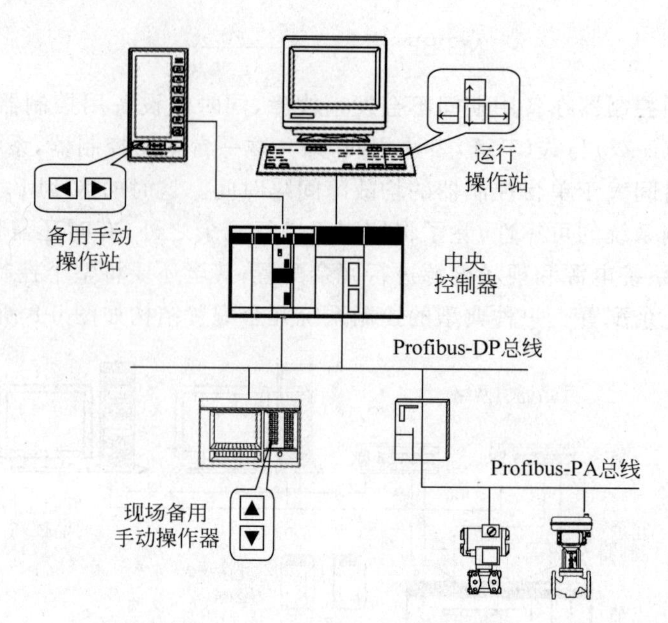

图 5-9 手动备用操作方式的配置图

在现场手动操作站进行手动操作。目前现场总线都可配置总线型现场显示与操作设施，在该设备上即可进行现场手动操作。

在诸如核电或航空航天等领域的控制回路，有时还会用到 1∶2 冗余，即 3 个控制器并联运行，1 台工作 2 台备份。这种冗余是昂贵且奢侈的，只有要求最严格的功能才会用到这么高级的冗余技术。

1∶2 冗余或者 1∶n 冗余有一个优点是它可以消除故障的影响。在 1∶1 的冗余系统中，如果发生故障的控制器仍然有输出，这时系统可以判断已发生故障，但很难判断是哪台控制器发生了故障。在 1∶2 冗余系统中可以采用表决器(也称选举)的方式判断哪台控制器发生了故障。表决器有多种，包括大多数人表决器、一般 k 系数表决器、一般中值表决器等。

(1) 大多数人表决器

大多数人表决器按照如下方式工作。如果 x_1 和 x_2 是控制器的输出，当 x_1 和 x_2 的差值满足 $\mathrm{d}(x_1,x_2)\leqslant\varepsilon$ 时，则可以认为它们在工程意义上充分相等。要注意的是充分相等不具备真正相等所具有的传递性，也就是说，如果 x_1 和 x_2 充分相等，x_2 和 x_3 充分相等，但并不表示 x_1 和 x_3 充分相等。表决器产生一组输出类 $P_1,\cdots,P_n$，满足

(a) $x,y\in P_i$，并且仅当 $d(x,y)\leqslant\varepsilon$。

(b) P_i 是最大的，即如果 $z\notin P_i$，则必然存在 $w\in P_i$，满足 $d(w,z)<\varepsilon$。

这些类可能共享某些元素，选出最大的 P_i，如果其中含有 $\lceil N/2\rceil$ 个元素，则每个元素(也就是每个控制器的输出)都可以作为表决器的输出。

例 5-4 有一个包含 5 个控制器的系统，令 $\varepsilon=0.001$，5 个控制器的输出分别为 1.0000，1.0010，0.9990，1.0005 和 0.9970。求在采用大多数人表决器时表决器的可选输出值是哪些？

解：对满足条件(a)，即控制器输出差距小于 $\varepsilon=0.001$ 时可产生的输出类有

$$P_1=\{1.0000,1.0010,1.0005\}$$
$$P_2=\{1.0000,0.9990\}$$
$$P_3=\{0.9970\}$$

注意到 P_1 和 P_2 都包含 1.0000，P_1 为最大输出类，并且含有 $3>\lceil N/2\rceil$ 个元素，所以 P_1 中的任何一个元素（即控制器输出）都可以作为表决器的输出。

由大多数人表决器可构成 N 模冗余系统。该系统是由 N 个控制器构成，系统对它们的输出进行表决。一般来说 N 为奇数。为了使系统能够容忍最多 m 个控制器发生故障，N 模冗余系统中共需要 $(2m+1)$ 个控制器。最流行的是 3 模冗余系统 $(m=1)$，它由 3 个控制单元组成，在其中一个发生故障时，系统可以通过大多数人表决器判断出是哪个控制器发生故障，其余 2 个控制器能够正常工作，从而保证系统正常工作。

对于 3 模冗余系统表决器的配置方式也有两种，如图 5-10 所示，一种是表决器与控制器一对一配置，另一种是系统只用一个表决器，显然第二种方式更为简单。

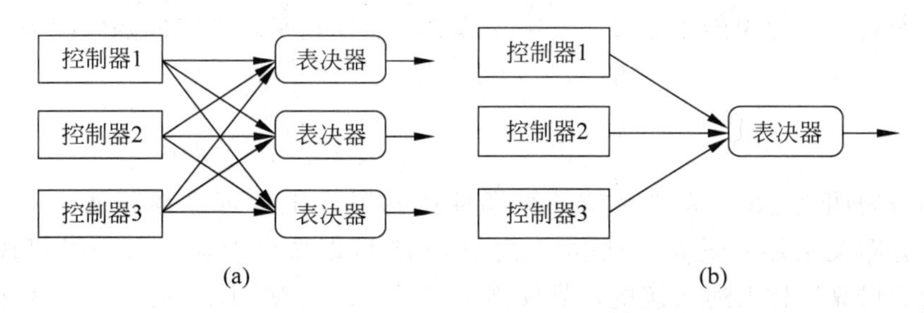

图 5-10　N 模冗余系统表决器的配置图

(2) 一般 k 系数表决器

一般 k 系数表决器按与大多数人表决器基本上相同，只不过是只要至少 k 个元素（k 的值由设计者制定），就可以选取 P_i 中的任何一个元素（控制器的输出）作为表决器的输出。

(3) 一般中值表决器

一般中值表决器是选取所有输出中的中间值（N 需为奇数时中间值才存在）。表决器不断地剔除距离最大的 2 个输出，直至只剩下一个值，该值即为中间值。计算方法如下，令被表决的输出为 $s=\{x_1,\cdots,x_N\}$，则

① 对于所有的 $x_i,x_j\in S$，并且 $i\neq j$，计算所有的 $d_{ij}=d(x_i,x_j)$。

② 令 d_{kl} 是所有 d_{ij} 中最大的，如果有相等的就选任意一个。令 $S=S-\{x_k-x_l\}$，如果 S 中只包含一个元素，则该元素即为表决器的输出；否则返回步骤(a)。

在 1∶1 的冗余系统中，由于系统很难判断是哪台控制器发生了故障，对有高可靠性要求的应用，一个最简单的方案就是把控制器进行配对，只要一个控制器出现故障，就丢弃这一对控制器。这种配置方案也称之为静态配对，如图 5-11 所示。图 5-11 中这对控制器接受相同的输入并运行相同的软件，系统对其输出进行比较。如果输出相同，则表示控制器工作正常。

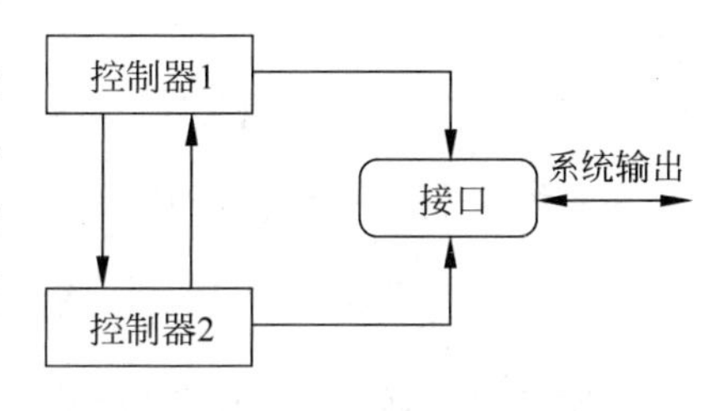

图 5-11　静态配对配置图

如果其中任何一个控制器检测到不同的输出，就表示至少有一个控制器出现了故障，检测到这一差异的控制器就会将它们与系统之间的接口关掉，控制器就与系统隔离开来。

如果分析 N 模冗余系统的可靠性时，若考虑由 k 个或 k 个以上控制器能正常工作，系统就能正常工作，也称该系统为(k,n)表决系统。设每个控制器具有相同的故障率，且服从指数分布，分布函数为 $F(t)$，分布密度为 $f(t)$，则(k,n)表决系统的可靠度 $R(t)$为：

$$R(t)=\sum_{i=k}^{n}C_n^i[1-F(t)]^i[F(t)]^{n-i} \tag{5-28}$$

由于 $F(t)=1-\mathrm{e}^{-\lambda t}$，

对于 $k\geqslant 2$ 有如下递推关系：

$$R(k-1,n)=C_n^{k-1}\mathrm{e}^{-\lambda(k-1)t}(1-\mathrm{e}^{-\lambda t})^{n-k+1}+R(k,n) \tag{5-29}$$

由此，系统的平均故障间隔时间为：

$$\mathrm{MTBF}(k,n)=\frac{1}{\lambda}\sum_{j=k}^{n}\frac{1}{j} \tag{5-30}$$

对于 $k=2,n=3$ 的系统也称三取二表决系统，这种表决系统在锅炉控制等一些对可靠性要求较高的对象中常用到。三取二表决系统的可靠性与平均故障间隔时间为：

$$R(2,3)=3\mathrm{e}^{-2\lambda t}-2\mathrm{e}^{-3\lambda t} \tag{5-31}$$

$$\mathrm{MTBF}(2,3)=\frac{5}{6}\frac{1}{\lambda} \tag{5-32}$$

式(5-32)表明，三取二表决系统的可靠性比普通系统的可靠性要低 1/6。但要注意式(5-31)的分布关系是如图 5-12 所示。由图 5-12 可以看出，当 $t<0.693\mathrm{MTBF}$ 时，三取二表决系统的可靠性比普通系统的可靠性高。当 $t>0.693\mathrm{MTBF}$ 时，三取二表决系统的可靠性才比普通系统的可靠性低。在实际应用中，系统的工作时间一般远远少于平均故障间隔时间。所以，在大多数情况下，三取二表决系统的可靠性都会比普通系统的可靠性高。

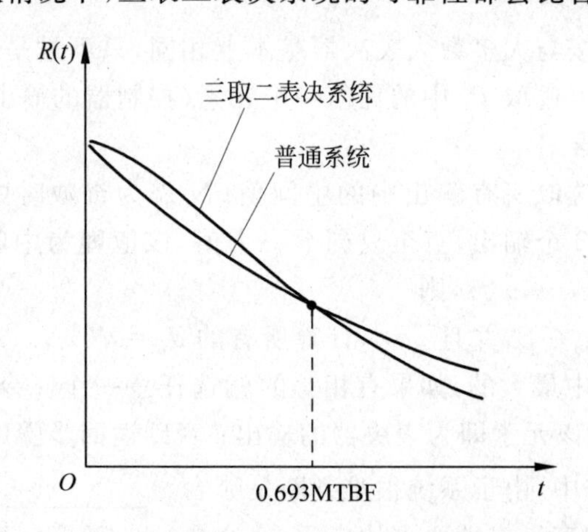

图 5-12　三取二系统与普通系统可靠性曲线比较图

在系统只剩下一台控制器可以工作时，其平均故障间隔时间为：

$$\mathrm{MTBF}(1,n)=\frac{1}{\lambda}\sum_{j=1}^{1}\frac{1}{j} \tag{5-33}$$

有时还将系统的冗余(备份)分为冷备份、温备份和热备份。冷备份是指在工作部件失效后才通过切换开关启动备用部件投入工作。温备份是指备用部件处于通电状态，但它不带负载，在工作部件失效时通过切换开关将备用部件投入工作。热备份是指备用部件与工作部件处于完全相同的工作条件，带有相同的负载，在工作部件失效时通过切换开关将备用部件投入工作。

5.5　本章小结

本章主要介绍提高控制系统可靠性的相关内容和基本方法，包括可靠性分析方法和提高可靠性的有关措施等。通过本章内容，读者主要学习了如下内容：

- 表征系统可靠性的技术指标主要包括可靠度、故障率、平均故障间隔时间、平均故障修复时间、维修率与可用率等。
- 可靠度既指产品在规定的时间内，在规定的使用条件下，完成规定功能的概率。
- 故障率是产品的故障总数与寿命单位总数之比。
- 平均故障间隔时间(MTBF)，又称平均无故障时间或平均寿命，是指可修复产品两次相邻故障之间的平均时间。
- 系统的可靠性分析模型有串联模型、并联模型、关系矩阵模型、组合模型以及马尔科夫链模型等，其中最常用的是串联模型与并联模型。
- 并联设备构成的系统，其平均故障间隔时间大于单个设备的平均故障间隔时间，并联设备越多，系统可靠性越高。
- 获取系统的可靠性或者说设备故障率数据的方法一般有两种，其一是直接采集现场数据，其二是在实验室中测试生存周期来得到其数据。
- 系统具有后备能力称之为系统冗余。系统冗余包括硬件冗余、软件冗余、时间冗余和信息冗余。
- 提高系统可靠性可以通过对装置或系统的合理设计、元器件的严格筛选和老化、制造过程的严格把关，以及安装调试过程的严格管理等来实现。
- 在 $1:n$ 冗余系统中可以采用表决器(也称选举)的方式判断哪台控制器发生了故障。
- 表决器有多种，包括大多数人表决器、一般 k 系数表决器、一般中值表决器等。

习题

5.1　什么是可靠度的密度分布函数？

5.2　MTBF 的含义是什么？

5.3　系统冗余有哪几种？

5.4　确定图 5-13 中系统的可靠性？

5.5　$1:n$ 冗余系统中所使用的表决器主要有哪些？

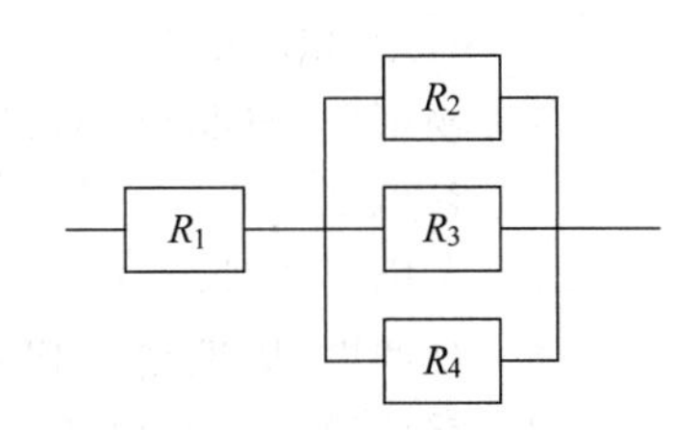

图 5-13　习题 5.4 图

参考文献

[1]　Krishna C M，Shin K G. 实时系统[M]. 北京：清华大学出版社，2004.

[2]　白焰，等. 分散控制系统与现场总线控制系统[M]. 北京：中国电力出版社，2005.

[3]　俞金寿，何衍庆. 集散控制系统原理及应用[M]. 北京：化学工业出版社，1995.

[4]　魏晓东. 分散型控制系统[M]. 上海：上海科学技术文献出版社，1991.

部分习题参考答案

第1章

1.1　一般包括被控对象、对被控参数进行检测的传感器或检测仪表、控制器、执行器，以及其他的辅助仪表或装置。

1.2　$D(z)=K_p+K_I\dfrac{1}{1-z^{-1}}+K_d(1-z^{-1})$。

1.3　副控制器控制副对象，直接克服进入副回路的干扰。主控制器控制主对象(主控制器的输出作为副控制器的参考输入，通过改变副控制器的给定值来控制主对象)。

1.4　热电偶工作原理是两种不同材料的导体组成一个闭合回路时，只要两个接合点温度 T_2 和 T_1 不同，则在该回路中就会产生电动势。常用的热电偶分度号有J、T、K、E、N、S、R和B。

1.5　本质安全是通过限制在危险场所中工作的电气设备中的能量，使得在任何故障的状态下所产生的电火花都不足以引爆危险场所中的易燃、易爆物质。

1.6　$Q=\dfrac{C_dA_2}{\sqrt{1-(A_2/A_1)^2}}\sqrt{\dfrac{2}{\rho}(P_1-P_2)}$。

1.7　线性流量特性、等百分比流量特性、快开流量特性和抛物线流量特性等。

1.8　分布式控制系统是一类可以完成指定的控制功能，还允许将控制、测量和运行信息在具有通信链路的、可由用户指定的一个或多个地点之间相互传递的仪器仪表系统。

第2章

2.1　输入/输出位传输型现场总线、设备或字节型现场总线和数据包信息型现场总线。

2.2　协议简单；信道利用率高；通信权分配合理。

2.3　中继器、网桥、路由器和网关等。

2.4　31.25kb/s。

2.5　物理层、链路层、网络层、传输层、会话层、表示层和应用层。

2.6　参见2.3.1。

2.7　采用了物理层、数据链路层以及行规(对应应用层)。

2.8　受调度/周期通信和非调度/非周期通信。

2.9　虚拟通信关系包括客户/服务器型、报告分发型和发布/接收型3类。

第3章

3.1　现场总线控制系统是由现场总线网络系统与现场智能化设备一起构成的系统。

3.2　参见3.2.1。

3.3　变送器类设备、执行器类设备、转换类设备和接口类设备等。

3.4　参见3.2.1。

3.5　参见3.2.1。

3.6 用于实现FF总线和Profibus-PA总线系统与模拟仪表的转换。

3.7 有一类主站设备、二类主站设备和从站设备。

3.8 制定了功能块图(FBD)语言、梯形图(LD)语言、顺序功能图(SFC)语言、指令表(IL)语言和结构化文本(ST)语言。

3.9 分布式工业过程测量与控制系统编程语言的标准。

3.10 采用了输入类、控制类、计算类和输出类功能块。

3.11 网络组态包括为链路设备和通信端口分配网络以及设置通信参数。设备组态包括为选择设备、设置执行机构类型、设置传感器类型以及进行相关连接等。

3.12 设备组态是在资源块(物理块)和转换块中进行的。

3.13 不能。

3.14 在定位器中。

3.15 在PID模块中的控制选项(CONTROL_OPTS)参数。

3.16 可将输入信号值对应为百分数表示的参数值。

3.17 IN为来自其他功能块的过程变量,CAS_IN为来自其他功能块的远程设定值,RCAS_IN为监控计算机或主站控制器等接口设备发送来的输入。

3.18 能够实现在一个输入信号作用下提供两个控制信号输出的功能。

3.19 用于安排相应的转换块与功能块对应。

3.20 初始化手动(IMAN)模式。

3.21 在(PRIMARY_VALUE)参数中。

3.22 远程串级设定点输入通道参数。

3.23 不能。

3.24 一致性测试包括对现场设备测试和对主机系统的测试。而互可操作测试就是确认来自不同制造商的现场总线设备与主机系统能够彼此通信且不丢失功能。

3.25 是系统集成技术的工具。

第4章

4.1 主要包括需求分析、方案确定、设备或相关网络等选型、相关文档或图纸资料的编制、系统组态等。

4.2 给每个测点或每台仪表设备所分配的唯一标识。

4.3 只有控制功能在P&ID图中体现。

4.4 SAMA图只能表达控制功能。

4.5 主要用途包括设计、安装、开车与运行、维修与后期修改等。

第5章

5.1 产品在单位时间内失效的概率。

5.2 是指可修复产品两次相邻故障之间的平均时间,也称平均寿命。

5.3 系统冗余包括硬件冗余、软件冗余、时间冗余和信息冗余。

5.4 $R(t)=R_1[1-(1-R_2)(1-R_3)(1-R_4)]$

$$=-R_1R_2-R_1R_3+R_1R_2R_3-R_1R_4+R_1R_2R_4+R_1R_3R_4-R_1R_2R_3R_4$$

5.5 主要包括大多数人表决器、一般 k 系数表决器、一般中值表决器等。